石油工程理论与实务

〔澳〕大卫·沙尔克罗斯（David Shallcross） 著

蒋卫东　张宝瑞　温加军　温晓红　任立新　王岩峰 等　译

科学出版社

北 京

图字：01-2025-0538 号

内 容 简 介

本书涵盖了石油上游工程的整个业务链，包括油气藏基础知识、石油天然气的化学成分与主要性能、钻井与完井、测井与测试、油气井增产措施、三次采油、地面油气处理、流体在管道和多孔性介质中的流动、健康安全环保及海上油气作业等，并展望了油气工业的未来，同时介绍了油气田使用的单位制。其中健康安全环保章节详尽阐述了安全的基本概念、工业安全分析、安全管理体系、重大事故案例分析等，具备系统性、新颖性、可操作性，对上游作业生产有较强的指导意义。

本书对于石油工程专业领域的科研人员和现场作业人员来说，是一本优秀的教材；对于非石油教育背景的石油工程管理人员也具有很高的实用性。尤其是那些希望提升自身石油工程专业英语写作与交流能力的专业技术人员，可以对照原著认真研读，定会受益匪浅。

图书在版编目（CIP）数据

石油工程理论与实务 / (澳) 大卫•沙尔克罗斯 (David Shallcross) 著; 蒋卫东等译. -- 北京 : 科学出版社, 2025. 4. -- ISBN 978-7-03-080069-5

Ⅰ. TE

中国国家版本馆 CIP 数据核字第 2024Q2K076 号

责任编辑：王 运 张梦雪 / 责任校对：何艳萍

责任印制：肖 兴 / 封面设计：无极书装

科学出版社出版

北京东黄城根北街 16 号

邮政编码：100717

http://www.sciencep.com

三河市骏杰印刷有限公司印刷

科学出版社发行 各地新华书店经销

*

2025 年 4 月第 一 版 开本：787×1092 1/16

2025 年 4 月第一次印刷 印张：17

字数：400 000

定价：188.00 元

（如有印装质量问题，我社负责调换）

译者前言

2022年4月至8月，中国石油大学（北京）继续教育学院举办了一期海外石油工程监督英语培训班，学员均是具备硕士研究生或大学本科学历，以及具有五年以上海外项目现场作业经验的工程技术人员。这次培训班选用作为专业英语教材，受到了全体学员和培训班组织者的一致好评。

按照中国石油国际勘探开发有限公司（简称“中油国际”）的要求，公司海外项目工程监督人员上岗前必须通过专业知识、实践经验和外语交流能力等考试。中国石油勘探开发研究院工程技术研究所（简称“勘探院工程所”）主要从事公司海外项目钻采工程技术支持、服务与攻关等工作，为了更好地发挥中油国际“一部三中心”作用，勘探院工程所始终将打造公司海外高水平工程技术人才队伍，进一步提升海外生产作业综合能力作为工作重点，支撑中油国际海外油气业务高质量发展。本书的翻译出版是基于充分调研、详细对比之后确定的，适用于油气田生产管理人员、现场作业人员及新入职的高校毕业生，使他们通过自学或集中培训，能够进一步拓宽专业知识面，不断提升专业英语的沟通交流能力，是一本优选教材。

本书的译校者分工如下：原书前言、第1章，蒋卫东译，杜德林校；第2章，张宝瑞译，邹洪岚校；第3章，温加军译，王艳校；第4章，温晓红译，张世豪校；第5章，杜德林译，贺振国校；第6章，张宝瑞译，胡贵、张友义校；第7章，张宝瑞译，王青华校；第8章，蒋卫东译，王青华、梁冲校；第9章，温晓红译，朱培珂校；第10章，王岩峰译，邹洪岚校；第11章，任立新译，杜德林校；第12章，杨姝译，曹珍妮校；第13章，王岩峰译，晏军校；第14章，温加军译，贺振国校；第15章，蒋卫东译，杜德林校；蒋卫东承担了全书的统校工作。

在本书翻译过程中，中国石油勘探开发研究院孙作兴高级工程师、付晶高级主管、常鑫高级主管曾提出许多宝贵的建议，在此一并表示感谢。

鉴于译者水平有限，译文中难免会有不当之处，诚恳欢迎读者批评指正。

原书前言

两年前，我完成了《石化工程理论与实务》一书。这本书的潜在读者是在炼油化工领域工作但缺少技术背景的员工（如炼化厂的人力资源、财务工作者），以及在政府监管机构（如健康、安全、环保等部门）工作的职员。正如书中所述，公司财务部门员工需要详细地了解拟议中项目扩建的情况，各公司经理需要多加了解所管辖的生产单元的运行情况，而除了具备十多年来的工作经验，他们可能没有更深的技术背景。

由于《石化工程理论与实务》出版后广受好评，我便也想写一部与之类似的石油工程方面的书。自作为博士后加入斯坦福大学石油工程系以来，我一直对石油工程这一领域着迷，令我印象深刻的是：只需在地面驱动钻柱旋转，就可以钻 3～4 km 深的油气井。出现精确定向钻井技术以来，石油工程师不仅可以钻出垂深达数千米的井，还可以在水平方向钻出数千米，进而钻穿深度可能只有几米厚的油气藏。我在斯坦福大学和墨尔本大学的工作重点是研究三次采油技术，该系列技术不仅可以增加原油产量，而且还可以提高石油开采速度。我非常感谢在斯坦福大学研究所期间，Bill Brigham（比尔·布里格姆）教授、Hank Ramey（汉克·雷米）教授和 Louis Castanier（路易斯·卡斯塔涅）博士对我的支持和指导，是他们引领我进入石油工程的职业生涯。

目前，《石油工程理论与实务》可以作为理工科大学生的精编教材，可以让他们了解石油工程学科的范围之广。本书读者不必具备多少数学或化学知识，书中尽量避免了复杂的数学阐述，以扩大潜在的读者群。

感谢那些允许我在本书中使用他们拍摄的照片的公司和个人，感谢英国皇家化学学会再次出版我的著作，感谢该学会责任编辑 Michelle Carey（米歇尔·凯里）的支持。感谢 Peter Shallcross（彼得·沙尔克罗斯）在终稿审校中所做的工作，他的严谨态度让这本书读起来更加顺畅。最后，我要特别感谢我的妻子 Alison（艾莉森）以及我们的孩子 Peter（彼得）、Emily（埃米莉）、Andrew（安德鲁）和 James（詹姆斯），在本书撰写的整个过程中，他们始终热心地予以支持。

David Shallcross（大卫·沙尔克罗斯）
Melbourne（墨尔本）

目　录

第 1 章　油气藏的开发利用

扑热息痛（对乙酰氨基酚）是全球发达国家治疗轻度疼痛和发热的最常用药物之一。作为一种化学物质，扑热息痛的化学式为 $C_8H_9NO_2$——这表明对乙酰氨基酚分子含有八个碳原子、九个氢原子、两个氧原子和一个氮原子。该类药物的本质是以碳原子和氢原子为主构成的化合物，这些原子以特定的方式连接在一起。对乙酰氨基酚可以由几组反应中的任何一组合成，这些反应均是从苯酚开始的，苯酚是另一种含碳、氢和氧原子的化合物。苯酚衍生于一种单一的资源——原油。原油和天然气是当今世界中多种化合物产品的原材料。如果沿着产品的生产链追根溯源，大多数医用药品提取自原油，汽油、船用燃料油和柴油来自石油和天然气，塑料、油漆、涂料、溶剂和润滑油也是，原油和天然气统称为碳氢化合物，当今世界上每个人的生活都与之息息相关。

原油和天然气是在地下深处的岩石中历经数亿年形成的。随着时间的推移，这些油气流经地壳岩层中的无数微小孔隙网络，缓慢地向地表运移，这种运移会一直持续，部分油气突破地表并逸散在大气中，部分油气被岩石中的褶皱或非渗透性岩层下的袋状区所圈闭。

地质学家和地球科学家运用多种手段搜寻和定位地下潜在的油气圈闭，这些圈闭可能位于陆上，也可能位于海底。为了探寻新的石油储量，油气公司通常会组建一支由地质学家和其他专业人员组成的团队，根据确定探井（也称野猫井）的井位，该团队可以运用地震和其他勘查手段所获得的数据来评估探区的地质条件。当然，并非所有的探井（野猫井）都能够获取油气流，有的探井钻探的地层只含有水，没有任何油气显示，有时确实能够发现碳氢化合物。在以前未钻井的区块打探井不仅有经济风险，而且还有作业风险，甚至可能会钻遇高压地层，从而引发难以控制的井喷；也可能钻遇干层，对于没有油气显示的干井，将进行封堵和废弃；如果发现了油气，在暂时封堵油井之前，需要对油井的产量和压力进行初步测试。对产出的油气样品进行分析，以评估所发现油气的品位。如果经济评价结果证明开发前景乐观，作业公司将重返现场进行完井作业，并考虑油田正式投产。

1.1　油气田开发的全生命周期

对于新发现的油气田，必须评估其储量规模，为油气公司针对该油田的未来长期开发制定明智的决策奠定基础。钻评价井的目的就是更好地了解油气藏的大小和边界。地质学家和石油工程师将再次组建团队，共同研究确定评价井的最佳井位，如果一个油气田的储量规模足以保证全面开发的需求，那么可以将这些评价井转为生产井，在研究制定高效开发该油田决策期间，这些井将被暂时封堵。

对于新油气田投产，在油气采出之前，必须建设大量的基础设施，陆上油气田比海上油气田投产更快。油气公司的工程师需要制定合理的油气田开发方案，同时还须确保方案符合当地的法律、法规和标准：

（1）油田的油井井位在哪？

（2）井距要保持多大？

（3）将油气输送到炼厂或其他加工设施之前，需要进行哪些处理？如果需要进行原油脱水处理，这些水是进一步处理还是直接回注地层？

（4）产出的油气如何外输？如果通过管道，管道直径多大？线路走向如何？

（5）油气输送的目的地是哪？

最终接收这些原油的炼厂可能需要升级改造才能进行炼油作业。某些油田产出的原油中硫的含量较高，高含硫原油需要在耐硫腐蚀设施中炼制。

如果油田位于海底，那么需要建造海上平台，这项工程耗时较长、前期投资巨大，而且若干年后才能获得利润。

第一批生产井完钻并成功完井，即可采出油气，为项目带来收入。图 1.1 描绘了一个陆上油田的典型生命周期，从钻第一口探井（野猫井）到最终油田报废，该生命周期就算不到半个世纪也会跨越几十年。

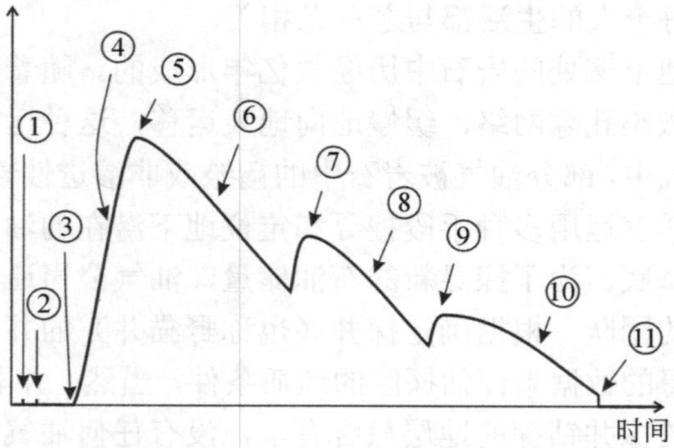

①钻野猫井，发现油田；②钻评价井；③初期生产井第一批原油产出；④多井投产，油田处于上产阶段；⑤总产量达到峰值；⑥随着地层压力下降，产量递减；⑦注水补充地层压力；⑧产量递减；⑨钻加密井或实施提高采收率技术；⑩产量递减，生产成本上升，利润下降；⑪产量低于经济极限产量，油田报废

图 1.1 油田开发工程的主要阶段

随着新井相继投产，油气产量将持续上升（图 1.1 中④），直到达到产量峰值（图 1.1 中⑤）。早期上产阶段之后，随着时间推移油气产量开始下降（图 1.1 中⑥）。随着流体从储层中采出，油气藏的储层压力将会下降。正是依靠储层压力的驱动，流体从储层中不断采出，这一阶段的原油开采被称为一次采油，可能需要部分井中安装抽油泵，将原油举升至井口。

一旦产量下降到一定程度，就要新钻注水井，利用注水井将水注入储层，注入水有助于保持储层压力，还能将原油驱替至生产井。注水能够提高原油产量（图 1.1 中⑦），但注水一段时间后产量会再次下降（图 1.1 中⑧），这个阶段称为二次采油。其间，油井中的产出水可能比原油多，需要将产出水从原油中分离出来，并可能将其再回注到地层。

随着原油产量再次下降，可以采取以下几种方式之一来提高油田产能。

（1）加密井：在现有油井之间钻井，以采出距现有油井较远的原油。

（2）水平井：用于开采那些尚未大量产油的油田部分。

（3）提高采收率：向储层中注入气体和液体，增加原油流动性。向地层中注入蒸汽，提高原油温度，降低原油黏度，增加原油流动性助其能够顺畅流向生产井，也可以注入二氧化碳和氮气等气体。

上述任何一种技术都能提高原油产量（图 1.1 中⑨），但产量仍会随时间推移而下降（图 1.1 中⑩）。当达到某一时间点，原油的销售收入无法抵偿生产成本，油田就需报废，油井被封堵，地面设备被拆除（图 1.1 中⑪）。

1.2　钻 井 作 业

钻井是石油工程最具挑战性的环节之一。一方面是因为需要钻进几千米深度，而且部分井眼还是水平井眼；另一方面是既要在陆上钻井，还要在最深达 4 km 的海上钻井。

陆上钻井作业可以划分为若干个主要阶段，如图 1.2 所示。第一阶段的任务是将所有设备运抵井场（图 1.2 中①），如钻机，具体包括井架、转盘（驱动下入井内的钻柱旋转），所有电机、泵和其他重型机械设备；在钻井过程中，泥浆会持续循环，而且随着井深的增加，泥浆的需求量也在增加，同时，泥浆的配方也需要适时调整，为此，需要安装配制泥浆的设施；泥浆从井眼返到地面还要进行处理，需要在井架旁安装泥浆罐；钻井过程中需要的耗材包括套管、钻头和水泥，这些耗材必须事先运抵井场并储存备用。最后，需要通过陆地通信线路或卫星通信技术，将井场与公司的运营中心连接起来，以便实时监控钻井进程。

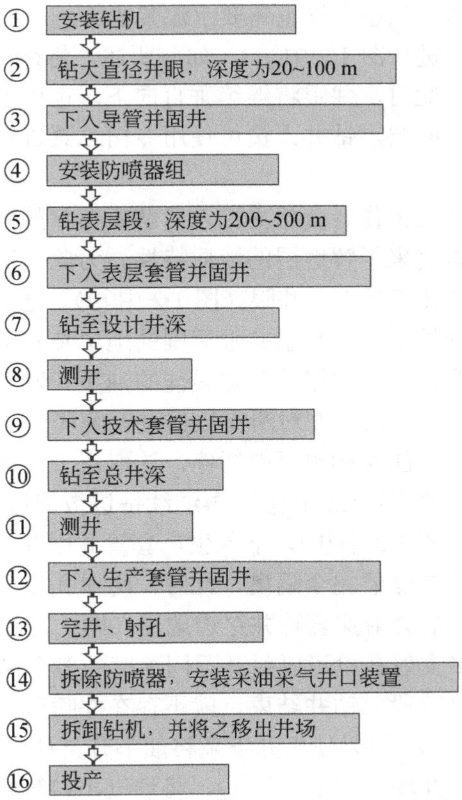
① 安装钻机
② 钻大直径井眼，深度为20~100 m
③ 下入导管并固井
④ 安装防喷器组
⑤ 钻表层段，深度为200~500 m
⑥ 下入表层套管并固井
⑦ 钻至设计井深
⑧ 测井
⑨ 下入技术套管并固井
⑩ 钻至总井深
⑪ 测井
⑫ 下入生产套管并固井
⑬ 完井、射孔
⑭ 拆除防喷器，安装采油采气井口装置
⑮ 拆卸钻机，并将之移出井场
⑯ 投产

图 1.2　钻井作业主要阶段划分

钻机安装好后，经验丰富的员工就会到达井场，开始钻导管井段（图 1.2 中②）。导管井段的直径很大，会超过半米，该导管井段直径取决于许多因素，包括井深、钻达目的层需钻穿所有地层的性质。依据钻井设计，该井段的深度通常为 20～100 m，达到设计井深后，将钻头从井眼中起出并下入导管（图 1.2 中③），导管是直径略小于井眼直径的大尺寸钢管，导管悬停在井眼中后，就会向井眼中泵入精确定量配置的水泥浆。水泥浆被一个胶塞顶入井下，而胶塞又被泵入的流体所驱动向前移动。当胶塞到达井底时，水泥浆已经被顶替到套管外部，完全充满套管和井壁之间的环形空间。此后就是等待水泥浆凝固。

导管被水泥浆固定在井眼中，为后续作业奠定了基础。井喷是钻井井场最可怕的事故之一，其表现为石油和天然气在高压下不受控制地释放到井口，可能导致火灾、爆炸、人员伤亡和严重的环境污染。钻井作业中用于防止井喷的一道重要屏障是防喷器组，防喷器组实质上就是叠加起来的一系列大阀门，通过螺栓紧固在井口，必须安装防喷器组才能启动钻井作业（图 1.2 中④），井口是导管顶部，而导管被水泥浆固定就位。

使用略小于套管内径、可以通过套管的钻头钻掉井底的胶塞和水泥浆，并继续钻进 200～500 m（图 1.2 中⑤），确切深度取决于井的设计。随着井眼越来越深，钻工会将长度约为 9 m 的钻杆接到钻柱上，以延伸钻柱的总长度。钻头磨损到一定程度后，将整个钻柱从井眼中起出，换上新钻头再重新下入井眼。

钻到设计深度，下入表层套管（图 1.2 中⑥）。表层套管在井内液体与包括含水层的周围地层之间建立起永久屏障。该层套管也需要水泥浆固井。

接下来是下个井段的钻进（图 1.2 中⑦）。如前所述，将钻柱下入井眼，只是使用更小尺寸的钻头通过表层套管。此时，井眼将继续垂直向下，也可能偏离垂直方向，沿水平方向继续延伸到远离井口的目的层，钻井人员可使用专门工具进行导向，如果设计有要求，甚至可以沿着水平路径钻进。

可能是从这里开始，地质工作者就想更深入了解所钻穿的地层了。但他们只能通过观测被循环泥浆带到地表的岩屑来了解地层的地质特性。为此，钻工将整个钻柱从井眼中起出，然后将一系列精细的测井工具下入井眼（图 1.2 中⑧）。这些工具可以实现无障碍通过井眼。测井工具采用一系列技术深入测量井眼周围的地层及其所含的任何流体。井眼是地质工作者洞察地层的唯一窗口，他们据此制定最佳的油藏开发策略。通常，委托专业测井公司技术人员下放及操作测井工具，并对所得数据进行解释。

测井完成后，钻井作业可能继续也可能暂停，这取决于设计井深和储层特征，可能需要再下入一层技术套管并固井（图 1.2 中⑨），再继续钻进数周达到设计井深（图 1.2 中⑩），还需要最后下入测井工具（图 1.2 中⑪），下入生产套管并固井（图 1.2 中⑫）。

生产套管固井后，井眼与储层完全隔离。此时，将射孔枪下入井中，直至目的层，射孔枪是一组聚能炸药，引爆后会射穿套管并穿透地层（图 1.2 中⑬）。地层一旦被射开，油气水顺利流入井眼，使用多支射孔枪可以射开不同深度的多个储层。

至此，该井已接近投产阶段。钻井结束，就不存在井喷风险，拆除防喷器组，换上采油采气井口装置（图 1.2 中⑭）。如果使用井下泵将油举升到地面，那么泵也会被下入井中，钻机将被拆除并搬运到下一井场（图 1.2 中⑮），将油气出口管线连接到现有集输系统后，该井将持续开采多年，其间，只需进行日常维护。

1.3　沙特阿拉伯 Manifa 油田

油田的全面开发需要巨大的投资。沙特阿拉伯 Manifa（马尼法）油田位于波斯湾沿岸的 Dhahran 以北约 200 km 处。该油田长约 45 km，宽约 18 km，部分位于陆地，部分延伸到海底。油田于 1957 年发现，1964 年首次投产，到 1977 年，已有 17 口井生产中等重度、高含硫的原油，这些井大部分位于海上，1984 年，油田被封存，主要是由于高含硫原油没有销售途径。

20 多年来，该油田从未恢复开发，所有旧井被封堵，设备被拆除。2006 年，作业者决定投入大量资金，将该油田重新投产，由于 Manifa 湾沿岸的水相对较浅（46 m），工程师决定利用 27 个人工岛、13 个常规海上平台和 15 个陆上平台来开发，历时三年多，建造了 25 个采油岛和 2 个注水岛，每个岛长度约 350 m，宽度约 250 m，可容纳 10 口井（图 1.3）。这些岛通过一条 41 km 长的堤道相互连接，与陆地相连（图 1.4）。利用互联网地图可清楚看到这些位于 Dhahran 以北 200 km、通过堤道连接在一起的岛屿，甚至可以看到岛上的井口分布。

图 1.3　沙特阿拉伯 Manifa 油田人工岛上的钻机（图片由沙特阿拉伯国家石油公司提供）

钻井的高峰期，30 多台钻机同时向地层深处的油气藏钻进。该油田于 2013 年 4 月再次投产，同年 7 月，日产原油约 80 000 m^3，两年后，该油田就达到了日产原油 143 000 m^3、凝析油 10 000 m^3 和天然气 250 万 m^3 的设计目标。

产出原油为中等重度油，密度约为 880 kg m^{-3}，该油田为酸性油气田，原油的硫含量约 3%（以质量计），天然气的硫化氢含量为 14%。硫具有强腐蚀性，因此，该油田的所有设备和管线均由耐腐蚀材料制成。

该油田由不同深度、垂向叠加的五个含油气地层组成，面积非常大，因此，油藏工程师必须利用复杂的井身设计实现高效开发。该油田约三分之二的井是大位移井，水平段长，甚至部分井的深度超过 11 km，水平位移超过 8 km。这种设计充分利用有限的陆海上井场资源，最大限度地覆盖油田区域。

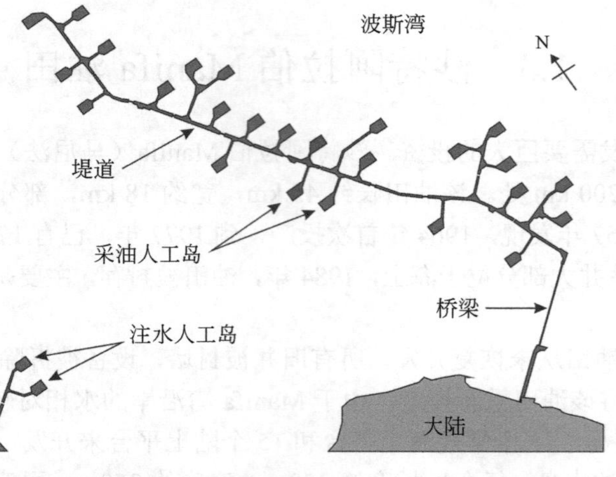

图 1.4　Manifa 项目的 25 个人工采油岛由 41 km 的堤道和桥梁连接在一起

1.4　结　　语

石油工程师的工作贯穿于油气藏勘探开发的全生命周期。本书各章编排大致遵循这一顺序。在第 2 章，我们将讨论石油工业的常用单位，主要包括表示长度、面积、体积、密度、温度和压力等物理量单位，甚至包括桶、达西、API 重度等一些少有的、专用于石油和天然气行业的单位；在第 3 章，我们将讨论石油这一术语所包含的内容，即原油、天然气和凝析油的概念与特性，以及油气聚集的地下构造——圈闭；在第 4 章，我们将向读者介绍地质学基础知识、不同类型含油气地下圈闭识别，以及油气藏描述方法和如何通过地球物理方法寻找潜在的地下油气储层。

第 5 章将介绍如何钻井，详述所有钻井设备、钻井工艺、完井工艺并准备投产；第 6 章介绍测井技术和设备，包括电测井、伽马射线测井、中子测井、声波测井和倾角测井等。

钻开目的层后，储层流体须通过地层孔隙性结构才能到达井底。第 7 章介绍了流体如何通过孔隙性介质和通道；第 8 章讨论了油井生命周期第一阶段——一次采油，本章还将介绍油气井增产技术；第 9 章讨论了二次采油；第 10 章涵盖了三次采油，以及提高采收率技术。

油气到达地面后，需要通过一系列不同设备，这些设备将在第 11 章中介绍，包括泵和压缩机、分离器和热交换器、管道和阀门等。高压条件下的易燃碳氢化合物具有潜在危险，因此，油田工作人员必须要有风险防范意识。第 12 章将讨论工业安全，从对深水地平线事故分析开始，向读者介绍两种不同的安全研究方法——蝴蝶结分析法、危险与可操作性研究法。

钻井之前，可以基于已有数据，通过数值模拟软件能够在一定程度上预测钻井对地层的影响，第 13 章将向读者介绍油藏数值模拟中一些常用的重要概念；随后的第 14 章，通过分析海上作业过程中的挑战，让我们对海上油气藏管理和作业有所理解，例如，如何在 200 m 以深甚至 2000 m 水深的海上钻井？

最后一章将着眼于未来对石油、天然气的需求，随着电动汽车日益增加，到 2040 年，人们对石油产品的需求是否还将存在？

第 2 章　油气田使用的单位制

石油天然气行业有其独特的量度单位，且随着时间的推移会不断进化。尽管世界上几乎所有国家都在使用公制单位，如米、千克和瓦，但油气行业却仍然在使用旧的英制单位，如英尺、磅和马力。石油工程师必须能够自如地使用这两种单位，并且能够在这两种单位之间自由转换。在本章中，我们将讨论在油气行业使用的一些较重要的单位，以及如何在不同单位之间进行精确换算。

2.1　单　位　制

国际单位制（通常简称为 SI 制）是世界各地科技领域最常用的单位制。它的起源可以追溯到法国大革命时期，当时两位杰出的科学家从巴黎出发，尽可能精确地测量了一部分地球的周长，目的是基于地球周长来定义长度的单位——米。国际单位制于 1960 年正式采用，以七个基本单位为基础，并规定了它们的名称、符号和精确的定义。表 2.1 不仅列出了这七个基本物理量，还列出了一些其他重要的物理量，如力、压力、能量和功率，这些量可以从基本量衍生出来。

表 2.1　SI 制的基本单位和一些导出单位

量	单位	符号	用基本单位表示
长度	米	m	
质量	千克	kg	
时间	秒	s	
电流	安培	A	
温度	开尔文	K	
物质的量	摩尔	mol	
发光强度	坎德拉	cd	
频率	赫兹	Hz	s^{-1}
力	牛顿	N	$kg\ m\ s^{-2}$
压力	帕斯卡	Pa	$N\ m^{-2}$
能量	焦耳	J	$N\ m$
功率	瓦特	W	$J\ s^{-1}$
电荷	库仑	C	$A\ s$
电位	伏特	V	$W\ A^{-1}$
电容	法拉第	F	$C\ V^{-1}$
电阻	欧姆	Ω	$V\ A^{-1}$

这里需要注意的是，SI 制单位的名称从来不用大写，即使它们可能是以著名的科学家和工程师的名字命名的。例如，即使力的单位是以艾萨克·牛顿的名字命名的，单位也应该写成 newton 而不是 Newton。

国际单位制使用前缀和符号表示单位的倍数和约数，如表 2.2 所示。这样，MPa=10^6 Pa，μm=10^{-6} m，即百万分之一米。千克是国际单位制中唯一包含前缀的基本单位。为了构成千克的倍数和约数的名称和符号，在单词 gram 和符号 g 的前面加词头。

表 2.2　SI 制使用的词头及其符号

词头	符号	因数
艾	E	10^{18} =10 000 000 000 000 000 000
拍	P	10^{15} = 1 000 000 000 000 000
太	T	10^{12} = 1 000 000 000 000
吉	G	10^9 = 1 000 000 000
兆	M	10^6 = 1 000 000
千	k	10^3 = 1000
百	h	10^2 = 100
十	da	10^1 = 10
分	d	10^{-1} = 0.1
厘	c	10^{-2} = 0.01
毫	m	10^{-3} = 0.001
微	μ	10^{-6} = 0.000 001
纳	n	10^{-9} = 0.000 000 001
皮	p	10^{-12} = 0.000 000 000 001
飞	f	10^{-15} = 0.000 000 000 000 001
阿	a	10^{-18} = 0.000 000 000 000 000 001

在使用国际单位制时，需要遵循两个规则：

（1）在任何复合单位中，只能使用一个词头，并且该词头应尽可能只出现在分数的分子上。所以我们会使用诸如 GN m^{-2} 这样的单位，而不使用 kN mm^{-2}。

（2）词头是单位的一部分。当包含词头的符号被取幂时，该词头同样被取幂。所以，1 mm^2 代表一个边长为 1 mm 的正方形的面积，而不是千分之一平方米。

国际单位制的一大优点是它是一个清晰明了的单位制。所有的单位直接相互关联，而不需要使用任何特殊换算系数。例如，力是质量和加速度的乘积。因此，在国际单位制中，以牛顿表示的力可以用质量（以 kg 表示）乘以加速度（以 m s^{-2} 表示）直接求得。所以，以 3 m s^{-2} 加速度移动一个 2 kg 的物体所需要的力是 6 N，也就是说 6 N=2 kg×3 m s^{-2}。遗憾的是，并非所有单位制都是如此清晰明了的。

公制通常被认为等同于国际单位制，但彼此之间还是有一些小的差别。例如，公制包括许多在国际单位制中没有的单位，如升、公顷、微米和吨。

另一个与 SI 制和公制密切相关的单位制是 CGS 制。在该单位制中，长度的基本单位是厘米，质量的基本单位是克，时间的基本单位是秒。CGS 制中机械能的单位是清晰明了的，因为达因被定义为以 1 cm s^{-2} 的加速度推动 1 g 质量所需的力。然而，热能的单位卡路里是不明了的，因为它被定义为使 1 g 水的温度升高 1 ℃所需要的能量。CGS 制的其他单位包括泊和斯，二者都与流体的黏度有关。

英制单位是由已经在英国存在了 1000 多年的一系列单位演化而来的，也被称为 FPS 制。在该单位制中，长度的基本单位是英尺，质量的基本单位是磅，时间的基本单位是秒。虽然英国正在逐步推广公制，但英制在美国仍然盛行。该单位制并不清晰明了，它包含了许多具有相同名称但代表不同物理量的单位。例如，磅既是质量单位，又是力的单位。令该单位制的应用更加复杂的是，世界各地对某些单位的定义不同。例如，英国的 1 加仑比美国的 1 加仑多出 20%。英制的其他单位还包括英亩（面积）、磅达（力）和英热单位 BTU（能量）。

在国际单位制和公制中，前缀 M 用来表示百万。因此，MPa 表示兆帕或百万帕斯卡。遗憾的是，在英制中前缀 M 通常用来表示千。因此，符号 MBTU 表示千 BTU 而不是百万 BTU。前缀 MM 才能表示百万，所以 MMcuft 表示百万立方英尺。这是两种单位制的应用中最易造成混淆的一个问题。

2.2　重要物理量的单位

现在我们讨论一些重要的物理量和它们的单位。

2.2.1　时间

在大多数单位制中，时间的基本单位都是秒，通常用 s 表示，但也可以用 sec 表示。秒曾经被定义为 1900 年长度的 1/31 556 925.974 7，现在用铯-133 原子的放射性衰变来定义。在日常生活中，时间可以用分、小时、日、周或年来表示。当涉及地质构造的年龄时，则通常会以百万年或亿年为单位。表 2.3 列出了最重要的时间单位及其换算系数。

表 2.3　时间单位及其换算系数

单位	符号	换算系数
秒	s	
分	min	1 min=60 s
小时	h	1 h=60 min 1 h=3600 s
日	d	1 d=24 h 1 d=86 400 s
年	a	1 a=365.25 d

2.2.2 长度

在国际单位制和公制中，长度的基本单位都是米。曾有很多年，米被定义为刻在铂杆米原器上的两个标记之间的距离，这个米原器存放在巴黎。1983 年，米被重新定义为光在真空中在 $3.335\,641\times10^{-9}$ s 内传播的距离。表示米的符号是 m。

码（yd）是英制中一个非常古老的长度单位，已有近 900 年的历史。1963 年以前，它被定义为刻在一个青铜杆上的两个标记之间的距离，该青铜杆保存在伦敦，温度恒定为 16.7 ℃。1963 年，码的定义被改为精确等于 0.914 4 m。英尺是另一个可以追溯到中世纪的单位，它被定义为精确等于三分之一码，所以 1 ft 精确等于 0.304 8 m。英尺通常用 ft 或符号＇来表示。1 ft 由 12 in 组成，所以 1 in 精确等于 0.025 4 m，或略多于 2.5 cm。它可以缩写为 in 或用符号＂来表示。表 2.4 列出了一些重要的长度单位及其换算系数。

表 2.4　长度单位及其换算系数

单位	符号	换算系数
米	m	
千米	km	1 km=1000 m
厘米	cm	1 cm=0.01 m
毫米	mm	1 mm=0.001 m
微米	μm	1 μm=10^{-6} m
码	yd	1 yd=0.914 4 m
英尺	ft，＇	3 ft=1 yd 1 ft=0.304 8 m
英寸	in，＂	12 in=1 ft 1 in=0.025 4 m
英里	mi	1 mi=1760 yd 1 mi=1 609.3 m

2.2.3 面积

在国际单位制和公制中，面积的常用单位都是平方米（m^2）。对于石油工业来说，平方米是一个很小的单位，所以常用公顷（ha）作为测量含油地层面积的单位。1 ha 包含 0.01 km^2 或 10 000 m^2。较小的面积也可以用平方英尺和平方码来表示（表 2.5）。

历史上，油田和井网的大小都是以英亩来表示的。英亩又是一个可以追溯到中世纪的计量单位，当时在欧洲，它被定义为一对耕牛一天可以耕出的土地面积。今天 1 ac 被定义为 43 560 ft^2。值得注意的是，1 mi^2 正好等于 640 ac。当以规则的矩形井网钻井时，习惯上用英亩来描述四口井形成的井网大小。

表 2.5　面积单位及其换算系数

单位	符号	换算系数
平方米	m^2	
公亩	a	1 a=100 m^2
公顷	ha	1 ha=1.000 0×10^4 m^2
平方千米	km^2	1 km^2=1.000 0×10^6 m^2 1 km^2=100 ha
平方英尺	ft^2	1 ft^2=9.290×10^{-2} m^2
平方码	yd^2	1 yd^2=8.361×10^{-1} m^2
英亩	ac	1 ac=4.046 86×10^3 m^2 1 ac=43 560 ft^2
平方英里	mi^2，$mile^2$	1 $mile^2$=2.589 988×10^6 m^2 1 $mile^2$=640 ac 1 $mile^2$=2.589 988 km^2

2.2.4　体积和容量

立方米（m^3）是国际单位制和公制中体积的常用单位。对某些应用场合来说这个单位太大了，所以体积和容量也可以用升来表示。1 L 是 1 dm^3，或千分之一立方米。升可以用符号 l 或 L 表示。体积和容量单位及其换算系数见表 2.6。

表 2.6　体积和容量单位及其换算系数

单位	符号	换算系数
立方米	m^3	
升	L，l	1 L=1.000 0×10^{-3} m^3
立方厘米	cm^3，cc	1 cm^3=1.000 0×10^{-6} m^3
立方英尺	ft^3，cuft	1 ft^3=2.831 7×10^{-2} m^3
英制加仑	gal，Imp. gal	1 Imp. gal=4.546×10^{-3} m^3
美制加仑	gal，US gal	1 US gal=3.785×10^{-3} m^3
桶	bbl	1 bbl=42 US gal=0.159 0 m^3
英亩-英尺	ac-ft	1 ac-ft=1.233×10^3 m^3

立方英尺（ft^3）是英制中的主要体积单位。当测量流体的体积时，更常用加仑来表示体积或容量。在这里需要注意的是，世界不同地区使用的是两种不同大小的加仑。1 英制加仑等于 10 lb 水在 62 °F 下所占的体积，相当于 4.546 L。如此定义的加仑在英国和加勒比海的一些地区使用。另一种加仑是美制的加仑，定义为 231 in^3 或 3.785 L。遗憾的是，人们很少明确说明用的是哪种定义，所以当读者遇到加仑这个单位时，就必须推断所用的是哪一种定义。

在石油工业中，原油的产量通常以桶（bbl）为单位来计量。1 bbl 油的体积是 42 美制加仑或 159.0 L。即使在日常生活中使用公制的国家，石油通常仍以美元/桶定价交易。油气工业上使用的另一个体积单位是英亩-英尺。1 ac-ft 等于一个面积为 1 英亩（43 560 ft^2）、厚度为 1 ft 的矩形棱柱的体积。1 ac-ft 相当于 43 560 ft^3 或 1233 m^3。这个单位很有用，因为如果已知一个含油层的面积是 250 ac，平均厚度为 12 ft，那么油藏的总体积将是 250×12=3000 ac-ft。

2.2.5 质量

在国际单位制和公制中，质量的基本单位是千克（kg）。在 2019 年 5 月之前，千克被定义为 1889 年制造的、存放在巴黎郊区的铂合金圆柱体的质量。然而，自 2019 年 5 月以来，该定义已经发生了变化，现在它是根据几个基本物理常数来定义的。但这一变化在很大程度上与我们的日常使用无关。

其他常用的公制质量单位是克（g）和吨（t）。1 t 等于 1000 kg（表 2.7），也被称为公吨。

表 2.7 质量单位及其换算系数

单位	符号	换算系数
千克	kg	
克	g	1 g=1.000 0×10^{-3} kg
吨	t	1 t=1.000 0×10^3 kg
磅	lb，lb_m	1 lb=0.453 592 kg
长吨	t	1 t=2 240 lb 1 t=1 016.05 kg
短吨	t	1 t=2 000 lb 1 t=907.18 kg

磅（lb）是 FPS 单位制和英制中常用的质量单位。这里需要注意的是，在这些单位制中，磅也被用作力的单位（符号也是 lb）。为了区别这两个单位，有时用符号 lb_m 和 lb_f 分别表示 1 lb_m 和 1 lb_f。1 lb_m 等于 0.453 592 kg。在英制中，长吨被定义为 2240 lb。个别时候用短吨表示质量，1 t 等于 2000 lb。公吨、长吨、短吨分别代表不同的质量，不能混淆。

2.2.6 密度与比重

材料的密度是单位体积的材料的质量。在 SI 制中，密度用 kg m^{-3} 表示。其他密度单位包括 kg L^{-1}、g cm^{-3}、lb_m ft^{-3} 和 lb gal^{-1}。表 2.8 列出了不同单位之间的换算系数。用 SI 制表示材料密度的优越性在于，在 4 ℃时水的密度为 1 000.0 kg m^{-3} 或 1.000 0 kg L^{-1}。因此，如果一种液体比水重，那么它的密度将大于 1 kg L^{-1}。水在 4 ℃的密度还等于 62.43 lb ft^{-3}、10.02 磅每英制加仑或 8.345 磅每美制加仑。

在那些使用国际单位制或公制的国家，用密度来表征液体是很方便的。在其他国家，尤其是美国，则通常使用比重。一种物质的比重（sp. gr.）是该物质的密度与其他某种参考物质的密度之比：

$$比重=\frac{物质的密度}{参考物质的密度} \tag{2.1}$$

表 2.8　密度与比重单位及其换算系数

单位	符号	换算系数
千克每立方米	$kg\ m^{-3}$	
千克每升	$kg\ L^{-1}$	$1\ kg\ L^{-1}=1\ 000.0\ kg\ m^{-3}$
克每立方厘米	$g\ cm^{-3}$	$1\ g\ cm^{-3}=1\ 000.0\ kg\ m^{-3}$
磅每立方英尺	$lb\ ft^{-3}$	$1\ lb\ ft^{-3}=16.02\ kg\ m^{-3}$
磅每英制加仑	$lb\ gal^{-1}$	$1\ lb\ gal^{-1}=99.76\ kg\ m^{-3}$
磅每美制加仑	$lb\ gal^{-1}$	$1\ lb\ gal^{-1}=119.8\ kg\ m^{-3}$

对于液体，所使用的参考物质通常是水。水和任何其他液体（如原油）的密度都随温度而变化，因此标明这两种密度所处的温度是很重要的。

假设原油在 20 ℃温度下的密度为 61.08 $lb\ ft^{-3}$，参考密度为 4 ℃下的水，即 62.43 $lb\ ft^{-3}$，则有

$$比重=\frac{61.08\ lb\ ft^{-3}}{62.43\ lb\ ft^{-3}}=0.978\ 20°/4°$$

这里清楚地标明了两种液体的温度。石油专业通常使用自己定义的重度来描述原油和石油产品的密度，这就是美国石油学会（API）度或 API 重度，其定义为

$$°API=\frac{141.5}{比重60°F/60°F}-131.5 \tag{2.2}$$

在 60°F（即 15.6 ℃）时，参考物质水的密度为 999.0 $kg\ m^{-3}$ 或 62.37 $lb\ ft^{-3}$。因此在 60°F 下，密度为 60.43 $lb\ ft^{-3}$ 的原油的 API 重度为

$$°API=\frac{141.5}{60.43\ lb\ ft^{-3}/62.37\ lb\ ft^{-3}}-131.5=14.5$$

在 60 °F 下，与水密度相同的油的重度为 10.0 °API。较重的油的重度低于 10.0 °API，而较轻的、倾向于浮在水面上的油，重度高于 10.0°API。表 2.9 是原油密度和 API 重度的换算表。

表 2.9　原油的密度和 API 重度换算表

密度/（$kg\ m^{-3}$）	API 重度	密度/（$kg\ m^{-3}$）	API 重度
1020.0	7.09	1013.4	8.00
1000.0	9.86	1006.1	9.00
990.0	11.29	999.0	10.00
980.0	12.75	992.0	11.00
970.0	14.23	985.1	12.00
960.0	15.75	971.6	14.00
940.0	18.88	958.4	16.00
920.0	22.16	945.6	18.00

续表

密度/（kg m^{-3}）	API 重度	密度/（kg m^{-3}）	API 重度
900.0	25.57	933.1	20.00
880.0	29.14	903.3	25.00
860.0	32.88	875.3	30.00
840.0	36.79	849.0	35.00
820.0	40.89	824.3	40.00
800.0	45.20	800.9	45.00

2.2.7　物质的量

当表示水或原油的量时，通常使用质量或体积；然而在表示气体的量时，通常用原子或分子的个数来表示更有意义。我们用摩尔（符号为 mol）这个单位来表示化学物质的量。摩尔这个单位和“打”在概念上很相似。1 打鸡蛋意味着有 12 个，而 2 打饮料罐意味着有 24 罐。我们可以用打的倍数来表示更大的数，所以 6 打瓶装水意味着有 72 瓶，1 打碳原子意味着有 12 个碳原子。但用打来表示原子、分子的量存在一个问题：原子和分子太小了，我们需要天文级的数字才能表示常用的量。1 打有 12 件物品，但 1 摩尔有 $6.022\,0\times10^{23}$ 件物品。因此，1 摩尔甲烷含有 $6.022\,0\times10^{23}$ 个甲烷分子。

在国际单位制中，摩尔是用来表示物质的量的基本单位。1 摩尔物质是指该物质含有的基本粒子的数目与 12 g 碳-12 原子的数目相等。所以 12 g 碳-12 原子恰好包含 $6.022\,0\times10^{23}$ 个原子。基本粒子可以是原子、分子或离子基团。因为甲烷 CH_4 的分子量是 16.04，所以 1 摩尔 CH_4 的质量是 16.04 g，含有 $6.022\,0\times10^{23}$ 个 CH_4 分子。1 摩尔 CH_4 也含有 $6.022\,0\times10^{23}$ 个碳原子和 $24.088\,0\times10^{23}$ 个氢原子。

2.2.8　温度

虽然国际单位制中温度的基本单位是开尔文（K），但石油工程师可能更习惯使用另外两种温标——摄氏度和华氏度。这两种温标被称为相对温标，因为它们的零点是在创建温标时人为指定的。物理学家 Daniel Fahrenheit（丹尼尔·华伦海特）在近 300 年前创建了他的温标，他将零度设定为利用雪和盐的混合物所能再现的最低温度，将汞的沸点设定为 600 °F。后来其温标被改进了，冰的熔点被设定为 32 °F，水在正常大气压下的沸点被设定为 212 °F。这样，在欧洲遇到的常规温度都在 0～100 °F 之间。

在 Fahrenheit 提出其温标几年之后，瑞典天文学家 Anders Celsius（安德斯·摄尔修斯）又提出了他自己的温标，将标准大气压下水的沸点作为 0°，冰的熔点作为 100°。这意味着温度越高，温度数值越小。Celsius 去世两年后，其同事建议将温度刻度颠倒过来，这样温度数值就会随着温度的升高而增加。摄氏温标有时被误称为百分度温标，将冰的熔点作为 0 ℃，标准大气压下水的沸点作为 100 ℃。在最近的几十年里，温度测量技术的改进导致了摄氏温标的略微变动，现在确定冰的熔点是 0.01 ℃。

开尔文温标以绝对零度作为它的零点，这是能够设想到的最低温度。开尔文单位的大小与摄氏度单位的大小相同。因此，温度升高 4 ℃等同于温度升高 4 K。应该指出开尔文的符号是 K，没有表示“度”的符号，而其他两个温标仍用“度”的符号表示，即℃和°F。

以℃表示的温度可以通过两个简单的公式与其他两个温标的温度相关联：

$$(\text{以K表示的温度}) = (\text{以℃表示的温度}) + 273.15 \tag{2.3}$$

$$(\text{以°F表示的温度}) = (\text{以℃表示的温度}) \times 1.800 + 32.00 \tag{2.4}$$

表 2.10 给出了石油工程常用范围内的温度换算表。

表 2.10　温度换算表

摄氏度/℃	华氏度/℉	摄氏度/℃	华氏度/℉
0.0	32.0	−17.8	0
10.0	50.0	−3.9	25
20.0	68.0	10.0	50
30.0	86.0	23.9	75
40.0	104.0	37.8	100
50.0	122.0	51.7	125
75.0	167.0	65.6	150
100.0	212.0	93.3	200
125.0	257.0	121.1	250
150.0	302.0	148.9	300
175.0	347.0	176.7	350
200.0	392.0	204.4	400
225.0	437.0	232.2	450
250.0	482.0	260.0	500

2.2.9　力

牛顿（N）是国际单位制中力的单位。1 N 是使 1 kg 的物体产生 1 m s^{-2} 加速度所需要的力。达因（dyn）和磅达（pdl）是工业中有时也会用到的力的单位。1 dyn 是使 1 g 物体产生 1 cm s^{-2} 加速度所需要的力。1 pdl 是使 1 lb_m 的物体产生 1 ft s^{-2} 加速度所需要的力。1 lb_f 是使 1 lb_m 的物体产生地球引力加速度（即 32.174 ft s^{-2}）所需要的力。偶尔也可能会遇到千克力（kg_f）这个单位，1 kg_f 是使 1 kg 质量的物体产生地球引力加速度（即 9.80605 m/s^2）所需要的力。这类单位的使用完全违背了 SI 制的设计宗旨，因此不鼓励读者使用。表 2.11 列出了力的主要单位及其换算系数。

2.2.10　压强

在国际单位制中压强的单位是帕斯卡（Pa），是指 1 N 的力施加在 1 m^2 面积上所产生的压力。因为帕斯卡这个单位很小，所以更常用的是 kPa、MPa 和巴（bar）。1 bar 等于 10^5 Pa 或 100 kPa（表 2.12）。

表 2.11　力的主要单位及其换算系数

单位	符号	换算系数
牛顿	N	
达因	dyn	1 dyn=1.000×10^{-5} N
磅达	pdl	1 pdl=0.138 255 N
磅力	lb_f	1 lb_f=4.448 22 N
千克力	kg_f	1 kg_f=9.806 65 N

表 2.12　压力单位及其换算系数

单位	符号	换算系数
帕斯卡	Pa	
标准大气压	atm	1 atm=101 325 Pa
工程大气压	at	1 at=98 066.5 Pa
磅每平方英寸	psi	14.696 psi=1 atm 1 psi=6 894.76 Pa
毫米汞柱	mm Hg	760 mm Hg=1 atm 1 mm Hg=133.322 Pa
托	Torr	1 Torr=1 mm Hg 1 Torr=133.322 Pa
英尺水柱	ft H_2O	33.90 ft H_2O=1 atm 1 ft H_2O=2989 Pa
米水柱	m H_2O	10.33 m H_2O=1 atm 1 m H_2O=9806 Pa

将更高的压力表示为海平面上标准大气压的倍数是很实用的。标准大气压（atm）被定义为 101 325 Pa 或 101.325 kPa，其在工程和工业中的应用很普遍。不应将标准大气压与一个名称相似但实质不同的单位——工程大气压（at）混淆。1 个工程大气压等于 1 kg 力施加在 1 cm^2 面积上，现在已经不鼓励使用这个单位，但在阅读历史资料时仍可能会碰到。

在石油工业中遇到的最常用的压力单位之一是磅每平方英寸，简称为 psi。顾名思义，它是指在 1 in^2 的面积上施加 1 lb_f 所产生的压力。1 个标准大气压约等于 14.7 psi，因此数千磅每平方英寸的油气层压力也并不罕见。

压力也可以用液柱的压头（即高度）来表示。液柱的底部和顶部之间的压差 ΔP 由式（2.5）给出：

$$\Delta P = \rho g h \tag{2.5}$$

式中，ρ 为液体的密度；g 为标准重力加速度，9.81 m s^{-2}；h 为液柱的高度。

例如，对于高度为 2.00 m 的水柱底部的压力可进行如下计算：

$$\Delta P = 1000\ \text{kg m}^{-3} \times 9.81\ \text{m s}^{-2} \times 2.00\ \text{m} = 19.6 \times 10^3\ \text{Pa} = 19.6\ \text{kPa}$$

1 个标准大气压相当于 10.33 m 水柱产生的压力，或 760 mm 汞柱产生的压力。偶尔人们可能会遇到一个叫作托（Torr）的压力单位，它相当于 1 mm 汞柱产生的压力。各种压力单位之间的换算系数见表 2.12。

工业上大多数用于测量压力的仪表实际上测量的是目标压力与参考压力之间的压差，这个参考压力通常是大气压。这意味着，如果压力表显示的压力为 250 kPa，那么实际压力将是 250 kPa 加上当时的大气压（最可能的值是 101 kPa）。因此，实际的绝对压力将是 351 kPa。绝对压力是指压力刻度上的零点是绝对真空，即可能设想到的最低压力；而压力表的刻度是以当时、当地的大气压作为零点。大气压是环境中空气的压力，可能随天气、地点和海拔而变化，但除高海拔地区外，通常在标准大气压（101 kPa）上下 2～3 kPa 范围内。

压力表和传感器测量的是目标压力和当地大气压之间的压差。因此，表压为零表明所测的压力等于大气压，而表压为负或真空表明所测的压力低于大气压。绝对压力与压力表所指示的压力（即表压）通过下面的简单公式相关联：

$$(\text{绝对压力})=(\text{表压})+(\text{大气压}) \tag{2.6}$$

如果想要知道准确的绝对压力，就必须知道大气压。然而，如果井底压力的测量精度只有±2 kPa，那么大气压的变化在很大程度上就无关紧要了。

有时在压力单位后面加字母 a 或 g 表示绝对压力或表压，如 psia 和 psig。但在 SI 制中不鼓励这种表示法。

2.2.11　能量

在国际单位制和公制中，常用的能量单位是焦耳（J）。1 J 被定义为移动 1 m 的距离施加 1 N 的力所需要的能量。在 CGS 制中，1 erg 被定义为移动 1 cm 的距离施加 1 dyn 的力所需要的能量。表 2.13 给出了各种能量单位及其换算系数。

表 2.13　能量单位及其换算系数

单位	符号	换算系数
焦耳	J	
尔格	erg	1 erg=1.000 0×10^{-7} J
卡路里	cal	1 cal=4.186 8 J
英热单位	BTU	1 BTU=1.055 06×10^{3} J
撒姆	therm	1 therm=1.055 06×10^{8} J
千瓦时	kW h	1 kW h=3.600 0×10^{6} J
桶油当量	BOE	1 BOE=6.204×10^{9} J

卡路里（cal）最初被定义为将 1 g 水的温度升高 1 ℃所需要的能量。但该值随温度而变化，这个定义不严谨。从 1956 年开始，国际卡路里（International Tables Calorie）被定义为 4.1868 J。英热单位（BTU）最初被定义为将 1 lb 水的温度升高 1 °F 所需的能量，但现在被定义为 1.0551 kJ。1 therm 原来被定义为将 1000 lb 水的温度升高 100 °F 所需的能量，但现在被定义为 10^5 BTU 或 105.51 MJ。

电能有时用千瓦时来计量，但不鼓励继续使用。

最后要讨论的能量单位是桶油当量（BOE）。这个单位有时被用来比较不同的能源。

例如，一组风力发电机所产生的能量可以表示为充分燃烧若干桶石油所释放的能量。显然，不同产地的石油燃烧时产生的能量不同，这取决于油的组成。因此桶油当量只是一种名义上的换算。尽管如此，1 BOE 通常被认为相当于 6.12×10^9 J 或 6.12 GJ 能量。

2.2.12　功率

瓦（W）是国际单位制和公制中的功率单位。1 瓦表示产生能量的速率为 1 J s^{-1}。马力（hp）是 James Watt（詹姆斯·瓦特）在 18 世纪末提出的，表示一匹典型的马的做功速度。从那以后马力的定义发生了变化，今天使用的定义有几种，最常用的定义是 1 马力等于 745.7 W。功率单位及其换算系数见表 2.14。

表 2.14　功率单位及其换算系数

单位	符号	换算系数
瓦特	W	
马力	hp	1 hp=745.700 W
卡每秒	cal s^{-1}	1 cal s^{-1}=4.186 8 W
千卡每小时	kcal h^{-1}	1 kcal h^{-1}=1.163 W
英热单位每秒	BTU s^{-1}	1 BTU s^{-1}=$1.055\ 06\times10^3$ W

2.2.13　黏度

流体（即液体或气体）的黏度是衡量其流动阻力的指标。在国际单位制中，其单位是帕斯卡秒（Pa s），1 Pa s=1 kg m^{-1} s^{-1}。在这里我们不深入解释黏度是如何定义的，只是要说明油的黏度通常以泊（P）或厘泊（cP）为单位表示。泊是 CGS 制中的黏度单位。值得注意的是，1 cP=1 mPa s，即 1 厘泊等于 1 毫帕秒。

有时将流体的黏度除以密度得到运动黏度：

$$运动黏度=\frac{流体黏度}{密度} \tag{2.7}$$

在国际单位制中，运动黏度的常用单位是平方米每秒（m^2 s^{-1}）。在 CGS 制中，运动黏度的单位是斯（St）。油的运动黏度通常用 cSt 来表示，1 cSt=1 mm^2 s^{-1}，即 1 厘斯相当于 1 平方毫米每秒。

2.2.14　渗透率

渗透率是多孔性固体的一种性质，是衡量流体流过该固体的难易程度的指标。在达西定律中利用渗透率将通过多孔性固体的体积流量与压降和其他参数关联起来，公式如下：

$$\dot{V}=-\frac{kA}{\mu}\frac{\Delta P}{\Delta x} \tag{2.8}$$

式中，$\dot{V}$ 为体积流量；A 为垂直于流动方向的截面积；k 为渗透率；μ 为流体黏度；ΔP 为相距 Δx 的两点之间的压差。

若 $\dot{V}$ 的单位为 $m^3\ s^{-1}$，A 的单位为 m^2，μ 的单位为 Pa s，ΔP 的单位为 Pa，Δx 的单位为 m，则 k 的单位为 m^2。虽然渗透率的单位是 m^2，但它并不是面积。

在美国，达西（D）是历史上一直沿用的渗透率单位。尽管在今天达西已经有点过时，但不少渗透率数据仍然仅以达西表示。渗透率为 1 达西的多孔介质允许黏度为 1 mPa s 的流体在 1 atm cm^{-1} 的压力梯度下以 1 $cm^3\ s^{-1}$ 的流量流过 1 cm^2 的面积。1 达西相当于 $9.869\times10^{-13}\ m^2$。通常将 1 达西表示为 0.986 9 μm^2，也可近似为 1 D=1 μm^2。在许多情况下这种近似都是可以接受的，因为多孔介质的渗透率很难测准至±1%以内。

2.3　单 位 换 算

石油工程师需要能够在广泛采用的 SI 制单位、公制单位与美国仍在使用的英制单位之间自由换算。现在我们看一些如何换算的例子。

例子 2.1

相邻两口油井之间的距离是 1864 ft，用米来表示这个距离。

完成换算的第一步是查阅英尺和米之间的换算系数。从表 2.4 的换算系数列表中我们知道：

$$1\ \text{ft} \equiv 0.304\,8\ \text{m}$$

将等式重排，得到：

$$\frac{0.304\,8\ \text{m}}{1\ \text{ft}} = 1$$

这是因为分子与分母相等。我们知道将一个量乘以1，这个量的值保持不变。如果我们将 1864 ft 乘以 1，就得到：

$$1864\ \text{ft} \times \frac{0.304\,8\ \text{m}}{1\ \text{ft}} = 568.1\ \text{m}$$

英尺消掉了，只剩下米。568.1 m 的答案似乎是合理的。米是比英尺更大的长度单位，所以相同的距离用米表示数值较小。但值得注意的是，答案给出的有效数字位数与用英尺表示时的有效数字位数相同。

例子 2.2

在一口超深井中使用的泥浆密度为 14.0 ppg 或磅/加仑，用 kg m^{-3} 表示该密度。

由于这个例子取自美国，我们假设这里的加仑是美制加仑。虽然我们有表 2.8 给出的密度换算系数，但为了示范，我们将使用质量和体积各自的换算系数，即

$$1\ \text{lb} \equiv 0.453\,59\ \text{kg}$$

$$1\ \text{US gal} \equiv 3.785\times10^{-3}\ \text{m}^3$$

重新排列这些关系式，我们会得出两个值都等于 1 的分数：

$$\frac{0.453\,59\ \text{kg}}{1\ \text{lb}} = 1$$

以及

$$\frac{1\ \text{US gal}}{3.785\times10^{-3}\ \text{m}^3} = 1$$

现在进行换算：

$$14.0\text{ ppg} = 14.0\frac{\text{lb}}{\text{US gal}} \times \frac{0.453\,59\text{ kg}}{\text{lb}} \times \frac{1\text{ US gal}}{3.785\times10^{-3}\text{ m}^3} = 1678\text{ kg m}^{-3}$$

这样，美制加仑和磅就消掉了。原来的泥浆密度只有三位有效数字，因此我们的换算必须保持同等的精度。正确的换算结果是 1.68×10^3 kg m^{-3}。

例子 2.3

一口油井的产量为 17.1 bpd（桶每日），将其换算成升每小时。

进行换算前我们需要记得以下单位换算系数：

$$1\text{ bbl} \equiv 0.1590\text{ m}^3$$

$$1\text{ m}^3 \equiv 1000\text{ L}$$

$$1\text{ day} \equiv 24\text{ h}$$

现在我们应用这些系数来算出以目标单位表示的原油产量。

$$17.1\frac{\text{bbl}}{\text{day}} \times \frac{0.1590\text{ m}^3}{1\text{ bbl}} \times \frac{1000\text{ L}}{1\text{ m}^3} \times \frac{1\text{ day}}{24\text{ h}} = 113\text{ L h}^{-1}$$

所以这口井的产量是 113 L h^{-1}。

2.4 结　　语

不同单位制之间的换算看起来是一件相对简单的事儿，但如果换算不准确，在最好情况下的结果也可能是令人窘迫的，而在最坏的情况下可能蕴藏着极大的风险。虽然世界上几乎所有国家在日常生活中都使用公制单位，但美国仍在使用陈旧的、不清晰明了的英制单位。石油和天然气行业还使用自己的一套独特的单位，包括桶、英亩-英尺和°API。表 2.15 概括了其中一些单位，石油工程师应能够在这些不同的单位制之间自由换算。

表 2.15　常用量的单位

量	SI 制单位	油田单位
长度	m	英尺，英里
面积	m^2	平方英尺，英亩
体积	m^3	立方英尺，加仑，桶，英亩-英尺
质量	kg	磅，长吨
密度	kg m^{-3}	磅每加仑
重度	—	API 重度
温度	K	华氏度
力	N	磅力
压力	Pa	磅每平方英寸，大气压
能量	J	英热单位，撒姆
功率	W	马力
黏度	Pa s	泊，厘泊
运动黏度	m^2 s^{-1}	斯，厘斯
渗透率	m^2	达西

第 3 章　石油和天然气

石油是一个涵盖广泛的术语，当今，它不仅是指原油和天然气，还表示从原油和天然气中衍生出来的许多产品，这些产品包括用于机动车的无铅汽油，以及喷气式飞机使用的燃油、柴油和船用燃料。本章，我们只讨论天然存在的原油和天然气。

人们普遍认为，原油和天然气遍布世界各地，是数百万年来由植物和动物物质分解而形成的，这些物质最终被岩石和矿物层所覆盖，因此，我们会在地下几十米到几千米的深处发现石油和天然气。油气承受数百万年温度和压力的差异，导致原油和天然气的实际组分也会不同。有的原油在采出后相对较轻且能够自由流动，而有的则具有较高密度和黏度。通常情况下，天然气的主要成分是甲烷，但有些气田高含硫，或者含有丙烷和丁烷。

3.1　原　　油

原油和天然气通常均由碳氢化合物组成，碳氢化合物是由碳原子和氢原子组成的分子，碳氢两种原子结合在一起形成各种各样的碳氢化合物；除了碳原子和氢原子，还有含量不一的氧原子和硫原子。表 3.1 是世界各地的不同原油组分和各种成分的含量范围。例如，产自北海英国区块的布伦特原油通常含有 86.0%的碳、13.5%的氢、0.1%的氮和 0.4%的硫。

表 3.1　几种原油化学组分分析结果

原油来源	各成分含量（质量分数）/%				
	C	H	N	O	S
通常含量范围	82.0～87.0	10.0～14.5	0.0～2.0	0.0～1.5	0.0～6.0
阿塞拜疆巴库	86.5	12.0	—	1.5	痕量
美国科林加	86.4	11.7	1.2	—	0.6
澳大利亚埃克斯茅斯	87.1	11.4	1.1	—	0.1
北海挪威区块	85.5	14.5	—	—	痕量
北海英国区块	86.0	13.5	0.1	—	0.4
委内瑞拉奥里诺科	82.4	10.4	1.5	—	5.7
美国西弗吉尼亚	84.3	14.1	—	—	1.6

表 3.1 中的数据是原油的最终化学组分分析结果。该结果虽然不能直接反映原油的物理性质和可燃性，但它提供了油样中硫含量的信息，由于存在腐蚀性，必须及时清除掉原油和天然气中的硫，硫含量在 1%以下称为“甜油”，而硫含量在 1%以上称为“酸油”。

原油的烃分子构成通常分为四种：烷烃、环烷烃、芳香烃和沥青质，前三种结构类型的分子如图 3.1 所示。其中，甲烷（CH_4）是最简单的碳氢化合物，一个甲烷分子包含一个碳原子和四个氢原子［图 3.1（a）］，甲烷是具有通式 C_nH_{2n+2} 的烷烃系列的第一个成员，其中 n 是任何一个正整数；乙烷（C_2H_6）是烷烃系列的第二个成员，每个分子含有两个碳原子和六个氢原子［图 3.1（b）］；丙烷（C_3H_8）由三个连成一串的碳原子组成，两端的碳原子各连接三个氢原子，中间的碳原子连接两个氢原子［图 3.1（c）］；丁烷（C_4H_{10}）由四个碳原子组成，但它们可能以两种不同的结构方式连接，这两种不同的结构称为异构体，如果碳原子连成一串，分子结构称为正丁烷［图 3.1（d）］，如果其中一个碳原子连接到其他三个碳原子的中间一个，所得分子结构是异丁烷［图 3.1（e）］。异丁烷因为至少有一个偏离碳原子主链的支链，也被称为“支链烷烃”。戊烷（C_5H_{12}）、己烷（C_6H_{14}）、庚烷（C_7H_{16}）、辛烷（C_8H_{18}）、壬烷（C_9H_{20}）和癸烷（$C_{10}H_{22}$）也都有不同的分子结构，单说癸烷，共有 75 种不同的异构体。天然气通常由甲烷、乙烷、丙烷和丁烷组成，而原油是丙烷和更长链烷烃组成的混合物。烷烃有时被称为“石蜡”，有时含有以某种方式连接到分子骨架上的氮、氧和硫三种原子。

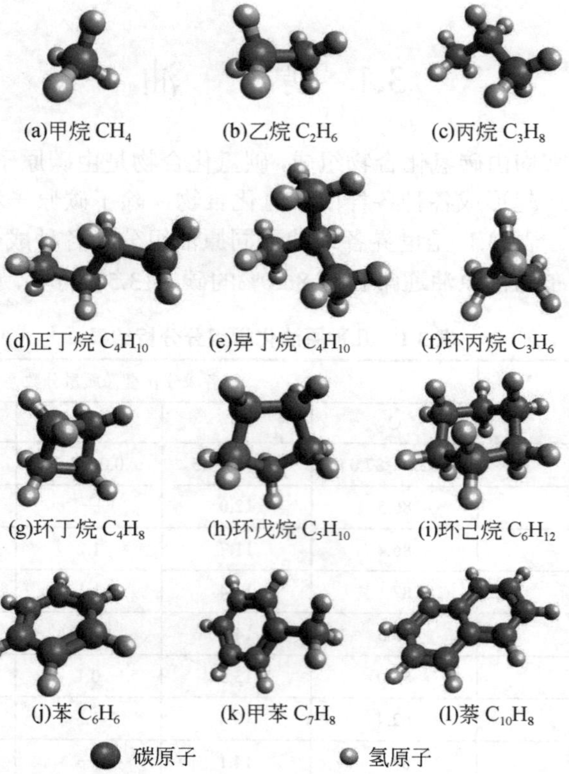

图 3.1　烃分子举例

（a）～（e）为烷烃；（f）～（i）为环烷烃；（j）～（l）为芳香烃

环烷烃也是由碳原子和氢原子组成的分子，其中碳原子相互连接成环。每个碳原子与环中的另外两个碳原子和两个氢原子相连，因此其通式是 C_nH_{2n}，其中 n 是大于等于 3 的正整数。分子量最小的环烷烃是环丙烷（C_3H_6）[图 3.1（f）]。环烷烃有两个英文名称 cycloalkane 和 naphthene，注意不要将后者与化合物萘（naphthalene）相混淆。

环己烷 C_6H_{12} 是由六个碳原子组成的环状结构，每个碳原子通过单键与相邻的碳原子相连，并与两个氢原子相连。与此对比，苯 C_6H_6 也是由六个碳原子组成的环状结构，但每个碳原子只与一个氢原子相连，环内的碳原子之间通过更牢固的化学键相互连接。

苯是芳香烃中分子量最小的化合物。甲苯是另一种芳香族化合物，它包含一个苯环，但其中的一个氢原子被一个亚分子或原子团取代，该原子团叫甲基（CH_3）[图 3.1（k）]。其他芳烃包含两个或多个直接相连的苯环，如萘（$C_{10}H_8$）[图 3.1（l）]。

沥青质是原油中的第四种碳氢化合物，是大的烃类分子，通常由三到十个带有支链的苯环组成。沥青质还可能含有氮原子、氧原子和硫原子，其结构很大并且不规则，所以图 3.1 中不包括。

原油可能完全由数以千计的不同化合物组成，从简单的直链烷烃到环烷烃，再到分子量非常大的沥青质。

有些原油中含有易于结蜡的化合物，尤其是在较低温度下。这说明，如果原油温度降到一定程度就会凝固，不再流动。

原油组分可能以烷烃、环烷烃或沥青质为主，这取决于油藏的成藏历史、原油的成因，虽然没有典型的分类，但以环烷烃为主的原油可能含有 30%的烷烃、50%的环烷烃、15%的芳香烃和 5%的沥青质（均以质量计）。

3.1.1　密度和比重

密度是原油特性的最重要表征方法之一，即单位体积物质的质量，在公制单位中，密度的单位是千克每立方米（$kg\ m^{-3}$）和千克每升（$kg\ L^{-1}$），由于石油工业起源于美国，而美国仍然使用旧的英制单位，所以，密度也用磅每立方英尺（$lb\ ft^{-3}$）来表示。需要注意的是，水的密度通常为 1000 $kg\ m^{-3}$、1.000 $kg\ L^{-1}$ 和 62.43 $lb\ ft^{-3}$，轻质原油的密度可能仅有 920 $kg\ m^{-3}$，这说明，随着时间推移，油与水的混合物会分离成两层，较轻的油浮在上部，较重的水则沉到下部。

石油工业多使用油的比重，而不是密度；原因是在英制单位中，水的密度为 62.43 $lb\ ft^{-3}$，公制中水密度为 1000 $kg\ m^{-3}$，相对更齐整。正如上一章，我们知道油的比重（SG）是油的密度与基准物质（通常是水）的密度之比。

$$比重 = \frac{油的密度}{基准物质（通常是水）的密度} \tag{3.1}$$

如果我们关注测量密度时的温度条件，那么油的比重是非常有用的计量手段，如果油的比重小于 1，油就比水轻，就会浮在水的上面。

原油比重通常以°API 表示，其定义为

$$°API = \frac{141.5}{比重60°F/60°F} - 131.5 \tag{3.2}$$

该公式源自一种用于测量原油比重的简单技术。该技术被称为液体比重计，是一种简单易操作、可浸入油样的浮力装置。液体比重计由一根密封的细管组成，这一细管的一端配有加重球，另一端呈较长的杆状，该比重计加重端朝下，可以直立漂浮在油样中，比重计长杆浮出来的部分越多，油的比重越大。原油比重公式［式（3.2）］中的油水密度均在60°F时测量。

如果油样在60°F时的比重为0.920，那么可以计算API重度：

$$°API = \frac{141.5}{0.920} - 131.5 = 22.3$$

60°F下，密度与水相同的原油的API重度为10.0；密度比水大的原油API重度小于10.0。

虽然轻质油、中质油和重质油等三个术语没有明确的定义，但通常可以按原油密度进行划分，如表3.2所示，目前开发的大多数油田所产原油均是密度介于870～920 kg m^{-3}之间的中质油。

表3.2　按密度和API重度对原油分类

分类	密度/（kg m^{-3}）	API重度
轻质油	＜870	＞31.1
中质油	870～920	22.3～31.1
重质油	920～1000	10.0～22.3
超重质油	＞1000	＜10.0

3.1.2　倾点和浊点

倾点是表征原油特性的另一种重要方式。原油倾点是其能够保持流动的最低温度。原油冷却到其倾点之下将停止流动，原因在于油中较多的蜡质成分会凝固。原油必须从井口通过管道输送到炼油厂或其他加工设施，因此，原油的倾点越低越好，但含蜡原油的倾点较高，输送的难度较大。

原油倾点的测量方法有多种。一种方法是将油样盛在一个广口瓶中，将广口瓶升温至油样可以自由流动，然后逐渐冷却，间隔一定时间将广口瓶倾斜，确认油样仍可流动，如果在某个温度下瓶子倾斜后原油无法流动，则该温度即原油倾点；另一种方法是在油样逐渐冷却过程中，每隔一定时间将压缩气体喷射到油样的表面上，起初，油的表面会从撞击点开始向外辐射波纹，利用光学传感器检测油面的扰动，在气体喷射作用下可以将检测到的表面波纹的最低温度作为倾点。倾点的测量精度一般在±1 ℃以内。

表3.3列出了多种原油的倾点，从表中可以看到，许多典型原油的倾点通常低于10 ℃，曾发生过因管道外温度降至倾点以下导致管道中原油凝固的案例，此时，要使原油重新流动的唯一方法是在管道外部加热。如果倾点高于15 ℃，原油中的任何蜡都可能在井口的管道中凝固，需要关井并采取补救措施。

浊点与倾点密切相关，前者是原油中的蜡开始固化、油首次变浑浊的温度。它通常比倾点高1～3 ℃。

表 3.3　原油性质

油的来源	密度 / (kg m^{-3})	API 重度	硫含量（以质量计）/%	倾点 /℃
美国，阿拉斯加	894	26.8	1.0	−21
沙特阿拉伯，轻质原油	859	33.3	1.5	−35
阿塞拜疆，巴库轻质原油	849	35.2	0.14	−3
澳大利亚，博罗岛	844	36.1	0.05	−90
尼日利亚，博尼轻质原油	845	36.0	0.14	4
委内瑞拉，博斯坎	999	10.1	5.4	7
加拿大，希伯利亚混合原油	854	34.2	0.56	3
安哥拉，洪戈混合原油	879	29.5	0.59	−7
伊朗，伊朗轻质原油	858	33.5	1.4	−29
委内瑞拉，梅萨	873	30.5	0.85	−46
挪威，北海	874	36.3	0.21	20
美国，俄克拉荷马	830	41.1	0.24	−16
巴西，佩雷格里诺	976	13.5	1.8	9

3.1.3　黏度

无论是液体还是气体，流体的黏度都是表示其流动阻力的特性。我们可以联想到机油、蜂蜜等流体，同等条件下，这些流体比水流动得更慢。流体的运动受到内摩擦机理的阻碍，这种机理被称为黏度，流体的黏度越高，其流动阻力越大。由于从油井中采出地面的原油必须通过管道泵送输送到炼油厂，此时，原油的黏度特性是一个重要指标。

黏度是流体属性，与流体的温度和压力有关。通常，流体的黏度随温度的升高而降低，这是众多读者从机油的使用经验中即可获得的直观感受。在正常的环境温度下，比如 20 ℃，部分机油会表现为类似蜂蜜的黏稠度，流动缓慢；如果将容器突然倾斜，容器中的油表面需要一段时间才能变水平。现在，我们想象将同样的油用于润滑运转中的发动机，运转中的发动机内部温度非常高，油将会自由流动，几乎没有任何流动阻力；此时，假如我们用这种热油进行倾斜试验，油会快速在倾斜的容器内重新建立一个水平面。

在公制和 SI 制中，黏度的单位是帕斯卡秒，符号为 Pa s。水在 0 ℃时的黏度为 0.001 79 Pa s，在 100 ℃时降至 0.000 282 Pa s，在 200 ℃时降至 0.000 134 Pa s，水的黏度随温度的变化如图 3.2 所示，该图中还给出了三种典型原油的黏度。数据表明，对于密度为 950 kg m^{-3}（API 重度为 17.4）的典型原油，其黏度在 20 ℃时为 1.0 Pa s，在 100 ℃时仅为 0.015 Pa s。这里给大家一个直观概念，一些蜂蜜的黏度在 20 ℃时约为 10 Pa s；黏度的另一个单位是泊，符号为 P，泊的定义为 1 P=0.1 Pa s。

流体的黏度也可用运动黏度表示。运动黏度就是流体黏度（也称为绝对黏度）除以其密度。这样，

$$运动黏度=\frac{流体黏度}{密度} \tag{3.3}$$

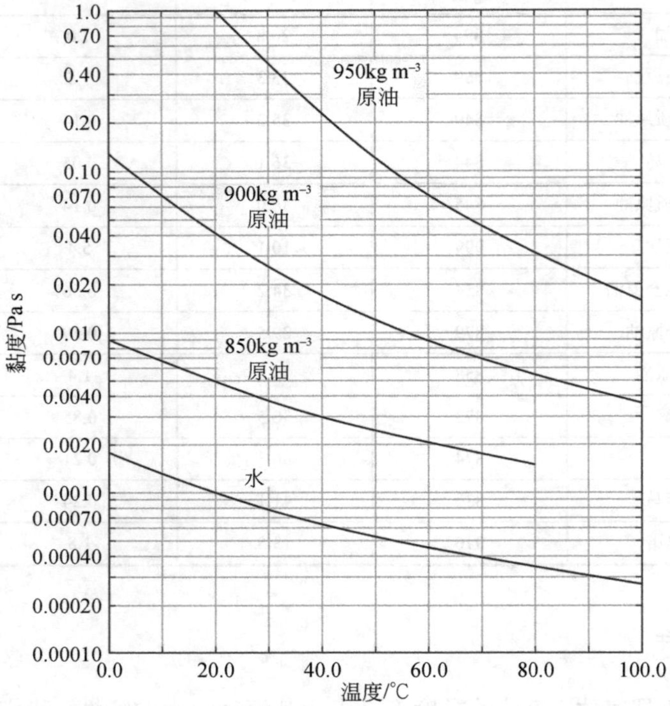

图 3.2　三种典型密度原油的黏度（脱气后，同时给出水的黏度以便比较）

在公制单位体系中，运动黏度的单位是 $m^2\ s^{-1}$ 或平方米每秒，如果原油黏度为 0.70 Pa s，密度为 900 $kg\ m^{-3}$，则其运动黏度计算如下：

$$运动黏度=\frac{0.70\ \mathrm{Pa\ s}}{900\ \mathrm{kg\ m^{-3}}}=0.00078\ \mathrm{m^2\ s^{-1}}=7.8\times10^{-4}\ \mathrm{m^2\ s^{-1}}$$

运动黏度的另一个单位是斯托克斯，符号为 St，斯托克斯的定义为 1 St=$10^{-4}\ m^2\ s^{-1}$。这样，上例中原油的运动黏度为 7.8 St。

原油黏度取决于其成分，主要是指烷烃、环烷烃、芳香烃和沥青质的百分比；沥青质含量越高，黏度就越高。图 3.2 所示的黏度曲线仅反映三种不同密度原油的特性。黏度作为原油重要特性参数，必须通过实验进行测定，图 3.2 中黏度曲线明确表明，原油密度越大，黏度就越高，同时说明，原油与水一样，其黏度随着温度的升高而降低。

油层中天然气的含量可能很少或完全没有，也可能含有大量的天然气。油层中天然气的存在方式有两种，一种是与油层彼此分开（称为气顶气）；一种是溶解在原油中（溶解气）。当原油采出地面并释放压力，天然气从原油中分离。术语脱气原油是用来描述不含天然气的原油，即在地层压力下原油中溶解的天然气全部分离出来。脱气原油的黏度是指不含天然气的原油的黏度。当然，也需要了解含有溶解气的原油的黏度。

3.1.4　原油的计量和参照标准

原油的计量通常用体积，而不是用质量。虽然公制中体积的基本单位是立方米，但由于历史原因，原油的体积单位通常以桶（bbl）为表示，更重要的是原油的价格也是按美元每桶定价的。一桶油是指在 60 °F（15.5 ℃）和正常海平面大气压力下 42 美制加仑体积的量。油的密度随温度变化，桶油的质量也会随温度的变化而变化，该变化还是相当明显的。1 bbl 等于 159.0 L 或 0.159 0 m^3，1 m^3 等于 6.290 bbl，当 M 作为 bbl 前缀时（即 Mbbl），表示一千桶，MMbbl 代表一百万桶，值得注意的是，前缀 M 并不是公制中表示的兆或百万。

石油作为一种全球贸易商品，其价格会影响世界各地的经济。石油贸易通常按照几种国际公认的价格基准进行。这些基准价格常用于指导各自所在地区的石油定价。国际石油价格基准主要包括：

（1）西得克萨斯中质油（WTI）——美国石油交易的主要基准。源自几个油田的原油混合物，是一种轻质低硫油，密度为 830 kg m^{-3}，硫含量仅为 0.24%（以质量计）。

（2）西加拿大精选油（WCS）——加拿大西部常见重油的主要基准。沥青质含量高的重油与轻质低硫油的混合油，该混合油的密度约为 930 kg m^{-3}，硫含量约为 3%。

（3）布伦特混合油——欧洲油价的主要基准。来自北海英国区块和挪威区块等几个主要油田的混合油，密度为 835 kg m^{-3}，硫含量通常为 0.37%。

（4）迪拜原油——波斯湾地区油价的主要基准。用于确定该地区的石油价格。波斯湾是一个巨大的石油出口基地，这种原油主要基于迪拜酋长国生产的原油，密度为 871 kg m^{-3}，硫含量为 2%（以质量计），相对较高。

（5）Tapis 原油——马来西亚原油在新加坡、亚洲大部和澳大利亚被用作基准。它是一种非常轻且几乎不含硫的原油，密度为 805 kg m^{-3}，硫含量仅为 0.04%。

（6）乌拉尔原油——俄罗斯出口原油的定价基准。它是来自西西伯利亚的轻质油与俄罗斯乌拉尔地区的重质含硫原油的混合物，密度通常为 850 kg m^{-3}，硫含量为 1.4%。

（7）Bonny 轻质油——西非原油价格的基准。它是产自尼日利亚的原油，密度为 852 kg m^{-3}，硫含量仅为 0.14%。这类轻质低硫油深受美国东海岸炼油厂青睐。

3.2　天　然　气

世纪之交以来，天然气已成为全球增长速度最快的能源，不断有新的气田投产。一部分原因是天然气是一种清洁燃料，产生的二氧化碳远低于任何衍生于原油或煤炭的燃料；另一部分原因是液化天然气技术的发展，使得天然气的长距离运输变得更加高效。

天然气由甲烷和较轻的烷烃、氮气、二氧化碳、硫化氢、氧气等多种组分组成，这些组分在储层中均以气态存在，尽管天然气的成分因气田而异，但其主要成分一定是甲烷，表 3.4 给出了典型天然气的体积组成，以及可能存在的组分的范围。

甲烷、乙烷、丙烷、丁烷和戊烷等烃类组分是由植物和动物的遗体历经千百万年，在高温高压下分解形成的，同时其他机理也会导致非烃类组分的形成。

表 3.4 天然气组分

成分	典型天然气（体积分数）/%	常见范围（体积分数）/%
甲烷，CH_4	93.3	82.0～96.0
乙烷，C_2H_6	2.5	1.8～5.2
丙烷，C_3H_8	0.3	0.1～1.5
丁烷，C_4H_{10}	0.07	痕量～0.6
戊烷，C_5H_{12}	0.02	痕量～0.3
己烷，C_6H_{14}	痕量	痕量～0.1
庚烷，C_7H_{16}	痕量	痕量～0.1
氮气，N_2	1.8	1.0～5.6
二氧化碳，CO_2	0.9	0.1～5.0
氧气，O_2	0.03	痕量～0.2
硫化氢，H_2S	1.1	0.1～5.0

天然气中之所以有氮气存在，可能是因为以下三种主要机理。首先，氮气可能由于地层或流经地层的水中存在硝酸盐被细菌还原而形成；其次，很多人会认为微生物存在于地下深处很惊奇，但细菌确实可以在没有氧气和完全黑暗的条件下存在于高温高压区域，有机物在高温作用下降解也可产生氮气；最后，由于若干种作用，可排除封闭在地层中的空气中的氧气，留下惰性相对较大的氮气。

受储层特征和数百万年前最初沉积的有机物质种类的影响，天然气中二氧化碳占比高达 5%，在微生物作用下，地层中存在的有机物质会发生降解，这会产生二氧化碳，地层中存在的碳酸盐的热分解也会产生二氧化碳，这种分解作用发生在温度高于 200 ℃的储层中。

含硫化合物具有很强的腐蚀性，因此，硫含量低的天然气被称为“甜气”，而硫含量高的天然气被称为“酸气”。某些类型的细菌与溶解在地层水中的硫酸盐相互作用，形成硫化氢；数百万年前与地层同时期沉积的动植物残留物中硫的热降解也能形成硫化氢。

天然气分为常规和非常规两类。常规天然气存在于地下深层；煤层气是非常规气的一种，它储存在煤层中，由煤在物理和生物作用下降解而形成。

天然气还分为伴生气和非伴生气。伴生气是与原油共生的天然气，这种气体溶解在原油中，压力降低时从原油中释放出来，或者存在于储层上部，被称为气顶气。非伴生气储存在含有少量或没有原油的地层中，非伴生气通常富含甲烷，但乙烷、丙烷和丁烷等较重烷烃含量较少。

3.2.1 凝析油

随着天然气从储层沿着井眼上返，部分组分会凝结，形成一种被称为凝析油的液体。当气体从温度较高的储层上返到温度较低的井口时，温度下降，冷凝发生；在正常储层温度下，戊烷、己烷和庚烷会以气体形式存在，随着气体上返，温度下降，这些组分将从气体中冷凝出来，形成可以在地面分离的雾滴。

一种组分是以气体还是液体形式存在取决于它的温度和压力。对于任何给定的温度，都会对应一个压力值，高于这个压力，该组分是液体；低于这个压力，该组分是气体。这个压力称为蒸气压，蒸气压随温度而变化，总是随温度上升而增高。

图 3.3 显示了天然气中常见的七种烷烃的蒸气压随温度的变化情况，从图中标记为“6”的己烷曲线可以看出，当己烷的温度为 140 ℃、压力为 50 kPa 时，己烷是气体，因为该温度和压力的交叉点位于曲线下方。如果压力不变，将气体冷却至 40 ℃，那么己烷将在 49 ℃左右冷凝，形成液体。

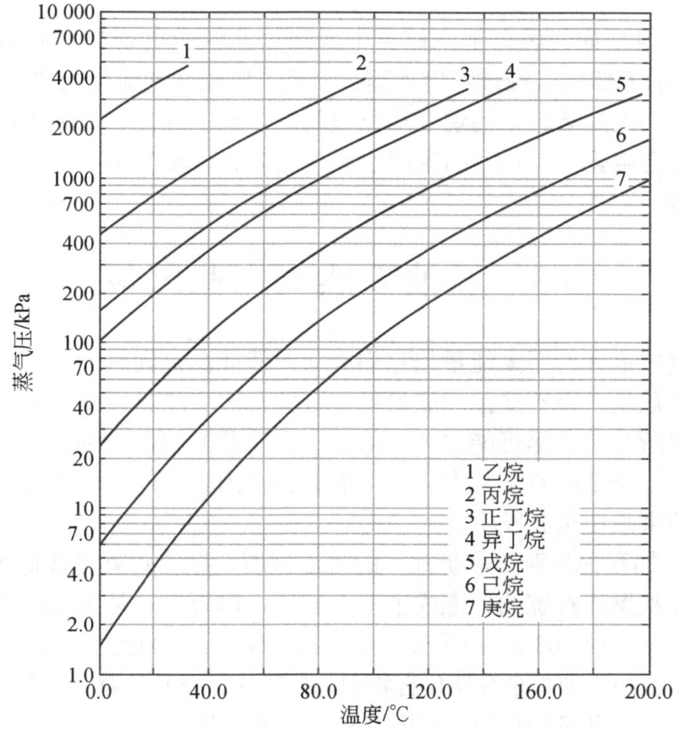

图 3.3　几种较轻烷烃的蒸气压

甲烷的蒸气压未显示，因其超出了该图的左边界

凝析油的本质上是较纯的戊烷、己烷和庚烷，这些都是从井口获得的宝贵资源。它可以与油田生产的任何原油混合，以增加石油的 API 重度、体积和价值，也可以直接输送到炼厂进行加工。

已脱离凝析油的天然气通常称为干气，而含有凝析油的天然气则称为湿气。

3.2.2　天然气计量

天然气的量可以用其体积或其含有的能量来表示。气体体积受温度和压力的影响较大，因此，必须说明某个体积所对应的温压条件。国际标准规定，天然气体积的标定条件是 15.0 ℃和 101.325 kPa（即 1 个标准大气压），体积可以用立方米或立方英尺表示，以立方英尺为首选单位的国家，1000 ft^3 的缩写是 Mcf，其中前缀 M 表示 1000，符号 MMcf 表示一百万立方英尺，Bcf 表示十亿立方英尺，Tcf 表示一万亿立方英尺。用一个直观概念表明，伦敦温布利足球场的体积约为 3300 万 ft^3。

天然气的能量含量是指气体完全燃烧所释放出的能量。能量含量随天然气的成分而变化。通常，标准条件下测量时，天然气的能量含量为 34～40 MJ m^{-3}。用单位体积的能量含量乘以总体积，即可算出天然气所具有的总能量。

3.2.3 用户端天然气

另一个重要问题是如何区分地下储层中天然气和供应市场加工后的气（也称为天然气）。市场上供应的天然气已经过深度处理，分离了腐蚀性含硫化合物、二氧化碳和氮气，乙烷、丙烷、丁烷和戊烷等较重的烷烃均已被脱除，剩下的几乎是纯甲烷，但存在痕量的乙烷。硫醇是一类含硫化学物质，通常用于添加到零售天然气中，使原本无味的天然气具有一种独特的气味。

3.3 石油天然气作业风险

石油和天然气中蕴含的巨大能量使它们成为天然能源，同时，这种能量也给石油和天然气的工作带来了危险，因不受控的能量释放可能会产生严重后果。因此，油气行业投入了巨大资源以确保所有工艺尽可能安全。从第一口油井的钻探，到将原油加工后制成的一系列重要消费品，安全是所有工艺中必须考虑的关键因素，但遗憾的是，一些会置人员和设备于危险之中的事故还是会发生。

2012 年 8 月，加利福尼亚一家炼油厂的管道破裂，导致碳氢化合物泄漏到大气中。随即引发的火灾和几次爆炸对炼油厂造成了重大破坏，但万幸的是未造成人员死亡。碳氢化合物泄漏事故是源自一根 203 mm（8 in）直径的管线，该管线遭受了严重的腐蚀，事后调查发现，是正在加工的原油中含有硫化合物引起硫腐蚀，导致管壁腐蚀至其原始壁厚的百分之十，而该管线自 1976 年炼油厂投入使用以来一直在使用，在正常操作压力下发生了事故。

该炼油装置建造于 20 世纪 70 年代中期，当时的标准行业惯例是使用铬含量少或不含铬的钢材来建造大量设备和管道，使用这种钢材对于低含硫原油的加工是可行的。但是，事故发生的十年前，炼油厂开始加工来自不同油田的、含硫量较高的原油，正是这种较高的硫含量迫使管线出现故障的装置只能在稍高温度下运行，原油的较高硫含量和较高的运行温度加速了管道的腐蚀速率，尽管公司内部有人对硫的腐蚀问题表示过担忧，但未进行足够的测试以确保管线仍然满足要求。

如今，炼油厂和其他加工设施的设计和建造均采用了耐腐蚀材料，这样即使在高含硫和高温条件下运行也不会有事故。2012 年的灾难性事故，根本原因在于工程师未能预见到加工的原料从低含硫原油转换为高含硫原油对加工设备的影响。

第4章　油　气　藏

如果在加油站随机询问一位普通民众应该如何描述石油储层，他们很可能会坦言自己从未考虑过这个问题。虽然他们知道储层深埋地下，需要钻出深井才能开采石油，但大多数人可能将油藏想象成一个巨大的地下洞穴，里面充满了原油。他们可能会认为，如果石油具有高压，就会喷涌至地表，形成不受控制的井喷；而如果压力较低，则可能需要利用泵将其抽取出来。如果继续深入询问，他们可能会认为，当一个油藏枯竭，不再有石油流向地表时，这个巨大的地下空间就会变成一个毫无价值的空洞。

然而，实际情况与大众所认知的大相径庭。油气赋存于多孔隙岩层中不计其数的微小孔隙内。这些孔隙通常仅有几分之一毫米大小，相互连通形成巨大的网络，可延伸数十千米。根据岩石的性质，孔隙在岩石总体积中所占比例在5%～30%之间。经过数亿年的地质演化，深埋地下的油气通过孔隙网络向上运移，聚集在由断层、褶皱等多种地质构造形成的圈闭中。钻井工程旨在瞄准这些油气聚集的圈闭。圈闭上覆岩层的质量所施加的压力通常足以驱动石油沿井筒向上流动，有时甚至会导致井喷。但在某些情况下，储层压力不足以将石油举升至地表，因此需要采用泵等增产措施。

与在管道中畅通无阻的流动不同，诸如原油等黏稠流体在多孔介质中的渗流要缓慢得多。这是储层岩石中微小孔隙相互连通形成的迂曲路径所致。这些孔隙通常只有微米到毫米大小，对流动产生较大的阻力，因此需要相当高的驱替压力才能使原油在储层中流动。虽然安装在地面的泵可以帮助原油举升至井口，水力压裂或化学注入等增产措施可以提高近井地带的流动效率，但对于远离井筒的区域，往往难以大幅改善原油的流动状况。当石油公司宣布一个油田“枯竭”时，通常是指在当前的油价和技术经济条件下，经济可采储量已经采尽，而不是所有的石油都已经被采出。这意味着，有时可能只有三分之一的地质储量被采出，而其余三分之二的石油仍有潜力在未来通过技术进步或经济条件变化而实现开采。

如果我们要了解如何才能从油气藏中高效地开采油气，那么我们首先必须弄明白这些油气藏的物理特征。本章首先介绍一些基本的地质概念，然后再探讨那些可能导致油气聚集的地质构造类型。用来描述油气储层的一部分参数是孔隙度、渗透率和流体饱和度，我们将研究如何使用这些参数来估算储层中可能存在的油气储量。最后，我们将讨论石油工程师和地球物理工作者为寻找地下深处的潜在储层所使用的几种技术。

4.1　几个基本的地质概念

构成地壳的岩石本质上是矿物的聚集体，这些矿物都是固体化合物。举例说明，矿物有由硅原子和氧原子组成的石英，含有铝原子、硅原子和氧原子及钾、钠和钙的长石，以及磁铁矿和赤铁矿，后两种矿物都是由铁原子和氧原子组成的。

岩石按其成因可分为三大类：火成岩、变质岩和沉积岩。

（1）火成岩是由熔岩或岩浆冷却并最终凝固而形成的。火成岩可以进一步分为火山岩和深成岩。火山岩是由地面上的熔岩凝固形成的。在地面上，冷却和凝固过程通常很快，因此产生的岩石（称为玄武岩）具有非常细的晶粒。如果岩石冷却得如此之快，以至于夹带的气泡在凝固之前无法逸出，则形成的岩石被称为火山渣，其特点是其中的孔隙很大而且多。深成岩是由地下深处的岩浆缓慢冷却而形成的。与地面上的熔岩不同，这种岩浆未能在处于液态时冲破上部地层而到达地面。缓慢的冷却速度会产生具有非常粗颗粒的岩石。花岗岩是深成岩的一个例子，它只是在上部地层经过数亿年的侵蚀而被剥离后才出现在地面上。

（2）变质岩是在地下非常高的温度和压力的影响下经历了根本性变化的岩石。这类岩石有大理石、石英岩和板岩。这些经历变化的岩石一开始可能是火成岩或沉积岩。非常高的压力可能纯粹是由上覆岩层的质量施加的，该岩层向下挤压正在经历变质作用的岩石。由于岩层在巨大压力下横向折叠，也可能发生动态变质作用。例如，遭受极高的温度和压力后，较纯的砂岩就可变成石英岩，此处的高温高压与构造板块的运动相关。在适当的条件下，石灰岩会随着时间的推移变成大理石，而板岩通常由页岩经历变质作用而形成。

（3）沉积岩是由无数个分散沉积颗粒的压实和胶结过程形成的。从其来源上讲，沉积物颗粒可以是碎屑的、结晶的或有机的。碎屑颗粒是某种岩石历经风化分解、搬运、再次沉积下来的，之后可以形成另一种岩石。结晶颗粒基本上是从水中沉淀出来的金属盐所形成的晶体。有机沉积物是由生物成因而形成的颗粒，压碎的贝壳就是一个主要的例子。砂岩、石灰岩和页岩都是沉积岩。

油气藏都是在沉积岩的多孔性结构中发现的。图 4.1 显示了从澳大利亚一个 1300 多米深的油藏中取出的孔隙性砂岩岩心的横截面，图中给出的柱状岩心是使用特殊的取心工具从钻入油层的井眼中取出的。然后将该岩心切开以便观察储层的纵向剖面。该剖面显示，岩石的主体在粒度和堆积紧密度方面是均匀的，但整个样品还是存在其他非均质性。这些微小裂缝大体上是水平的，左侧略微向下倾斜。

根据其埋深和成分，沉积岩可能是固结的，也可能是非固结或者疏松的。疏松材料中的颗粒堆积还是较紧密的，但仍是非固结。在疏松砂岩中钻井，井壁会发生坍塌，砂子会落入井眼。图 4.1 中给出的岩心是固结砂岩。

固结实际上就是各个颗粒之间的胶结。这些颗粒之间的孔隙通常被盐水所充满。随着条件的变化，如温度下降，一些盐分就会从水中沉淀出来，在颗粒上形成一个涂层，正是该涂层将众多颗粒黏合成一个整体。

沉积岩种类很多，但以下几种是最重要的。

（1）页岩——页岩是所有沉积岩中最常见的一种，由非常细的黏土矿物与少量石英和方解石混合组成。

（2）砂岩——这是一种胶结在一起的石英砂粒，成分比较简单。大多数油气沉积都是在砂岩层中发现的。

（3）石灰岩——这种岩石主要由方解石矿物组成，方解石是碳酸钙的一种形式。碳酸钙可溶于水，因此世界上大多数溶洞都在石灰岩地层中。

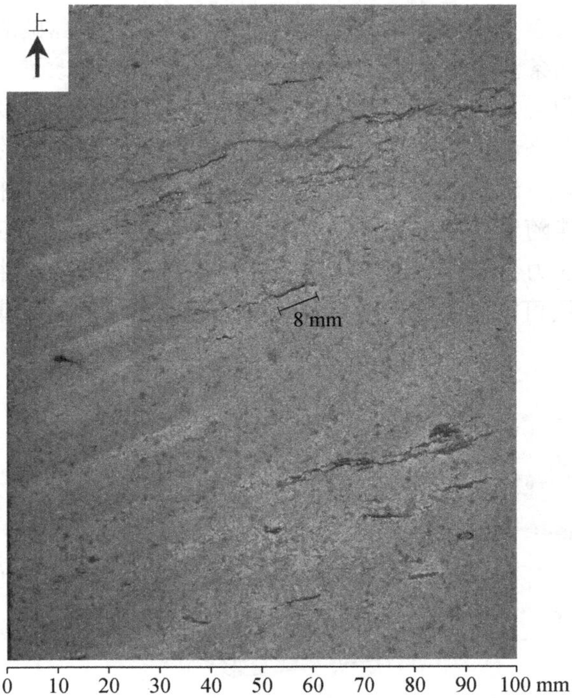

图 4.1 从 1300 多米深处取出的油藏岩心的横截面

（4）煤——煤是由有机沉积物组成的，通常又硬又脆。

（5）白垩——碳酸盐岩沉积的另一种形式，其颗粒非常微细。

几乎所有的沉积岩都是砂岩、页岩或石灰岩。

地球表面在构造板块运动的影响下发生了变化，其大部分区域都不同程度地被沉积岩层所覆盖，这也是自然冲蚀作用和气候改变的结果。在这些岩石之下是埋藏较深的火成岩和变质岩，二者都被称为基底岩石。由于在基底岩石中不会发现石油或天然气，我们对石油的勘探将仅限于沉积岩层内。

在世界上的某些区域，基底岩石位于或非常接近地表，这些区域被称为地盾。虽然在这些区域找不到石油和天然气，但如果铁、铅、铜、铀等金属的储量足够大，有商业开采价值，则可以从基底岩石中开采出来。在世界上的其他区域，基底岩石埋藏非常深，可能在地表以下数十千米。这些区域被称为盆地，在盆地中沉积岩可延续到地下很深的地方。有些盆地中，条件恰到好处，可以在盆地较深部分生成石油和天然气，并被地质构造（称为圈闭）所捕获。

尽管地球大约已有 45 亿年的历史，但地壳顶层的沉积岩只存在了几亿年。我们可能会认为海平面上升是近些年才出现的现象，然而，在过去的 5 亿年中，海平面上升和下降了很多次。海平面的主要上升和下降通常每 5000 万年到 2 亿年循环一次。在每个主要周期中，都会发生较小幅度的上升和下降，这些小循环之间通常只间隔大约 10 万年。多年来，每次海平面上升，大片土地被洪水淹没，水中颗粒物一层一层地沉积下来。随后海平面升降的每一次循环都会形成更多的沉积层，之后又被掩埋。海平面下降后，沉积岩暴露在空气、风和雨水中，岩石变得容易受到风化或侵蚀。风化是沉积岩裸露的表面因物理作用或化学侵蚀而分解的过程。一条河流对地层的侵蚀可能会造成河流的改道，直到河流被另一层沉积岩所掩埋。一些沉积岩比其他沉积岩更容易和更快速地被侵蚀。我们可从一些河流的走向看到这一点，河流会绕过较坚硬的岩石露头，而穿过一些较松软的沉积物。

我们脚下的每个地下沉积层可能已经形成了数十万年。数亿年来，构造板块的较大运动和火山活动，一直伴随着沉积层的持续沉积和侵蚀，这种运动和活动共同对地壳施加了巨大的局部应力。该应力会导致岩层的横向压缩，从而在地层中产生称为背斜和向斜的褶皱（图 4.2），或者岩层可能倾斜而形成单斜。石油和天然气可以聚集在背斜的顶部，而很少在单斜中发现。

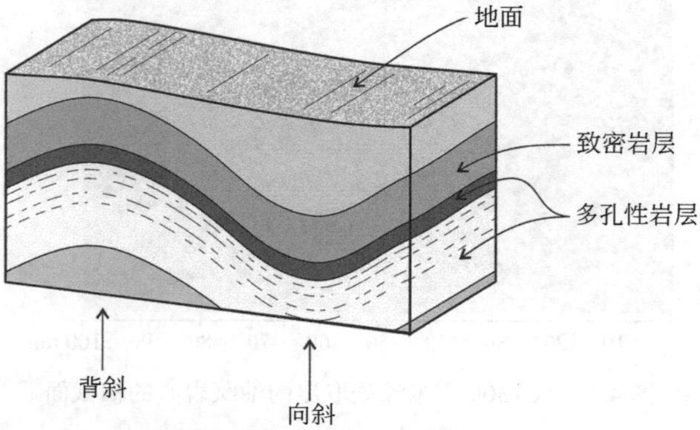

(a)在横向挤压下形成背斜和向斜

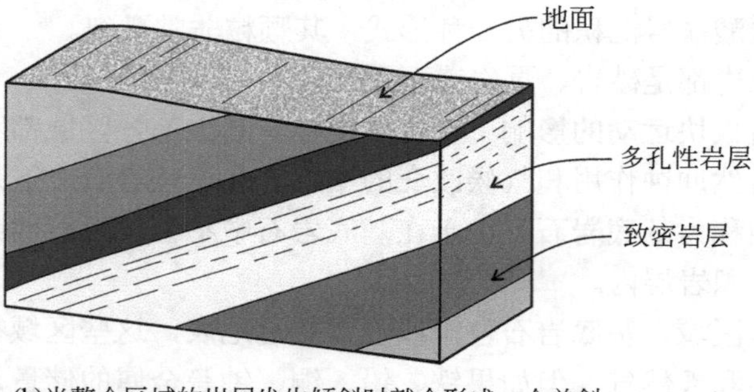

(b)当整个区域的岩层发生倾斜时就会形成一个单斜

图 4.2　背斜、向斜和单斜

地层破裂时地壳中的应力也可以得到缓解，此时会产生断层。地震就是在地面上感觉到的断层形成和运动。地层通常沿着一个横向延伸数百千米的平面发生断裂。当地层破裂时，两侧的地层彼此发生相对位移。图 4.3（a）显示的是一个正断层，此时地层破裂，产生了一个断面倾斜的断层。断层两侧的地层彼此主要发生上下相对位移，几乎没有水平位移。下盘是位于断层面下方的地层，而上盘是位于断层面上方的地层。在正断层中，下盘相对上移，而上盘相对下移；在逆断层中，则是上盘相对上移，而下盘相对下移［图 4.3（b）］。对于石油工程师来说，识别断层的类型是很重要的，必须搞清楚是正断层还是逆断层，因为它们可以产生不同的构造特征，而油气就可能被圈闭在这些构造中。

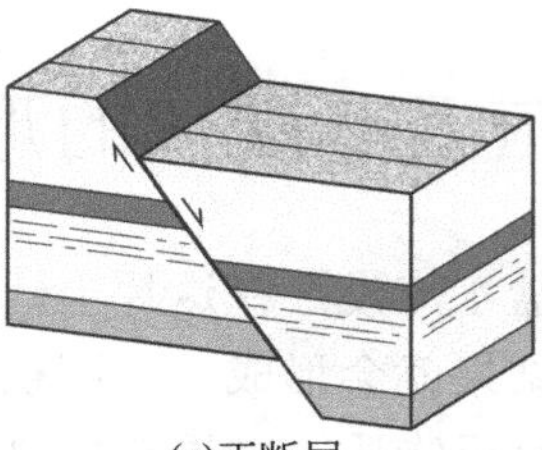

(a)正断层

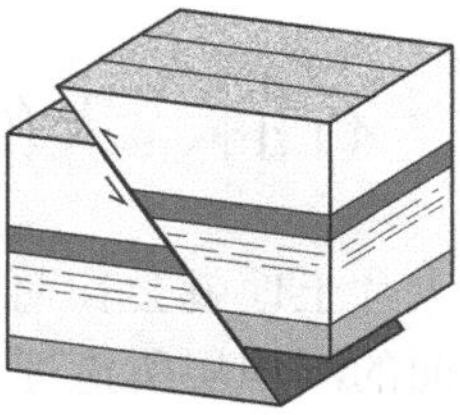

(b)逆断层

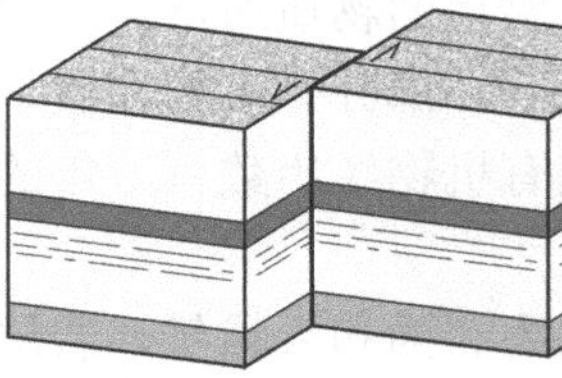

(c)横向或称走向断层

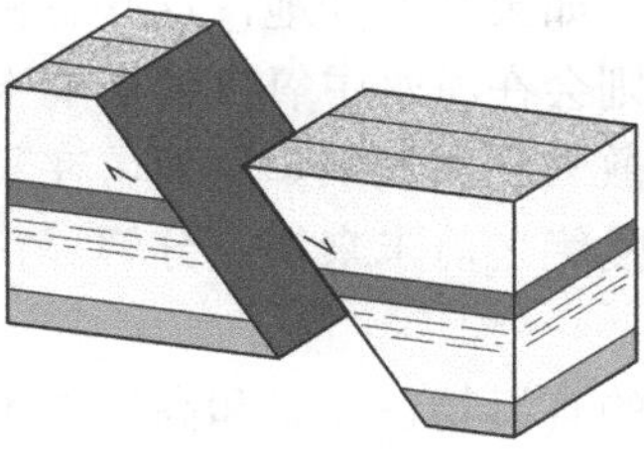

(d)斜向断层

图 4.3 地层断裂且两侧地层发生相对位移时就产生了断层

如果断层两侧地层的相对运动主要在水平方向，则该断层被称为走向断层[图 4.3(c)]。当然，所有断层都会有一个水平运动分量和一个垂直运动分量。斜向断层的水平运动和垂直运动都很明显，如图 4.3（d）所示。

单个裂缝（即形成一个断层）通常无法释放地层内部积累的应力。通常，许多较小的断层会同时形成。当彼此平行的多个断层一起产生时，就会形成以地垒和地堑为特征的地质构造。地垒是相对于断层对面的地堑上升的断块，而地堑则会下降（图 4.4）。在地面上，地堑可能会演变成地垒之间的山谷，而随着时间的推移，地垒可能会风化成山脊。

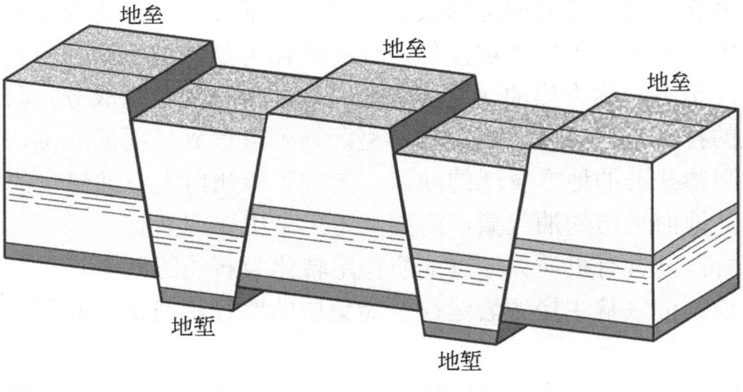

图 4.4 地垒与地堑

当平行断层一起产生时，就会形成被称为地垒和地堑的地质构造

断层不会孤立地形成。在地层破裂时，通常会同时产生许多大大小小的断层，这样就会形成一个复杂的变形地带，称为断层带。虽然许多断层可能相互平行，但其他断层之间可能形成夹角，断层是否平行取决于断裂岩石的相对强度。

4.2　石油、天然气及其圈闭的形成

当海平面上升时，大片土地就会长期被盐水淹没。在这片土地上生长的任何植物都会死亡，并最终被它们上面的沉积层所掩埋。结果就会形成一些沉积层，其中不仅包括无机矿物颗粒，还包括死亡的动植物，后者称为有机物质。如果有机物位于地表附近，大部分有机物就会腐烂。如果是在陆地，这些有机物是在空气中氧气的作用下分解的。如果有机物沉积在海底，则会在海水中氧气的影响下腐烂。腐烂的物质通常会产生甲烷，这些甲烷将上升到地表并散失到大气中。然而，在某些情况下，部分有机物在被足够多的其他沉积物覆盖、与氧气隔绝之前未来得及分解。正是这些有机物经历数百万年的时间转化成了原油或天然气。

埋藏在地下的有机物在高温和高压作用下转化为石油和天然气。岩层的温度随着深度的增加而增加——埋藏越深，温度越高。在 65～150 ℃之间的温度下，有机物经历数百万年，通常就会形成原油。对应的深度为 2000～5500 m 之间，这个区间称为生油窗口。在这样的深度形成原油的密度通常为 820～870 kg m^{-3}。这种较轻的原油在物理或化学作用的影响下或受到微生物的侵袭时会发生降解，就会形成较重的原油。在约 5500 m 以下的深度且温度高于 150 ℃时，原油进一步转化为天然气和固体碳。一旦转化为天然气，即使温度和压力降下来，也无法再转化为原油。

众所周知，如果将一个盛满水的塑料瓶放入冰箱，瓶中的水在结冰时会发生膨胀。由于冰的体积比水大，塑料瓶会胀大。然而，如果瓶子是玻璃的，水膨胀时产生的压力将足以使玻璃瓶破裂。与此类似，当地层中的有机物分解形成原油时，体积也会膨胀，从而在地层内产生巨大的压力。沉积岩也将破裂，油气就会沿着裂缝逸出。历经数百万年，这些油气将穿过地下多孔性岩层逐渐向地球表面运移。一部分油气最终会渗到地表，而天然气则会散失到大气中；原油将聚集在坑洼处，最终转化为焦油坑。原油中较轻的成分会蒸发并散失到大气中，留下被称为焦油（更准确地说是沥青）的较重成分。其中最著名的沥青坑也许是洛杉矶的拉布雷亚沥青坑。正是得克萨斯州渗漏到地面的石油，特别是在休斯敦以东一个名为斯平德托普的地方发现的油苗，导致了该州巨大石油储量的发现。

为了形成可从地面采出的油气藏，需要具备三个主要因素。

（1）生烃源岩：富含有机质并经过地质作用转化为石油的地层。

（2）运移通道：油气从生烃源岩运移至储集层的路径，通常是断层、裂缝或砂体等高渗透性地质体。

（3）圈闭：能够阻止油气进一步运移并使其聚集的地质构造，如背斜、断层圈闭等。

并非形成的每个沉积层都能够捕获有机物。如果在该层沉积时所处地区几乎没有什么植物（可能是由于气候条件），那么在沉积时将很少或根本没有有机物可被捕获。源岩是其中已经捕获了足够的有机物，并且条件恰好适宜生成烃类的地层。

除非存在通往地表的通道，否则源岩中生成的任何油气都将被锁定在地下深处。如果有穿过多孔性地层的通道，油气会自然向上运移。如果这些地层如图 4.2（b）所示的单斜那样，那么油气将缓慢地穿过孔隙网络而流向地面。然而，如果通往地表的通道在地下深

处就被阻断，这些油气就可能会永远被锁定在地层深处。

如果存在让油气流向地表的通道，那么油气最终可能会到达地球表面，无论是在陆地上还是在海底。油气会暴露在大气中，其中的天然气会散失掉，而原油最终会形成沥青坑，就像前面已提到的那样。只有当油气聚集在几种圈闭中的一种时，才能从地下开采出来。数亿年来在地下形成的大部分油气都会在地面散失掉，在其总量中只有一小部分被圈闭所捕集。

最简单的圈闭类型是背斜圈闭，如图 4.5 所示。油气穿过一系列多孔性地层向上流动，直到其路径被非渗透层或折叠成背斜的岩石所阻挡。背斜圈闭是构造圈闭的一个类型，其中油气的持续向上运移被一个特征构造所阻断。油气聚集在盖层下方，逐渐分离形成气顶、油层，有时还存在下伏水层。气顶内的孔隙主要充满天然气，但也会存在油和水；油层的孔隙内以油为主，但有一些水和气；水层内以水为主，但含少量油和气。油藏本质上是一个多孔性地层内的相互连接的孔隙网络，其中以原油为主，而不是一些只有原油的巨大地下洞穴。

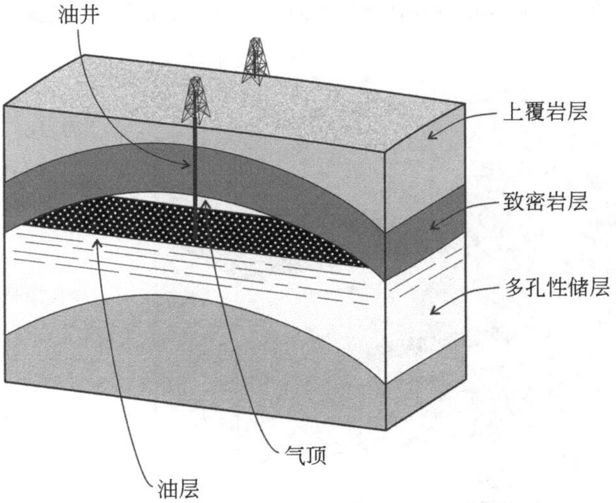

图 4.5 原油和天然气被圈闭在背斜中

在这里需要特别注意的是，图 4.5 和本章许多其他示意图中采用的比例都是失真的。一个油藏可能有几千米宽，但只有几十米厚。在任何书籍中都无法按比例绘出这样的油藏；因此为了清楚起见，通常会夸大垂向尺寸。

钻几口井进入背斜圈闭油气藏就可以进行开发。如果储层内的压力足够高，那么原油就会自喷到地面；否则就必须使用泵将原油抽到地面。油井不仅会产出储层中的原油，还会产出天然气和水。油、气、水通常在就近的油气处理设施内进行分离。

断层圈闭是构造圈闭的另一个类型，油气的向上运移被一个非渗透层（该地层因为断层的产生而进入油气运移的路径）阻挡时，就形成了断层圈闭（图 4.6）。地质工作者和石油工程师可以在现场合作研究地下构造，以确定开发断层圈闭的最佳井位。根据断层的性质，如果是一个逆断层，造成了储层的一部分发生错位（图 4.7），则一口井可能会穿过同一储层两次。如果是一个正断层，则可以看到一口井可能会在储层断裂的两部分之间穿过，而没有钻遇任何油气。

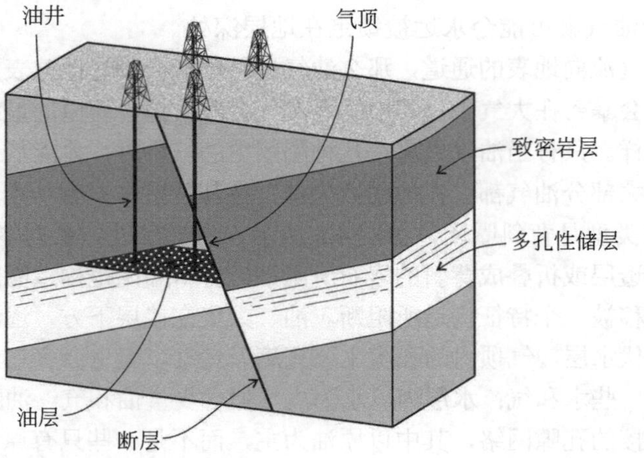

图 4.6　断层的存在让油气的向上运移时受阻形成构造圈闭

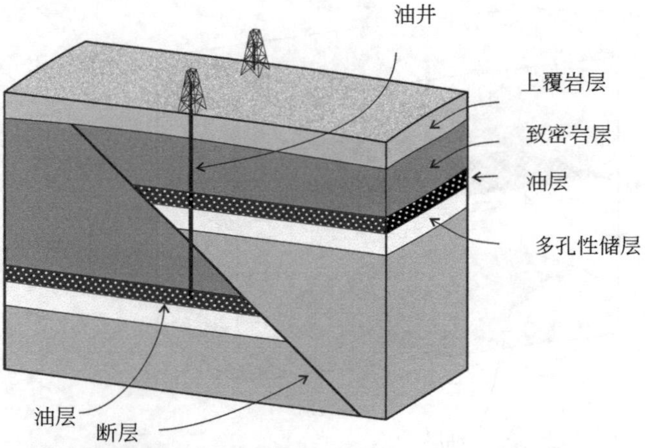

(a)对于跨越逆断层的油层，油井有可能两次钻穿该油层

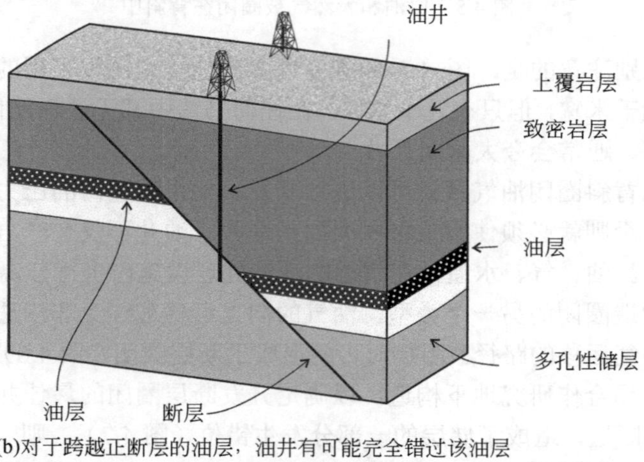

(b)对于跨越正断层的油层，油井有可能完全错过该油层

图 4.7　断层形成的构造圈闭

当地层性质发生显著变化时，就会形成地层圈闭，从而阻止碳氢化合物进一步向地表运移。这可能是由于碳氢化合物流经的孔隙网络发生了重大变化。图 4.8 给出了一个由不整合形成的地层圈闭。在该示例中，随着时间的推移，地层被沉积下来，后来又发生向上倾斜。再后来暴露在地表的地层端面被风化侵蚀，之后在侵蚀面上又沉积了更多的地层。石油通过多孔性地层向上运移，直到其进一步运移被不整合面上覆的非渗透性地层所阻挡。

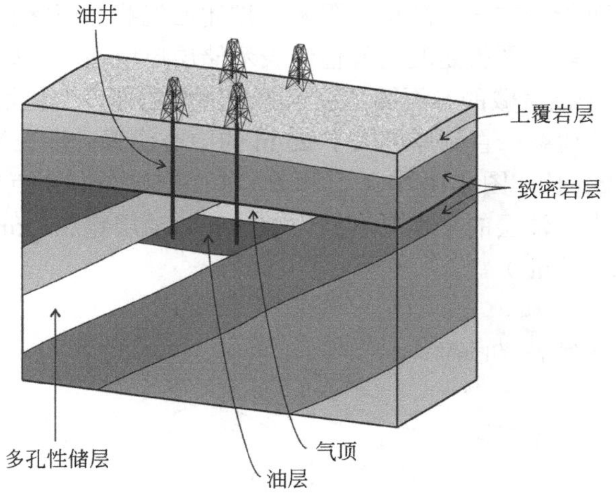

图 4.8　地层圈闭示例

我们要讨论的最后一种圈闭是盐丘从地下深处向上运移而形成的。在数亿年来形成的许多层岩石的沉积过程中，也会形成盐层；这是因为盐水蒸发后留下了大量的盐。随着时间的推移，这些盐层被深埋在地下。在地下深处高温和高压作用下，被称为岩盐的矿物将发生变形并开始流动。因为与地下的许多其他物质相比，盐层的密度要低得多，受到的浮力就很大，所以盐层会穿过其他地层向上运动，形成一个可以跨越数千米的大盐丘。盐丘向上运动就会形成圈闭，因为盐层本身对油气来说是非渗透性的（图 4.9）。通过认真确定井位，钻一口井就能开发多个圈闭。

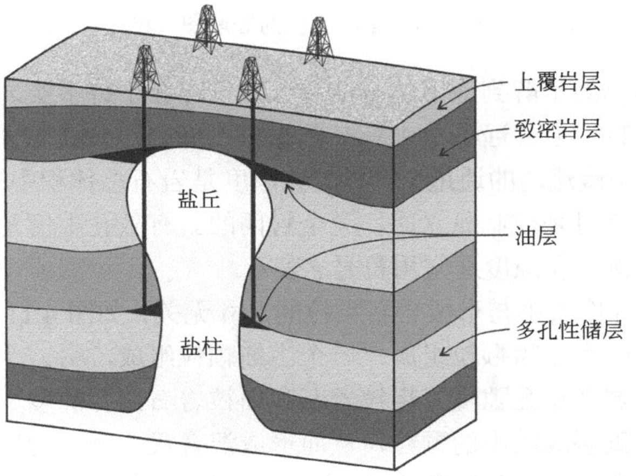

图 4.9　浮力导致盐丘穿过上覆岩层形成石油圈闭

4.3 油气藏描述

那么真正的油气藏会呈现什么形状呢？答案是这取决于聚集石油和天然气的圈闭类型。我们已经看到了几种不同类型的圈闭，还可能有某个圈闭同时兼有多种不同的特征——例如，背斜圈闭的一端可能会被一个断层所阻断。描述油气藏的形状和大小的一种很有价值的方法是使用等厚图。等厚图就是利用等值线表示储层厚度在一个区域内变化情况的示意图。图 4.10 给出了一个油气藏的等厚图，显示了含油层的厚度变化情况。每一条等值线都表示特定的厚度，从外边缘一直到厚度大于 25 m 的中心位置，步长为 5 m。我们看到含油区为 3.5 km 宽、3.0 km 长。图 4.10 中 *A* 点和 *B* 点相距 500 m，*A* 点厚度为 5.8 m，*B* 点厚度为 12.3 m。在本例中，油层的平均厚度约为 10.3 m。油层宽 3.5 km，长 3.0 km，总体积约为 69×10^6 m^3（6900 万 m^3）。

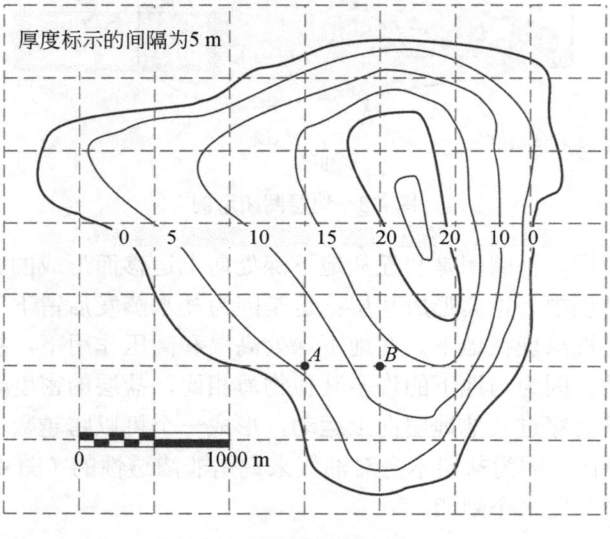

图 4.10 表示储层厚度变化的等厚图（单位：m）

在本章中，我们已经了解到地下的石油和天然气存在于许多类岩石内部相互连通的孔隙网络中。孔隙就是直径通常远小于 1 mm 的微小空间。这些孔隙大多相互连通，因此形成了油、气和水可以缓慢流动的通道。岩石的孔隙度是岩石总体积中孔隙体积所占的比例。有时孔隙是连通的，有时是彼此孤立的、完全封闭的。有效孔隙度是岩石总体积中相互连通的孔隙所占据的比例。孔隙度通常用符号 ε 表示。

通常，地层的孔隙度大小与形成岩石颗粒的尺寸无关，如图 4.11 所示。在图 4.11 中我们可看到三个例子，一个由粗颗粒组成，一个由细颗粒组成，另一个由不同尺寸的混合颗粒组成。其中白色区域表示孔隙度，粗粒岩石和细粒岩石的孔隙度大小相近。实际上，较大的颗粒在压力下会破裂成较小的颗粒，从而形成混合尺寸颗粒的岩石。由混合颗粒形成的岩石的孔隙度会低得多。需要注意的是，图 4.11 是一个简单的二维示意图，实际上岩石是一个复杂的三维连通的孔隙网络。在真实的地层中，岩石之间的间隙也不会那么明显，流体必须在相邻颗粒之间上下、左右、前后三个维度流动。

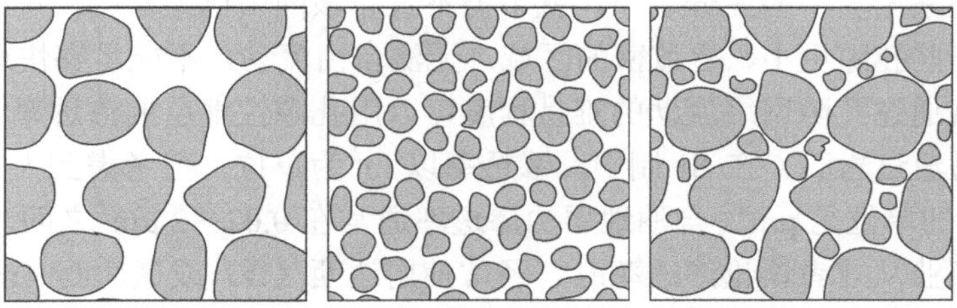

(a)粗颗粒 (b)细颗粒 (c)粗细混合颗粒

图 4.11 孔隙度示意图

孔隙度通常与粒径无关，但不同尺寸的颗粒同时存在时，孔隙度会降低

油气储层中常见岩石的孔隙度范围为 5%～38%。单个储层的孔隙度可能在 21%～37%之间，而其平均孔隙度可能为 30%。显然，孔隙度越大，可容纳碳氢化合物的量就越大。1985 年，North 建立了一个基于平均孔隙度的简单储层分类，如表 4.1 所示。

表 4.1 按孔隙度对油藏分类

孔隙度/%	油藏定性评价
0～5	可忽略
5～10	差
10～15	一般
15～20	好
＞20	很好

并非所有的开口孔隙都会被油所充满，即使在油藏中也是如此。通常也会存在水和天然气。实际上，在油藏中原油通常只占据不到三分之一的孔隙空间。被油占据的那部分孔隙空间占总孔隙空间的百分比称为含油饱和度。其余的空间将被水和天然气占据。如果含油、含水和含气饱和度分别用 S_o、S_w 和 S_g 表示，并用分数表示，那么我们可以写成：

$$S_o + S_w + S_g = 1 \tag{4.1}$$

油气藏中油层的平均含油饱和度可能仅为 0.32，而含水饱和度为 0.53，含气饱和度为 0.15。我们还可以用百分比表示饱和度而不用分数。所以我们可以说含油饱和度为 32%，含水饱和度为 53%，含气饱和度为 15%。

地层中油的总体积将取决于地层的孔隙度和含油饱和度。

$$(\text{油的总体积}) = (\text{地层的总体积}) \times \varepsilon \times S_o \tag{4.2}$$

现在让我们再次考虑如图 4.10 所示的油藏，其含油地层体积为 $69\times10^6\ m^3$。如果我们假设平均孔隙度为 30%（或说 0.30）且含油饱和度为 32%（或说 0.32），那么：

$$(\text{油的总体积}) = (69\times10^6\ m^3) \times 0.30 \times 0.32 = 6.6\times10^6\ m^3 \tag{4.3}$$

存在于储层中的原油的量通常称为原始地质储量，简写为 OOIP，也就是某油田可供开采的资源量。

正如我们将在后面的几章中看到的那样，并非所有这些石油都能够从储层中开采出来。也许只能经济地采出其中的三分之一，就不得不宣布该油田已经枯竭。剩余的油可能会被留下，被困在一些孔隙更小、更致密的区域，无法自由流动，不能足够快地到达生产井。

油、水和气通过孔隙网络流动的难易程度可以用孔隙性地层的渗透率表示。渗透率越高，流体越容易流过岩石。在 SI 制中，渗透率以 m^2 为单位，但考虑到大多数地层渗透率的大小，更常用的单位是 μm^2。含油地层的渗透率通常在 0.02～2 μm^2 之间。由于历史原因，你会发现油气工业从业者谈论渗透率时，经常使用达西（D）或毫达西（mD）表示。1 D 等于 0.987×10^{-12} m^2 或 0.987 μm^2，因此常用的近似值是 1 D 等于 1 μm^2。

在讨论石油工程的这一时间点，我们不打算深入探讨渗透率的各种定义。只是需要注意，地层的渗透率与其孔隙度密切相关，孔隙度越高的地层其渗透率也越高。表 4.2 根据渗透率对储层进行了分类，较高的渗透率是我们所期望的地层特征。

表 4.2　按渗透率对储层分类

渗透率/μm^2	储层定性评价
0.001～0.015	较差至一般
0.015～0.050	中等
0.050～0.25	好
0.25～1.0	很好
>1.0	极好

用于储层描述的另外两个重要参数是其温度和压力。距地表 3 m 以内岩土层的温度随季节变化会升降 15～25 ℃，但 20 m 以下的地层温度全年保持不变。储层的温度在很大程度上取决于其埋藏深度。在可能钻遇油气圈闭的盆地中，深度每增加 100 m 地层温度会上升 1～3 ℃。例外的情况是在大断层附近，垂向地温梯度可能高达 18 ℃/100 m。

石油储层的压力将影响其开采方式。如果压力足够高，那么油将在没有任何外力协助的情况下一直流到地面，此时驱动力是储层压力。如果储层压力低得多，则可能需要使用稍后将讨论的一系列技术中的一种将油举升到地面的方式。在井底测得的压力称为井底压力，它反映储层中流体（油、气、水）的压力。上覆岩层的巨大质量产生了在许多储层中钻遇的高压。在油气井的寿命周期内从储层中采出油、气、水时，储层压力可能会降低，从而导致产量下降。

油藏描述的一个重要方法是利用原油本身的性能指标，其中有一些较重要的性能指标，包括原油的密度及黏度。原油的一个重要特性是其硫含量，有些油含硫量很少或不含硫，而有一些油含硫量较高。

原油的黏度是其流动阻力的量度。油的温度越高，其黏度就越低，就越容易流动。因此，与温度较低的储层相比，在温度较高的储层中，原油总是更容易流向生产井。

前面我们已经提到，在储层中原油通常不会孤立于水和天然气单独存在。我们还说过，油层的含油饱和度可能为 0.32，而含水饱和度可能为 0.53。因此，从油井中产出的水往往多于油，必须在地面将这些水分离出来。工程师需要了解必须从开采的原油中分离出多少水，以便正确设计分离设施。

为了了解如何使用这些参数进行油藏描述，现在我们考虑位于美国路易斯安那州北部的一个油藏。该油藏埋深约为 3100 m，面积为 6.3×10^6 m^2 或略大于 6 km^2（表 4.3）。在储层内，孔隙度为 9.8%～20%，平均约为 13.6%。渗透率范围为 0.02～1.02 μm^2，平均约为 0.174 μm^2。该油田有 11 口在产井，尽管初始储层压力为 35 MPa，但随着开采进行，储层压力显著下降。该油田生产的是轻质原油，密度仅为 775 kg m^{-3}，同时也采出了一些天然气。

表 4.3 位于路易斯安那州的一个油气储层数据（这些数据根据多个来源整理而成）

项目	数值
埋深/m	3100
厚度变化范围/m	0～20
平均厚度/m	7.4
面积/m^2	6.3×10^6
体积/m^3	4.7×10^7
原始地质储量/m^3	1.7×10^6
孔隙度范围/%	9.8～20
平均孔隙度/%	13.6
渗透率范围/μm^2	0.020～1.02
平均渗透率/μm^2	0.174
原始储层压力/MPa	35
原始储层温度/℃	119
平均含油饱和度/%	27.6
平均含气饱和度/%	44.1
平均含水饱和度/%	28.3
原油密度/(kg m^{-3})	775

4.4 寻找油气藏

油气藏通常位于地下数百米或更深，而且仅覆盖盆地的一小部分，因此石油地质学家通常使用多种不同的技术来确定可能存在储层的位置。他们最重要的手段是观察地面上的迹象——渗到地面上的显而易见的油苗，但不太明显的是地层中存在的褶皱，褶皱可能引导人们发现背斜。断层也可以为他们提供关于地下构造特征的线索。

石油地质学家和地球物理学家采用一系列技术来识别地下的某些构造。重力仪和磁力仪是可快速进行现场勘测的便携式设备。重力仪对岩石密度的变化非常敏感，因此可用于识别某些类型的构造特征。盐丘中盐的密度比周围的岩石要低得多，因此使用重力仪进行普查即可探测到盐丘，这是因为该区域的重力读数低于正常值。如果较高密度的地层被抬升而靠近地表，则可以基于同样的原理探测到背斜——重力仪读数高于周围区域。如果较高密度的岩石由于断层而抬升至靠近地表，利用重力仪也可能探测到在地面上无法发现的地下断层。在这种情况下会导致在跨越断层时检测到的重力场读数突然发生跳跃式变化。

磁力仪可以测量地球磁场的变化，而这些变化又受到断层和含有磁铁矿的岩石的影响。磁铁矿仅存在于基底岩石中，而基底岩石是不产石油和天然气的。磁性勘测可用于估算盆地中位于基底岩石上方的沉积岩的厚度。由于它们的重量相对较小且不易受振动影响，可以将磁力仪安装在轻型飞机上，然后，携带传感器在待勘测的区域上空飞行，以便快速浏览地下构造。

用来了解地下构造的其他一些主要方法是利用声波，这些方法统称为地震勘探。在地震勘探过程中在地面或近地面之下产生一个点状声源或振动源，声波通过地层向下传播，每当遇到两层岩石之间的界面时，一小部分声波会反射回地面。然后，地面上的一串检测装置会检测到声波。每个界面只能反射 2%～4%的声波，其余的声波继续向地下更深处传播。这样，地面上的单个声音，如炸药的单次爆炸，在检测器处会产生一系列回波。利用检测到回波的时间可以生成地下构造的图像。该过程与用声呐探测水下物体非常相似，二者都是利用声波反射。

为了更好地理解地震勘测的工作原理，现在我们看图 4.12。在地面上或恰在地面之下制造一个突然而尖锐的声音。该声波会离开声源向各个方向传播，但一定比例的声波会从近地表两个地层之间的界面反射回来。然后，位于地面上的三个探测器将感应到声波，探测器的位置距声源有一定的距离。声波将在到达其他两个探测器之前的某个时间点到达第一个探测器，因为声波需要传播的距离稍短些。更深处的地层界面也会反射一部分声波。与第一个界面反射的声波相比，这部分反射声波将需要更长的时间才能到达三个探测器。探测器（即地震检波器）由一个带有大钉子的传感器组成，可方便地插入土层以检测声波。虽然图 4.12 中只画出了三个地震检波器，但实际上可能会布置几十个。可以按照直线、平行线或其他几何图案部署这些地震检波器。通常将地震检波器连接到安装在卡车上的可移动系统以记录产生的声波数据。接收到声波信号并且确认质量满意后，声源和地震检波器就会被转移到下一个区域，并重复整个操作过程。之后对所有数据进行处理以生成地下构造的三维图像，这与医院里的计算机轴向断层成像（CAT）扫描仪对人体进行成像的方式大致相同。

大多数在陆地上进行的地震勘探中，声波都是在专门设计的卡车内以振动的方式产生的。卡车将一个垫板降至地面，直到卡车的重量由该垫板支撑。然后通过垫板发出振动能量，持续时间最长可达 20 s，反射的振动信号由远离卡车的多个地震检波器记录下来。可以使用一系列不同的频率探测更深部的地层。整套系统可移动性很强，可以在人口稠密的地区使用且不会对环境造成重大干扰。

但在沼泽、湿地等环境中，浅层土壤不够坚硬，无法正常传递声波信号，此时可以使用炸药。钻出一个最深可能有 30 m 的井眼，直到遇到基底岩石。然后将炸药放入井底并引爆。产生的声波会从不同的地层界面反射回来，按前述同样方式检测即可。

地震勘探也可以在海上进行（图 4.13），此时所用的声源是拖在地震勘测船后面的一个空气枪。空气枪实质上是一个空心的管子，通过空气管线连接到船上。来自船上的压缩空气被送入管子，然后瞬间释放出来。由此在水中产生的声波足以穿透海床进入地层。与陆上勘探一样，一些声波将从地层之间的界面反射回来。然后，声波被拖在船后的一系列水上检波器检测到。测得的信号被转发回船上进行数据处理。船在海上航行一段时间，即可对相当大的海底区域进行勘测成像。

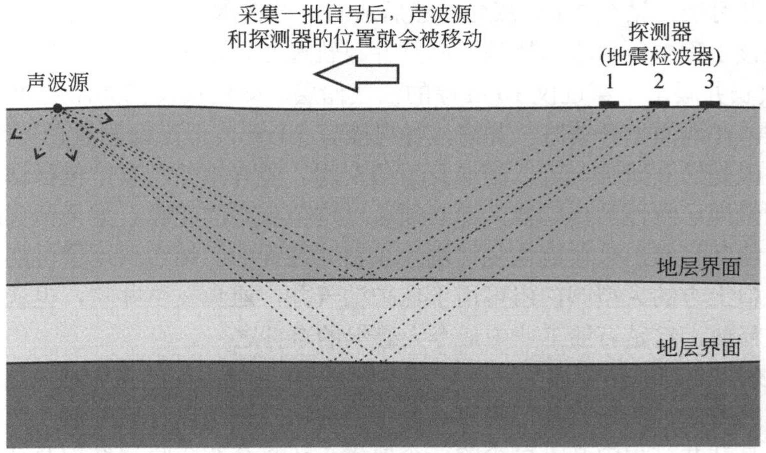

图 4.12 地震勘测工作原理图

陆上地震勘测就是在地面或近地面之下制造一个声音，并记录从岩层之间的界面反射回来的声波

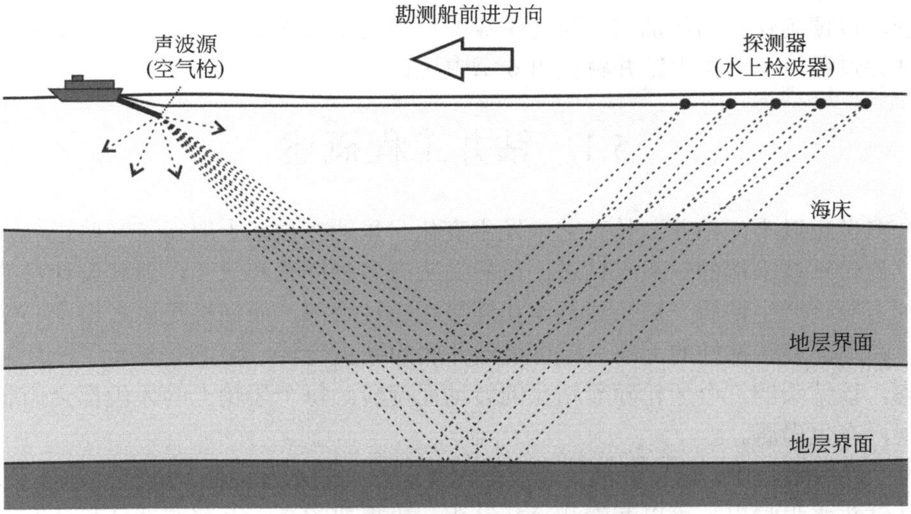

图 4.13 地震勘探海上工作原理图

海上地震勘探使用一艘勘测船，后面拖着一串水上检波器。由空气枪产生的声波从岩层之间的界面反射回来，被水上检波器检测到

无论是在陆地还是海上，地震勘探都可揭示存在于地下深处的主要特征构造。这些构造包括背斜、向斜、单斜、断层和盐丘等。结合重力和磁力勘测的结果，地球物理学家就能绘制出一个三维图像，并标示出最有可能发现油气藏的区域。

第5章 钻井与完井

一口油气井可能会钻至 2 km 深处，然后造斜，并在水平方向上再钻进 2 km，大家可以想象一下在该工程中所面临的挑战。而且井眼轨迹必须精确定位，才能使距离地面井口 4000 多米的狭长井眼水平穿过仅 10 m 厚的油气储层。即使仅仅偏离储层 20 m，也会导致该井毫无用处。在地面上开钻时，井筒直径可能有 50 cm，但完钻时直径可能仅有 12 cm。这个狭小的井眼是钻井队唯一可以施展身手的空间。所有钻井工具，包括钻头和钻杆，以及所有用于测量地层特性的传感器，都必须通过这个狭小的孔眼。如果钻头或钻杆断落至井底，则必须将其打捞出来才能恢复钻进。在钻井过程中，钻遇的地层可能具有非常高的压力。位于井口上方的大型阀门组可用于保护油气井，避免发生井喷，也就是储层流体和能量的非受控释放，这是石油工业中最令人恐惧的事件之一。

安全、高效、准确地钻成油气井并顺利中靶是 20 世纪后期的重大成就之一。本章将首先概述钻井工艺方法。然后，我们将重点介绍当前常用钻头以及钻井液（通常称为泥浆）类型，后者也是钻井过程中必不可少的一个要素。还将介绍防喷器结构及其在保护员工和环境免受储层流体非受控释放方面的作用，这种释放是很危险的。接下来，我们将讨论钻井过程中的一些重要工况——例如，如何更换在地下 2 km 深处、位于钻柱末端的钻头？如何下套管，以便确保采出的油气与可能钻穿的任何地下含水层相互隔离？本章将专注于讨论陆上钻井过程，至于海上钻井将在第 6 章中讨论。

5.1 钻井工程概述

半个多世纪以来，钻井主体工艺未发生变化。虽然在技术上取得了一些进展，但今天仍是通过旋转钻柱末端的钻头来钻进。虽然钻头有多种样式和尺寸，但其设计目的都是在井底切削岩石，产生钻屑。钻头通过丝扣连接在钻柱底部，而钻柱是由多根空心钻杆组合而成的。在地面旋转钻柱的上部，即可带动井底的钻头旋转。图 5.1 显示了三牙轮钻头的工作状态，该钻头的三个牙轮随着钻头的转动而旋转。每个牙轮上的牙齿都会撕裂岩石并凿入地层，产生岩屑。

在整个钻井过程中，将钻井液（通常是含有添加剂的水基泥浆）沿空心钻杆泵入井内。钻井液从钻头水眼喷出，可以润滑和冷却钻头。更重要的是，泥浆在钻杆和井壁之间的环形空间上返时，可以携带出岩屑。图 5.2 显示了泥浆循环系统中的主要设备和装置。当泥浆上返至井口时，会被输送到一系列固控设备中，以便清除岩屑、沙子、淤泥和任何溶解在泥浆中的气体。通常会收集钻屑样品进行分析，以使地质学家能够获得所钻地层的信息。泥浆返回泥浆储罐，这些储罐具有足够的容量，可以储存参与循环的全部泥浆。泥浆罐的液面受到密切监控，因为液面的突然上升可能表示遇到了高压地层，导致泥浆被溢出的地层流体挤压出井眼。洁净的泥浆被泵送到立管，然后通过水龙头泵入井下。水龙头的接口允许钻柱旋转，同时还保持完全密封，从而防止泥浆泄漏。

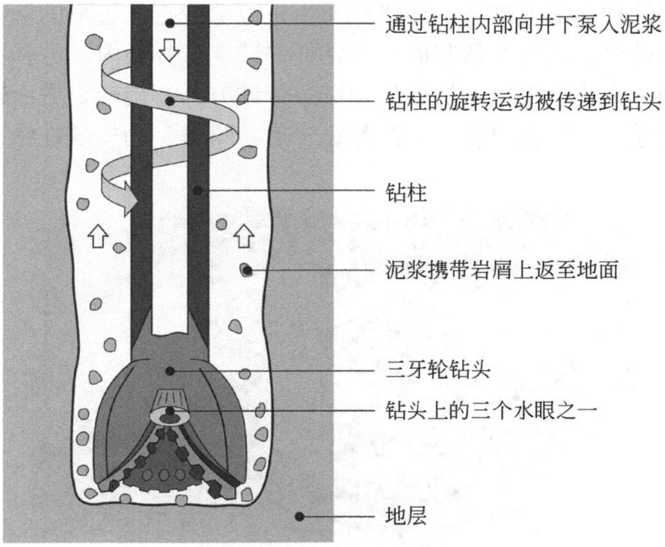

图 5.1　旋转钻柱导致钻头旋转进而切削、撕裂井底的岩石

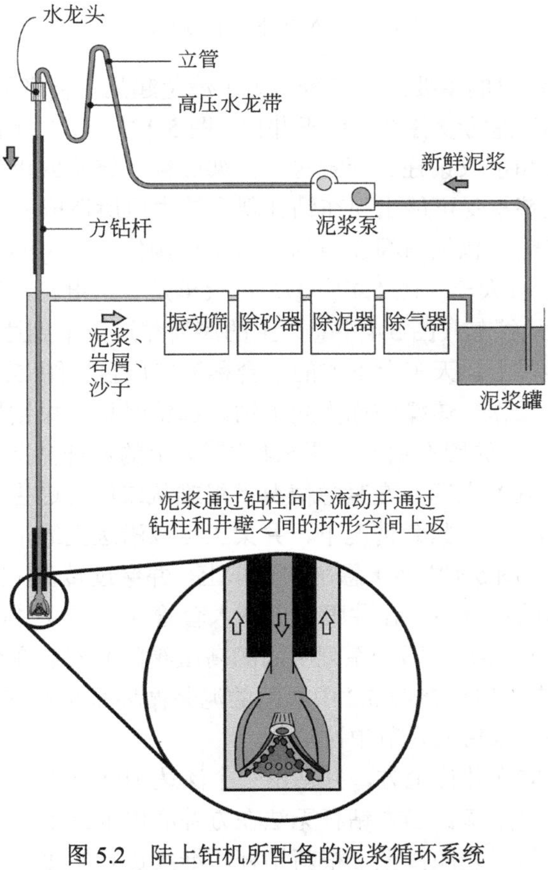

图 5.2　陆上钻机所配备的泥浆循环系统

如何让钻柱旋转起来呢？钻柱是由多根钻杆连接在一起组成的，每根长度约为 9 m，最下部连接钻头。钻柱的最上部是一根横截面为正方形或正六边形的管子，称为方钻杆。方钻杆的管壁通常较厚，因此非常坚固。方钻杆安装在方补心内，方补心上的孔眼与方钻杆的横截面恰好吻合。连接到发动机的传动链条带动方补心旋转，进而转动方钻杆。正是这种沿钻柱向下传递的旋转作用使钻头在井底转动。图 5.3 为安装在钻台中的方补心与方钻杆。

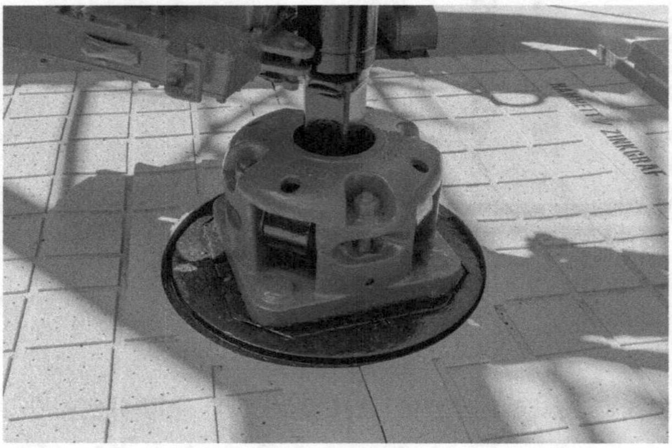

图 5.3　嵌入方补心中的方钻杆

图 5.4 显示了陆上钻机的主要组成部分。为了清楚起见，省略了一些重要设备和部件。无论何种钻机，其中最关键的设备都是位于井口（图 5.4 中⑯）之上的井架（图 5.4 中⑨），其高度便于钻井队上提和下放钻柱、套管等。井架必须足够坚固以支撑各种设备和井内钻柱的重量，它还必须能够承受可能出现在钻井现场的大风所造成的侧向力。图 5.4 中绘制的是简化了的井架，省略了包括斜撑在内的很多结构构件。井架的顶层甲板被称为天车台（图 5.4 中②），上面装有天车（图 5.4 中①）；天车是一组滑轮，用来悬吊整个钻柱。钻井大绳（图 5.4 中⑥）从绞车（图 5.4 中⑬）上的滚筒穿过天车到达游车（图 5.4 中⑧），负荷通过大钩悬吊在游车上。天车台下方的平台称为二层台（图 5.4 中⑤），在起出和下入钻柱时井架工在这里操作，该操作称为起下钻。起钻时每三根钻杆作为一个单元，称为一个立柱（图 5.4 中⑦），放置在钻台（图 5.4 中⑫）上的钻杆盒上。立柱的上端置于二层台上的指梁（图 5.4 中③）之间。在紧急情况下很难从二层台逃生，因此在二层台上安装了逃生绳（图 5.4 中④）。在紧急情况下，井架工可以沿逃生绳下滑到安全区，这比爬下梯子要快得多。方钻杆（图 5.4 中⑩）悬吊在游车上，并穿过转盘（图 5.4 中⑪）上的孔眼，而转盘安装在高于地面的钻台中。在井眼上部下入套管（图 5.4 中⑰），也就是大直径钢管。防喷器组（图 5.4 中⑭）（即一系列坚固的高压阀门）安装在套管顶部，可以在井喷迫近时关闭。图 5.4 中未画出已在图 5.2 中显示的泥浆循环系统的许多设备和装置。钻机的其他重要组成部分将在本章后面几节中讨论。

钻井前先将井架竖立在井位上方，并钻出一个深达 100 m 的大井眼。随着钻柱的旋转钻头切削岩石，井眼越来越深。当方钻杆无法在方补心内继续下降时，就将方钻杆和钻柱提起来，并在方钻杆和钻杆之间接上一根新钻杆。继续进行钻进，直到井眼足够深，需要将另一根新钻杆接到钻柱上。当钻至 20～100 m 深度时，起出钻柱，下入套管，套管就是直径略小于井眼的钢管。然后将一定量的水泥浆泵入套管，再用钻井液顶替。在钻井液顶替的压力下，水泥浆到达井底后会上返进入套管和井壁之间的环形空间。通过精确计算，泵入井眼中的水泥浆量足以充满环形空间，一直返至地面。一旦该层套管（称为导管）被水泥胶结固定之后，导管的顶部就变成井口。固定在井壁上的导管为所有后续作业奠定了基础。稍后，下入井眼的较长套管柱将悬挂在导管上。将防喷器组连接到井口，在钻遇高压储层时可提供安全保护。

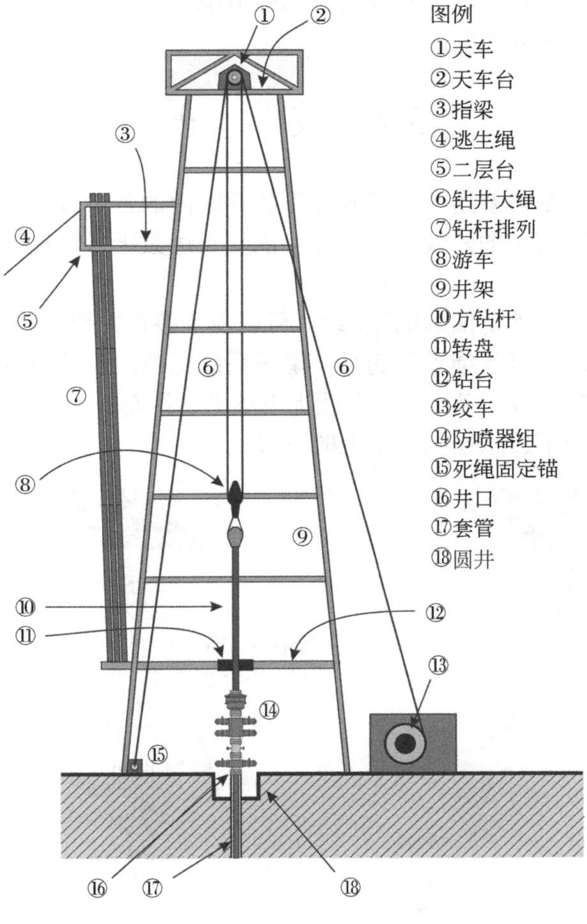

图 5.4　钻机的主要组成部分

将钻头和钻柱通过敞开的防喷器组和导管下入井内即可继续钻进。钻头每转一圈，井眼就会加深少许，钻屑会被循环的泥浆带至地面。钻柱的振动或钻速的降低表明钻头可能严重磨损。此时要停止钻进，并将整个钻柱从井眼中起出，每三根钻杆作为一个单元（称为立柱），整齐地摆放在钻机一侧的指梁之间。换上新钻头后，将钻柱重新下入井眼，恢复钻进。

根据最终井深和钻穿的地层类型，会下入一层或多层技术套管。与下入导管一样，下入的技术套管也悬挂在井口设备上。套管就位后，经套管内部泵入精确计算的水泥浆量，水泥浆沿着套管与井壁之间的环形空间上返。如前所述，用钻井液或其他流体顶替水泥浆。水泥浆凝固后，即可恢复钻井。钻头将钻穿残留在井底的少量水泥浆。

每下入一层套管，井眼直径就会依次变小，直到最后可能只有 10～15 cm。下到井底的套管称为生产套管。在储层位置通过射孔才可使得油、气、水自由流入井内。完井之后，会短暂开采一段时间，然后关井，拆卸钻机，准备搬迁到下一个井场。防喷器组也将被拆除，换上采油井口。至于安装什么样的采油井口，则取决于原油的开采方式——一些储层具有足够高的压力，可让原油在没有外力协助的情况下自喷到地面，而另一些储层需要采用人工举升才能将原油带到地面。

5.2　绞　　车

在整个钻井作业中都需要用绞车提升和下放井眼内的各种设备和工具，在任何类型的钻机中，绞车都是必不可少的。绞车必须能够承受长达数千米钻柱的全部重量，以及更重的套管柱的重量。

取决于井场位置是否处于偏远地区，绞车可以由安装在井架旁边的电机或柴油机驱动。绞车与滑车系统之间通过钢丝绳连接起来。滑车系统由两组滑轮组成——一组滑轮固定在井架的顶部，称为天车；另一组构成随负载上下移动的游车（图 5.5）。用绞车滚筒卷入或放出钢丝绳即可提升或下放悬挂在游车上的负载。

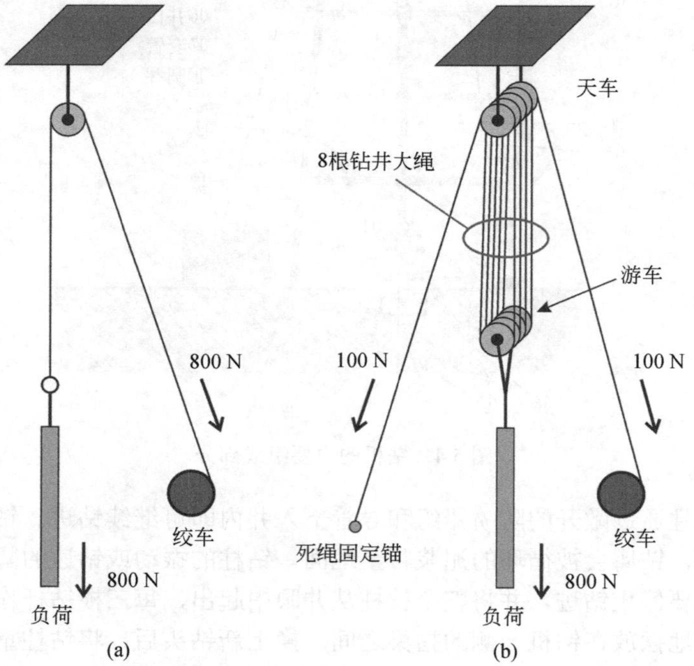

图 5.5　利用游车系统可以减轻绞车提升负载所需的力

现在假定钻具施加在钻机上的负载为 800 N——相当于质量为 80 kg 的物体悬挂在一根绳子上所产生的力。如果我们使用图 5.5（a）所示的单个滑轮，那么绞车滚筒需要施加大于 800 N 的拉力才能提起负载。但是，如果使用图 5.5（b）所示的滑轮组合系统，则提升负载所需的力将大大降低。降低的幅度取决于大绳在天车和游车之间缠绕的圈数。在图 5.5 中，大绳在天车和游车之间绕了 4 圈，使负荷均匀分布在 8 股绳子上。因此，滚筒只需要施加一个略大于 100 N 的力即可提起该负载。然而，随之而来的还有一个负面效应：将负载提升 1 m 滚筒需要卷入 8 m 大绳，因为 8 股绳子的长度都必须缩短 1 m。

绞车配有制动器和锁止装置，因此一旦负载到达某一高度，滚筒就可以锁定不转动。然而，在钻进作业期间，绞车很少处于静止状态。在钻进过程中，方钻杆不断下降，滚筒不断地释放出钻井大绳。每当需接单根而提升钻柱时，滚筒就将大绳卷回去。

提升系统的另一个重要组成部分是钻井大绳。这种绳索的直径通常约为 3 cm，其构造方式是由若干根钢丝捻搓成数股，这些绳股再围绕一个钢质芯或纤维芯捻搓到一起。这种由多根钢丝捻搓而成的大绳具有钻井作业所需的强度。大绳一端固定在绞车滚筒上，另一端在穿过天车和游车后，固定在钻台下方的死绳固定锚上。在钻进过程中，每隔一定的时间间隔，通过锚定点抽出 9 m 左右的大绳，以防止大绳上的任何特定点过度磨损。

5.3 钻　　头

油气行业最常用的钻头是 1930 年前后由 Howard Hughes（霍华德·休斯）旗下公司的一名工程师发明的。三牙轮钻头由三个无动力但可旋转的牙轮组成，每个牙轮都随着钻头在井底旋转。在图 5.6（a）中可以清楚地看到三个镶有满牙齿的牙轮。钻头体一般由三个巴掌焊接而成。每个巴掌都带有一个牙轮和一个细轴，该轴可在一个密封和自润滑的轴承内自由旋转。巴掌由一种特殊的热处理合金制成，这种合金具有非常高的机械强度，在高温下可以正常工作。每个巴掌上还有一个喷嘴，钻井液通过该喷嘴喷射到井底岩石破碎面上。

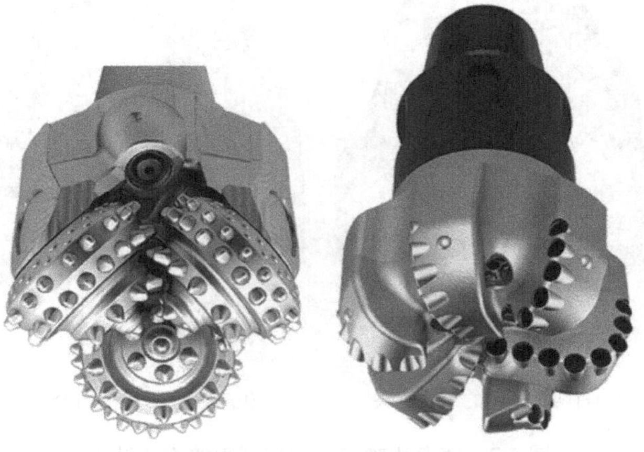

(a)三牙轮钻头　　(b)聚晶金刚石复合片钻头

图 5.6　两种不同类型的钻头

钻头被用来破岩和楔入井底，产生岩屑，钻井液上返时可将岩屑携带出井筒。牙轮必须保持自由旋转，并且不会被岩屑卡死。

有的牙轮切削齿是由牙轮本体铣出来的，有的则是先在牙轮本体上钻出小洞，再将切削齿镶入这些小洞。图 5.6（a）所示的三牙轮钻头是镶齿钻头的一个例子。这种镶齿必须非常坚硬才能切削硬地层，因此通常由碳化钨制成。仔细观察该图，我们可以发现每个牙轮上几圈镶齿的排列方式，是使切削齿不相互啮合。这确保了当牙轮旋转时，一个牙轮上的切削齿可以将另两个牙轮切削齿之间的岩屑清除出来。

三牙轮钻头有多种不同的样式可供选择，以满足不同钻井作业的特定要求。例如，具有较长铣齿、齿间距较大的钻头适用于软地层钻进，而具有较短铣齿、齿间距较小的钻头适合用于较硬的地层。这些钻头有多种尺寸，直径从 10 cm 到 45 cm 都有。带有碳化钨镶齿的三牙轮钻头非常适合高硬度地层钻进。

聚晶金刚石复合片（PDC）钻头是一种更先进的钻头，这种钻头没有旋转牙轮。自从 20 世纪 70 年代中期首次推出以来，PDC 钻头的使用越来越广泛。破岩机理是通过聚晶金刚石镶块在岩石表面旋转刮削来实现的。图 5.6（b）显示了一个典型的 PDC 钻头，它有六个切削刀翼，每个刀翼上都有几个 PDC 镶块。钻石是已知的最坚硬的材料，因此这些镶块会凿入、撕裂任何岩石。这些镶块由合成的工业钻石制成，并与碳化钨和其他金属胶结物熔结在一起。然后将这些镶块熔结到钻头主体上。PDC 钻头价格昂贵，但比起三牙轮钻头，它们的使用寿命更长，钻井进尺更深。PDC 钻头有多种尺寸和样式可供选择——钻井工程师负责选定钻头上 PDC 镶块的数目、间距和大小。

近几年来又出现了兼有旋转牙轮和固定 PDC 切削刃的组合钻头。这种新型钻头将旋转牙轮的切削强度和稳定性与 PDC 镶块的高效剪切作用结合在一起，其钻速通常比先前样式的钻头更快。图 5.7（a）给出了一种新式组合钻头，它有两个碳化钨镶齿牙轮，图 5.7（b）显示的组合钻头有六个 PDC 切削刃和三个铣齿牙轮。

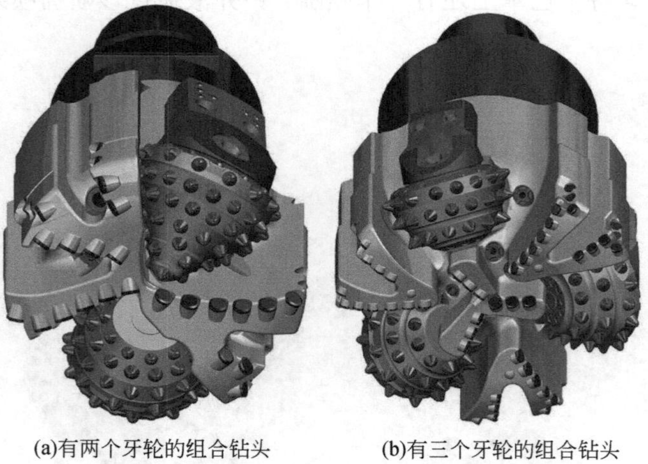

(a)有两个牙轮的组合钻头　　(b)有三个牙轮的组合钻头

图 5.7　兼有牙轮与固定切削刃的组合钻头

任何钻井队都希望能够在不更换钻头的情况下尽可能长时间钻进。然而，钻头磨损是不可避免的。钻头磨损通常可以通过机械钻速的降低和钻柱传递上来的异常振动来判断。当钻头磨损到一定程度，就会停止钻进，这时需要将整个钻柱从井眼中起出，更换钻头。这个过程被称为起下钻，本章稍后将更详细地介绍。

我们最后要介绍的一种钻头是取心钻头。这种类型的钻头能将完整的岩心取回地面，从而使石油地质学家能够更多地了解正在穿过的地层。虽然随钻井液返回地面的岩屑能提供一些有价值的数据，但整体岩心更有助于确定地层的孔隙结构和孔隙度等。取心钻头的选用决定了岩心的直径和长度。因为需要停钻、用取心钻头替换普通钻头，所以通常很少取心。可能会在一个储层的不同深度取出两段岩心，但即使是在一个大油田也只是在 2～3 口井中取心。

图 5.8 显示了两种类型的取心钻头。左侧是金刚石取心钻头［图 5.8（a）］，在钻头的外切削面上附有数百颗小颗粒工业钻石。右侧的 PDC 取心钻头有多个切削刃[图 5.8(b)]，每一个都由多个 PDC 镶块组成。现代取心钻头基本上就是一个下切削面，上面连接两个同心的空心筒。外筒随钻柱和切削面旋转，但内筒相对于被取出的岩心来说是静止不动的。这样，就不会对岩心施加不适当的压力。取心钻头旋转时会切入地层，同时岩心被内筒保护起来。当取出足够的岩心时，就将钻头与岩心一同起出井眼。

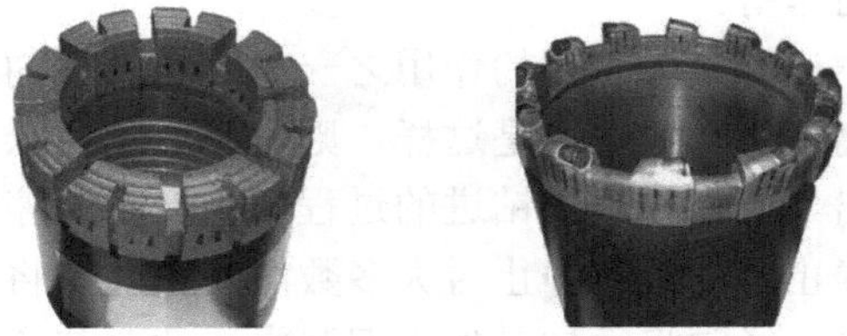

(a)金刚石取心钻头　　(b)PDC取心钻头

图 5.8　两种不同类型的取心钻头

5.4 钻 井 液

当人们第一次听说泥浆在油气钻井中发挥着重要作用时，可能会感觉有点奇怪，但实际上怎么强调泥浆（更准确地说是钻井液）的重要性都不为过。钻井液在确保钻井作业的安全和效率方面确实发挥着许多重要作用。目前采用的钻井液有以下三种。

（1）水基泥浆，由水与膨润土（一种特殊的黏土）混合而成。这类泥浆通常使用淡水制备，但有时也可使用盐水。将微小颗粒的膨润土与水混合，制成均匀的但并非真溶液的混合物，其中不得含有任何黏土结块。

（2）乳状液泥浆，通常是柴油、矿物油或合成油与水混合而成的混合物。这类泥浆润滑钻头的性能非常优越，但价格昂贵且废浆难以安全处置。在有些井中会钻遇高温地层，这类泥浆在高温下非常稳定。

（3）合成基泥浆，由有机化合物和水混合而成。虽然比乳状液泥浆更昂贵，但这类泥浆具有乳状液泥浆的优点，且不存在废浆处置问题。合成基泥浆常在海洋钻井平台上使用。

在钻井过程中，随着井眼越来越深或遇到高压地层，通常需要调整泥浆的性能。对于水基泥浆来说，可以通过改变水和膨润土的比率来调整。在混合物中加入更多的膨润土会提高泥浆的密度和黏度，而加入水会导致泥浆的密度和黏度下降。黏度是流体的一种特性，表示流体流动的难易程度。为了满足各种工况需要，可向泥浆中添加其他化学剂（统称为添加剂）。如果继续加入膨润土仍无法达到所需要的泥浆密度，可加入高密度物质，如赤铁矿粉和方铅矿粉。如果需要的泥浆密度不太高，则可以加入菱铁矿粉或碳酸钙粉，这些都是在用的加重材料。其他添加剂可能包括用来除去泥浆和井眼中有害微生物的杀菌剂，以及控制泥浆 pH 或酸度的化学剂。

这里值得注意的是，水基钻井泥浆的密度通常在 1100～1200 kg m^{-3}之间。使用钛铁矿粉或方铅矿粉加重的超重泥浆的密度在 1800～2400 kg m^{-3}之间。作为参考，水的密度约为 1000 kg m^{-3}；重晶石的密度约为 4200 kg m^{-3}。相比之下，密度较低的加重剂有：菱铁矿 3080 kg m^{-3}、碳酸钙 2800 kg m^{-3}；密度较高的加重剂有：钛铁矿 4600 kg m^{-3}、赤铁矿 5050 kg m^{-3}、方铅矿 7500 kg m^{-3}。应当记住，在水基泥浆中，水的低密度使泥浆的实际密度远低于其固相成分的密度。

泥浆沿钻柱向下循环，通过钻头，然后沿着钻柱和井壁之间的环形空间返回地面。循环泥浆起到了许多重要的作用。

（1）清除井底岩屑——泥浆最重要的作用之一是带走井底的岩屑。当泥浆沿着环形空间上返时，会将钻屑带离钻头。如果不是这样，则每钻进一两米就必须停止钻进，将捞砂筒下到井底并将岩屑取出。即使在常规钻进的过程中也会不时停钻，并暂停泥浆循环。停钻时井内全部泥浆都会静止不动。在静止时大多数泥浆都能够将岩屑悬浮在其中，防止岩屑逐渐沉降并堆积在井底。经常将添加剂加入泥浆中以改变其流变性，使泥浆在静止时变得更加黏稠。具有此特性的流体被称为触变性流体。

（2）冷却和润滑钻头——摩擦和破碎岩石时会释放出能量，使钻进中钻头的温度上升。当泥浆从喷嘴中流出并流过钻头时，可以冷却钻头，并将热量带走。泥浆还有助于润滑旋转着的钻头。

（3）维持井壁稳定性——地层中存在的巨大压力可以使钻头上方的井眼坍塌。井眼中的泥浆液柱将对井壁施加一个静液压力，可以抵抗欲使井眼坍塌的上覆岩层压力。井队人员可以在地面调整泥浆的密度，进而控制井底处的液柱压力。通常，井队人员应尽量调整好泥浆密度，确保井底的液柱压力略高于地层压力。

（4）防止井喷——有时钻头会切入异常高压地层。这种高压将导致地层流体侵入井眼中，迅速将泥浆顶出井口。如果任其发展，大量流体将从井口涌出，造成壮观的且十分危险的井喷。泥浆在井眼中形成的液柱压力减缓了地层流体的向上流动，形成了一道防止井喷的屏障。井队人员会监测泥浆返回地面的速度。一旦发现从井中流出的泥浆多于泵入的泥浆，即表明井涌正在发生。此时可以关井以防止流体不受控制地逸出。如果钻柱内的泥浆向上而不是向下流动，这是钻入异常高压地层的一个确切征兆，可以通过提高入井泥浆的密度，控制井涌的发生并迫使地层流体返回到井眼中。

（5）部分支撑钻柱的重量——钻柱，特别是长度超过 1000 m 的钻柱非常重。这个重量不能完全压在井底的钻头上，否则钻头会被压垮。钻机的绞车通过大绳与钻柱的顶端相连，部分支撑钻柱的重量。钻柱浸没在高密度的泥浆中，产生的浮力也有助于支撑钻柱的重量。泥浆的密度越高，浮力提供的支撑作用也就越大。

（6）控制流体滤失——整个井壁上可能有多个孔隙性层段，但这些层段中并不含碳氢化合物。如果泥浆液柱压力高于地层流体压力，那么就会有一些钻井液侵入地层。因为泥浆是由悬浮在流动着的液体中的微小矿物颗粒组成的，一些颗粒会被水或乳状液带入地层中一小段距离，可以阻止泥浆进一步侵入地层。颗粒在井壁表面也会形成一个薄层；该层的渗透率很低，可作为一道屏障，保护地层免遭钻井液的进一步入侵。

（7）辅助破碎岩石——在一些非常软的地层中，从钻头喷嘴喷出的泥浆实际上可以帮助破碎钻头下方的松软岩石。

（8）提供所钻地层的有关信息——返回地面的泥浆会将钻屑带到地面。将这些钻屑收集后，可以测试它们的化学成分和物理特性，为地质学者提供有用的数据。

在钻井作业期间，通常会连续监测泥浆罐中的液面高度。如果泥浆液面开始上升，则意味着泥浆在井眼中的流出量比流入量要大。如前所述，这通常表明钻遇到了较高压力的地层，并且正在发生井涌。这时应立即采取措施关井，防止井喷。

但在什么情况下泥浆罐中的液面会下降呢？有两个主要原因可能会导致井漏。首先，当钻头遇到具有许多天然裂缝的地层时，泥浆不是返回地面，而是漏失到地层中。其次，当环形空间中的液柱压力过高、足以将泥浆挤入高孔高渗地层时，也会发生漏失。泥浆会漏失到所谓的“贼层”，即漏失层（图 5.9）。虽然形成泥饼能在一定程度上控制泥浆漏失（如上所述），但如果地层的孔隙度和渗透率都很高，泥饼就无效了。泥浆滤液可能会进入地层深处，但其携带的岩屑却堆积在漏失层位的井壁上。如果不进行处理，堆积的岩屑会阻塞环形空间。钻井队可以在泥浆中加入添加剂控制泥浆漏失。

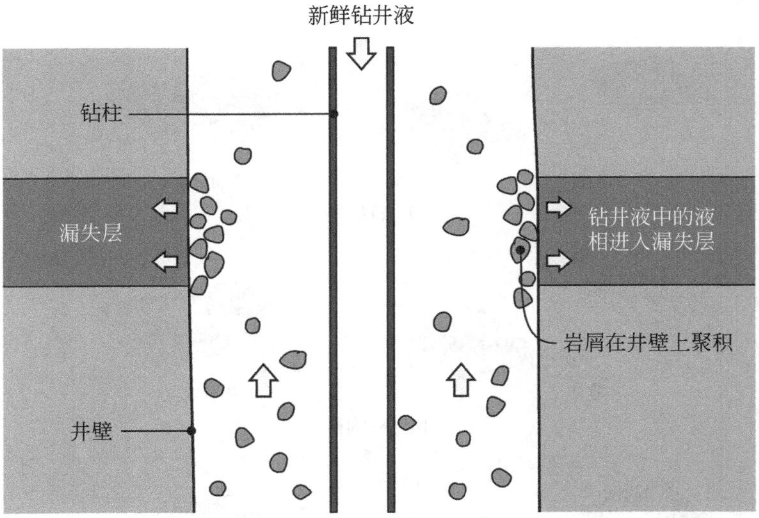

图 5.9 部分循环中的泥浆会进入漏失层

泥浆中较大的颗粒会被滤出，在井壁上形成泥饼钻井泥浆通常不会在下一口井重复使用，必须将其处理掉。在陆地上，使用淡水而不是盐水制备的水基泥浆经处理后，可以作为一种肥料喷洒到农田。但乳状液泥浆和盐水泥浆则必须运往指定地点进行妥善处置。在陆地上可以使用卡车将废浆拖走；在海上则使用为钻井平台配备的辅助船运走。

5.5 防 喷 器

井喷是钻井平台上最令人恐惧的事件，无论平台是在陆上还是海上。泥浆、油气甚至钢管都可能失控地从井中喷出来，造成灾难性后果，导致人员伤亡。利用安装在井口的防喷器（BOP）可以随时关井，将流体封闭在井眼内，保护钻机设备及其井队员工的安全。防喷器是一种为封井而专门设计的大型阀门。通常，将三个或更多个防喷器叠加起来，可以形成一个防喷器组。

防喷器主要分为闸板防喷器和环形防喷器。闸板防喷器由安装在承压外壳中的两个相对的水平钢板（或称闸板）组成。防喷器工作时两个闸板在水平方向相向滑动，直到在井眼中心处相遇。有一个锁定机构能够确保闸板不会彼此分开，除非被故意解锁。

图 5.10 给出了几种类型的闸板，其中第一个是盲板。如果在闸板滑动平面内没有工具或钻杆，就使用盲板防喷器关井。这种类型的防喷器关井效果好，能够将高压流体限制在井眼内。如果在井内有钻柱时使用盲板关井，则钻柱会被挤碎，且井眼无法完全封闭，储层流体仍会通过闸板间的缝隙溢出。钻杆闸板类似于盲板，只是每个闸板的前缘有一个半圆形开孔，使得闸板可以紧抱着钻柱关闭。所选钻杆闸板的半圆形开孔必须与钻柱直径相匹配。如果在钻井作业中交替使用 $4^1/_2$ in 和 5 in 两种钻杆，则需要安装两种钻杆闸板以适应不同的钻杆尺寸。

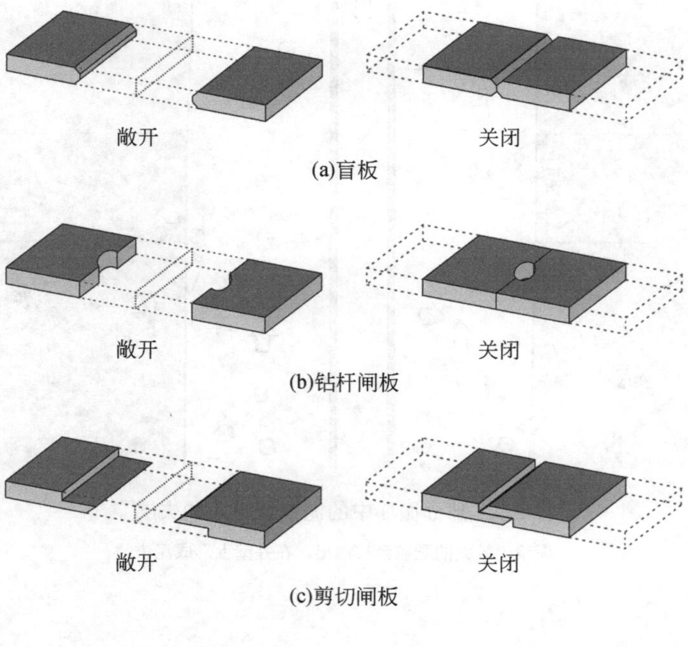

(a)盲板

(b)钻杆闸板

(c)剪切闸板

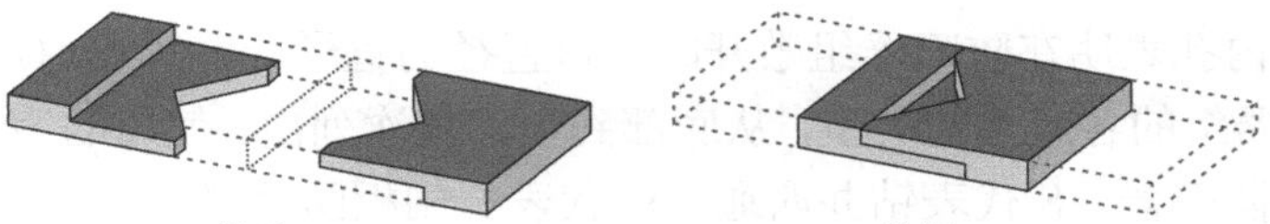

(d)剪切闸板

图 5.10　不同类型的闸板防喷器

作为最后一招，在紧急情况下可以启用剪切闸板。该闸板的特点是其前缘具有坚硬的切割刃，关闭时可以切断井内钻杆或油管。图 5.10 给出了两种不同样式的剪切闸板，二者都可以有效地关闭油气井。一旦剪切闸板关闭，被切断的钻柱就留在了井内。通过泵入高密度钻井液压井、井喷得到控制后，就可以用打捞工具取出钻柱。此过程中被切断的那根钻杆就报废了，但钻柱的其余部分完好无损。一般来说，剪切闸板只能切断钻杆的本体，而不能切断两根钻杆之间的接头。因此，当必须关闭剪切闸板时，一定要搞清楚钻杆接头在防喷器组内处于什么位置。

第二类防喷器是环形防喷器，有时也称为海德里尔（Hydril）防喷器，此命名源自其制造商。这类防喷器的主要元件是一个用钢筋加固的环形橡胶密封件。当被液压活塞激活时，柔性橡胶件会像括约肌那样收缩，阻断井内流体的流动。环形防喷器可以关闭各种尺寸的钻柱以及没有管柱的井眼。虽然环形防喷器可以完全关闭油井，但其承压能力有限。

图 5.11 给出了陆上钻井使用的典型防喷器组。防喷器组连接到井口顶部，完全打开时具有足够大的内径，钻井作业畅通无阻。防喷器组中最靠近井口的第一台防喷器是用来完全封闭井眼的全封闸板防喷器，其上面是一段被称为钻井四通的大直径钢管，有两条管线连接到四通上面——压井管线和节流管线。使用四通上方的防喷器关井后，可以在高压下通过压井管线将泥浆泵入井中。高密度泥浆能够抑制储层高压，即可将井压死。第二条管线是节流管线，必要时可将井内的流体排出。再上面是一台双闸板防喷器，不使用两台叠加的单闸板防喷器，采用双闸板防喷器可以节省空间。此例中，上面的闸板是钻杆闸板，而下面的闸板是剪切闸板。防喷器组中最上面一台防喷器是环形防喷器，无论井内有无钻柱都可关井；通常情况下都将环形防喷器安装在防喷器组的顶部。

在陆上钻井中，通常利用来自位于钻机附近的蓄能器的液压来启动防喷器。在海上，防喷器组一般位于海床上，采用电启动方式。防喷器控制面板通常安装在钻台上，以便能在紧急情况下快速操作。

图 5.11 中所示的防喷器组只是一种可能的排列方式。根据井况和钻井公司施工考虑，可以使用双倍数目的闸板防喷器和最多两个环形防喷器。尽管严格来说，旋转控制头不是防喷器，但可将其安装在防喷器组的上方，以支持带压钻井作业。

通常用一个代码来描述防喷器组，该代码给出了其额定压力、内孔直径以及从最底部防喷器到最顶部防喷器的构成列表。额定压力通常以 1000 lb in^{-2} 或 psi 表示。该单位虽然在美国仍然普遍使用，但已被公制单位 MPa（兆帕）所取代。表 5.1 列出了主要压力标识及以 psi 和 MPa 为单位的工作压力。有趣的是，虽然现在用 5K 表示 5000 psi，但在整个 20 世纪，则用 5M 表示 5000 psi，那时罗马数字 M 表示 1000。代码的下一部分通常表示内孔直径，$13^5/_8$ in 内孔表明在防喷器组敞开时，该直径的管子能够顺畅通过。代码的最后部分是指构成防喷器组的各组件的类型，从底部到顶部依次列出，使用的字母代码见图 5.12。字母 A 代表环形防喷器，S 代表钻井四通，R_t 代表三闸板防喷器。

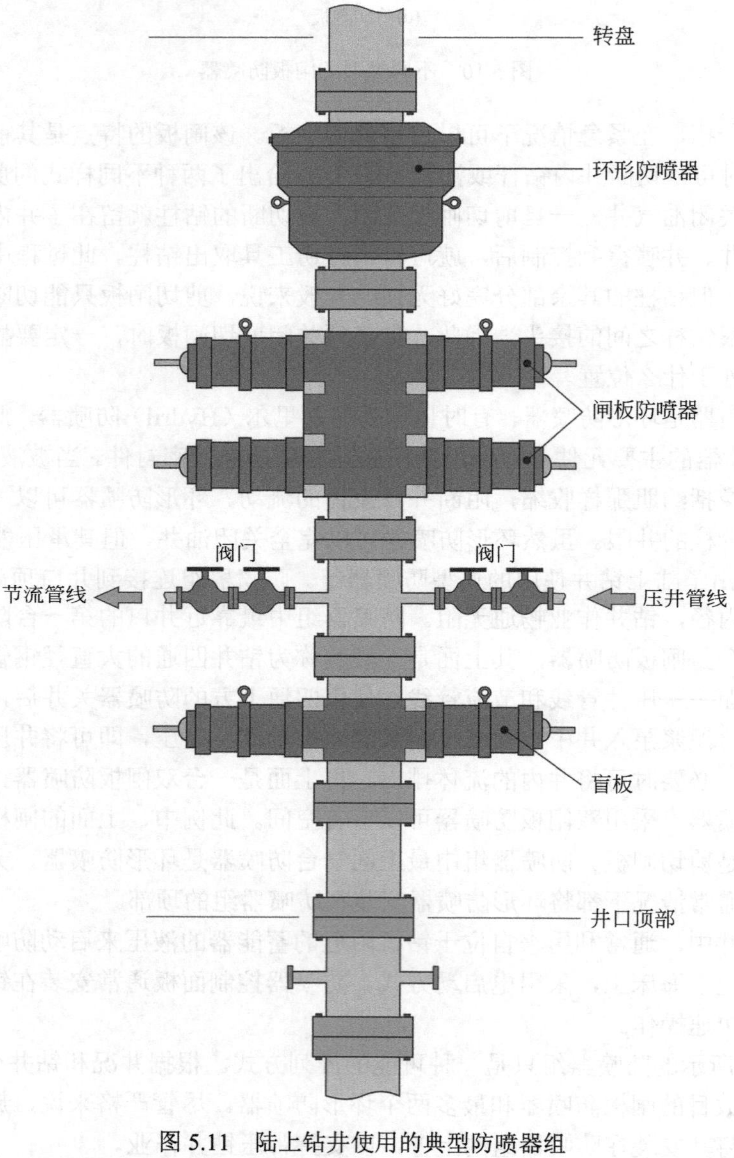

图 5.11　陆上钻井使用的典型防喷器组

表 5.1　陆上防喷器系统压力标识

压力标识	工作压力	
	psi	MPa
2K	2000	13.8
3K	3000	20.7

续表

压力标识	工作压力	
	psi	MPa
5K	5000	34.5
10K	10 000	70.0
15K	15 000	103
20K	30 000	138
25K	25 000	172
30K	30 000	207

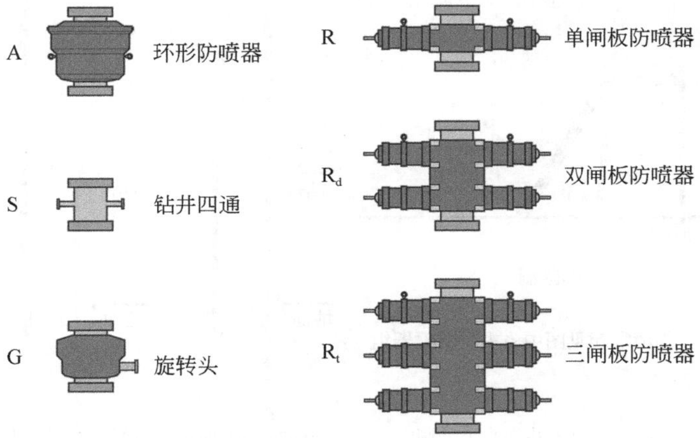

图 5.12　防喷器各组件工业标准代码

为了说明如何使用上述代码，假设图 5.11 中所示的防喷器组的额定压力为 70 MPa（即 10 000 psi），内孔为 $13^5/_8$ in；其代码则为“10 K $13^5/_8$ in RSR_dA”。

5.6　钻 井 作 业

现在，让我们聚焦钻井过程中需完成的几项关键任务。

5.6.1　接单根

在钻井作业中必须重复上百次的一项工作称为接单根。随着钻进的进行，方钻杆的位置越来越低，最后其顶端刚好高于转盘面。这时就需要在钻柱顶部添加一根新的钻杆。许多根钻杆水平地排放在钻机前面的管架上，通常是母接头朝向钻机。利用一根上端固定在钻机顶部的缆绳连接到母接头上，将一根钻杆沿着坡道吊起，此时钻杆斜靠在坡道上。管架上排放有许多根钻杆备用。在接单根之前用该缆绳将钻杆提起，并放入一个称为“小鼠洞”的垂直孔眼中，公接头一端朝下（图 5.13）。小鼠洞位于转盘附近，通常就是底端封闭的一根套管，插入地层一定深度，使得只有一小段钻杆从小鼠洞中伸出来，以便于接单根操作。

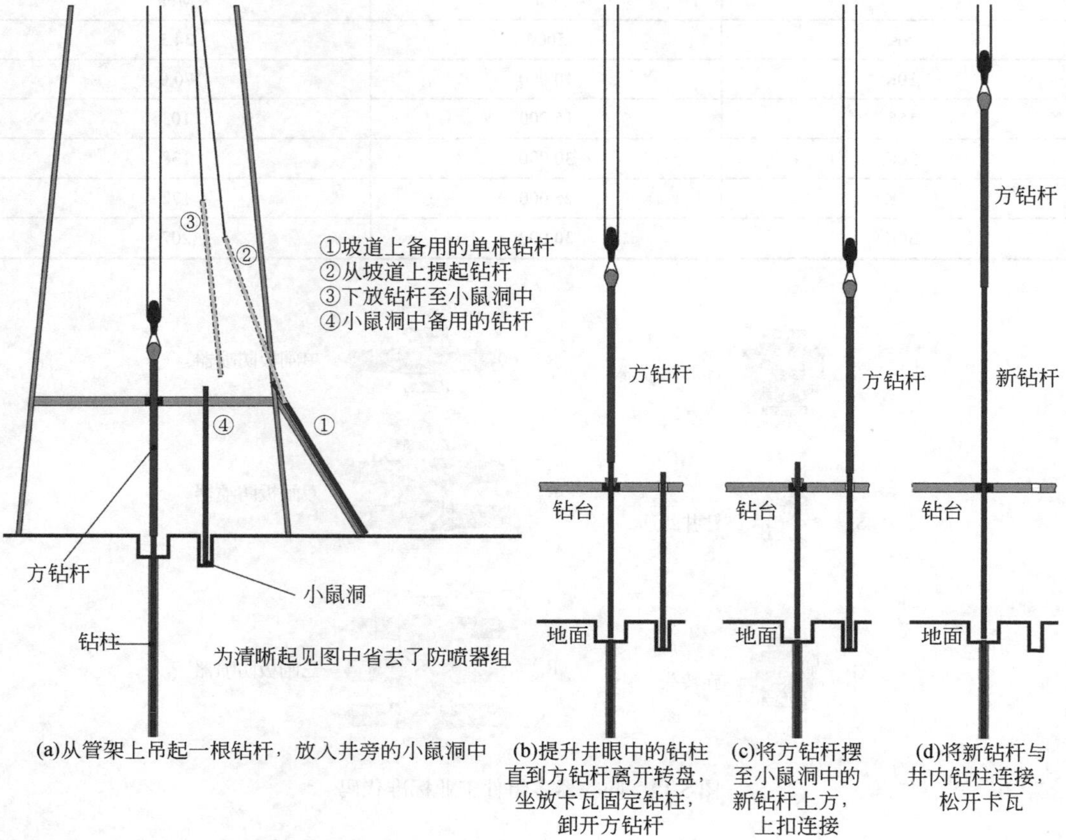
①坡道上备用的单根钻杆
②从坡道上提起钻杆
③下放钻杆至小鼠洞中
④小鼠洞中备用的钻杆
方钻杆
小鼠洞
钻柱
为清晰起见图中省去了防喷器组
钻台
地面
新钻杆
(a)从管架上吊起一根钻杆，放入井旁的小鼠洞中
(b)提升井眼中的钻柱直到方钻杆离开转盘，坐放卡瓦固定钻柱，卸开方钻杆
(c)将方钻杆摆至小鼠洞中的新钻杆上方，上扣连接
(d)将新钻杆与井内钻柱连接，松开卡瓦

图 5.13　接单根

为了接上一根新钻杆，需要先停止钻进和循环泥浆。随后，将钻柱从井中提起，直到方钻杆下面那根钻杆的顶端位于转盘上方。在整个钻井过程中，当钻柱在井眼内时，其重量主要由悬挂在天车上的大绳负载。在卸掉方钻杆、接上新单根之前，必须以另一种方式支撑钻柱的重量，这是通过坐放卡瓦来实现的。卡瓦是一种可以承受钻柱重量且不会严重损坏钻杆的装置。如图 5.14 所示，卡瓦由三个或更多个钢质楔子组成，这些楔子连接成一个环，可镶嵌在钻杆周围。楔子前端装有可更换的硬质钢齿。将卡瓦放在最顶部的钻杆周围时，稍微下放一点儿钻柱，卡瓦就会卡紧，坚硬的钢齿就会咬住钻杆。这种下沉作用使卡瓦将钻柱卡得更加牢固，足以支撑钻柱的重量。这项操作称为坐放卡瓦。

卡瓦放好并支撑起钻柱后，将方钻杆与顶部钻杆的连接卸开。随后将方钻杆摆动到位于小鼠洞中待接入的钻杆上方（图 5.13）。需要注意的是，方钻杆通常并不直接连接到钻杆上，而是通过方钻杆保护接头的短节将方钻杆与普通钻杆连接起来。使用该保护接头的目的是在接单根时反复上扣与卸扣的情况下，保护方钻杆的底端免受长时间磨损。保护接头半永久性地连接到方钻杆的底端。接单根时，是保护接头的下端承受反复上扣与卸扣的影响。因此，如果需要更换螺纹接头，很可能是保护接头下端的丝扣，而非方钻杆上的。与方钻杆相比，保护接头相对便宜，因此可以牺牲它来保护方钻杆的螺纹免遭磨损。

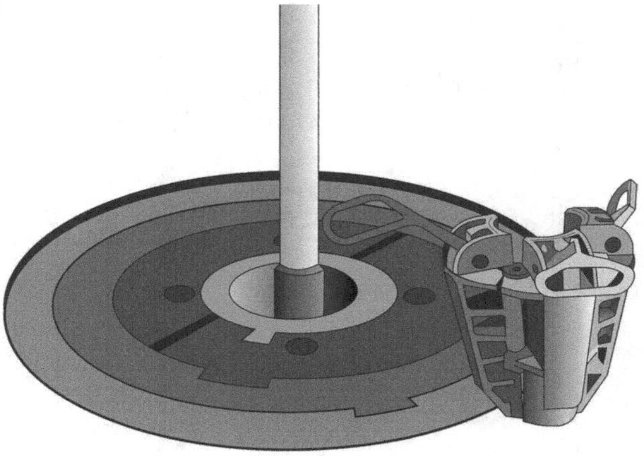

图 5.14　放在转盘旁边的卡瓦

接单根前将卡瓦置于钻杆周围，然后丢入转盘的开孔中

将保护接头的公接头一端插入从小鼠洞中伸出的新钻杆的母接头中，这项操作称为对扣（图 5.15）。新钻杆和保护接头很快即可连接好，然后将连成一体的钻杆、保护接头和方钻杆提升起来并摆动到转盘中心，再将新钻杆的公接头插入井内钻柱的母接头中并拧紧。用绞车提起整个钻柱，这样即可释放卡瓦；移开卡瓦，下放钻柱至井眼中，使方钻杆的下部位于转盘内。恢复循环泥浆，开始旋转钻柱，使井底的钻头继续钻进。经验丰富的钻井队可在约 2 min 内完成上述整个过程。一根典型的钻杆接头长度约为 9 m，那么钻一口 2000 m 深的井就需要将整个过程重复 200 多次。

5.6.2　起下钻

在钻井作业中，有时需要从井眼中起出整个钻柱，这个过程称为起钻。如果钻头磨损严重需要更换，或者需要下入测井工具，就必须起钻。这些测井设备可以测量所钻地层的信息。

起钻过程可能要花费数小时，井队员工必须做好充分准备。停止泥浆循环后，提升钻柱直到方钻杆离开转盘。坐放卡瓦，固定钻柱，卸开方钻杆。将方钻杆从转盘上方移开，放入大鼠洞。与小鼠洞一样，大鼠洞也由一段足够粗的套管构成，以便将方钻杆放入其中（图 5.16）。

移开卡瓦，用绞车把钻柱吊起，直到由三根钻杆组成的一个立柱离开转盘。重新坐放卡瓦，并将该立柱从井内的钻柱上卸下来。钻台上的钻工小心地将立柱底部推离转盘，移到井架的一侧。二层台上的井架工引导立柱的顶部，将其置于被称为指梁的一系列平行的水平钢棒之间。然后将立柱排放到铺设在钻台上的钻杆盒上，以保护立柱的公接头免受损

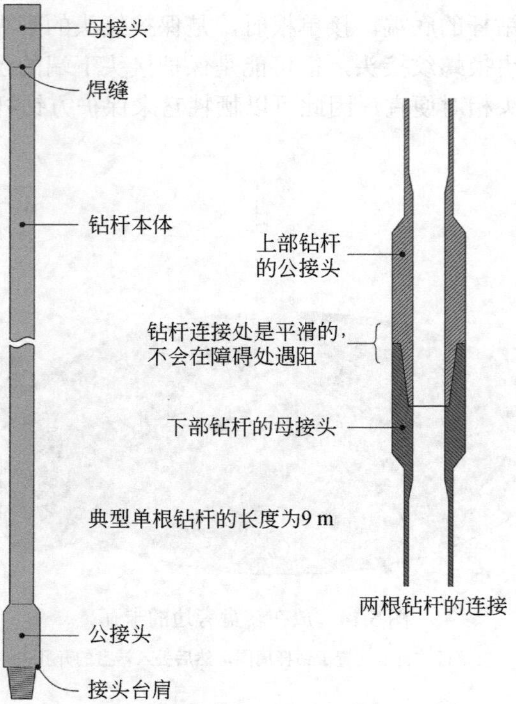
母接头
焊缝
钻杆本体
典型单根钻杆的长度为9 m
公接头
接头台肩
上部钻杆
的公接头
钻杆连接处是平滑的,
不会在障碍处遇阻
下部钻杆的母接头
两根钻杆的连接

图 5.15　每根钻杆称为一个单根

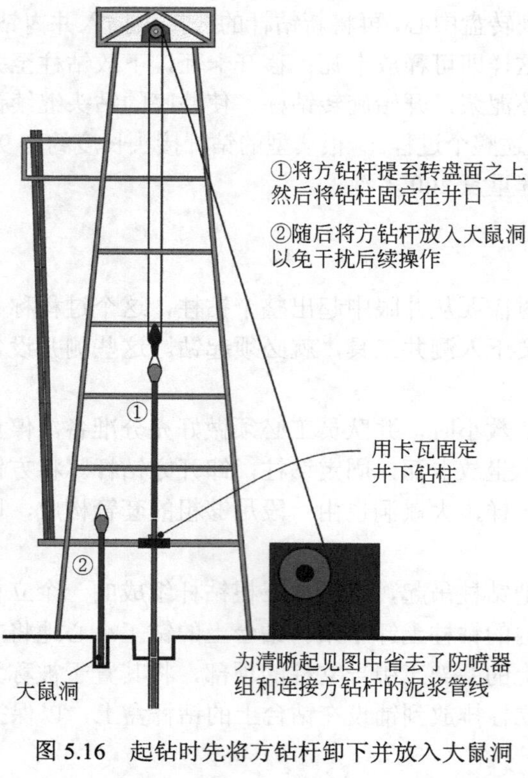
①将方钻杆提至转盘面之上,
然后将钻柱固定在井口
②随后将方钻杆放入大鼠洞,
以免干扰后续操作
①
用卡瓦固定
井下钻柱
②
大鼠洞
为清晰起见图中省去了防喷器
组和连接方钻杆的泥浆管线

图 5.16　起钻时先将方钻杆卸下并放入大鼠洞

坏（图 5.17）。三根钻杆组成的立柱长度约为 27 m。一直重复此操作，直到起出最后一个立柱。井架工会记下立柱起出的顺序，以便此后以正确的顺序下钻。有时将少量高密度泥浆灌入钻柱中，以便将钻柱上端的泥浆压下去——井队员工不希望每起出一个立柱时都有泥浆涌出。这些高密度泥浆被称为重泥浆塞。

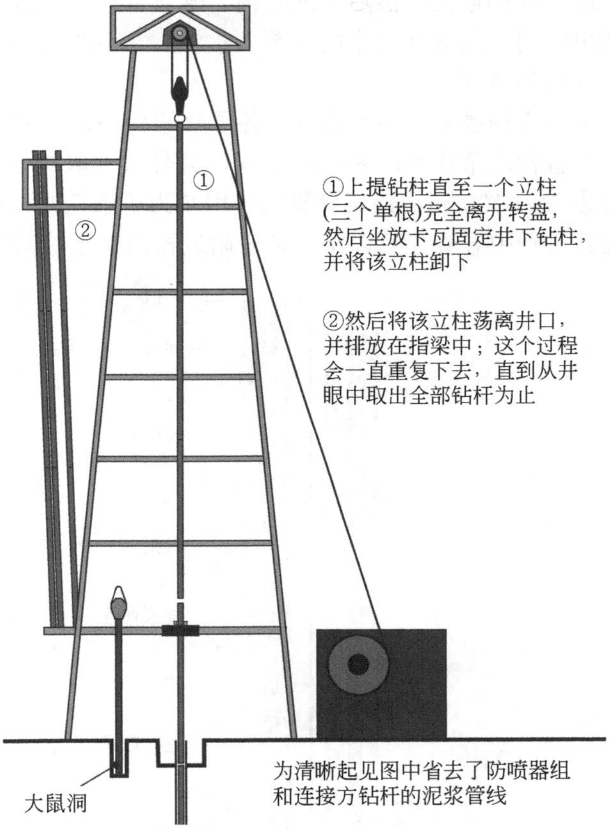
①
②
①上提钻柱直至一个立柱
(三个单根)完全离开转盘，
然后坐放卡瓦固定井下钻柱，
并将该立柱卸下
②然后将该立柱荡离井口，
并排放在指梁中；这个过程
会一直重复下去，直到从井
眼中取出全部钻杆为止
大鼠洞
为清晰起见图中省去了防喷器组
和连接方钻杆的泥浆管线

图 5.17　起钻的第二步是卸下立柱并将起排放到指梁中

起出最后一个立柱和钻铤后，需仔细检查钻头磨损情况。新钻头的选择将基于钻头的磨损模式。如果是钻头轴承而非切削面发生故障，则可能需要选用轴承更耐用的钻头；而如果是切削面磨损，则可能需要选用不同类型的钻头。更换钻头后，将钻头和钻铤重新下入井眼，然后按照与起出时相反的顺序下入立柱。井架工将钻井大绳连接到立柱顶端，即可将立柱提升到转盘上方。下放立柱与井眼中的钻柱对扣。上扣紧固后，移开卡瓦，下放钻柱 27 m 左右。再次坐放卡瓦，将加长的钻柱固定好；断开钻井大绳，以便连接下一个立柱。

起下钻过程包括将整个钻柱从井眼中起出，更换钻头，再将钻柱重新下入井内。经验丰富的钻工每小时可以起出并下入 300 m 钻杆。因此，对于一口 2000 m 深的井，起下钻大约需要 7 h 才能完成。

5.7 下 套 管

油气井钻进过程中，需要下入套管（即钢管）并用水泥将其固定。套管由多段大直径钢管组成，在地面上通过丝扣连接，然后下入井内。套管外径小于井眼直径，以便在套管外表面和井壁之间留出空间，向该环形空间中泵入水泥。水泥凝固后，将在井眼和钻穿的地层之间建起一道坚固的隔离屏障。

油气井钻进中会下入直径越来越小的套管。各层套管程序结构如图 5.18 所示。下入的第一层套管是导管，其直径通常在 60～80 cm 之间，具体尺寸取决于实际工况。根据地下地质条件，导管下深为 20～100 m。该层套管的作用是为了承托井口设备，再将防喷器组安装在井口上。在钻井过程中导管还可以防止地表附近松散的土壤落入井眼中。

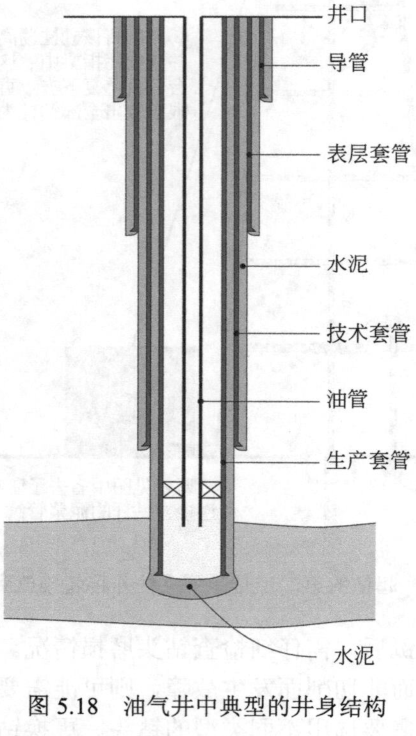

图 5.18　油气井中典型的井身结构

要下入的下一层套管是表层套管。该层套管的主要作用是隔离天然含水层，在后续钻井过程中与循环钻井液隔离，此后与产出油气隔离。如果当地社区从这些地下含水层中抽取生活用水，那么这一点尤其重要。在发生井喷时，含水层也极易受到油气的污染——防喷器能防止油气从井口逸出，但无法阻止油气侵入未被套管封闭的地层中。由于井眼流体与天然含水层保持隔离尤为重要，政府机构通常会严格监管表层套管的设计。

较深的井可能需要下入一层或两层技术套管。如果一口井必须钻穿高压层，就需要下入技术套管。高密度泥浆液柱产生的压力可能足以压开裸眼底部的地层，技术套管能起到保护地层的作用。

一口井中下入最深的套管是生产套管，该套管通常一直延伸到井底的油气产层。稍后我们将看到如何对生产套管及其周围的水泥进行射孔，以建立油气流入井内的通道。

这样，套管能够以多种方式助力钻井和采油：

（1）导管为装配井口和悬挂井眼中的其他部件提供了坚实的基础；

（2）表层套管作为物理屏障，能够防止循环的钻井液以及随后采出的油气污染任何天然含水层；

（3）套管在钻井和采油阶段都可防止不稳定或疏松地层岩石掉块落入井中；

（4）套管将高压地层与井眼隔离开来，降低井喷概率；

（5）套管防止循环的钻井泥浆漏失到高渗层中；

（6）套管作为屏障保护较脆弱的地层在高密度泥浆产生的液柱压力下不被压开；

（7）套管为各种设备的入井和起出提供了顺畅的通道。

每根套管的长度约为 9 m，由无缝钢管制成。尽管加工时力求每根套管长度一致，但仍存在细微差异。因此，钻井队在将每根套管接到套管柱上之前一定要先测量它的长度。每根套管两端都有螺纹，通过套管接箍连接在一起（图 5.19）。套管的特征包括其长度、内径、壁厚和螺纹规格，均由美国石油学会（API）发布的标准规定。

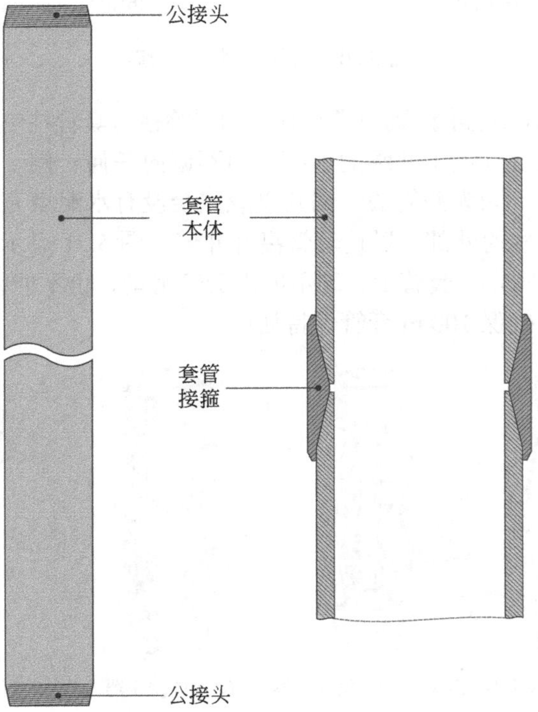

图 5.19　单根套管由套管接箍连接在一起

5.7.1　套管下入作业

在第一根套管入井之前，下套管的过程实际上就已经开始了。将套管鞋连接到第一根套管的底端（图 5.20）。套管鞋的下部呈圆形，以确保在下入套管时不会卡在井眼中。套管鞋由金属制成，但也掺入低强度材料，以便在重新开钻时将其钻掉。有些套管鞋还包含一个称为浮阀的球阀。浮阀的功能是防止下套管过程中泥浆进入套管柱。井眼中的泥浆将小球向上推，使小球坐放在上面的阀座上，阻止泥浆进入套管。之后，当套管充满高压水泥浆时，小球被迫下移并被挡在凸耳上，水泥浆可以绕过凸耳向下流动并从套管鞋底部冒出。这种类型的阀门之所以被称为浮阀，是因为使用它会导致整个套管柱漂浮在泥浆中。由于泥浆的浮力，必须下压套管柱使其进入井眼。

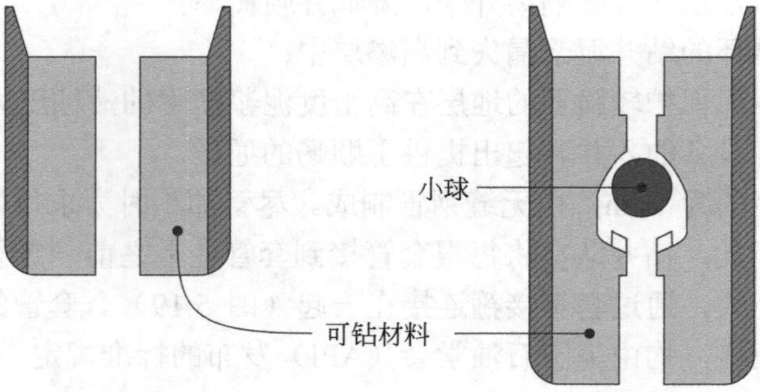

(a)引鞋　　(b)带有浮阀的引鞋

图 5.20　两种类型的套管鞋

如果套管鞋中没有配置浮阀，则通常将独立的浮箍接入套管柱中，恰位于套管鞋的上方。

重要的是要确保套管柱位于井眼的中心，而不偏向任何一侧。如果发生侧偏，则井筒的强度可能会受到影响，因为井筒的一侧几乎或完全没有水泥填充。扶正器是一种简单的装置，可以安装在套管柱的外部，以使套管离开井壁。图 5.21 显示了在直井或斜井中使用的四种扶正器。扶正器固定在套管上，既不能沿套管滑动，也不能绕套管转动。在直井中，每安装一个扶正器，可确保 100 m 套管保持居中。

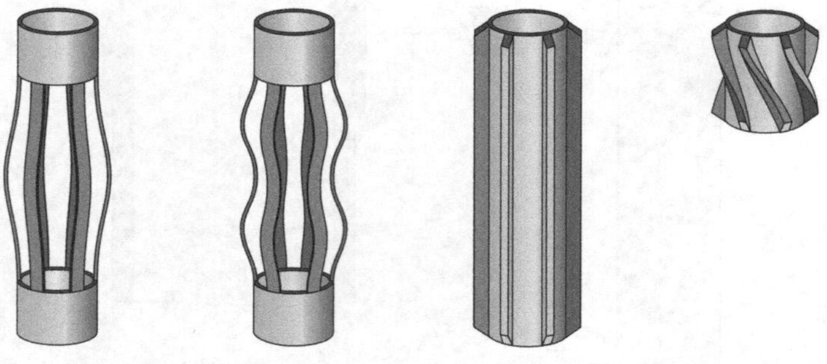
(a)弓形弹簧扶正器　(b)双弓形弹簧扶正器　(c)实体扶正器　(d)实体螺旋扶正器

图 5.21　四种不同类型的扶正器

下套管时安装在套管柱上的另一种装置是刮泥器，如图 5.22 所示。刮泥器用于从井壁上刮掉泥饼。在钻井过程中，泥浆中的一些成分会黏附在井壁上。如果不清除掉，这些物质可能会阻碍水泥与地层的有效胶结。水泥和地层之间胶结不良会导致在水泥石表面形成流体通道，从而降低井筒结构的强度。可以使用刮泥器清除掉井壁上的泥饼。将刮泥器安装在套管柱中某根套管的外壁上，使之处于可能出现厚泥饼的位置，然后提升、下放和旋转刮泥器，以除去泥饼。

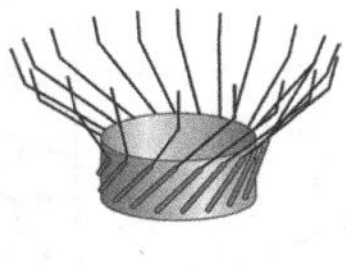

图 5.22　用于从井壁上清除泥饼的刮泥器

5.7.2　固井

将套管下入井中到达预定位置后，下一步工作就是固井了。固井用的水泥浆实际上是含有某些添加剂的波特兰水泥浆，可以在深井井底的特殊条件下凝固。以下是在配置水泥浆时可能需要的一些较重要的添加剂。

（1）速凝剂——缩短水泥浆凝固时间的添加剂。对于表层套管固井，井温可能相对较低，经常会用到这种添加剂。

（2）缓凝剂——延长水泥浆凝固时间的添加剂。如果没有这类添加剂，如果井底温度过高，水泥浆可能刚到达井底就会凝固。

（3）减轻剂——降低水泥浆的密度。

（4）加重剂——钻遇高压层时用于提高水泥浆的密度。

（5）堵漏剂——防止水泥浆漏失到高孔高渗地层中。

在个别情况下，如钻穿含盐量高的地层时，必须使用特殊配方的水泥浆，确保水泥浆与盐层充分胶结。

作为固井的第一步，将几立方米的水泵入井内。接下来下入两个固井胶塞，第一个称为下胶塞，其作用是完全隔离后续泵入的水泥浆与井内原有流体。下胶塞由一个空心体组成，顶部有一个可被高压流体击穿的盘片（图 5.23）。其周围是一些弹性叶片，可以实现流体隔离。泵入的水泥浆在套管内推动下胶塞不断地向下运动，直至到达套管柱底部的浮阀处停止。

石油工程师需要知道注入套管内的水泥浆量。既要泵入足够多的水泥浆以充满套管和井壁之间的环形空间；但又不能泵入太多，以免固井后套管内还有大量的水泥需要钻穿。通常，工程师会计算整个环形空间的体积，然后在该数字上附加 50%，以弥补水泥浆向地层中的漏失。

例子 5.1

为了说明这种计算方法，假定待固井的井深为 300 m。套管外径为 273 mm（即 0.273 m），井眼平均直径为 360 mm（即 0.360 m）。那么需要水泥浆的量是多少呢？

环形空间的面积 A 与井眼直径 d_{wb} 和套管外径 d_{oc} 相关，公式如下：

$$A=\frac{\pi d_{wb}^2}{4}-\frac{\pi d_{oc}^2}{4} \tag{5.1}$$

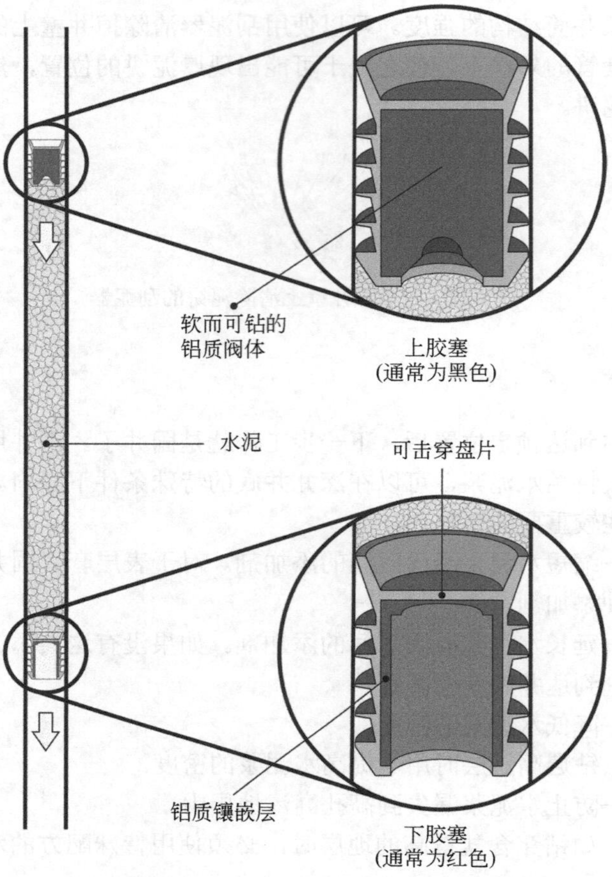

图 5.23　利用固井胶塞实现水泥浆与套管内其他流体的隔离

将已知的直径数值代入式（5.1），我们可以得到：

$$A = \frac{\pi(0.360\text{m})^2}{4} - \frac{\pi(0.273\text{m})^2}{4} = 0.0433\text{m}^2$$

这是需要充满水泥浆的环形空间的横截面积。现在我们可以利用以下公式求得环形空间的体积：

$$V = AH \tag{5.2}$$

式中，V 为以 m^3 表示的体积；H 为以 m 表示的井深。

所以，

$$V = 0.0433\ \text{m}^2 \times 300\ \text{m} = 13.0\ \text{m}^3$$

再附加以备漏失的 50%余量，得出所需的水泥浆量约为 $19^1/_2\ \text{m}^3$。

一旦所需体积的水泥浆全部泵入井中之后，立即将上胶塞下入井中。与下胶塞相比，上胶塞具有更为坚固的内核。然后泵入清水，推动上胶塞下行。当下胶塞被浮阀挡住后继续泵入流体，此时套管内的压力将上升。最终，下胶塞上的盘片被击穿，水泥浆即可流入井底，并沿着环形空间上返。继续泵入，直至上胶塞到达套管柱的底部。上胶塞不再移动后，关井等待套管周围的水泥凝固。

水泥凝固时会产生热量，因此如果将一个温度探头下入井中，则可根据探头下降过程中温度的突然变化来定位环形空间中的水泥面。如果固井设计周密，水泥环顶部的位置应符合预期。

水泥充分凝固后即可恢复钻进。钻头能够钻穿两个胶塞、浮阀、套管鞋和井底残留的水泥浆。钻出套管鞋之后在套管柱之下的地层中继续钻进。

5.8　定向钻井

到目前为止，我们关于钻井的讨论通常默认都是钻直井，垂直向下直达目的层；但情况并非总是如此。在最近几十年中，技术有了重大进步，可以钻具有长水平段的井。现今，大多数井都会以某种形式偏离垂直方向。定向钻井就是指有意偏离垂直方向的钻井作业。从本质上讲，定向钻井允许工程师钻达不在井口正下方的石油储层。

在许多情况下都可能需要定向钻井才能开采石油储层。

（1）钻达河流或湖泊下方——当地法规可能禁止在环境敏感地区（如河流或湖泊中或非常靠近河流或湖泊的地方）钻井。定向钻井使油井能够到达原本无法进入的储层。

（2）在人口居住区钻井——如果城市、小镇或村庄位于石油储层的上方，当地社区可能会竭力反对在该社区安装钻机。从远离居住区的一个中心井场钻几口井，可以利用相对较小的占地空间开采更大面积的储层。图 5.24 可以说明这一点，该图显示了怎样利用从一个井场钻出的九口井，实现与从九个井场钻井同样的开采效果。

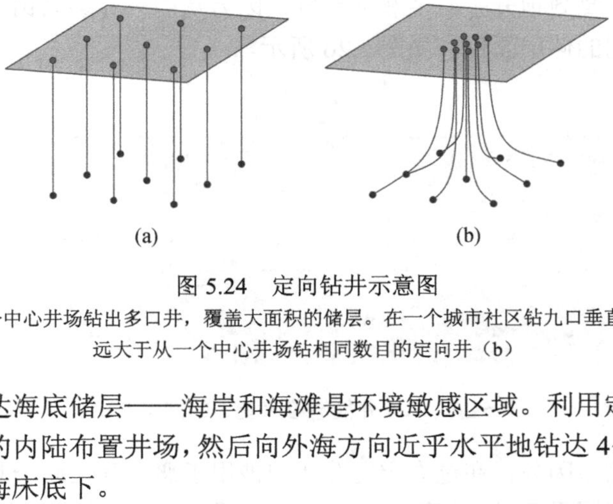

图 5.24　定向钻井示意图

定向钻井使我们能够从一个中心井场钻出多口井，覆盖大面积的储层。在一个城市社区钻九口垂直井（a）对社区的干扰，将远大于从一个中心井场钻相同数目的定向井（b）

（3）从陆地钻达海底储层——海岸和海滩是环境敏感区域。利用定向钻井，可以在距海岸 500～1000 m 的内陆布置井场，然后向外海方向近乎水平地钻达 4～5 km 外的目的层，将井眼安全地置于海床底下。

（4）海上平台钻井——海上平台是世界上最昂贵的不动产，可能需要花费数十亿美元来建造和投入使用，且通常最多只能钻 40 口井。定向钻井可以使多口井从平台下方呈扇形散开，进而高效地开采平台附近的一个或多个油田。

（5）避开地质构造——钻井时可以避开特定的地质构造，如位于目的层上方的檐突状盐丘，或异常高压地层。如果可能，也会避开疏松的、高孔隙度的地层，因为如果钻遇这些地层会导致钻井液的漏失。

（6）扑灭油气井失火——一口油气井失火后，如果无法在井口处灭火，那么可以在数百米外的地方钻另一口井。一旦钻到足够的深度，就可以进行定向钻井，将救援井导向失火井。当新井钻遇原井后，可通过新井泵入重泥浆，阻止油气继续流向原井井口，从而实现灭火（图 5.25）。

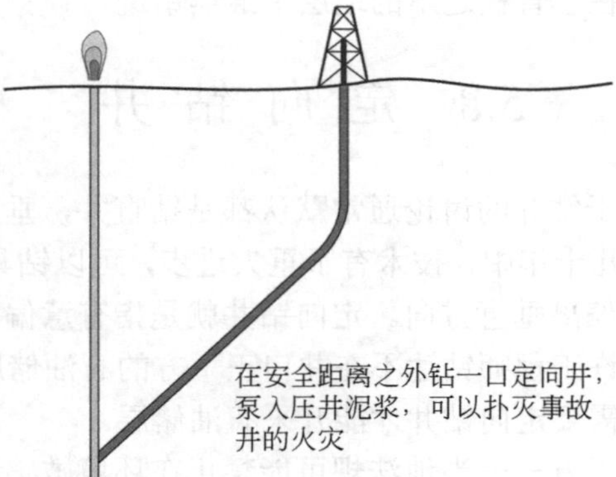

在安全距离之外钻一口定向井，
泵入压井泥浆，可以扑灭事故
井的火灾

图 5.25　可以利用定向钻井救援一口失控井

（7）绕开难钻层段——有时由于各种原因难以继续钻进，如在疏松地层钻进时井壁会掉块甚至坍塌，或是无法打捞出落入井中的钻具。此时不必完全放弃该井，而应在原井眼内障碍的上方侧钻，钻出一个新井眼。

水平井还可以更高效地开采石油和天然气，因为从同一井场只钻几口水平井，即可覆盖与多口垂直井相同的储层面积，如图 5.26 所示。

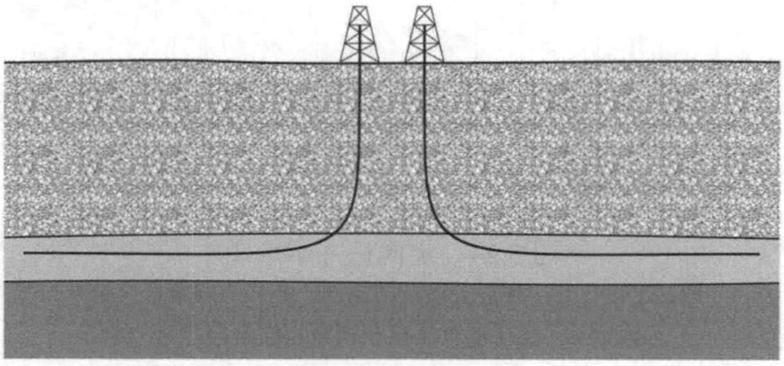

图 5.26　水平井能够覆盖更大的储层面积

除了这些合法的原因外，在过去定向井还曾被用于恶意开采属于其他公司的相邻矿区的油气储层，或超越国界开采油气资源。由于这类操作的隐秘性，盗采者可以掩盖自己的行径，受害者很难发现，也就很难证明对方的非法行为。

定向钻井可用于钻几种不同类型井眼轨迹的井，其中一些类型如图 5.27 所示。在这些井中，首次偏离垂直方向的那一点称为造斜点。定向井有三个显著不同的井段——直井段、造斜段和稳斜段［图 5.27（b）］，每段都需要略为不同的钻井措施。造斜段是井眼的弧线部分。通常，井斜变化率为 2°/30 m～8°/30 m，具体取决于设备的配置方式。如果采用 5°/30 m 的变化率，将需要钻进约 180 m 才能将井斜改变 30°。一旦达到了新的井斜角，就会沿着一条直线钻井，尽管是非垂向的。S 形轨道剖面有五个明显不同的井段——第一个垂直段、造斜段、稳斜段、降斜段、第二个垂直段。降斜段是沿着一定轨迹回到垂直方向，每 30 m 井段的井斜角变化也在 2°～8°之间。

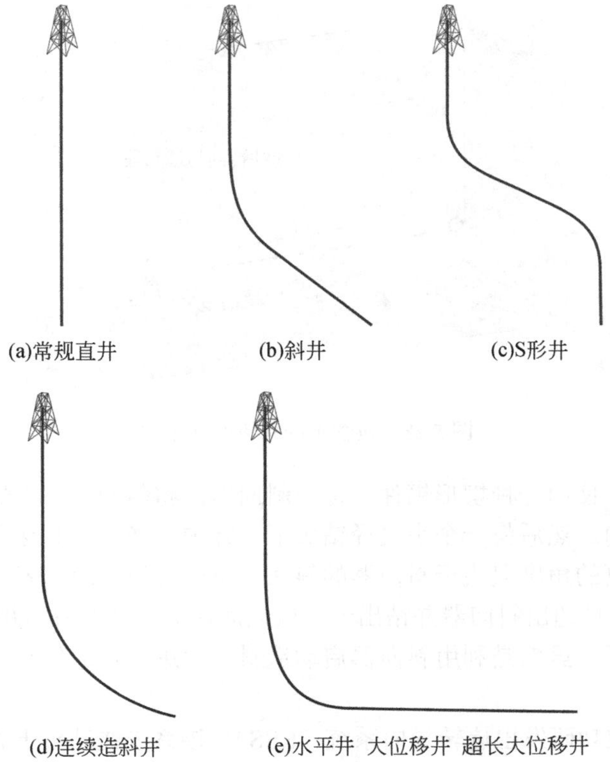

图 5.27　几种不同类型的油气井井身剖面

持续造斜井眼轨迹就是保持造斜直至最终井深。水平井有三个主要井段——垂直段、造斜段、水平段。水平井的脚跟（也称着陆点）是井眼变为水平的起始点。这里值得注意的是，如果一口井在水平方向的变化在±3°范围之内，就认为它是水平的。大位移井的水平段可延伸 3～4 km；而超大位移井的水平位移可能长达 10 km。

图 5.27 中描绘的井眼大体上是二维的。图 5.28 表示一口轨迹更为复杂的水平井。该井包括这样一个井段：其轨迹不仅相对于垂直方向（井斜角）发生变化，而且轨迹在水平面上投影的方向（方位）也发生变化。井眼从长方体的西南角开始垂直向下延伸，然后井斜角越来越大，但先是朝着东北方向延伸，然后转向正东。井眼最后一段的方位是正东方向。

那么，井队人员在钻进过程中是如何导向的呢？同样重要的是，井队人员是如何准确地知道钻头的位置以及它在某一时刻的指向？

一种称为随钻测量（MWD）的技术利用置于钻头上方钻铤内的加速度计和磁力计来测

量井斜和方位。泥浆脉冲遥测技术可将测量数据通过泥浆液柱传回地面。这个过程包括从传感器向地面的接收器发送压力变化脉冲，接收器接收脉冲信号，然后将信号编码为数字格式。还可以将其他数据传回地面，包括钻柱旋转的平稳程度、钻头是否有任何振动、井底温度、泥浆排量等信息。

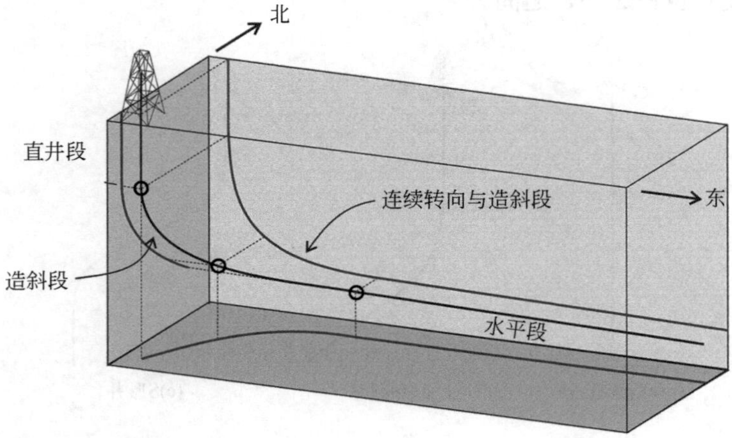

图 5.28 包含不同井段的水平井

早期的定向钻井使用一种楔形钢件，称为斜向器。将斜向器下到钻井眼的底部并定向至钻头拟偏离的方向。然后将一个小直径钻头下入井中。当钻头到达井底时，就会被引导偏离垂直方向，偏离的角度取决于斜向器的斜面。也就是说，斜向器锋面的角度决定了随后井段的井斜角。一旦超出斜向器并钻出一小段之后，就起出小钻头并用大直径钻头代替，以便扩眼至正常井径。虽然是利用斜向器启动造斜，但进一步造斜是通过在钻铤上下加装定向工具来实现的。

近年来，已经成功研发出旋转导向系统（RSS）。该系统在钻头上方的几个点位配置工具，以便在钻柱旋转的同时使钻头偏向任何所需的路径。通过实时测量钻头的位置和轨迹，系统可以向钻柱上配置的工具发出指令，让钻头按照所需的方向偏离。这些设备利用顶在井壁上的固定翼肋使钻头改变方向。

5.9 完　井

钻井过程的最后一步是完井。并非所有的井都有产能，如果是一口干井，即没有发现石油和天然气，那么就需要实施报废。报废处理的方式通常是按照当地法规在井中打水泥塞，然后封闭井口。报废之后，除了在地面上有一个混凝土圆盘外，没有任何其他迹象表明下面存在一口打穿地层 1000 m 以深的油气井。

可以利用多种不同的方式对即将投产的油气井进行完井，具体方式取决于油气储层本身的性质——储层压力、储层岩石强度和预期产量。图 5.29 给出了三种完井类型：裸眼完井、井底扩眼割缝筛管完井、下套管射孔完井。

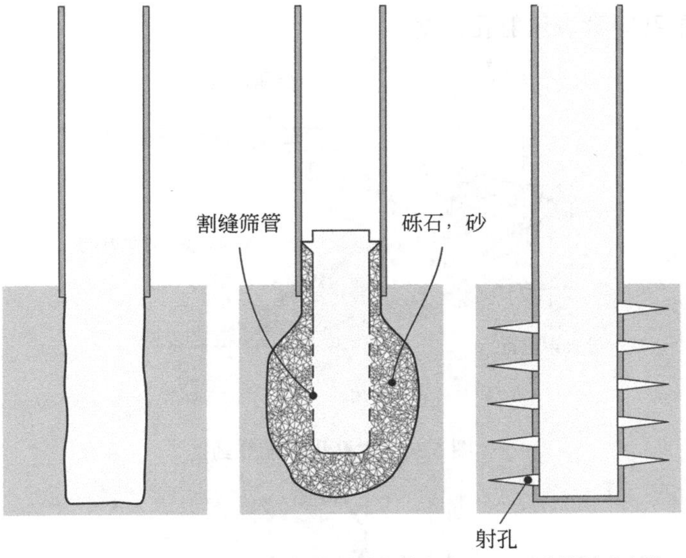

图 5.29　不同的完井方式

最简单的完井方式就是井底对周围地层完全敞开，生产套管在产层上方终止。这种方式只能在地层岩石坚固、不会塌陷到裸眼的情况下才能采用。这种方式对油、气、水流入井眼产生的阻力最低。

第二种完井方式是使用一种特殊的钻头将井底部分扩径，这种钻头一出套管鞋就会张大。扩大井眼直径可以增大碳氢化合物流入井眼的面积。起出扩眼钻头之后，在井眼中填充砾石或特定粒径的砂子。然后将割缝筛管下到上一层套管内并悬挂到位；割缝筛管是一根在所需的深度段上预先切割出缝隙的钢管。筛管保护井眼不被砂子和较大的岩石碎片堵塞。筛管实质上发挥过滤器的作用，以防地层塌陷到井眼中。

最后一种完井方式是将套管一直下到井底。套管被水泥固结到位后，将一组聚能炸药下入井内。这些炸药能够灼烧出一个孔眼，可以穿过套管、水泥，然后进入地层，最深可达 1 m。射孔完成后，原油和天然气就能够顺利流入井眼内，并到达地面。

图 5.30 给出了一个聚能炸药的例子。主炸药装在一个锥形筒中，并配备有导火索，导火索先点燃引爆炸药，这会产生一个冲击波，该冲击波穿过主炸药冲向图 5.30 中的右侧。当冲击波到达金属衬里时，该衬里就会解体。这种炸药装填方式能够形成一个高速高压射流，从锥形筒的开口端冲出。金属衬里的碎片加入该射流，加强了它的冲击力。该射流的速度可能高达每秒 2000 m 以上，能够穿透套管、水泥，冲出一个直径最大可达 12 mm 的孔眼，并可穿进地层。

将炸药安装在一个装置中并下入套管内至射孔层位，这样可以同时引爆多个炸药（图 5.31）。爆炸技术的进步意味着可将大功率炸药装入相对较小的组件中，还可以将这些组件密集地装入射孔枪装置。石油工程师可以根据井眼本身的特性（包括套管直径）灵活设计射孔布局。聚能炸药通常绕着射孔枪以螺旋状排列，炸药之间的间隔可低至 3 cm。

可以用每米井段的孔眼数表示射孔密度。

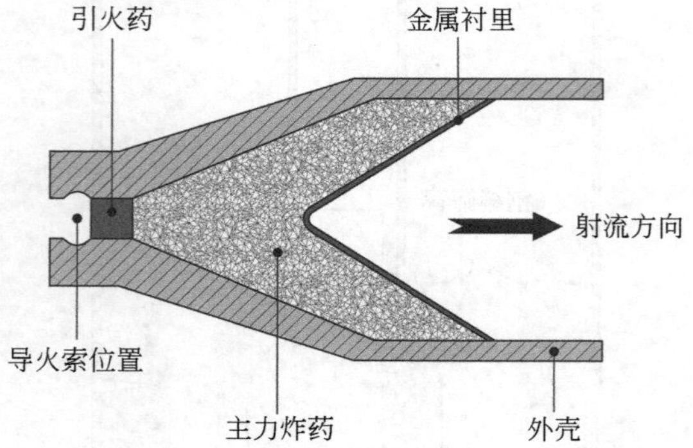

图 5.30　射孔用聚能炸药

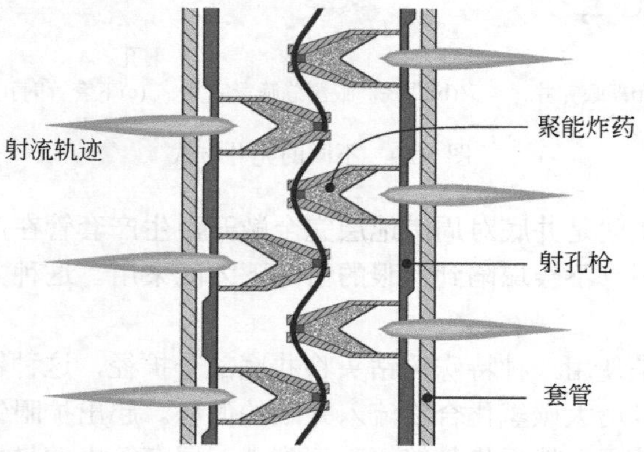

图 5.31　位于套管内的带有六个聚能炸药的射孔枪

在水平方向上，可以将聚能炸药的相位角设计为 180°、120°、90°或 60°。还可以改变炸药的尺寸，以增加穿透套管和水泥孔眼的直径，以及穿入地层的距离。

射孔枪可以是一次性的，也可以是可回收的——其碎片可以留在井底，也可以将射孔枪的剩余部分起出井眼。

套管射孔完井的一个主要优点是井眼与储层中的油气保持隔离状态，直到炸药点火、穿透套管，将油藏与井眼连通起来。显然，发生因误操作而点火的情况是危险的，此时必须将射孔枪起出井眼。虽然在起出射孔枪的过程中很少发生过爆炸，但仍存在潜在危险，还会增加起出射孔枪的时间和金钱成本。使用射孔枪的另一个缺点是，点火之后无法知道是否装填的所有炸药都已爆炸，直至将射孔枪起至地面。

5.10　结　语

钻井通常是一项昂贵且危险的工程，但回报丰厚。在海上，钻井船就位期间每天的费用超 100 万美元。在陆地上成本要低得多，但仍然很可观。当意外钻入高压地层时，虽然会采取一切措施来防止井喷，但井喷仍可能会发生，造成生命财产损失，并有可能造成严重而持久的环境污染。

在开钻之前以及在整个钻井过程中，需要做出许多决策。这些决策不是由一两个人做出的，而通常依赖于专家团队的建议，专家在钻井和投产的不同方面都拥有技术专长。这些专家包括石油工程师和钻井队人员，通常都有数十年的实践经验。其中一些关键决策如下。

（1）井位和目的层深度。

（2）确定钻井类型：直井或定向钻井。

（3）如果要进行定向钻井，造斜点的位置及其后的井眼轨迹设计。

（4）预计可能发现油气的深度。

（5）预计可能钻遇高压地层等地质灾害的深度。

（6）对井的初步设计，包括导管直径，以及随后的套管的层数和直径。

（7）开钻时使用的钻头以及深部井段使用的钻头类型和尺寸。

（8）钻杆的直径和长度。

（9）需要使用的防喷器组的构成及其安装顺序。

（10）所用泥浆的类型，包括其配方和密度。在钻井过程中需要随时监控和调整。

（11）循环泥浆的排量。

（12）下套管时使用的套管配件类型，包括扶正器和刮泥器的类型、数目和间距。

（13）使用的水泥类型及固井时水泥浆排量。

（14）完井方式，包括射孔设计（如果是套管射孔完井）。

（15）钻井过程中何时取心。

（16）何时进行测井。

第6章 测　井

油气井只是一个非常小的窗口，油藏工程师和地球物理工作者只能通过它评估地下是否存在有商业开采价值的石油和天然气。在20世纪，人们研发出了一系列工具和技术，可以识别出可能含油气的地层并对其储量予以量化。精于测井和地层评价的专业人员能够回答以下关键问题。

（1）井眼穿过的地层中是否有烃类存在？

（2）如果有烃类存在，埋深是多少？是原油还是天然气？

（3）油气储量是否足以保证该井值得投产？

石油工程师还将利用从各井中采集到的数据来构建整个油田的概貌。他们利用这些数据优化整个油田的布井方案。每口新井的数据都可为他们提供更多的信息，使他们能够以最高效的方式开发油气田。所有这些数据都是使用直径小至10 cm的井眼揭示的，也就是大部分油气井钻穿油气储层时的井眼尺寸。

用于评价地层含油气潜力的数据可能有三个独立的来源。

（1）井队人员在钻井过程中制作钻时记录或进行泥浆录井。

（2）利用电缆将传感器下到井中，采集地层和地层流体的物理性质数据——称为电缆测井。

（3）将特殊传感器安装在紧邻钻头的钻铤中，边钻井边采集数据——称为随钻测井。

现在我们就来逐个讨论这些不同类型的测井方法。

6.1　钻 时 记 录

在整个钻井过程中，井队人员会持续记录与钻井作业相关的每一项活动。所有这些记录都需要与井深相关联。准确测量井深其实并非易事。司钻深度是通过仔细测量入井的每根钻杆的长度来确定的。全部钻杆长度再加上井底钻具组合（可能包括钻头和钻铤）的长度，即这一时刻钻头的深度。在高温井中，可能需要针对如此长的钻柱的热膨胀进行校正。井深通常从转盘或井口法兰起算。

最简单的记录项目之一就是钻进速度，也称机械钻速，即钻完一定进尺所需的时间。钻速的突然变化表明钻头开始钻入不同类型的岩石。虽然机械钻速取决于诸多因素，包括钻头类型、钻压、钻具旋转速度和岩石特性等，但如果所有钻井参数保持不变，那么钻速的任何变化都是由所钻地层硬度的变化造成的。使用三牙轮钻头时，由于多孔性地层通常更容易被钻穿，此时钻头前进的速度会比在石灰岩等较高密度地层中钻进时更快（图6.1）。这意味着机械钻速的突然变化有可能表明钻入了潜在含油气地层。

泥浆录井就是记录返回地面的钻井泥浆和钻屑的情况。如果钻头遇到任何碳氢化合物，那么油气可能会随着泥浆到达地面。一旦将任何溶解气体从泥浆中分离出来，就可以分析这些气体的成分。

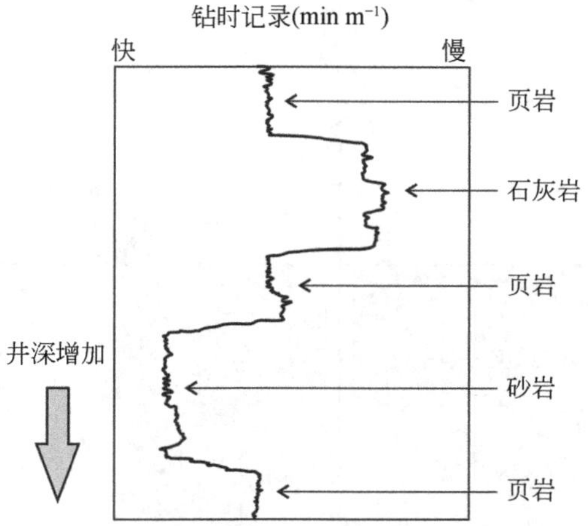

图 6.1 钻时记录显示了机械钻速的变化情况

与泥浆一起返回地面的钻屑会被收集起来，然后认真分析。钻屑分析可提供有关岩石类型的信息，专业人员借此可弄清楚是砂岩、页岩还是其他岩性，以及有关岩石粒径和孔隙度的一些信息。虽然这可能是非常有用的数据，但其前提条件是将钻屑与钻头的位置相匹配。根据钻井泥浆的循环排量和钻头的深度，泥浆可能需要几个小时才能从井底返回地面。在此期间，一些钻屑可能相对于泥浆的运动发生下落，因此钻屑到达地面所需的时间可能比泥浆更长。此外，来自井眼上部的岩屑（黏附在井壁上的泥饼中）可能被释放而回到泥浆中。所有这些因素都意味着到达地表的岩屑可能来自不同的深度。尽管如此，泥浆中的岩屑和油气显示仍不失为了解钻头所钻遇地层和流体的宝贵数据。

6.2 电缆测井

电缆测井就是用电缆将仪器下到井内，测量井眼周围的地层和地层流体的一系列物理性质。电缆测井时需要停止钻进，将钻柱和钻头起出井眼，然后利用长长的电缆将测井仪器下至井底（图 6.2）。现代测井仪器都是模块化的，可以由一系列仪器组装而成，每件仪器可以测量地层的不同特征。取决于井深和测井类型，仪器的长度可达 30 m。电缆本身由许多根导线组成，导线间相互绝缘，外部装有铠甲，以增大强度和提供保护。

通常，电缆测井由几家油田服务公司之一实施。这些公司自带员工和设备到井场进行作业，然后解释测井数据。测井设备通常安装在卡车上，开到井场。电缆缠绕在卡车尾部的滚筒上，测井时放出电缆，将仪器送入井下。对于垂直或近似垂直的井，利用重力即可将仪器送入井下。对于接近水平的大斜度井，可能需要使用称为牵引器的组件将仪器拖入井下。较长的仪器可以灵活地打弯，以便能够顺利通过弯曲的井眼。

测井是在将仪器从井底提升至地面的过程中进行的，大多数数据的采集间距最大不超过 30～150 mm 井段。通过电缆为井下仪器供电，数字格式的信息通过与电源线完全绝缘的数据线返回井口。

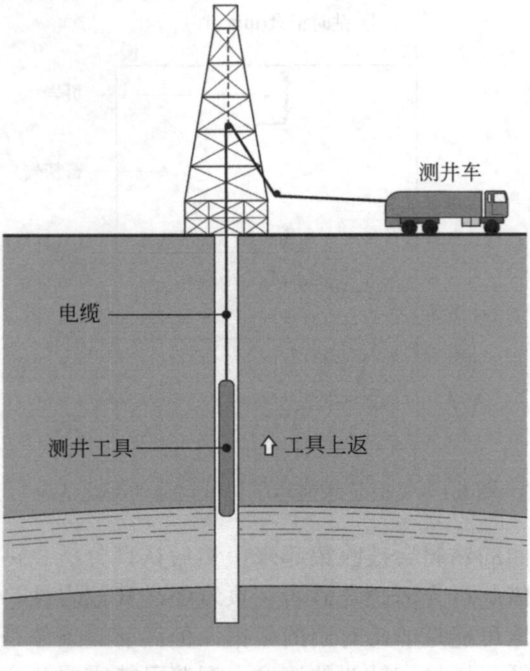

图 6.2　电缆测井设备组装简图

测井仪器的直径一般为 7～10 cm。一些很长的仪器需要与井壁接触，因此通常会为仪器配备至少一个接触垫。常常使用弹簧臂使探头在井眼内保持居中，此为获得所必需的准确数据。

取决于井的深度，一口井可能需要几个小时到一两天才能完成测井。测井数据存储在井场的测井车上，同时也可传回油田服务公司基地以便进一步分析。通常将测井数据以几种常见带状图格式之一记录在纸带上。图 6.3（a）显示了具有三个记录道的典型纸带图。最左边的道通常包含自然电位（SP）测井数据。测井类型和数据刻度范围通常会显示在图表顶部的标题栏中。在第 1 道和第 2 道之间由上到下标注井深，从某个基准面（如转盘或地面）开始计量。深度通常以英尺为单位，尽管在美国之外以米为单位计量深度越来越普遍。在深度条的右侧还有两个道，每一个道都包含至少一条记录曲线，有些包含多条彩色记录曲线。再次指出，有关测井类型和刻度的信息显示在标题栏中。有时，数据信号的变化范围会跨越几个数量级（如从 0.1 到 10 或从 10 到 1000）；考虑到这种情况，一些数据可能会以对数形式呈现，如图 6.3（b）所示。

6.2.1　电法测井

几乎每种物质都有一定程度的导电性。当在材料上施加电位差或电压时，通过的电流大小将取决于该物质的电阻。一些物质（如绝缘材料）具有非常高的电阻，而另一些物质的电阻则很低，如铜等。水的导电性较强，石油和天然气虽然也能导电，但它们是较差的导体。页岩和砂岩的电阻也互不相同。另一个需要注意的重要现象是，在不同类型岩石的界面两侧，以及孔隙内充满石油的砂岩和孔隙内充满水的砂岩界面两侧，往往存在着微小的电位差。这些天然存在的电位差一般用毫伏（mV）来计量。

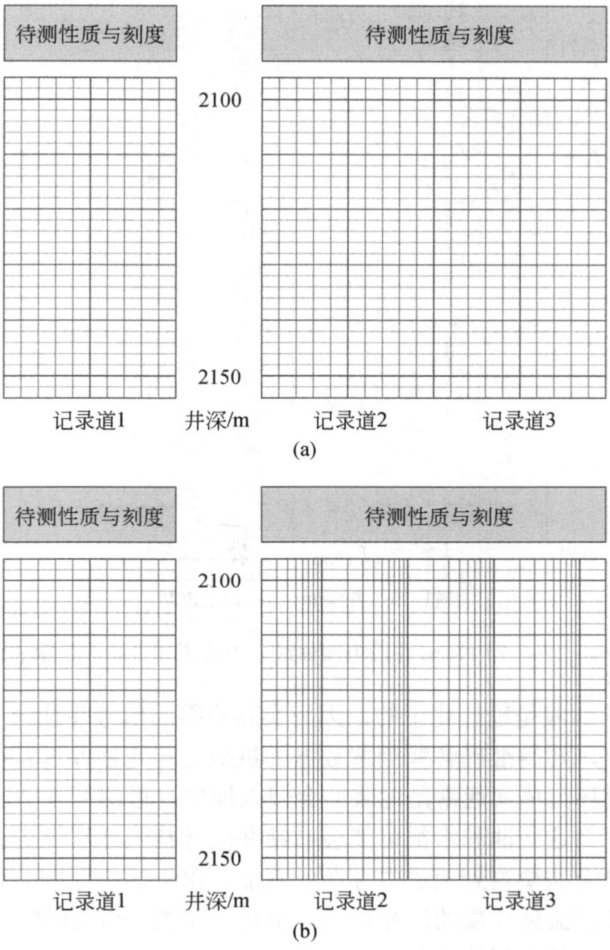

图 6.3　将电缆测井数据记录在纸带上（由上到下标注井深）

电测井只能在裸眼中进行。所有的套管都是由钢材加工而成的，而钢材的导电性很强，因此在套管井中无法进行电测。

最早的电测类型是自然电位测井（SP 测井），至今仍在使用。SP 测井就是测量在地面接地的一个电极与测井仪器中的另一个电极之间的电压。SP 测井记录测井工具上提过程中两个电极之间电压的微小变化。为了顺利测井，工具上的电极必须与井壁表面保持良好的接触。

现在让我们来看图 6.4，图中的第 1 道显示了一口井 1796～1904 m 井段的 SP 测井曲线。测得的电位差在毫伏量级，因此必须用灵敏的仪器来检测读数的微小变化。一般来说，刻度的设置使负电位差显示在左边，正电位差显示在右边。偏向左侧的两段通常对应砂岩，而偏向右侧的其他层段则对应页岩等岩石。

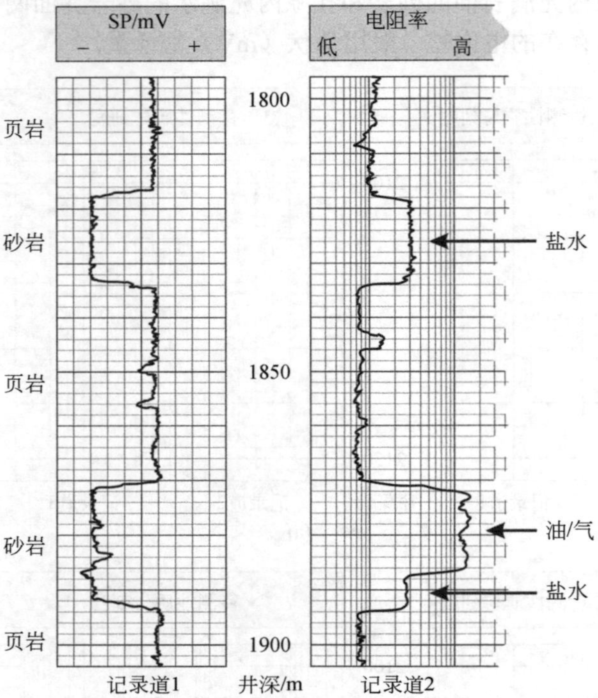

图 6.4　1796～1904 m 井段电测曲线（为清晰起见省去了第 3 道）

图 6.4 中显示的曲线是理想化了的，因为实际测得的信号往往伴有很大的噪声。无论是电测还是其他测井，妨碍准确解释测井数据的挑战之一是钻井过程会对地层造成损害。钻井过程中所用的循环流体（通常是泥浆）会侵入地层，最深可达 1 m。如果油或水存在于多孔性地层中，那么这些油和水很可能会被钻井流体挤入地层深处。任何只能探测近井地带的测井设备可能无法检测到地层中存在的石油。出于这个原因，使用能够测量井眼之外 1 m 以上的地层及其流体性质的测井技术肯定是有益的，即超出地层可能被伤害的深度。

我们要讨论的第二种电测技术是电阻率测井。传感器上有两个电极，从一个电极发出的电流穿过地层到达另一个电极，这样即可测量地层岩石和地层流体的电阻率。通过改变电极的设计和在传感器上的位置，可以测量邻近井眼地层的电阻率，也可以测量远离井眼、未被钻井液入侵的地层的电阻率。

构成多孔性岩石的颗粒物通常是不导电的，因此地层电阻率将取决于孔隙中流体的导电能力。油和气通常具有较高的电阻率，而地层水的电阻率很低。与碳氢化合物相比，水的电阻率低得多，据此可以判断孔隙中的流体是水还是油气；但电阻率测井无法将油和气彼此区别开。

电阻率读值通常跨越三到四个数量级，因此经常使用对数刻度，如图 6.3（b）所示。较低的值显示在左边，较高的值显示在右边。有时在同一道中绘出两条或多条电阻率曲线，其中一条对应于井眼附近地层的电阻率（可能已受到钻井液入侵的影响），另一条对应于距井眼可达 1 m 之外地层的电阻率。

图 6.4 第 2 道中的曲线是与左边的 SP 曲线相匹配的电阻率。SP 曲线显示了两个砂岩层，一个在 1818～1832 m 之间，另一个在 1871～1892 m 之间。电阻率曲线表明上面的砂岩层中有盐水，而下面砂岩层的上部有油气。在 1888 m 左右电阻率的突变反映了油水或气水界面的位置。在该界面之上孔隙中以油气为主，在其之下大部分孔隙都充满水。

6.2.2　伽马射线测井

所有岩石都会自然发出伽马射线，伽马射线是一种类似于 X 射线的电磁辐射。伽马射线源于原子核的放射性衰变。在岩石中伽马射线的主要来源是钾原子、铀原子和钍原子。钾在花岗岩和页岩中普遍存在，但在砂岩和石灰岩中则较少。伽马射线测井是被动的，因为它不需要将任何形式的信号传输到地层中。取而代之的是，该技术只是记录撞击到探测器的辐射量。现代伽马射线探测器使用一种固态闪烁晶体。当晶体被伽马射线撞击，或被伽马射线被吸收后，就会出现闪光。这种闪光被光电倍增管检测到，倍增管将闪光转换成可计数的信号。闪光的频率会被记录下来并由测井电缆向上传输。

与其他测井类似，伽马射线测井数据也是显示在带状图上，刻度单位是 API 放射性单位。测量的实际值并不重要，因为最有用的信息是数值的相对变化。记住这一点很重要，因为有许多因素会使读值的正确解释变得复杂化。探测器周围泥浆中的重晶石会过滤掉一部分伽马射线。在裸眼井和套管井中都可以进行伽马射线测井。但如果是套管井，伽马射线在试图穿过钢材时会被部分吸收，导致射线信号衰减，因而需要对测得的信号进行校正。用于支撑传感器的外壳也会过滤掉一些伽马射线。假设在探测器上提、采集数据时所有这些因素都保持不变，那么伽马射线测井仍能获得有价值的信息。测井工具的分辨率取决于上提速度；显然，上提速度越慢，可用于采集伽马射线信号的时间就越长。

图 6.5 显示了伽马射线仪器上提过程中采集到数据的典型特征。该仪器能够将页岩与砂岩或石灰岩区别开。它可用于验证在裸眼井中 SP 测井的结果。

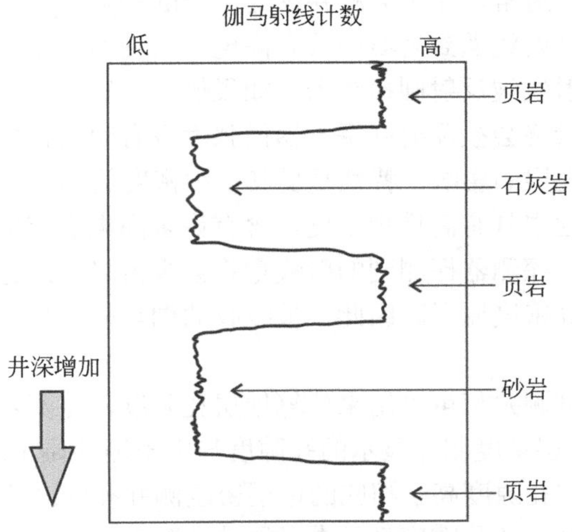

图 6.5　理想化的伽马射线测井曲线

伽马射线测井还有一些非常特殊的用途。例如，如果注入流体中已加入了放射性示踪剂，则可用该测井方法在一口井中监测邻井注入流体的推移速度。

6.2.3 中子测井

可用中子测井获得有关地层孔隙度的信息。该测井技术用中子轰击周围的地层，然后记录返回探测器的中子数目。中子测井仪使用镅-铍等放射性物质作为中子源。这类放射性物质可产生高速运动的中子，并使中子进入地层。当中子击中岩石中常见的大个原子时，它们会被这些大原子弹回，能量损失很小。然而，如果高速运动的中子击中氢原子（宇宙中最小的原子），氢原子就会吸收中子的一些能量，大大降低它的运动速度。这种缓慢运动的中子可以被其他较大的原子捕获，导致较大的原子释放出伽马射线。因此，地层中氢原子的存在会影响弹回至传感器的辐射类型。如果没有氢原子存在，就会有大量的中子反弹回传感器，而不会检测到伽马射线。然而，如果有氢原子存在，那么反弹回来的中子就会少得多，还会检测到伽马射线。

原油和天然气几乎完全由碳原子和氢原子组成，而水（H_2O）当然仅含有氢原子和氧原子。多孔性岩石中的任何孔隙都会充满石油、天然气或水，因此会含有大量的氢原子。岩石本身通常不含或含有很少的氢原子。因此，对氢原子敏感的仪器也会对地层的孔隙度敏感。如果按单位体积计量，通常天然气含有的氢原子比原油少，因此该仪器与其他数据结合使用时，可用于显示是否存在天然气。

在套管井和裸眼井中都可使用中子测井。

6.2.4 地层密度测井

地层密度测井是另一种可用于测量地层密度、当然也能测得孔隙度的测井方法。与上面讨论的中子测井相结合，地层密度测井可以清楚地显示出天然气的存在。

将诸如铯-137 或钴-60 等放射源装在地层密度测井仪中。这些放射源会将中等能量的伽马射线发射到地层中。通常，在距离测井仪约 18 cm 和 40 cm 处各有一个伽马射线探测器。如果穿过岩石的伽马射线遇到岩石中具有高电子密度的原子，则伽马射线的一部分能量会被吸收，而较弱的射线被反射回探测器。如果伽马射线遇到氢等小原子，则对伽马射线没有明显影响，射线最终会被反射回探测器而强度没有明显损失。因此，伽马射线返回两个探测器的速率受到地层的影响，特别是受其堆积密度的影响。

实心而没有孔隙的地层具有高堆积密度，含有许多高电子密度的原子。遇到这类地层伽马射线将被大量吸收，探测器探测到的射线量将会少得多。而包含孔隙的地层具有低堆积密度，含有较小量的高密度原子。因此，被吸收的伽马射线数量就很少，返回的伽马射线就很多。

中子测井和地层密度测井都可以用来估算地层孔隙度，将两者结合起来还可以用来显示天然气的存在。当将地层密度测井显示的孔隙度与中子测井显示的孔隙度绘制在一起时，我们通常会发现中子测井孔隙度高于相应的地层密度测井孔隙度值（图 6.6）。如果两种孔隙度值反转，即地层密度测井孔隙度高于中子测井孔隙度，则表明孔隙中很可能含有天然气。同时，值得注意的是在图 6.6 中坐标中孔隙度向左是增大的。

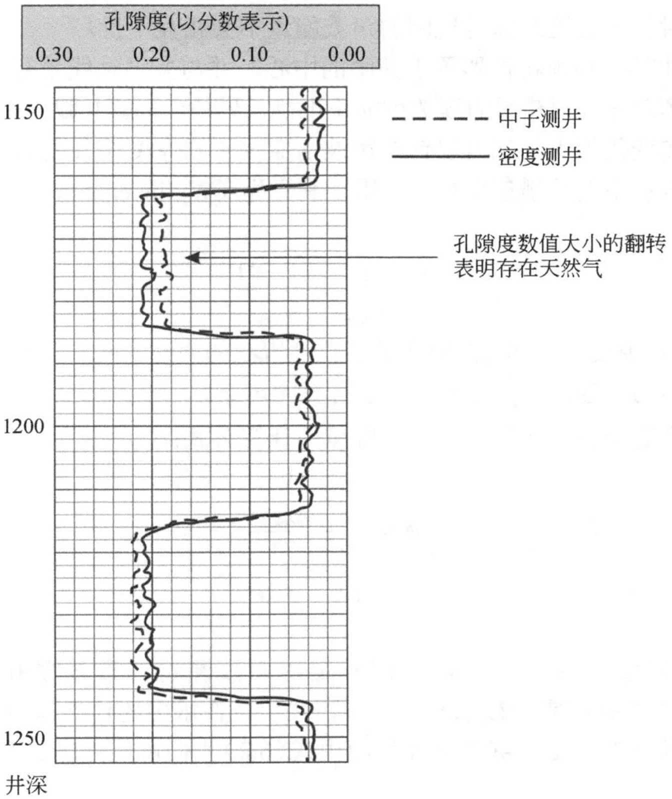

图 6.6　比较从中子测井和密度测井得出的孔隙度曲线（可以显示出天然气的存在）

6.2.5　声波测井

声波测井可以测量声音信号从测井仪上的声源传播到地层中然后返回到两个或三个传感器所花费的时间。声音穿过岩石和穿过流体的传播速度不同，穿过充满流体的多孔性岩石的声速则介于两者之间，具体大小取决于岩石的孔隙度。如果将声音在地层中已知距离的两点之间传播的时间记录下来，就可以推断出声音通过该地层的速度，进而即可估算地层的孔隙度。

在 25 ℃左右声音在空气中的传播速度为 346 m s^{-1}。在相同温度下的海水中，声音传播速度要快得多，为 1531 m s^{-1} 左右。在页岩中声速为 2100～5280 m s^{-1}，具体还要看页岩的性质；在砂岩中声速范围为 3500～4900 m s^{-1}。声速会因温度而异，了解这一点很重要。

现代测井仪产生的声音频率在 3～5 kHz 之间。有些仪器使用单极声源，向仪器周围的各个方向发射声波能量。声音传播到地层，一部分声波最终反射回仪器。安装在仪器上、距离声源可达 1 m 远的单极接收器接收声波能量，记录信号到达接收器所花费的时间。双极声源产生声波并将声波沿着单一方向传输到地层中。然后，双极接收器记录声波的到达时间，并如前所述计算声速。一些仪器有两套双极声源和双极接收器，允许在两个不同方向记录声音通过地层的传播速度。最后，有些仪器会同时使用单极和双极声源及接收器，两种声源交替发射信号。这意味着返回的声波能量不会相互干扰。

使用声波测井时，必须将仪器置于井眼的中心，并与井眼轴线平行。如果仪器相对于井眼轴线有一个倾斜角，则获得的读数可能不准确。另外，了解井眼的确切直径也很重要，如果井眼直径确实变化很大，就可以针对声波需穿过不同厚度泥浆层的问题进行校正。

测得声波在岩石中的传播速度后，可用怀利方程（Wyllie equation）来估算岩石的孔隙度。该方程为

$$\frac{1}{v}=\frac{\phi}{v_{\text{fluid}}}+\frac{(1-\phi)}{v_{\text{rock}}} \tag{6.1}$$

式中，ϕ为岩石的孔隙度；v 为测得的通过多孔性岩石的声速；v_{fluid} 为通过孔隙中的水、石油或天然气等流体的声速；v_{rock} 为通过实心岩石的声速。

我们可以变换这个方程而得到一个孔隙度的计算公式：

$$\phi=\frac{\dfrac{1}{v}-\dfrac{1}{v_{\text{rock}}}}{\dfrac{1}{v_{\text{fluid}}}-\dfrac{1}{v_{\text{rock}}}} \tag{6.2}$$

例子 6.1

为了说明如何使用这个方程，我们假定用声波测得的通过多孔性岩石的声速为3500 m s^{-1}。岩石中的孔隙完全被水充满，且已知声音在水中的传播速度为1531 m s^{-1}。已知声音穿过实心岩石的速度为4000 m s^{-1}。应用式(6.2)我们可估算出岩石的孔隙度为0.089或8.9%：

$$\phi=\frac{\dfrac{1}{3500}-\dfrac{1}{4000}}{\dfrac{1}{1531}-\dfrac{1}{4000}}=0.089$$

6.2.6　井径测井

井径测井很简单，就是用测井仪器记录井眼直径。用某一特定尺寸的钻头所钻出的井眼直径可能会发生变化，这似乎有点不可思议，但有很多原因会造成这种现象。

当钻头钻穿页岩或煤等软地层时，一些地层碎片很容易脱落并落入井中，这会导致在井眼中形成大肚子（图 6.7）。较为坚固的岩石，如石灰岩和胶结很强的砂岩，将保持其原有形状，并保持井眼的初始直径。盐层可以溶解在水中，从而形成更大的空腔，这会使随后的油气开采更加困难。最后，我们在第 5 章中已经看到，沿钻柱和井壁之间的环形空间上返的泥浆可能会滤失到高渗层中，留下一些较大的颗粒。这些颗粒会在井壁上形成泥饼，从而减小井眼的有效直径。

井径测井仪通常有 4 个或 6 个臂。当仪器在井眼中上提时，各个臂可随时缩回与张开，以保持与井壁的接触。各个臂都与电位器相连，电位器产生与各个壁的姿态对应的电信号，这些信号通过数据电缆传输至地面数据记录系统。

出于各种原因，了解井眼的形状和直径十分重要。首先，固井设计时需要知道井眼的

平均直径，才能确定所需的水泥浆量。如果低估了井眼直径，那么配制的水泥浆量就可能太少，导致固井作业不完整，这是不安全的。其次，一些测井技术需要知道井的确切直径，以便对其信号及井眼尺寸予以校准，使测井结果尽可能准确。这类测井被称为补偿测井，现代测井技术会自动考虑井径的变化，以给出补偿后的结果。最后，泥饼会减小井的有效直径，存在泥饼是高渗层的重要标志，这样井径测井就有助于识别高渗层。

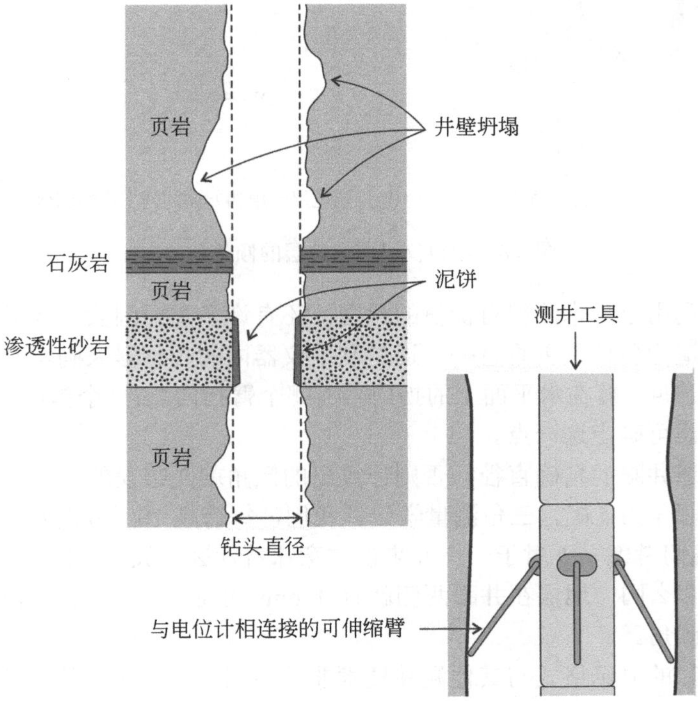

图 6.7 井径测井使用与电位计相连接的可伸缩臂来测量井的直径

6.2.7 地层倾角测井

除了了解潜在含油地层的埋深和厚度之外，石油工程师还需要了解地层倾斜的程度和方向。正如我们在第 4 章中所看到的，地层（包括油气储层）很少是水平的。利用倾角计可以测量地层与水平面的夹角，显示出倾角的方向。油气流体具有向上流动的天然趋势，因此工程师了解地层抬升的方向非常重要。

现代地层倾角仪与井径测井仪非常相似；事实上，许多较新的倾角仪都整合了井径仪的功能。倾角仪一般由四个臂组成，它们可以张开以保持与井壁接触［图 6.8（a）］。这四个臂以 90°间隔排列在倾角仪周围，每个臂都配有一个与井壁保持接触的垫片，还有一系列传感器。倾角仪实际上是四个独立工作的电阻率测定仪，每个都可以探测地层电阻率的变化。当倾角仪在井眼中上提时，传感器会探测到与地层类型变化密切相关的电阻率的突然变化。如果在上提过程中倾角仪一侧的传感器先于另一侧的传感器检测到电阻率变化，就可能表明地层是倾斜的。

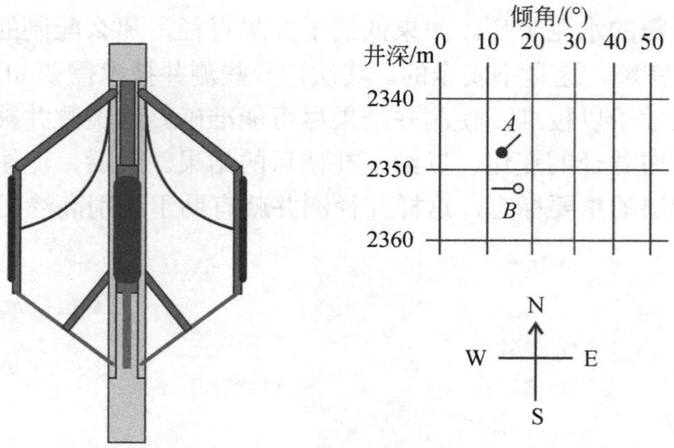

(a) 四臂倾角仪　　(b)反映地层倾角和方向的两个蝌蚪图例子

图 6.8　倾角仪可测量地层的倾角和方向

显然，要想利用该技术测得有价值的数据，还有许多重要因素需要考虑。

（1）必须知道倾角仪是否垂直——这是利用仪器内的传感器来确定井斜而实现的。

（2）必须知道四个臂在水平面上的指向——哪个臂指向北?哪个指向东？同样，用内置在仪器内的传感器可确定这一点。

（3）必须知道井眼的精确直径，否则计算出的倾角就是错误的。

假设地层的倾角为 5.0°。三角测量学告诉我们，每跨越 100 m 的水平距离，地层抬升 8.7 m。现在让我们考虑一下对于一口井来说这意味着什么。如果井眼直径为 230 mm，地层倾角为 1.0°，那么同一地层在井眼两侧就有 4 mm 的高差。通过仔细测量这个高差，就能够确定地层的倾角。

地层倾角信息的显示格式与其他测井技术非常不同。其他测井数据通常作为随井深的变化函数绘出一条或两条曲线。倾角测量的数据不仅告诉工程师倾角的大小，还告诉倾斜的方向。在地层倾角中将称为蝌蚪图的标识符绘制在图表中来反映倾角数据。图 6.8（b）中给出了两个蝌蚪图以说明其使用方法。现在我们来看 *A* 点。蝌蚪脑袋的位置告诉我们，在大约 2348 m 的深度倾角约为 12°。脑袋越靠近图的右侧，倾角就越大。蝌蚪尾巴的方向表示倾斜的方向。在本例中，尾巴指向东北，表示地层向东北方向倾斜。这里蝌蚪的脑袋是实心的（即完全涂黑），表示该数据点被认为是可靠的。而图 6.8（b）中 *B* 蝌蚪的脑袋是空心的，表明该数据不太可靠。*B* 蝌蚪表明在约 2352 m 的深度倾角约为 18°，地层向西倾斜。

现在让我们考虑图 6.9（a）所示的地层倾角数据。在这里，井眼穿过一个倾角基本保持在大约 8°的地层，该地层向东北方向倾斜。右侧坐标图中的数据反映了这一点。我们发现蝌蚪图显示的倾角数据基本一致——倾角为 8°，向东北方向倾斜。仅有的例外是在约 4220 m 和 4230 m 深度的两个空心蝌蚪，结果有些异常。现在让我们考虑图 6.9（b）所示的地层。同样，这一组地层向东北方向倾斜，但这里油井穿过了一个断层。当钻头接近断层时，它会钻穿倾角增大的地层，这使蝌蚪点移向图的右侧。穿过断层后，倾角恢复到 8°并保持不变。在断层面附近，倾角数据不太可靠，空心的蝌蚪脑袋反映了这个问题。在本例中，利用地层倾角测井识别出了一个断层。

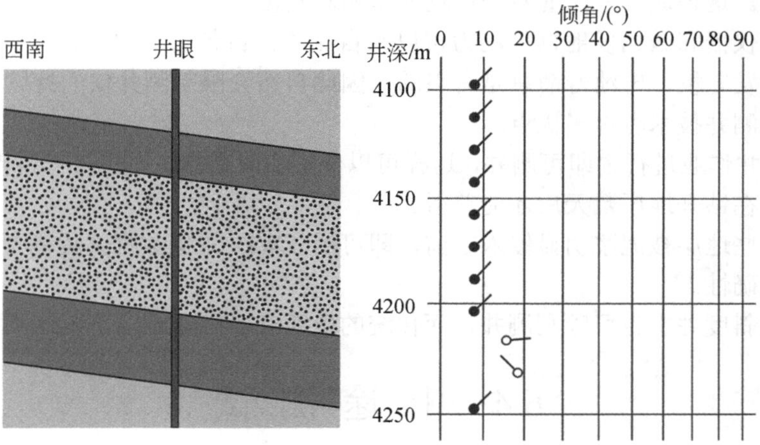

(a)地层倾角基本保持在8°，向东北方向倾斜

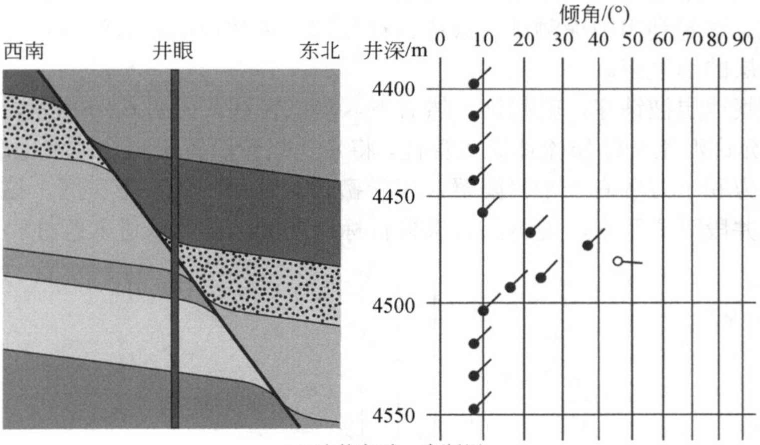

(b)油井穿过一个断层

图 6.9　蝌蚪表示地层的倾角和方向

6.3　随 钻 测 井

使用电缆测井方法的主要缺点是在下入测井仪以及随后缓慢上提的过程中必须停止钻井作业。测井可能需要花费数小时，具体取决于井深和被允许的测井仪的上提速度。如果再将起下钻所花费的时间计算在内，那么电缆测井可能需要长达两天的时间，在此期间钻井无法进行。

随钻测井（LWD）技术需要用到一系列测井仪器，这些仪器被置于钻头上方的钻铤和其他井底钻具组合中。随着钻头旋转，可能包括电阻率、伽马射线和地层密度的测井仪会连续采集数据。这些数据被存储在仪器携带的内存中，并利用泥浆脉冲遥测技术传输到地面。在这种类型的数据通信中，待传输的数据被编码为压力脉冲，通过泥浆液柱发回地面，在地面被接收。这种通信方法的数据传输速率相对较慢。

驱动测井仪器和数据发射器的动力可以来自测井仪自带的电池，也可以来自由循环泥浆带动的涡轮发电机。电池寿命总是有限的，因此自然会限制测井仪的持续工作时间。

使用随钻测井技术有许多优点:

（1）在钻井作业进行中即可测井，这样可以分析实时数据，而不必等待电缆测井数据，后者可能需要在钻开地层数天后才能获得。

（2）在一些地层被泥浆明显侵入之前，即可用 LWD 采集数据，提高了一些测井方法的可靠性和准确性。

（3）在大斜度井中也可顺利测井，而传统的电缆仪器可能难以下入这类井中。

6.4 中途测试

除了通过测井来确定已钻穿地层的特征外，还可以针对某一井段进行临时完井，以评价油气流情况。这是利用中途测试（或称钻柱测试）来实现的。该测试可以用于检测来自各个含油气地层的油气流。

一旦含油气地层被钻穿，就起钻，然后下入测试管柱。如图 6.10 所示，测试管柱有一段带有孔眼，允许泥浆和储层流体流入管柱。将带孔眼管段置于与含油气地层平齐的位置。带孔眼段的上方和下方各有一个封隔器，用于密封管柱周围的环形空间。这样就将该含油气地层与其余井段隔离开来，使得只有来自目标储层的流体可以进入管柱。

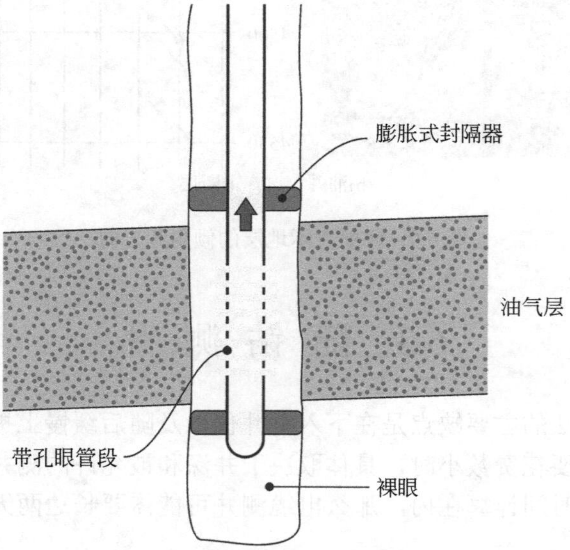

图 6.10　中途测试工具配置

这里的管柱仅用于中途测试，因此使用的封隔器必须能够在不损坏井眼的情况下坐封和解封移除，膨胀式封隔器正好适用于这种用途。每个封隔器都有一个用弹性材料制成的可充填流体的囊，充入流体后该囊发生膨胀以彻底密封管柱和井壁之间的环形空间。测试完成后，可将该囊泄压，起出管柱。

当两个封隔器在目标地层上、下方坐封好后，即可在井口释放管柱中的压力。这使得地层流体（即石油、天然气和/或地层水）可以流入管柱，并流向井口。天然气通常会一直流到井口，可在井口测量其产量。然后，用安装在距钻机一个安全距离的火炬将天然气燃烧掉。油藏中的原油也可能一直流到井口，在这种情况下就可以在井口采集油样并进行分析。在整个过程中，将会认真测量井底压力。当然不允许像一些早期电影所描绘的那样，让原油从井口喷涌而出。但通常情况下储层压力不足以将原油一直推到井口，在这种情况下工程师可以测得原油在井眼中能够上升的高度。通过多次开启和关闭管柱上的阀门，管内的压力会恢复然后下降。工程师对压力恢复的幅度感兴趣，因为他们通常能够据此获得关于储层渗透率和地层伤害方面的有用信息。

6.5　测井数据解释与机器学习

电缆测井中使用的仪器通常会产生许多不同类型的数据，有一些我们在本章中未做介绍。有时这些数据可能会相互冲突，但更常见的是数据中的噪声明显较本章某些图表中所示的更为严重。当一口井钻入一个从未钻遇过的地层时，钻井队总是担心遇到地质灾害，比如异常高压地层。出于这个原因，将会较为频繁地进行测井，以采集有关该地层的大量信息。

在现有的井网中钻井时，如图 6.11 所示，在新井钻井设计中，要充分利用周围所有井已有的测井数据。这样即可预测出高压地层，并在钻头接近这些地层时，采取必要措施，如换用较高密度的泥浆。由精于测井解释的人员组成的团队会经常开会，分析已有数据；分析时长取决于数据量的大小，这一过程可能需要长达两周时间。然而，最近两年研发出了机器学习技术，使得计算机能够识别数字化测井数据的模式。虽然仍需工程师参与分析最终结果，但现在强大的计算机可以将复杂测井数据解释的时间压缩到一天之内。

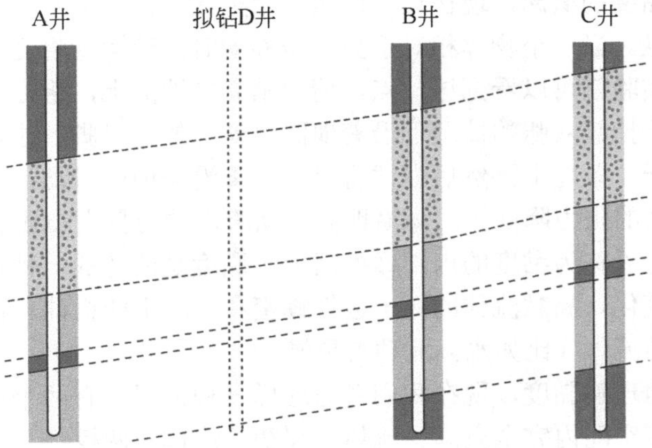

图 6.11　可以利用几口井的测井数据来识别后续钻井作业中潜在的地质灾害

第7章　流体在管道和多孔性介质中的流动

原油、天然气和地层水在从油藏深处流向地面储罐的过程中，将经历多种不同的流动路径。储层流体首先在储层内部复杂的孔隙网络中渗流，部分流体缓慢地通过微小孔隙，而另一部分则沿着裂缝和高渗带相对快速地流动。随着储层流体接近井筒，流通面积逐渐减小，流速逐渐加快。一旦进入井筒，流体在向上流动的过程中，其流动形态将发生变化。若储层压力足够高，所有流体都可能在无外力辅助的情况下自喷至地表；然而，更常见的情况是，需要采取某种人工举升方式。例如，可以利用井下泵将流体举升至地面，或者通过向井底注入气体来降低流体密度，从而辅助举升。无论采用何种方式，原油、天然气和地层水最终都会向上流动，进入地面的生产管线。此时，储层流体将在一个基本水平的集输管网中流动，流向储罐或油气水分离系统。分离后，原油、天然气和地层水将在各自独立的管线中输送。

了解油、水、气以及所有流体的流动方式在石油工程中是至关重要的。在本章中，我们将分析流体如何流动，首先是通过简单管道的流动，然后是通过多孔介质的流动。我们将考虑液体、气体以及二者的混合物流经水平和垂直管道的不同流态。我们还将学习如何进行基本计算以确定流体通过管道和多孔性地层的流速。

7.1　流体与黏度

气体和液体都可以统称为流体，因为它们在压力梯度作用下都会发生流动。例如，未密封的气球会漏气，因为气球内的气体压力高于周围环境；高位水箱底部若压力高于周围环境，水也会从底部泄漏。然而，所有流体都具有受黏度影响的内在流动阻力。

为了理解流体黏度的概念，现在让我们做一个类比。假设你有两个具有平面的物体，它们的平面相互接触。当一个物体相对于另一个移动时，该运动将受到摩擦力的阻碍。我们尝试一个简单的实验就可以看到这一点。请你站立在地面上，将你的体重均匀分布在双腿上。现在尝试在不抬起双腿的情况下沿着地面滑动你的一只脚，这将很难做到。但如果你将大部分体重置于一条腿上，然后尝试将另一只脚沿着地面滑动，你会发现此时会比较容易。这是因为运动的阻力降低了。脚沿地面滑动所需的力量大小还取决于摩擦系数。

流体的运动会遭受称为黏度的内部摩擦阻力。黏度是流体的一种物理性质，会随着温度和压力的变化而变化。高黏流体的例子包括蜂蜜和低温下的机油。在类似条件下，这些流体将比黏度较低的流体（比如水）流动得更慢。

为了更为深刻地理解黏度，现在我们考虑这样一种情况：有两个很大的平行板，两板之间的间距均匀，该空间内完全充满了流体。起初，流体和两板都是静止的。这种情况如图 7.1 的顶部所示。在某个时刻，我们将其表示为 $t=0$，上板开始运动，它以恒定速度 u 向右移动。当该板向右移动时，它会携带一层与其直接接触的薄薄的一层流体。与下面的静止板直接接触的薄薄的一层流体也保持静止。两板之间其余流体一定会开始移动，但移动速度随着流体在两板之间所处的位置而变化。这种速度变化呈现为线性，称之为流速梯度，如图 7.1 的底部所示。

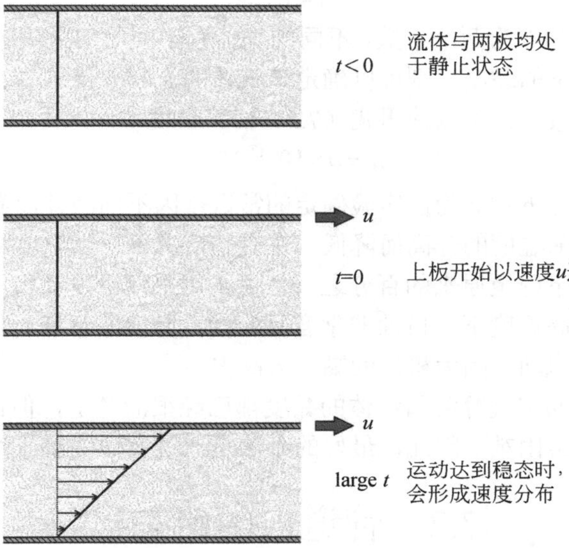

图 7.1　当上板运动时，在两板之间的流体内会出现速度分布

两板之间的流体黏度会阻止上板向右移动。流体的黏度 μ 越大，上板以恒定速度 u 滑动时所需的力 F 也越大。作用在任何相邻流体层之间的剪切应力 τ 定义如下：

$$\tau = \frac{F}{A} \tag{7.1}$$

式中，A 为相邻流体层之间的接触面积。

图 7.1 中的示例是一维流场。在这样的流场中，剪切应力与流速梯度的关系见式（7.2）：

$$\tau = \mu \frac{\Delta u}{\Delta y} \tag{7.2}$$

式中，τ 为剪切应力；μ为黏度（有时也称为动力黏度）；Δu 为跨越流体层厚度 Δy 的速度差。

因此，$\frac{\Delta u}{\Delta y}$ 是流速梯度。

符合该定律的流体称为牛顿流体，不符合该定律的流体称为非牛顿流体。水和空气是牛顿流体，而含蜡量高的原油是非牛顿流体。在有些应用中，使用动力黏度与密度的比值，该比值称为运动黏度：

$$v = \frac{\mu}{\rho} \tag{7.3}$$

式中，v 为流体的运动黏度；μ 为动力黏度；ρ 为流体密度。

流体的黏度是流体的一种特性，该特性随温度而变化，随压力也略有变化。对于原油来说，其黏度还取决于其确切的成分。但由于天然气的主要成分是甲烷，其黏度随成分的变化相对较小。此外，除非压力非常高，气体的黏度随压力的变化也不明显。如果必须预测气体黏度随温度的变化，则可以使用 Sutherland（萨瑟兰）关系式：

$$\mu = \frac{a\sqrt{T}}{1+b/T} \tag{7.4}$$

式中，T 为绝对温度；a 和 b 为两个常数，不同的气体有不同的常数值。对于某种特定气体，如果已知两个不同温度下的黏度，则可以确定该气体的 a 和 b 值。

对于恒定压力下的液体，可以使用式（7.5）估算黏度：

$$\mu = a \times 10^{b/(T-c)} \tag{7.5}$$

式中，T 为绝对温度；a、b 和 c 为由实验确定的常数，因不同液体而异。

通常，液体的黏度随温度的升高而降低。在有些情况下，当温度从 0 ℃上升至 100 ℃时，液体的黏度可能会下降至原来的百分之一。对于用来润滑发动机的机油，我们知道在发动机运行时达到的较高温度下，机油非常容易流动，黏度非常低。但在寒冷的日子里，同一台发动机可能难以启动，因为机油的黏度会高得多。

虽然水、机油和干燥空气等常用流体的黏度都已经很清楚了，但估算原油或任何其他混合物的黏度都可能非常困难。因此，最好的办法是通过实验测量原油黏度。

7.2 管道内的流态

7.2.1 单相流

单相流体是指完全处于气态或液态的物质，其成分在空间各处均匀一致。当单相流体在管道中流动时，可以呈现两种截然不同的流态：层流和紊流。层流是一种有序的流动，流体质点沿平行于管道轴线的流线运动；而紊流则是一种无序的流动，流体质点在管道中呈现出随机、不规则的运动。为了更直观地理解这两种流态，我们可以参考图 7.2。在接下来的讨论中，我们将假设流体（无论是液体还是气体）在具有圆形横截面的长直管道中流动。

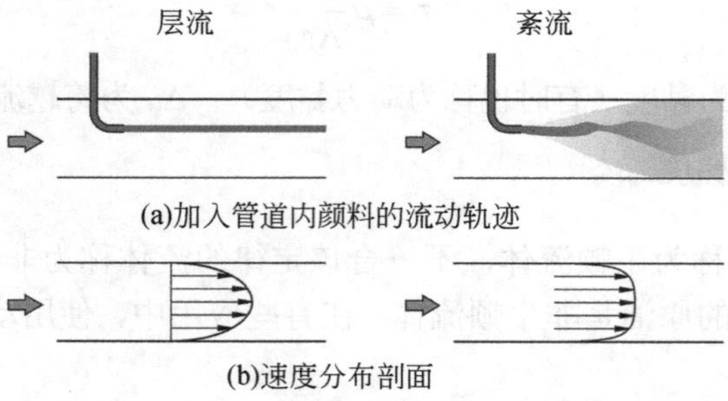

图 7.2 流态示意图

在层流中，流体以流线方式流动，不会在管道中混合；而在紊流中，流体会充分混合

首先让我们来看层流。在层流中，流体沿着与管道轴线平行的直线流动。图 7.2（a）说明了这一点，其中流体从左到右流过管道。在某一时刻，通过位于管道中心线上方的一

个注射器将染料注入流动着的流体中。当染料沿着管道流动时，它不会在管道的横截面上分散，而是保持其直线形式，与所有流体一起沿着管道流动。从管道中心出发的流体始终保持在中心，而从管道底部出发的流体始终保持在底部。层流时流体质点以直的流线方式流动，因此层流通常也称为流线流。虽然流体质点彼此平行流动，但在横截面上看，其流速随着离开中心线的距离而变化。沿管道中心线流动的流体将比沿管壁流动的流体速度快得多。管道内流体的速度分布如图 7.2（b）所示。流速分布呈抛物线形，最大流速总是出现在管道中心线上。这意味着如果流体以层流方式流动，则管道中心的流体将比靠近边缘的流体更快到达管道末端。

紊流的流态则非常不同。尽管总体上说流体质点也是沿着管道从左到右流动，但每个质点都处于相互叠加的多种无规则运动之中。这意味着在任何时候，都有一些流体上下、左右、向前（高于平均速度）甚至向后移动。此时注入管道的任何染料都将迅速分散在管道的整个横截面上。最后染料将完全分散开，其浓度在整个管道中均匀分布。与层流一样，流体的最大速度出现在中心线上，但速度分布比层流时要平缓得多。在管壁附近，黏度效应占主导地位，会出现一个薄的流体亚层，称为黏性亚层。该层的厚度取决于几个因素，包括管道直径、平均流速以及流体的密度和黏度。

层流和紊流这两种流态非常不同，因此工程师必须了解流体流过管道时究竟处于哪种流态。100 多年来工程师发现，液流是层流还是紊流取决于作用在流体上的惯性力与黏性力的比值。这个比值称为雷诺数 Re，其定义为

$$Re = \frac{\rho u d}{\mu} \tag{7.6}$$

式中，ρ 为流体的密度；u 为流体的平均速度；μ 为流体的黏度；d 为管道的特征尺寸。

特征尺寸的定义取决于管道的形状。如果我们研究的是流体通过圆形横截面管道的流动，则特征尺寸就是管道的直径。雷诺数是一个无量纲数值，因为分数上部（分子）中各个物理量的量纲恰好消去了下部（分母）中物理量的量纲。如果密度以 kg m^{-3} 为单位，流速以 m s^{-1} 为单位，特征尺寸以 m 为单位，黏度以 Pa s 为单位，则雷诺数将是一个无单位的数值。

对于圆形横截面管道中的流动，当雷诺数小于 2100 时为层流；而如果雷诺数大于 4000，则为紊流。当雷诺数处于 2100～4000 之间时，可能为两种流态中的任一种；具体取决于几个因素，包括管壁粗糙度和上游对流动的干扰。处于这个狭窄范围内的流动形态称为过渡流。

例子 7.1

55.0 ℃的水以每秒 0.173 L 的流速在直径为 5.08 cm 的管道内流动。计算管道内水流的雷诺数。

在解这个问题前我们先列出主要假定：

（1）流动处于稳态，其状态不随时间变化；

（2）管子具有圆形横截面。

从不同数据手册中，我们可以查得 55.0 ℃时水的密度和黏度值：

$$\rho = 985.7\ \text{kg m}^{-3}$$

$$\mu = 0.504\,0 \times 10^{-3}\ \text{Pa s}$$

根据体积流量 $\dot{V}$ 和管道的横截面积，可以算出平均流速 u：

$$u = \frac{\dot{V}}{A} \tag{7.7}$$

体积流量为 0.173 L s^{-1}，或 0.000 173 m^3 s^{-1}。

对于具有圆形横截面的管道：

$$A = \frac{\pi d^2}{4} \tag{7.8}$$

直径为 5.08 cm，或等于 0.050 8 m。

所以，

$$A = \frac{\pi(0.050\,8)^2}{4} = 0.002\,027\ \mathrm{m}^2$$

这样，

$$u = \frac{0.000\,173}{0.002\,027} = 0.085\,3\ \mathrm{m\,s}^{-1}$$

将这些值代入式（7.6）即可计算出雷诺数：

$$Re = \frac{985.7 \times 0.085\,3 \times 0.050\,8}{0.504\,0 \times 10^{-3}} = 8.47 \times 10^3$$

该值远大于 4000，因此可知水以紊流形式流过管道。

7.2.2　多相流

多相流就是两个或多个独立且不同的相在管道内流动。两相流可能涉及原油和天然气、水和天然气或原油和水的流动。三相流可能涉及原油、水和天然气全部在一起流动。即使在几何形状很简单的管道中，多相流也可能非常复杂。在这种情况下管道中的流型将取决于各个相所占管道容积的比例，以及管道是水平的还是垂直的。

图 7.3 中给出了水平管道中气-液两相流动可能的七种不同流态，从气泡流（当管道中的气体比例相对较低时）到雾状流（当液体比例相对较低时）。现在让我们依次分析这些流态。

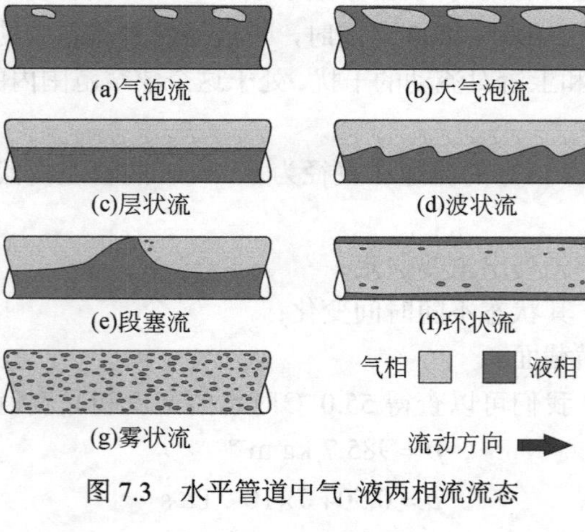

图 7.3　水平管道中气-液两相流流态

（1）气泡流——气/液混合物中的气体比例相对较低。气体以气泡的形式与液体以相同的速度流过管道。实质上，气泡只是被液体携带着流动。流速较低时，气泡倾向于沿着管道内空间的顶部流动。

（2）大气泡流——随着气/液混合物中气体比例的增加，小气泡会相互聚集，形成较大的气泡。这些大气泡仍然沿着管道顶部流动，但如果一个观察者从上往下看（假如管壁透明），就会看到液体段和大气泡段交替流动。

（3）层状流——在低流速下，气液两相分离成两层，较重的液相流过管道横截面的底部，而气体则流过顶部，气/液界面相对平滑。

（4）波状流——随着气体流速的上升，开始在气/液界面上形成波浪。这些波浪在流动更快的气体的驱动下流过管道。

（5）段塞流——随着气体流速继续上升，当波浪的顶部达到管道的顶部时会形成气体段塞。这些段塞通常会以远大于液体的速度流过同一管道。段塞流可能会在管道内造成危险的振动，特别是在弯头和其他管道配件处。

（6）环状流——气体的体积分数进一步升高时，液体将被限制在管道内壁的表面，形成一层薄膜，而气体不受干扰地流过管道中心。一些液滴会被夹带在流动着的气体中，因此会比其余液体更快地从管道中流出。

（7）雾状流——当气体的流速与气体体积分数都很高时，就会形成雾状流。在这种流态下，所有液体都以小液滴的形式夹带在流动着的气相中，并以与气相基本相同的速度流过管道。这种流态也称为分散流。

管道内的流态究竟是这七种中的哪一种呢？这将取决于许多因素，包括两相的流速、两相的密度和液相的黏度。

流体垂直向上流动时，可能会出现几种不同的流态，如图 7.4 所示。按照气相体积分数从低到高依次为泡状流、段塞流、搅动流和环状流。

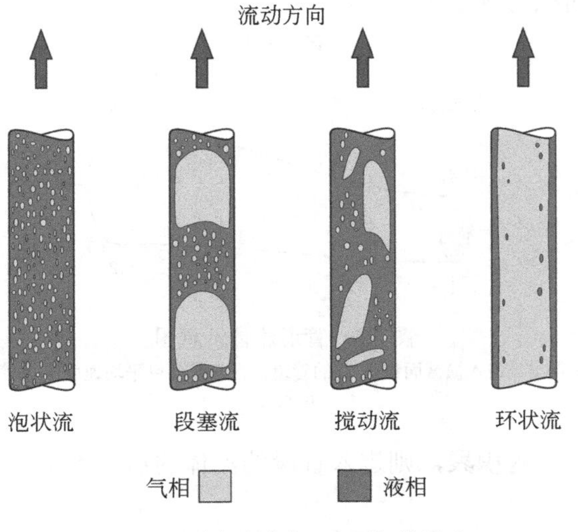

图 7.4　垂直向上气-液两相流流态

（1）泡状流——当气相体积分数非常低时，气体将分散在连续液相中，并覆盖管道的整个内部横截面。气体被液体携带，两相以大体相同的速度沿管道向上移动。

（2）段塞流——大部分气体以子弹头形状的段塞沿管道向上流动，几乎覆盖管道的整个内部横截面。在气体段塞之间，含有较小气泡的液体段塞也沿管道向上流动。气体段塞和液体段塞交替出现，流动速度相同。

（3）搅动流——这种流态比段塞流更为紊乱，大气泡被拉长。这些气泡不会覆盖管道的整个内部横截面，更利于气泡超越液相；也就是说，气相沿管道向上流动的速度较快。

（4）环状流——当气体体积分数较高时，气体倾向于由管道的中心部位向上串流，迫使液相在管道内壁上形成一层薄膜，并沿管道内壁缓慢向上流动。在与气相接触的液体表面上会形成小波纹，一些液滴会从波纹中分离出来，并被连续的气相夹带着向上流动。取决于气相的流速，液滴要么被带到表面，要么缓慢地下落至管道底部。

如果不使用复杂的流体力学数学模型，即使只有两相存在，也很难预测管道内的流型。但这些数学模型超出了本书的讨论范围。

7.3　管内流动流量计算

包括原油、天然气和水在内的所有流体在管道内都会从高压区域流向低压区域，流动的驱动力正是这个压差。流体在管道内的流速取决于一系列因素，包括管道直径、管道内壁的表面粗糙度以及流体特性（主要是密度和黏度）。在本节中，我们将应用伯努利方程的关系式来计算液体在管道内流动的体积流量。

我们首先考虑经过一段管道的流动，如图 7.5 所示。为了使我们的讨论尽可能具有通用性，这里我们允许管道的直径在入口点①和出口点②之间发生变化。假定在①点流体以平均速度 u_1 和密度 ρ_1 进入管段，此处管道的横截面积为 A_1。流体以平均速度 u_2 和密度 ρ_2 通过点②，此处横截面积为 A_2。

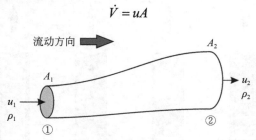

$$\dot{V} = uA$$

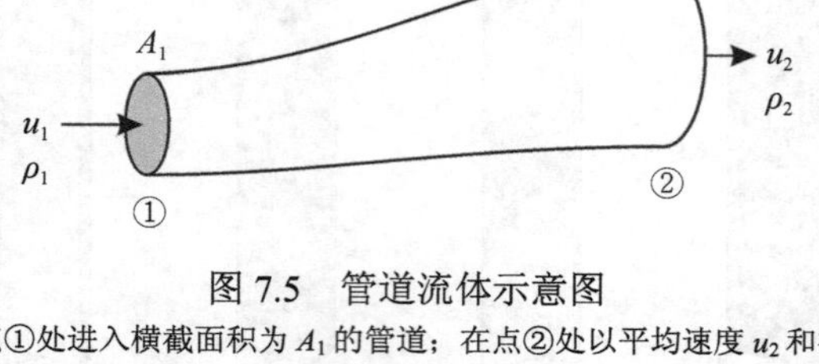

图 7.5　管道流体示意图

流体以平均速度 u_1 和密度 ρ_1 在点①处进入横截面积为 A_1 的管道；在点②处以平均速度 u_2 和密度 ρ_2 流过管道，该处的横截面积为 A_2

假定质量不会在管段内积聚，则进入管段的流体的质量流量一定等于离开该管段的流体的质量流量，因此：

$$\dot{m}_1 = \dot{m}_2 \tag{7.9}$$

式中，$\dot{m}_1$ 为点①处流体的质量流量。

我们知道密度是物质的质量除以它所占据的体积：

$$\rho = \frac{m}{V} \tag{7.10}$$

式中，ρ 为流体的密度；V 为质量 m 所占的体积。

重新排列该方程即可得到：

$$m = \rho V \tag{7.11}$$

所以我们现在可以将式（7.9）的质量平衡方程表示为

$$\rho_1 \dot{V}_1 = \rho_2 \dot{V}_2 \tag{7.12}$$

式中，$\dot{V}_1$ 和 $\dot{V}_2$ 分别为流体在点①和点②处的体积流量。

如果平均流速 u 和横截面积 A 已知，则可以求出流体的体积流量。

$$\dot{V} = uA \tag{7.13}$$

将此关系代入式（7.12）中我们可得到：

$$\rho_1 u_1 A_1 = \rho_2 u_2 A_2 \tag{7.14}$$

流体可以分为可压缩或不可压缩，这取决于其密度在流动过程中是否发生变化。除了在极高压力下，液体通常被认为是不可压缩的。在管道中，流动液体的密度不会随压力而变化，但可能仍随温度而变化。气体的密度随温度和压力都会显著变化，因此气体的流动被归类为可压缩流动。

对于恒温下的液体，通常假设密度是恒定不变的。对于图 7.5 中所示管段，$\rho_1=\rho_2$。将其代入式（7.14）中我们得到：

$$u_1 A_1 = u_2 A_2 \tag{7.15}$$

显然，如果假设管道的横截面积是恒定的，那么这两个速度也一定相等。即是说不可压缩流体会以恒定的速度流过具有均匀横截面的管道。

现在我们来分析跨越该管段的能量守恒。参考图 7.6 中所示的管段，压力为 P_1 的流体以平均速度 u_1 从点①进入管段。相对于某个基准高度，该点的标高为 h_1。流体以平均速度 u_2 从点②离开管段。在该点处流体中的压力为 P_2，标高为 h_2。

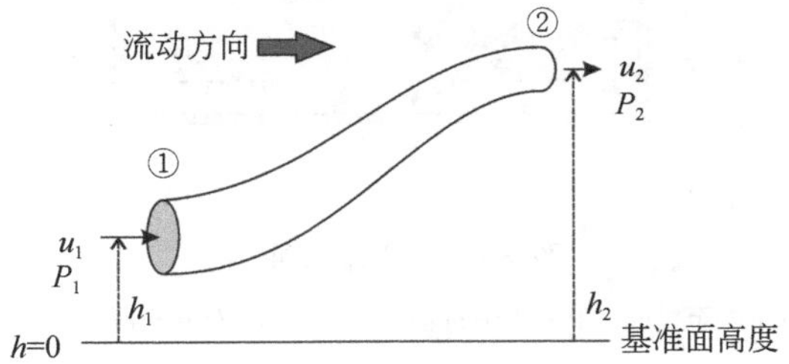

图 7.6　流体在点①处以压力 P_1、平均速度 u_1 进入管道，该处高度为 h_1；在点②处以平均速度 u_2 流动，该处压力为 P_2，海拔为 h_2

如果我们假设管道内的流体是不可压缩的，并且流体的密度在整个管道中恒定等于 ρ，那么可以得到：

$$\frac{u_1^2}{2}+\frac{P_1}{\rho}+gh_1=\frac{u_2^2}{2}+\frac{P_2}{\rho}+gh_2 \tag{7.16}$$

方程两边的第一项 $u^2/2$ 代表流体的动能，第二项 P/ρ 代表流体的压力能，第三项 gh 代表流体的势能（表示在重力场中的高度）。

式（7.16）是伯努利方程的一种形式，其更一般性的形式是

$$\frac{u^2}{2}+\frac{p}{\rho}+gh=\text{constant} \tag{7.17}$$

该方程表明，在等温系统（即遍及整个系统温度均一）中，任何一个流动截面的能量都是动能、压力能和势能的总和。这三个组成部分中每一个的大小可能有所不同，但总和不会变。因此，点①处的这三个能量之和将等于点②处的三个能量之和。这里假设克服摩擦力造成的能量损失可以忽略不计。

现在我们应用这个方程来估算原油从靠近储罐底部的排放口流出的速率，即应用式（7.16）的伯努利方程。

例子 7.2

将原油装入油罐至排放口上方 4.50 m 的高度。原油流出油罐的初始速度是多少？

假设我们有一个装满原油的直立垂直油罐，如图 7.7 所示。我们将把点①定为油罐内的液面，即原油/空气界面。点②是原油的排放口（排放到空气中）。假设原油是等温的（即整个罐内原油的温度均一），并且是不可压缩的。我们还假设原油流出时罐内液面的下降速度可以忽略不计（这是由于油罐的直径远远大于排放口的直径）。点①的压力 P_1 等于大气压。原油直接排放到油罐外面的空气中，因此 P_2 也等于大气压，因此 $P_1=P_2$。

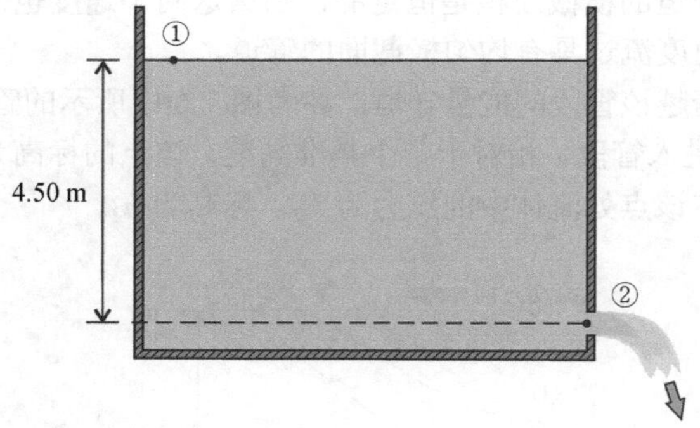

图 7.7　直立垂直油罐

如果将原油装入油罐至排放口上方 4.50 m 的高度，当油开始流出时，其初始流速将是多少

现在我们来看式（7.16）。如果我们假设 $P_1=P_2$，即可消除方程中的两个压力能项：

$$\frac{u_1^2}{2}+gh_1=\frac{u_2^2}{2}+gh_2 \tag{7.18}$$

由于我们假设原油流出时油面下降的速度可以忽略不计，那么 $u_1=0$。接下来，让我们测量相对于点②的高度 h_1 和 h_2。根据定义，$h_2=0$。所以式（7.18）可以简化为

$$gh_1 = \frac{u_2^2}{2}$$

重排后我们得到：

$$u_2 = 2\sqrt{gh_1} \tag{7.19}$$

该方程被称为托里切利方程。

重力加速度 g 的标准值为 9.81 m s^{-2}。我们知道 h_1=4.50 m，然后应用托里切利方程我们得到：

$$u_2 = 2\sqrt{9.81 \times 4.50} = 13.3 \text{ m s}^{-1}$$

这告诉我们原油将以 13.3 m s^{-1} 的初始速度从排放口流出。

7.3.1　管内流动的摩擦

虽然伯努利方程非常有用，但它确实忽略了在克服黏性摩擦时发生的不可逆损失。由于管壁表面和流体之间存在剪切应力，就会发生摩擦损失。这些损失的大小将取决于与流体接触的管壁表面的特征以及流体的性质。这些不可逆损失可以表示为压降或压头损失。由摩擦损失引起的压降 ΔP 由式（7.20）给出：

$$\Delta p = \frac{2\rho u^2 Lf}{d} \tag{7.20}$$

式中，ρ 为流体的密度；u 为管道内的平均流速；L 为待计算其压降的管段长度；d 为管道直径；f 为范宁摩擦系数。

范宁摩擦系数通常取决于雷诺数和管道表面的粗糙度；随后我们会讨论如何估算该系数。这种由摩擦引起的压力损失也可以表示为压头损失 h_{f}，压头就是驱动流体以某个速度流过管段所需的流体高度：

$$h_{\mathrm{f}} = \frac{\Delta p}{pg} = \frac{2u^2 Lf}{gd} \tag{7.21}$$

为了将管道内的摩擦因素考虑在内，我们需要在式（7.16）中增加一项：

$$\frac{u_1^2}{2} + \frac{P_1}{\rho} + gh_1 = \frac{u_2^2}{2} + \frac{P_2}{\rho} + gh_2 + gh_f \tag{7.22}$$

偶尔也用达西摩擦系数 F_{D} 反映摩擦损失；达西摩擦系数是范宁摩擦系数值的四倍：

$$F_{\mathrm{D}} = 4f \tag{7.23}$$

如果管道内的流态为层流，则范宁摩擦系数与雷诺数成反比：

$$f = \frac{16}{Re} \tag{7.24}$$

如果流体处于紊流状态，则范宁摩擦系数不仅与雷诺数有关，而且与管壁的粗糙度有关。碳钢管子的等效粗糙度 ε 为 0.045 mm，而不锈钢管子的等效粗糙度 ε 为 0.002 0 mm。工程师倾向于使用管道的相对粗糙度 ε/d，即等效粗糙度与管道内径的比值（无量纲）。

科尔布鲁克方程可用于预测范宁摩擦系数，作为相对粗糙度和雷诺数的函数。该方程为

$$\frac{1}{\sqrt{f}} = -4\log\left(\frac{\varepsilon / d}{3.7} + \frac{1.256}{Re\sqrt{f}}\right) \tag{7.25}$$

这个方程不够直截了当，因为方程的两边都出现了变量 f。这意味着对于任何给定的 ε/d 和 Re 值，只能通过试错法或使用某种计算机求解算法来计算 f。作为一种替代方法，也可以使用图 7.8 中给出的穆迪图估算范宁摩擦系数。该曲线是科尔布鲁克方程（用于紊流）和式（7.24）（用于层流）的图表形式。

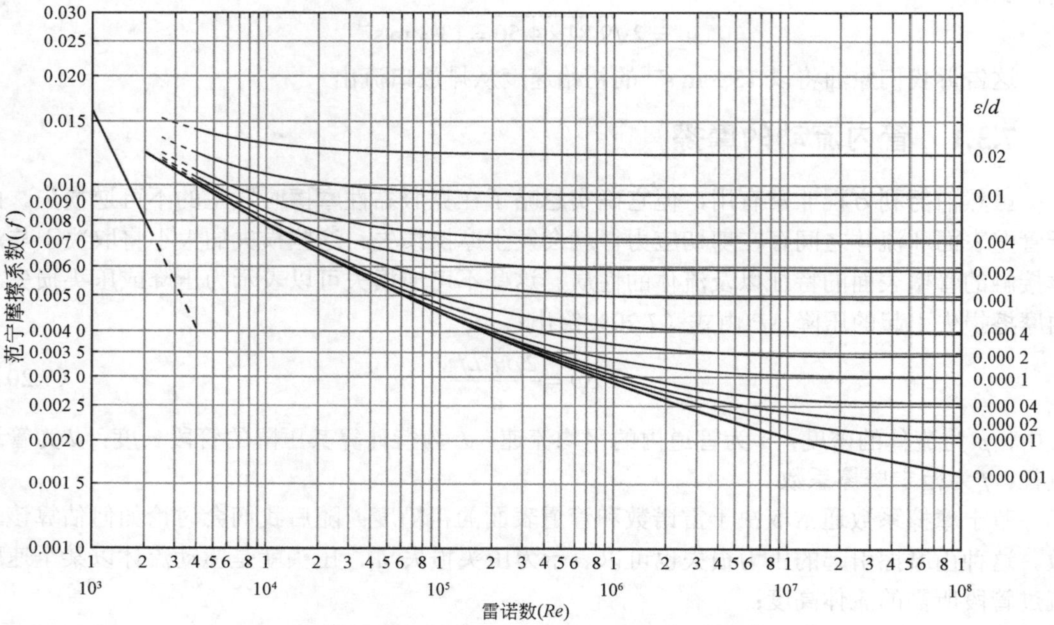

图 7.8　用于根据相对粗糙度和雷诺数预测范宁摩擦系数的穆迪图

穆迪图分别在不同的相对粗糙度 ε/d 下，绘出了 f 值随雷诺数的变化曲线。作为使用穆迪图的一个示例，我们看到当 ε/d=0.000 4、Re=2×10^5 时，f=0.004 5。这里需要注意的是，雷诺数和范宁摩擦系数都是对数坐标，阅读图表时必须细心。此外，f 最多只能读取到两位有效数字的精度。另外须注意，摩擦系数倾向于随着雷诺数的增加和相对粗糙度的降低而下降。这是有道理的，因为管壁越光滑（即相对粗糙度越低），摩擦损失就越小。此外，我们注意到，对于给定的 ε/d 值，在雷诺数较高时，摩擦系数接近于一个常数值。例如，对于 ε/d=0.002，在 Re=1×10^6 和 Re=1×10^8 之间，f=0.005 8。

例子 7.3

密度为 990.2 kg m^{-3} 和黏度为 5.96×10^{-4} Pa s 的水以每分钟 60.0 L 的流量流过直径为 24.31 mm 的碳钢管。对于 200 m 长的管段，计算压降和压头损失。

在解题之前我们先列出主要假设：

（1）流动状态已经稳定（即流动状态不随时间变化）；

（2）流体不可压缩，因此管内各处密度均一；

（3）流动状态已经充分建立起来（即没有入口效应）；

（4）该管段不包含任何管件，如阀门、弯头或接头；

（5）管子横截面为圆形；

（6）对于本管段钢材，ε=0.045 mm。

为求解这个问题，我们需要确定流态是层流还是紊流。第一步就要计算水流过管道的平均流速，根据体积流量$\dot{V}$和管道的横截面积 A 即可算出。

$$u=\frac{\dot{V}}{A} \tag{7.26}$$

所有计算都应采用标准 SI 单位制。因此，水的体积流量需要从升/分（L min^{-1}）转换为米^3/秒（$\text{m}^3\ \text{s}^{-1}$）。我们知道，1 min 等于 60 s，1 m^3 等于 1000 L。

$$\dot{V}=60.0\frac{\text{L}}{\text{min}}\times\frac{1\text{min}}{60\text{s}}\times\frac{1\text{m}^3}{1000\text{L}}=1.0\times10^{-3}\ \text{m}^3\ \text{s}^{-1}$$

圆形横截面管道的过流面积与其直径有关：

$$A=\frac{\pi d^2}{4}$$

所以，

$$A=\frac{\pi(0.024\,31)^2}{4}=4.64\times10^{-4}\,\text{m}^2$$

将这些值代入式（7.26），我们能够得到水通过管道的平均流速：

$$u=\frac{1.0\times10^{-3}}{4.64\times10^{-4}}=2.15\ \text{m s}^{-1}$$

现在我们来计算雷诺数：

$$Re=\frac{\rho ud}{\mu}=\frac{990.2\times2.15\times0.024\,31}{5.96\times10^{-4}}=8.68\times10^4$$

该值大于 4000，因此可知管道内的流动是紊流。

下一步是确定管壁的相对粗糙度。对于钢材，我们知道 ε=0.045 mm。所以，

$$\frac{\varepsilon}{d}=\frac{0.045\times10^{-3}}{0.024\,31}=0.001\,85$$

我们可以通过以下两种方式之一确定范宁摩擦系数：

（1）使用图 7.8 中的穆迪图；

（2）使用科尔布鲁克方程，即式（7.25）。

如果使用穆迪图，我们可以在图上画出 $Re=8.68\times10^4$ 的一条垂直线。接下来，我们在该垂线上找到 ε/d=0.001 85 那一点。该点一定位于 ε/d=0.001 和 ε/d=0.002 两条曲线之间，即图 7.9 中的 A 点。仔细阅读图表可得知 f=0.006 2。显然，在画线及读取 f 值时总会存在误差。

作为穆迪图的替代方法，我们还可以使用科尔布鲁克方程。如果将式（7.25）稍加重新排列，即可得到：

$$\frac{1}{\sqrt{f}}+4\lg\left(\frac{\varepsilon/d}{3.7}+\frac{1.256}{Re\sqrt{f}}\right)=0 \tag{7.27}$$

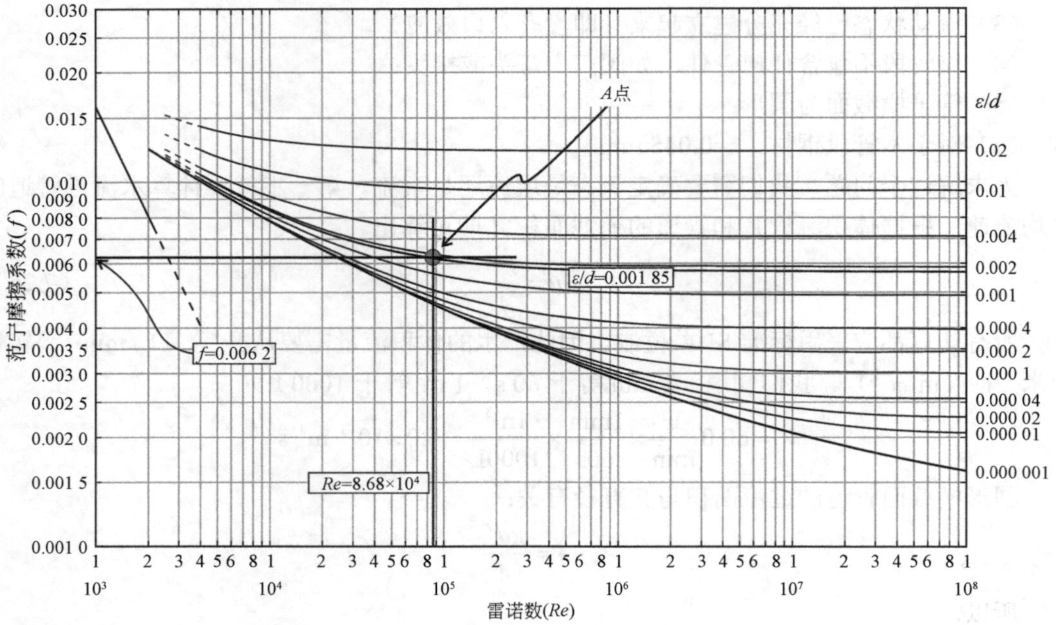

图 7.9 例子 7.3 中数据的穆迪图

我们知道 ε/d=0.001 85，$Re=8.68\times10^4$，所以这个方程可以重写为

$$\frac{1}{\sqrt{f}}+4\lg\left(\frac{0.001\,85}{3.7}+\frac{1.256}{8.68\times10^4\sqrt{f}}\right)=0 \tag{7.28}$$

现在的任务就是求解这个方程以得到 f 的值，可以用试错法来解该方程。我们先猜测一个 f 值，然后计算方程左边表达式的值。如果 f 值猜得正确，那么该表达式的值即为零；否则，则 f 的猜测值是不对的，需要重新猜测。

现在我们通过猜测 f=0.01 开始求解上述方程。如果我们将该 f 值代入式（7.28）的左侧，可计算出该表达式的值为−2.763。但是，这不是我们想要的结果，我们需要猜测一个不同的 f 值。让我们试试 f=0.001，此时可算出式（7.28）左侧的值为 19.55。计算出的两个值一个是负数，另一个是正数，因此我们知道 f 的正确值一定介于 0.01～0.001 之间。我们还知道正确值更接近 0.01 而不是接近 0.001。那么我们猜测 f=0.008，由此可算出式（7.28）左侧表达式的值为−1.537。表 7.1 给出了一系列 f 猜测值及与之一一对应的表达式的计算值。我们发现当 f=0.006 2 时，得到的表达式的值最接近于零。我们没有尝试用科尔布鲁克方程进一步求得更准确的范宁摩擦系数，因为方程本身就有±1%左右的误差。

使用穆迪图和科尔布鲁克方程求得的 f 值都是 0.006 2。现在将该值用于式（7.20）：

$$\Delta P=\frac{2\rho u^2 Lf}{d}=\frac{2\times990.2\times2.15^2\times200\times0.006\,2}{0.024\,31}=4.67\times10^5\,\text{Pa}=467\,\text{kPa}$$

所以该 200 m 管段的摩擦压耗为 467 kPa。

接下来，可用式（7.21）计算管段的压头损失：

$$h_f=\frac{\Delta P}{\rho g}=\frac{4.67\times10^5}{990.2\times9.81}=48.1\ \mathrm{m}$$

表 7.1　求解科尔布鲁克方程的试错步骤

f	$\frac{1}{\sqrt{f}}+4\log\left(\frac{0.00185}{3.7}+\frac{1.256}{8.68\times10^4\sqrt{f}}\right)$
0.01	−2.763
0.001	19.55
0.008	−1.537
0.007	−0.736
0.006	0.257
0.006 1	0.147
0.006 2	0.040
0.006 3	−0.065

注：Re=8.68×10^4，ε/d=0.001 85。

7.3.2　管件造成的摩擦损耗

每当流体流过管件时，如弯头、三通、管径突变或阀门等，压力都会下降。在应用伯努利方程时，必须考虑管道中这种不可逆的能量损失。

通过压耗系数 K_L 即可将管件造成的压耗考虑在内；相应的压头损失 $h_{fittings}$ 可以根据压耗系数和平均流速 u 计算：

$$h_{fittings}=K_L\frac{u^2}{2g} \tag{7.29}$$

K_L 值越大，系统的不可逆能量损失就越大。图 7.10 给出了一些不同类型配件的典型压耗系数。例如，对于改变管道方向 90° 的弯头，K_L=0.9。突然收缩或膨胀会造成压耗，此时 K_L 的值取决于两个管道的直径。当管径突然膨胀时，式（7.29）中的 K_L 值定义为据两个管径中较小者计算出的流速 u。

当流体通过阀门时，即使是完全打开的阀门，也可能造成不小的压耗。油田常用的是闸阀和球阀；这两类阀门在第 11 章中有更为详细的介绍。全开闸阀的压耗系数仅为 0.17；但如果阀门只打开四分之一，K_L 的值将上升至 24.0。表 7.2 给出了闸阀和球阀在不同开启程度时的典型压耗系数。毫不奇怪，阀门开启程度越小，压耗系数越大。

对于给定的管道配置或说布局，可以评估每个配件的压耗系数，之后即可确定各个配件的压头损失。伯努利方程中又增加了一项，这次是考虑流经各种配件时造成的不可逆能量损失：

$$\frac{u_1^2}{2}+\frac{P_1}{\rho}+gh_1=\frac{u_2^2}{2}+\frac{P_2}{\rho}+gh_2+gh_f+gh_{fittings} \tag{7.30}$$

这个扩展后的方程既考虑了管道压耗，又考虑了配件压耗。现在我们讨论如何利用该方程来解决具体问题。

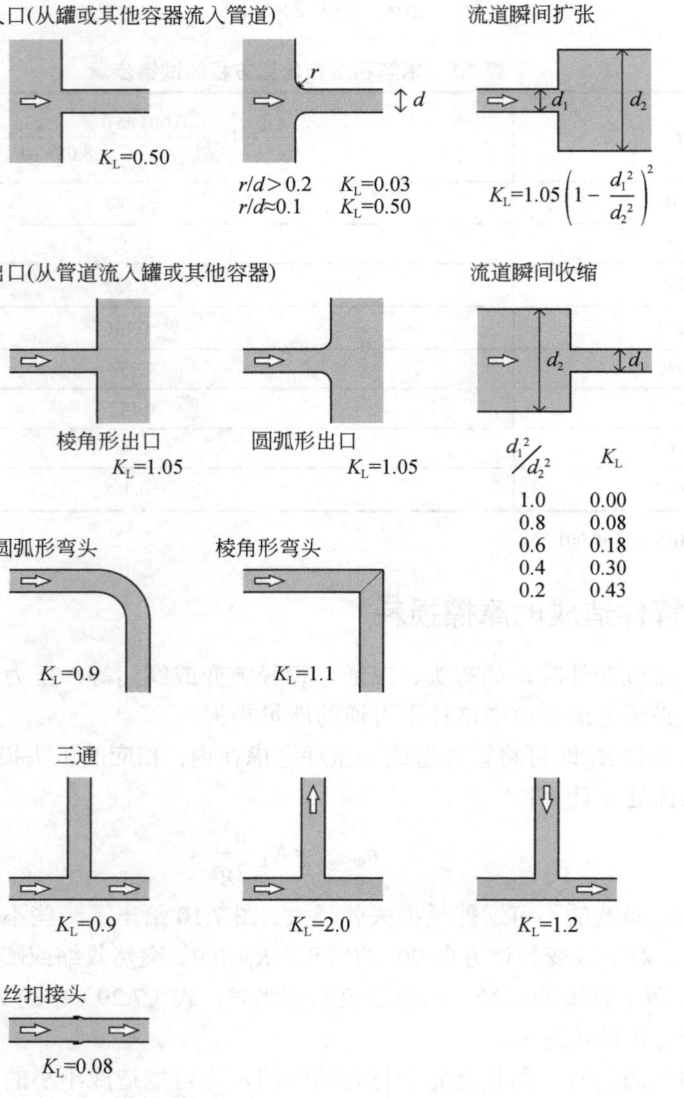

图 7.10　一些管件的典型压耗系数

对于突然膨胀和收缩，K_L 的值取决于两个相关直径中的较小者

表 7.2　一些阀门的典型压耗系数（实际系数值还与阀门具体设计有关）

阀门类型	开启程度	压耗系数 K_L
闸阀	全开	0.17
闸阀	$^3/_4$ 开	0.9
闸阀	$^1/_2$ 开	4.5
闸阀	$^1/_4$ 开	24.0
球阀	全开	9.0

续表

阀门类型	开启程度	压耗系数 K_L
球阀	$^3/_4$开	13.0
球阀	$^1/_2$开	36
球阀	$^1/_4$开	112

例子 7.4

一个大口径油罐中的油品经过一个直角状出口，流入直径为 102 mm 的不锈钢管道（图 7.11）。出口位于油罐中液面以下 4.72 m。管道水平延伸 7.41m 至一个 90° 直角弯头。然后垂直向上延伸 3.12 m 至另一个同样的弯头。此后，水平延伸 6.01 m 至一个 $^1/_2$ 开启的球阀。从该球阀开始，管道再水平延伸 19.06 m，并在油罐中液面以下 1.60 m 处排放到大气中。整个系统中温度均为 33 ℃。管道出口处的初始体积流量是多少？

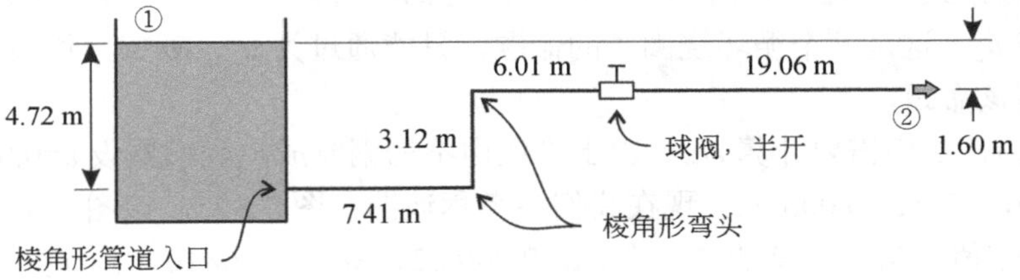

图 7.11　例子 7.4 所述流动系统的示意图

我们首先列出计算中所用到的关键假定：

（1）流动状态已经稳定，流体不可压缩；

（2）管子横截面为圆形；

（3）$^1/_2$ 开启的球阀的压耗系数为 36，见表 7.2；

（4）油罐口径足够大，油品流出时液面下降可忽略不计；

（5）油品在规定温度下的密度为 921.4 kg m^{-3}，黏度为 2.07×10^{-3} Pa s。

我们应用式（7.30）来解决这个问题。如图 7.11 所示，我们取罐内初始液面为点①，排放口为点②。点①和点②都处于大气压下，因此 $P_1=P_2$，可以从式（7.30）中消除这两项。接下来，我们需要相对于某个指定的高度基准确定 h_1 和 h_2，即油罐中液面的高度和排放口的高度。如果我们选择排放口作为高度基准，那么 $h_2=0$，$h_1=1.60$ m。

将这些简化应用于式（7.30）即可得到：

$$gh_1 = \frac{u_2^2}{2} + gh_f + gh_{\text{fittings}} \tag{7.31}$$

但我们还记得式（7.21）和式（7.29）中分别给出的 h_f 和 h_{fittings} 的表达式，所以：

$$gh_1 = \frac{u_2^2}{2} + \frac{2u_2^2 Lf}{d} + \frac{\sum K_L u_2^2}{2}$$

这样我们就有

$$u_2 = \sqrt{\frac{gh_1}{\frac{1}{2} + \frac{2Lf}{d} + \frac{\sum K_L}{2}}} \tag{7.32}$$

如果能求得 u_2，我们就能计算出点②处油的体积流量。

现在让我们求出$\sum K_L$，即所有配件的压耗系数总和。从系统的介绍我们知道有一个直角状出口，两个 90°直角弯头，还有一个 $^1/_2$ 开启的球阀。根据图 7.10 和表 7.2 中的数据，我们发现：

$$\sum K_L = 0.50 + 2 \times 1.1 + 36 = 38.7$$

管道的总长度是：

$$L = 4.41 + 3.12 + 6.01 + 19.06 = 35.60 \text{ m}$$

在式（7.32）中，已经知道除了范宁摩擦系数 f 之外的所有变量的值。但这里我们遇到了一个问题，因为需要知道 u_2 的值才能计算 Re，知道了 Re 才能再进一步计算出 f。一旦知道了 f，就可根据式（7.32）算出 u_2。但因不知道 u_2，所以无法计算 Re，所以无法计算 f，也就无法算出 u_2。这是一个循环绕圈子的命题，只能通过为 u_2、Re 或 f 假设一个值，然后用试错法破解该命题。

为了求得 f，我们需要计算 ε/d。由于管道由不锈钢制成，我们假设 ε=0.002 0 mm。由于 d=102 mm，则 ε/d=0.000 02。现在我们参考穆迪图（图 7.8），该图将 f 作为 Re 和 ε/d 的函数，预测 f 值。值得注意的是，在 ε/d=0.000 02、Re 大于 6×10^7 时，f 并不随 Re 变化。

让我们假设 $Re=1\times10^6$，然后使用科尔布鲁克方程［式（7.25）］，就 ε/d=0.000 02 求取 f。Re 的第一个值只是一个猜测值。

所以，

$$\frac{1}{\sqrt{f}} = -4\lg\left(\frac{0.000\,02}{3.7} + \frac{1.256}{1\times10^6\sqrt{f}}\right)$$

利用试错法求解这个方程，我们得到 f=0.003 0。

现在将此值代入式（7.32）计算 u_2：

$$u_2 = \sqrt{\frac{9.81\times1.60}{\frac{1}{2} + \frac{2\times35.60\times0.003\,0}{0.102} + \frac{38.7}{2}}} = 0.846 \text{ m s}^{-1}$$

现在我们基于这个 u_2 值来计算 Re：

$$Re = \frac{\rho u d}{\mu} = \frac{921.4\times0.846\times0.102}{2.07\times10^{-3}} = 3.84\times10^4$$

该值与我们最初猜测的 $Re=1\times10^6$ 不同。现在用这个新的 Re 值重复上述计算，我们有

$$\frac{1}{\sqrt{f}} = -4\lg\left(\frac{0.000\,02}{3.7} + \frac{1.256}{3.84\times10^4\sqrt{f}}\right)$$

利用试错法求解这个方程，我们得到 f=0.005 6。

将该 f 值代入式（7.32）中可求得 u_2：

$$u_2 = \sqrt{\frac{9.81 \times 1.60}{\frac{1}{2} + \frac{2 \times 35.60 \times 0.0056}{0.102} + \frac{38.7}{2}}} = 0.812 \text{ m s}^{-1}$$

继续这个循环，我们可利用该 u_2 值算得一个新的 Re 值：

$$Re = \frac{921.4 \times 0.812 \times 0.102}{2.07 \times 10^{-3}} = 3.69 \times 10^4$$

我们现在使用这个 Re 值根据式（7.28）计算 f，这样可得到 f=0.005 6。至此循环结束，问题已经解决，我们接受 u_2=0.812 m s^{-1}。

最后，我们需要计算出体积流量：

$$\dot{V} = u_2 A$$

由于管道的横截面为圆形，直径为 d，我们有

$$\dot{V} = u_2 \frac{\pi d^2}{4} = 0.812 \times \frac{\pi \times 0.102^2}{4} = 0.0066 \text{ m}^3 \text{ s}^{-1}$$

这样我们得知，油品最初将以每秒 6.6 L 的流速从管道中流出。

7.4　多孔性介质内的流动

流体通过多孔性介质的流动受达西定律支配，该定律以法国市政工程师亨利 • 达西的名字命名。它将流体的体积流量与压差、流体黏度和介质渗透率关联起来。该方程如下：

$$\dot{V} = -\frac{kA}{\mu}\frac{\Delta P}{L} \tag{7.33}$$

式中，$\dot{V}$ 为体积流量，单位是 m^3 s^{-1}；k 为多孔性介质的渗透率，单位是 m^2；A 为可供流动的截面积，单位是 m^2；μ 为流体黏度，单位是 Pa s；ΔP 为多孔性介质中两点之间的压力差，单位是 Pa；L 为该两点之间的距离，单位是 m。

等式中出现负号是因为压降通常是从高压到低压计算的，因此 ΔP 通常为负值。

在将该公式应用于多孔性介质中的流动之前，我们先考虑如何测量储层岩心的渗透率。从井眼中取出有代表性的岩心后，再从该岩心中切割出一个圆柱形样品，然后将样品装入一个测试用圆筒中并小心地密封好。密封后，流体可以通过样品从一端流到另一端，但无法经过样品周边绕过样品流动。然后使单相的油、水或气流过样品，并记录样品两端的压差。如果同时记录下流体通过样品的体积流量，且准确地知道流体的黏度和样品尺寸，则可以通过重新排列式（7.33）来计算岩心的绝对渗透率：

$$k = -\frac{\dot{V}\mu L}{A\Delta P} \tag{7.34}$$

如果孔隙完全被某个单相所充满，则无论该相是油、水还是气都没有关系。岩心绝对渗透率的测量值与测试中使用的流体无关。

假设我们刚刚测量出了孔隙完全被油所充满时岩心样品的渗透率。现在我们将少量的另一相流体与油一起充填到孔隙中；在这里我们假设另一相是水。这时岩心样品的孔隙中充满了油水混合物，其中大部分是油。如果我们使用这种油水混合物测量岩心的渗透率，

我们会发现岩心对油的渗透率降低了。该渗透率称为有效渗透率，其值永远等于或小于绝对渗透率。如果我们逐渐向油水混合物中添加水，有效渗透率会进一步降低。岩心中水占的比例越高，油就越难通过岩心。当我们增加被水占据的孔隙体积分数时，迟早会达到某一个点，此刻油的有效渗透率降至零。当油在孔隙网络中基本上不再流动时，就发生了这种情况。

岩心对油的相对渗透率 k_{ro} 是其有效渗透率与绝对渗透率之比，无量纲：

$$k_{ro} = \frac{k_o}{k} \tag{7.35}$$

式中，k_o 为岩心对油的有效渗透率；k 为岩心的绝对渗透率。

如果这两个量都以 μm^2 为单位，那么 k_{ro} 将是一个无量纲和无单位的数字。

岩心对油的相对渗透率，当没有水存在时为最大值 1，存在大量水而使油无法流动时为最小值零。

在这里的讨论中我们考虑了当水作为第二相存在时油通过岩心流动的情况。当天然气作为第二相而不是水时，这些概念同样适用。另外，研究地层岩石特性的石油工程师也有兴趣考察水的有效渗透率如何随着油含量的增大而降低。

石油工程师需要了解油、水、气的有效渗透率在各种条件下如何变化，以便可以更好、更有效地规划储层的开采。

在分析了不同渗透率的定义之后，下面我们通过几个例子讨论如何将达西定律——即式（7.33），应用于多孔性介质中的流动。为了简化计算，我们将例子局限在不可压缩流体、单相流动的范围内。这意味着我们将考虑多孔性介质的绝对渗透率，而不必考虑有效渗透率。更复杂的流动过程超出了本书的范围，读者可以阅读更为专业的教材。

例子 7.5

我们首先考虑一种不可压缩的油品仅在一个方向上通过一种固体材料的流动。假设该材料的平均渗透率为 2.50 μm²，长度为 50.0 m，在其两端施加的压差为 3700 kPa。油品的黏度为 4.07 mPa s，可供流动的截面积是 1.0 m²。那么油的流量是多少？

这里所做的主要假定是：

（1）流动状态稳定，不随时间变化；

（2）油品是不可压缩的，在整个系统中油品的黏度均一；

（3）流体只沿一个方向流动。

为了确保我们不被各种单位所困惑，现在将所有物理量转换为不带前缀的 SI 单位。这样有

$$k = 2.50\ \mu m^2 = 2.50 \times 10^{-12}\ m^2$$

$$A = 1.0\ m^2$$

$$\mu = 4.07 \times 10^{-3}\ Pa\ s$$

$$\Delta P = -3.700 \times 10^6\ Pa$$

$$L = 50.0\ m$$

将这些值代入式（7.34）即可得到：

$$\dot{V} = -\frac{2.50\times10^{-12}\times1.0}{4.07\times10^{-3}}\times\frac{-3.700\times10^{6}}{50.0} = 4.55\times10^{-5}\,\text{m}^3\ \text{s}^{-1}$$

由于这个流量太小，以每日流量表示更为实用：

$$\dot{V} = 3.9\ \text{m}^3 \times \text{per day}$$

对于每 1 m^2 可供流动的面积，油品会以每天 3.9 m^3 的流量流过该多孔性介质。

例子 7.6

现在考虑图 7.12 所示的情况。在截面积为 9.50 m^2 但渗透率仅为 0.40 μm^2 的较大介质中，存在一个截面积为 0.50 m^2 且渗透率为 12 μm^2 的高渗带。假定地层水平方向的尺寸为 4.0 m，施加在地层两端之间的压差为 9.0 kPa，流体的黏度为 2.00×10^{-3} Pa s。计算通过地层的总体积流量。将有占多大比例的流体通过高渗带？

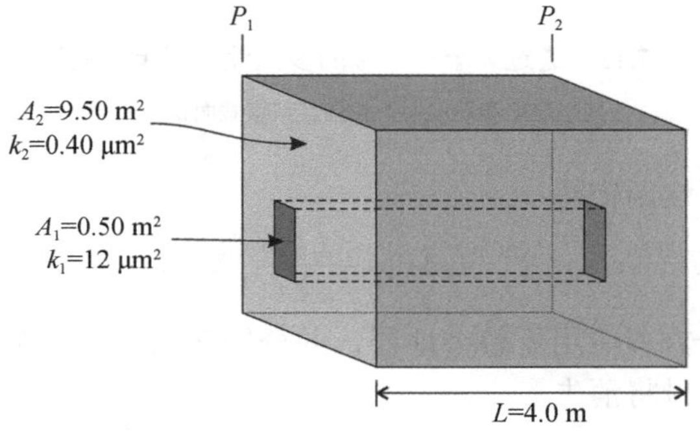

图 7.12　流过平行排列的两个多孔性地层单元的流量可能是很不对称的；尽管高渗带仅占总流动横截面积的 5%，但超过一半的流体将流经该条带

该例中所做的主要假定是：

（1）流动状态稳定，不随时间变化；

（2）油品是不可压缩的，在整个系统中油品的黏度均一；

（3）流体只沿一个方向流动，在两种不同渗透率的地层单元之间没有交叉流动。

流经两种渗透率单元的总体积流量将是该两个单元的体积流量之和：

$$\dot{V}_{\text{total}} = \dot{V}_1 + \dot{V}_2 \tag{7.36}$$

现在我们应用式（7.33）来计算每个单元的体积流量，从高渗带开始：

$$\dot{V}_1 = -\frac{12.0\times10^{-12}\times0.50}{2.00\times10^{-3}}\times\frac{-9.0\times10^{3}}{4.0} = 6.75\times10^{-6}\ \text{m}^3\ \text{s}^{-1} = 0.583\ \text{m}^3\ \text{d}^{-1}$$

现在就低渗透率单元进行计算：

$$\dot{V}_2 = -\frac{0.40\times10^{-12}\times9.50}{2.00\times10^{-3}}\times\frac{-9.0\times10^{3}}{4.0} = 4.28\times10^{-6}\ \text{m}^3\ \text{s}^{-1} = 0.369\ \text{m}^3\ \text{d}^{-1}$$

所以，

$$\dot{V}_{\text{total}} = 0.583 + 0.369 = 0.952\ \text{m}^3\ \text{d}^{-1}$$

通过高渗带的原油所占比例为 0.583/0.952=0.612。也就是说，在流经整个地层的全部原油中，有略超过 61%流过高渗带，虽然其横截面积仅为总面积的 5%。

现在考虑另一种情况：原油必须流过三个连续的单元，每个单元都有自己的渗透率和长度，如图 7.13 所示。第一个单元的长度为是 L_1，渗透率为 k_1。整个地层的压降为 $P_1 - P_4$，其中第一个单元的压降为 $P_1 - P_2$。显然，有下面的关系式：

$$P_1 - P_4 = (P_1 - P_2) + (P_2 - P_3) + (P_3 - P_4) \tag{7.37}$$

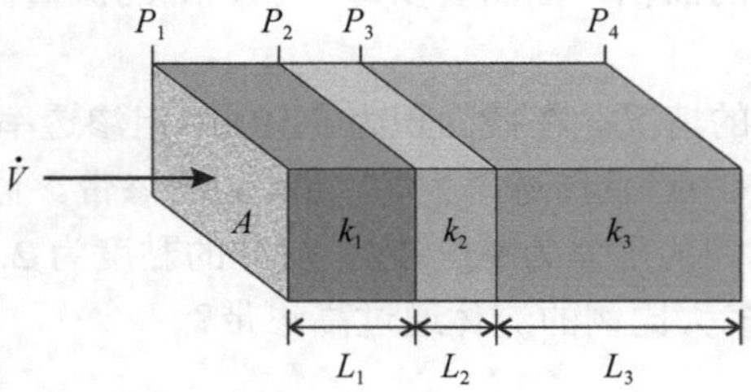

图 7.13　通过三个相连接的多孔性地层单元的流动

其渗透率和厚度均不相同，但横截面积都相同

现在我们重排一下达西定律：

$$\Delta P = -\frac{L\dot{V}\mu}{kA} \tag{7.38}$$

现在让我们将这个方程应用于整个地层，并分别应用于每一个地层单元。如果我们定义压降的方式一致，负号将消失。

$$\frac{L_{\text{total}}\dot{V}\mu}{k_{\text{aver}}A} = \frac{L_1\dot{V}_1\mu}{k_1 A} + \frac{L_2\dot{V}_2\mu}{k_2 A} + \frac{L_3\dot{V}_3\mu}{k_3 A} \tag{7.39}$$

每个单元的横截面积相同。类似地，流体流过第一个单元，然后是下一个，然后是再下一个，体积流量也不会改变，因此 $\dot{V} = \dot{V}_1 + \dot{V}_2 + \dot{V}_3$。最后，我们假设整个地层中的流体黏度是均一的。这些理由使我们能够从式（7.39）中消除 μ、$\dot{V}$ 和 A，使之简化为

$$\frac{L_{\text{total}}}{k_{\text{aver}}} = \frac{L_1}{k_1} + \frac{L_2}{k_2} + \frac{L_3}{k_3} \tag{7.40}$$

我们可以重排这个方程来得到整个地层平均渗透率的表达式：

$$k_{\text{aver}} = \frac{L_{\text{total}}}{\dfrac{L_1}{k_1} + \dfrac{L_2}{k_2} + \dfrac{L_1}{k_3}} \tag{7.41}$$

例子 7.7

作为该公式的应用示例，我们假设 L_1=5.0 m，L_2=3.1 m，L_3=9.2 m。另外，k_1=0.040 μm^2，k_2=0.12 μm^2，k_3=1.8 μm^2。将这些值代入式（7.41）我们得到：

$$k_{\text{aver}} = \frac{5.0 + 3.1 + 9.2}{\dfrac{5.0}{0.040} + \dfrac{3.1}{0.12} + \dfrac{9.2}{1.8}} = 0.11\ \mu\text{m}^2$$

因此，在本例中平均渗透率为 0.11 μm^2。

根据达西定律，可以使用上面 k_{aver} 的值以及总长度 L_{total} 来计算流体通过如图 7.13 所示的复合地层的流速。

到目前为止，我们讨论过的例子都是假设流体流过的横截面积不发生变化。虽然在距离生产井很远的储层中确实是这种情况，但在井眼附近这种假设不再成立。让我们考虑图 7.14 中所示的情况，其中流体从储层的远处流向一口井。在离井眼中心的距离为 r_o 的那一点，流体将流过一个圆柱形表面，其高度为 h，周长为 $2\pi r_o$，则截面积为 $2\pi r_o h$。通过该圆柱形表面的体积流量 $\dot{V}$ 可以利用下式计算：

$$\dot{V} = 2\pi r_o h u_o \tag{7.42}$$

式中，u_o 为 r_o 处流体的流速。

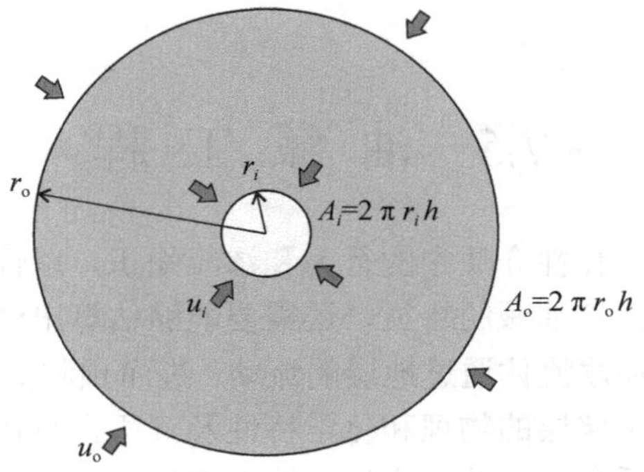

图 7.14　随着流体逐渐接近井眼流速加快

离井眼更近的某一点到井眼中心的距离只是 r_i，此处流体流过的横截面积为 $2\pi r_i h$。在 r_i 和 r_o 之间（即图 7.14 中的阴影区域）流体没有聚集，因此进入阴影区域的体积流量一定等于离开该区域的体积流量。

所以：

$$\dot{V} = 2\pi r_o h u_o = 2\pi r_i h u_i$$

我们可以消除方程两边的共有项，进而得到：

$$r_o u_o = r_i u_i$$

重新排列后，我们有

$$u_i = \frac{r_o u_o}{r_i} \tag{7.43}$$

这个方程表明，随着流体接近井眼，即随着 r_i 变小，u_i 增大。现在我们将该方程用于一些实际数字。假设一口井的半径为 0.05 m（即直径为 10 cm）。油从各个方向均匀地流向井内，在距井眼 100 m 处流速为 0.01 mm s^{-1}，则有

$$u_i = \frac{100 \times 0.01 \times 10^{-3}}{0.05} = 0.02 \text{ m s}^{-1}$$

这表明经过这段距离流速增至原来的 2000 倍。

式（7.33）中给出的达西定律形式，对于一维线性流动适用。当应用于横截面积随空间位置发生变化的系统时，如在井眼附近的径向流动中发生的情况，则必须使用不同形式的公式。将达西定律应用于这种径向流动，可以得出：

$$\dot{V}=\frac{kh}{\mu}\frac{P_o-P_i}{\ln\left(r_o/r_i\right)} \tag{7.44}$$

式中，h 为地层的厚度；P_o 为半径 r_o 处的压力；P_i 为半径 r_i 处的压力。

对于不太熟悉数学术语的读者，这里提示一下，ln 表示自然对数函数。此函数定义明确，可以使用大多数科学计算器或计算机电子表格进行计算。

通常，将式（7.44）用于计算体积流量时，r_i 和 r_o 的值并不十分清楚。通常将外半径 r_o 取为相邻井之间距离的一半，将 r_i 取为井眼半径。一般来说，r_i 和 r_o 值的微小变化不会显著影响 ln（r_o/r_i）的值。

7.5 油 藏 工 程

油藏工程应用流体在多孔性介质中的行为和渗流知识，以评价和管理油藏开采动态。油藏工程师不仅需要能够评价油藏的特征，还需要能够估算出油气的经济可采储量。他们将使用达西定律等公式来描述流体通过地层的流动，进而预测油藏的生产动态。在第 13 章中，我们将会看到如何基于储层的物理和化学特性及其所含流体来建立复杂的数学模型，以帮助确定储层的最佳开采方式。井位应该布置在哪里？应该钻多少口井？井距是多少？应该钻垂直井、定向井、还是水平井？油藏工程师将应用我们在本章中讨论过的一些公式来回答这些问题，以及回答开发方案设计中的一些其他重要问题。

第 8 章　一次采油与增产措施

一旦完井并准备投产，石油工程师的职责就是制定一项优化油气生产的战略。工程师需要考虑如何最大限度地提高油气开采速度，以及最终经济可采总量。在为某个油田制定总体战略的基础上，工程师还需要考虑各井的具体要求。

尽管石油工程师在钻井过程中必须防止井喷，但实际上很少有油藏处于足够高的压力下，让原油在没有外力协助的情况下流到地面。已有许多不同的油气增产措施，也有多种技术协助储层流体到达地面。这些技术大致可分为三类：一次采油、二次采油和三次采油。通常也是按照此顺序来实施这些技术的。

一次采油可以使油气自发流到地面，也可以使用泵或其他人工举升手段。二次采油包括将与通常存在于油藏中的类似流体注入油藏。例如，产出水回注可以保持油藏压力或将油驱向生产井。三次采油会提高采收率，包括将与通常存在于油藏中的不同物质注入油藏。在此阶段可能注入的物质包括蒸汽、空气、聚合物等化学剂和微生物。

在本章中，我们将讨论一次采油技术，重点是不同类型的泵和其他人工举升方式。在北美，只有不到 5% 的油井自喷生产，因为通常油藏压力太低。我们还将考虑几种不同的油井增产措施，包括通过压裂井筒周围的地层来增大油井的有效供液半径，开辟更多流入井眼的通道。

8.1　克服液柱压力——人工举升

流体，包括油和水，只有在压力差的作用下才会流动，总是从高压区流向低压区。因此，如果我们希望液体从储层流入井底，那么井底压力必须小于储层压力。但情况并非总是如此，由于井内流体液柱的重量，井底的压力会非常高。

这种液柱重量造成的压力差由式（8.1）给出：

$$\Delta P = P_{\text{wellbase}} - P_{\text{wellhead}} = \rho g h \tag{8.1}$$

式中，P 为压力，单位是 Pa；ρ 为井内流体的密度，单位是 kg m^{-3}（千克每立方米）；g 为重力加速度，即 9.81 m s^{-2}；h 为井深，单位是 m；ΔP 为井底与井口之间的压力差。

为了说明如何应用这个公式，我们来看图 8.1 中的例子。假设我们有一口井，井筒内充满了密度为 850 kg m^{-3} 的原油。若井深为 700 m，则井底与井口之间的压差可以计算如下：

$$\Delta P = P_{\text{wellbase}} - P_{\text{wellhead}} = 850\ \text{kg m}^{-3} \times 9.81\ \text{m s}^{-2} \times 700\ \text{m} = 5.84 \times 10^{6}\ \text{Pa} = 5.84\ \text{MPa}$$

为了对该压差的大小有一个感性认识，须知大气压约为 0.1 MPa。这意味着井底与井口之间的压差约为 58 个大气压。如果井口处于大气压下，那么井底的压力将是

$$P_{\text{wellbase}} = \Delta P + P_{\text{wellhead}} = 5.84\ \text{MPa} + 0.10\ \text{MPa} = 5.94\ \text{MPa}$$

如果储层中的压力低于该压力，则不会有流体流入井底和井筒。然而，如果储层压力

超过 5.94 MPa，则储层流体将流入井筒并最终从井口涌出。当然，储层压力越高，流体向上流动的速度就越快。此刻我们暂不考虑储层压力和流速之间的关系问题。

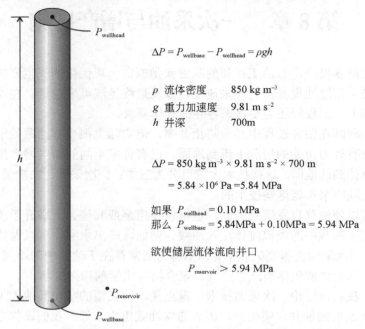

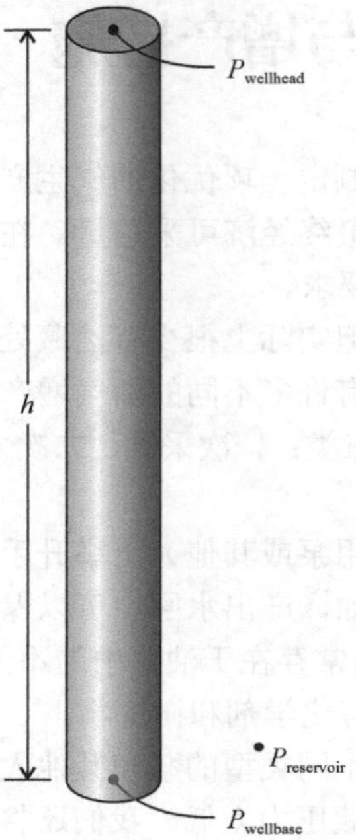

$$\Delta P = P_{wellbase} - P_{wellhead} = \rho g h$$

ρ 流体密度　　850 kg m^{-3}

g 重力加速度　　9.81 m s^{-2}

h 井深　　700m

$$\Delta P = 850 \text{ kg m}^{-3} \times 9.81 \text{ m s}^{-2} \times 700 \text{ m}$$
$$= 5.84 \times 10^{6} \text{ Pa} = 5.84 \text{ MPa}$$

如果 $P_{wellhead} = 0.10$ MPa

那么 $P_{wellbase} = 5.84\text{MPa} + 0.10\text{MPa} = 5.94$ MPa

欲使储层流体流向井口

$$P_{reservoir} > 5.94 \text{ MPa}$$

图 8.1　为了使储层流体流向井口，储层压力必须超过井内流体产生的液柱压力

在大多数气田中，储层压力通常足以克服井筒中的气柱压力，这主要是因为天然气的密度与液态的油和水相比非常低。但遗憾的是，原油储层的压力通常不足以使原油自喷到地面。

在 20 世纪，人们开发了一系列技术，统称为人工举升，以克服井眼中的液柱压力。每种技术都有其优点和局限性，各自适用于特定的油藏条件。目前使用的主要人工举升技术包括：

（1）杆式泵抽油；

（2）电潜泵抽油；

（3）气举；

（4）螺杆泵抽油；

（5）水力泵抽油；

（6）柱塞气举。

在这些系统中，杆式泵抽油系统是迄今为止应用最普遍的，尤其是在北美。如果在得克萨斯州旅行，走过长距离而没有看到一台安装在井口与井下杆式泵配套的抽油机（图 8.2）几乎是不可能的。在以下章节中，我们将一一介绍每种人工举升方法。

8.1.1　杆式泵

据估计，全世界有超过 600 000 口油井使用杆式泵系统将原油提升到地面。杆式泵系统之所以如此受欢迎，是因为位于井下的泵机械构造简单，运动部件少，因此其运转非常可靠。系统的能量来自地面的抽油机，维护和更换都很方便。

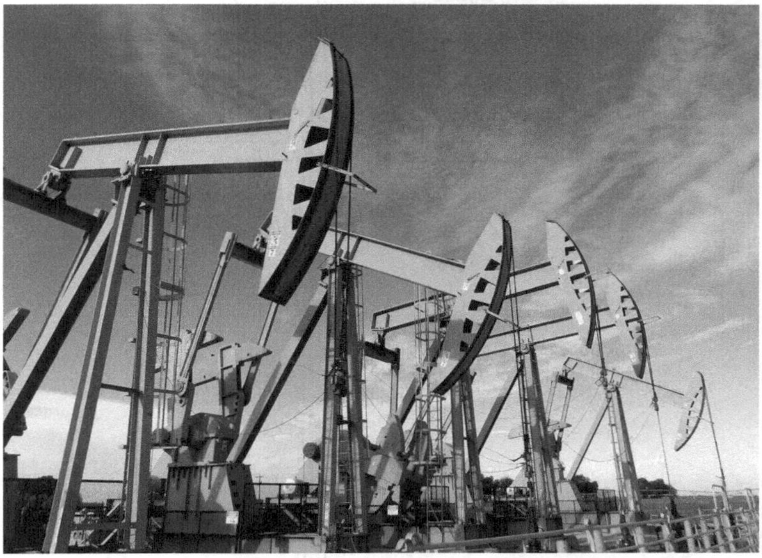

图 8.2　位于得克萨斯州的运转中的五台抽油机

杆式泵系统包含一个安装在井下的小型泵，油管内的抽油杆柱进行上下往复运动，带动该泵（图 8.3）。位于井口上方的抽油机将电机的旋转运动转换为上下往复运动，进而使整个抽油杆柱上行和下行。

杆式泵有多种不同的样式，图 8.4 所示的是较常见的样式之一。该泵包含一个安装在油管末端的固定泵筒。柱塞（或称游动泵筒）严丝合缝地嵌在固定泵筒内，并在抽油杆柱的带动下在固定泵筒内上下自由运动。固定泵筒和柱塞都配有简单的阀门，这两个阀门大体上说就是限制在笼子里的一个小球。这些单向阀仅允许液体沿一个方向流动。如图 8.4（a）所示，它显示了柱塞在向上移动，已接近其上冲程的顶端。当柱塞被抽油杆带动上提时，其内部液体的重量迫使游动阀的小球坐落在其阀座上，这可以防止任何液体向下流回固定泵筒内。随着柱塞被上提，固定泵筒内容积的增大导致筒内的压力降至低于储层压力；这又进一步导致固定阀的小球升起，使储层流体流入固定泵筒。在下冲程［图 8.4（b）］中，柱塞的向下运动导致固定阀强制关闭，这可以防止固定泵筒内的任何液体返回井眼中。固定泵筒中的较高压力导致游动阀打开，从而允许圈闭在固定泵筒中的流体涌入游动泵筒中。整个装置只允许井筒中的液体向上流动。柱塞的每个上冲程都会将一定量的原油提升到地面。

为了使这类泵正常工作，柱塞必须严丝合缝地嵌在固定泵筒内，以便最大限度地减少流体从柱塞周边向下泄漏。但难免会有一点儿泄漏，不过这点儿泄漏是润滑柱塞运动所必需的。

安装在两个泵筒上的单向阀是非常简单且非常可靠的机械装置。如前所述，它们只是由一个被限制在笼子内的小球组成。当阀门开启时，小球上升，但仍在笼子之内；当小球上方的腔室内的压力增加时，迫使小球进入阀座，密封流体入口，即关闭阀门（图 8.5）。

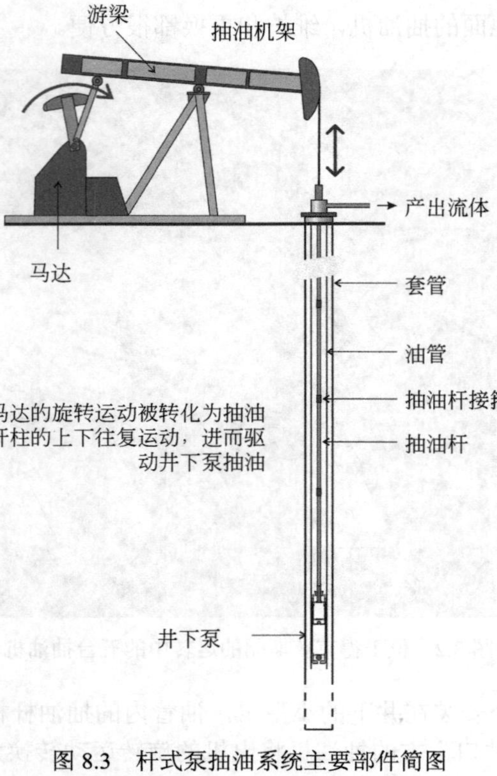

图 8.3　杆式泵抽油系统主要部件简图

驱动井下泵的动力由抽油杆柱的往复运动提供，而后者的动力又来自于地面的抽油机

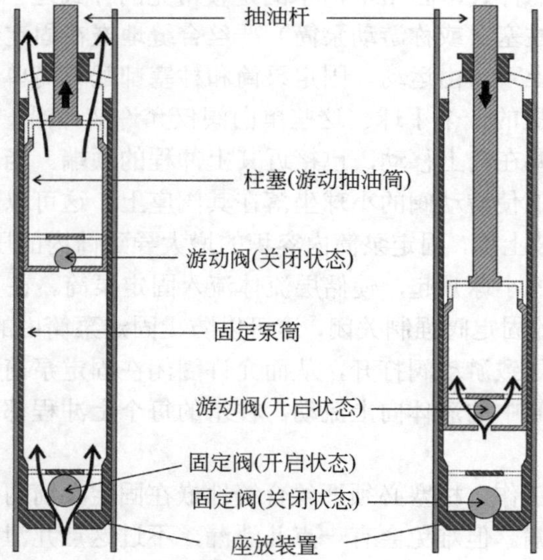

(a)游动泵筒接近其上冲程的顶端　(b)游动泵筒接近其下冲程的底端

图 8.4　杆式泵示意图

杆式泵有一个固定泵筒和一个游动泵筒，游动泵筒可在固定泵筒内上下运动。原油在下冲程期间流入游动泵筒，在上冲程期间被提升上来

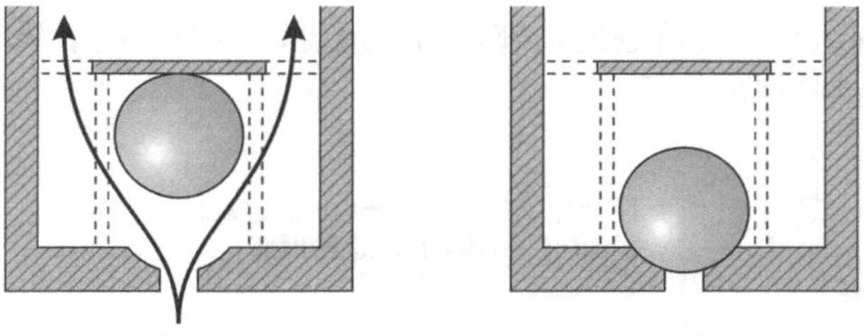

图 8.5　杆式泵上使用的阀门设计

其原理非常简单，核心部件是一个限制在笼子中的小球

位于井下的泵由安装在地面的抽油机提供动力。图 8.6 显示了一部现代抽油机的关键部件。游梁位于主支架的顶部，并绕中心轴承上下摆动。抽油杆柱连接在游梁的一端，游梁的另一端通过两对连杆连接到主传动轴。第一对连杆直接连接在主轴上并带有平衡块；第二对连杆是游梁拉杆，通过平衡器和平衡器轴承连接到游梁。泵的主轴由电动机驱动。电动机的旋转速度通常很高，因此需利用一系列减速齿轮降低转速，使主轴每分钟只旋转几圈。

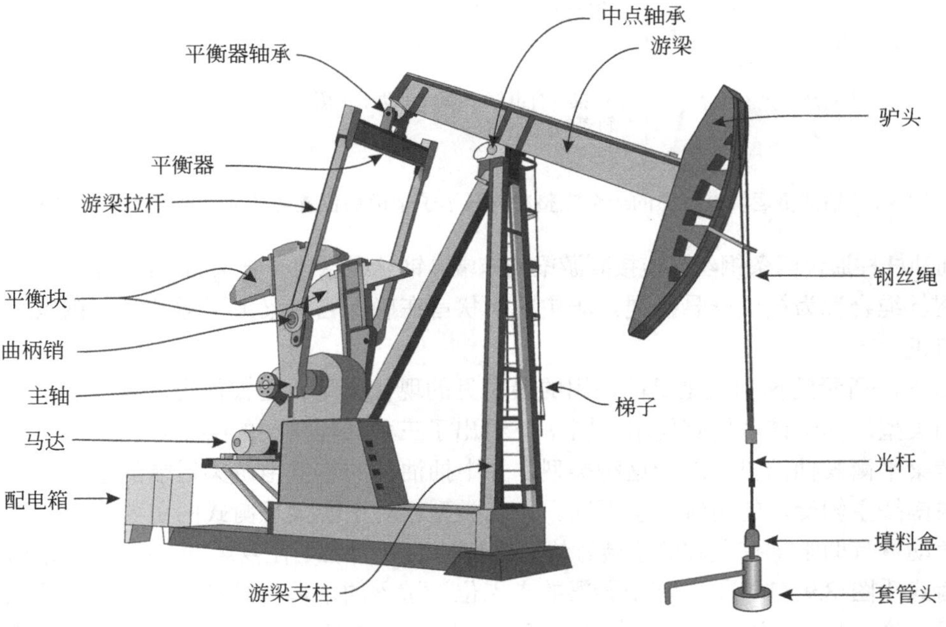

图 8.6　抽油机的关键部件简图

直接连接到主轴的那对连杆带有平衡块，平衡块有助于平衡井内抽油杆的重量，如图 8.7 中的一系列简图所示。当平衡块处于其圆弧运行轨迹的顶部时，抽油杆处于其下冲程的底端。当平衡块沿着其运行轨迹弧线下降时，其角动量有助于提升抽油杆和泵的柱塞。当平衡块通过其圆弧运行轨迹的底部时，其角动量有助于其向上移动。此时，抽油杆开始其下冲程。平衡块的上升与柱塞的下降恰好同时发生。最后，当抽油杆停止下降并开始其

上冲程时，平衡块到达其弧线轨迹的顶部。简单地说，当平衡块下降时，抽油杆上升；当平衡块上升时，抽油杆下降。

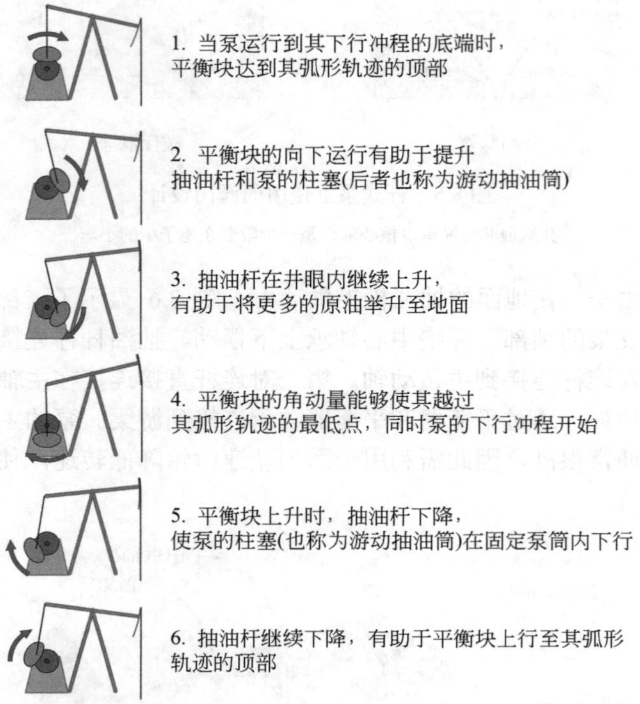
1. 当泵运行到其下行冲程的底端时，
平衡块达到其弧形轨迹的顶部
2. 平衡块的向下运行有助于提升
抽油杆和泵的柱塞(后者也称为游动抽油筒)
3. 抽油杆在井眼内继续上升，
有助于将更多的原油举升至地面
4. 平衡块的角动量能够使其越过
其弧形轨迹的最低点，同时泵的下行冲程开始
5. 平衡块上升时，抽油杆下降，
使泵的柱塞(也称为游动抽油筒)在固定泵筒内下行
6. 抽油杆继续下降，有助于平衡块上行至其弧形
轨迹的顶部

图 8.7　抽油机运转过程中的一个完整冲程显示了平衡块位置与抽油杆柱位置之间的关系

抽油杆柱通过两条钢丝绳连接到游梁的末端，钢丝绳悬挂在驴头的弯曲表面上（图 8.8），两条钢丝绳合称为抽油杆悬挂绳。驴头的形状旨在确保当游梁上下运动时，钢丝绳始终处于井口正上方。

图 8.6 所示的抽油机是目前在用的最常见的现代类型。过去使用了具有不同几何形状的不同类型，其中许多仍有使用。图 8.9 给出了三种其他重要的类型。这些类型中的第一种是游梁平衡式抽油机。对于这种类型，井中抽油杆的重量由游梁远端的重物平衡，这与平衡块围绕主轴旋转的传统类型不同。传统类型相对于游梁平衡式的主要优点在于：平衡块的角动量有助于维持主轴的旋转，从而维持抽油杆的上下往复运动。第二种设计是 Mark Ⅱ平衡式［图 8.9（b）］，其中游梁的支点位于游梁的末端而不是其中间。与传统样式的抽油机一样，Mark Ⅱ平衡式也使用平衡块来平衡抽油杆的重量。第三种类型被称为气动平衡式抽油机，因为使用了空气活塞来平衡井中的负荷。当抽油机周期性运动时，气缸中的空气交替性地压缩和膨胀。

抽油杆柱由很多根抽油杆组成，每根抽油杆的长度为 7～9 m。抽油杆通常由钢材制成，但也有玻璃纤维抽油杆可供使用。抽油杆的两端带有螺纹，如图 8.10 所示。其两端还都有扳手方，即正方形横截面的一段，以便上紧螺纹。当然，应该记住，抽油杆是实心棒而不是空心管。采出的储层流体沿着抽油杆的周边向上流动，而不是穿过抽油杆内部。利用接箍可以将抽油杆相互连接起来。一旦下入井筒中，抽油杆可以工作好几年。如果需要将泵从井中起出，在起出抽油杆时，应将其侧放，并小心地在其两端及中点予以支撑，防止弯曲下垂。保持抽油杆笔直很重要，因为弯曲的抽油杆可能会摩擦油管壁，降低泵效，并可能导致严重磨损。

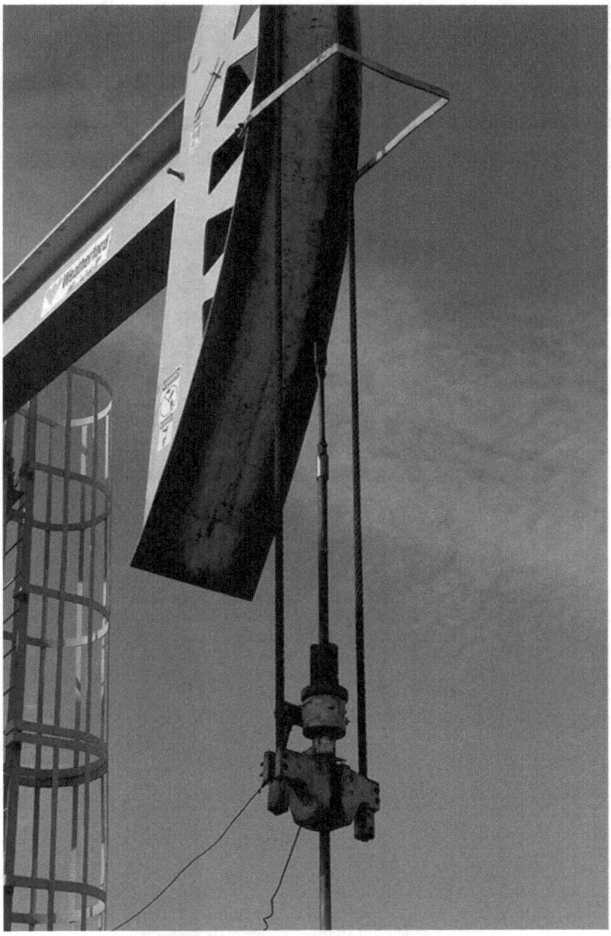

图 8.8　传统抽油机上的驴头

驴头的形状确保了悬挂绳和光杆保持在井口的正上方

杆式泵抽油系统失效的最常见原因是油藏流体对抽油杆的腐蚀。一些储层含有硫化合物，可以严重腐蚀与其接触的金属。

抽油杆柱最上端的一根抽油杆表面非常光滑，被称为光杆。这根特殊的抽油杆穿过一个盘根盒，后者是由一系列压缩状态的橡胶密封件组成的，可防止原油和其他油藏流体沿抽油杆的侧面泄漏（图 8.11）。在井口有一根管子与井内的油管相连接，接点恰在盘根盒下方，可将从井中流出的原油引入集输系统。光杆在每个上冲程和下冲程时都穿过盘根盒，只有少量原油泄漏出来，恰好足以润滑光杆的上下运动。

(a)游梁平衡式 (平衡块位于游梁上)

(b)Mark Ⅱ 平衡式 (游梁支点位于驴头的相对端)

(c)气动平衡式 (带有用于平衡负荷的空气活塞)

图8.9　三种不同类型的抽油机

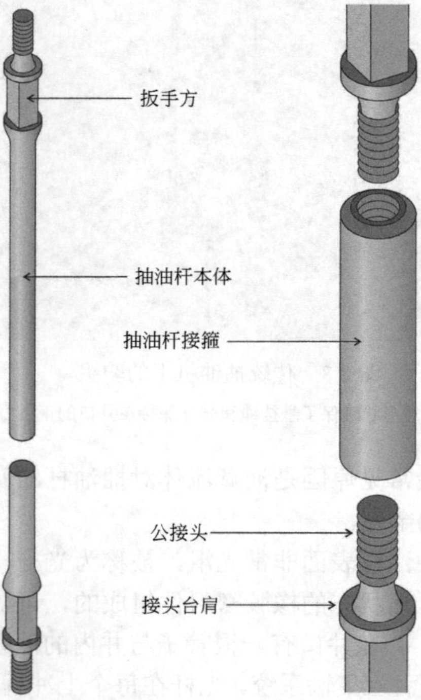

(a)一根典型的抽油杆　　(b)利用接箍将两根抽油杆连接起来

图 8.10　抽油杆两端各有一个扳手方（以便上扣和卸扣）

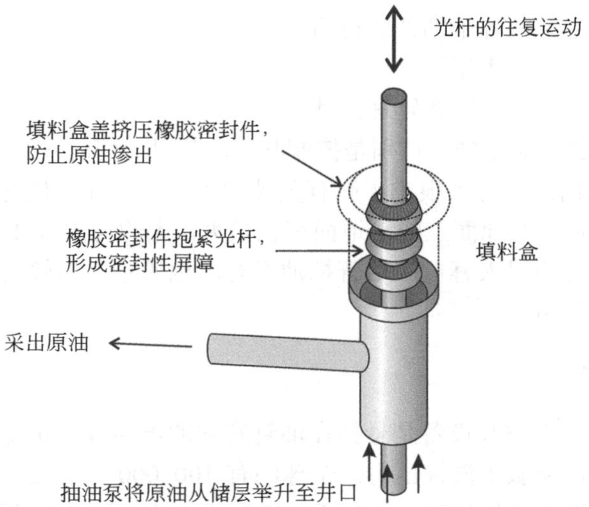

图 8.11　位于抽油杆顶部的盘根盒简图

在为某口特定的油井设计杆式泵抽油系统时，石油工程师需要了解待采出流体的物理性质，包括密度和黏度，还须了解储层压力和温度、油井的尺寸以及预期的流体排量。通常，抽油系统的设计能力应比预期的流体排量高出 15%～50%。这样做是因为抽油系统的效率在运行几年后通常会降低，设计具有较高容量的抽油系统可补偿这种效率下降。如果发生了抽油系统因容量过高而将油井抽干的情况，则可以将系统设置为停泵一段时间，直到储层流体恢复。

杆式泵抽油系统每日能够采出的油和水的体积由式（8.2）给出：

$$V = 360\pi SD^2 N \tag{8.2}$$

式中，V 为泵的每日排量，单位为 m^3；S 为柱塞冲程的长度，单位为 m；D 为柱塞（或称游动泵筒）的内径，单位为 m；N 为泵的运行速度，即每分钟的上冲程次数。

为了说明该公式的应用，假定抽油泵柱塞的内径为 0.0381 m（1.50 in）、冲程为 1.143 m（45 in）。泵速相当于每分钟 7.0 次上冲程。将这些值代入式（8.2）有

$$V = 360\ \pi\ 1.143 \times 0.0381^2 \times 7.0\ \text{m}^3 = 13.1\ \text{m}^3$$

因此，该泵每天将采出 13.1 m^3 或 82.6 bbl 液体。

基于几十年使用杆式泵抽油系统的经验，作为一家代表美国油气行业各个方面的贸易组织，美国石油协会制定了一系列标准，这些标准重点关注杆式泵抽油系统设计和运行的各个方面，包括井下泵和抽油杆尺寸。这意味着石油工程师不能随心所欲地选择泵筒的直径或冲程的长度。相反，它们只能从系列化的不同泵筒直径和冲程长度中进行选择。

在设计杆式泵抽油系统、确定其性能规范时，石油工程师需要做出一系列重要决策，包括以下几点：

（1）确定井下泵的尺寸，如固定泵筒和游动泵筒的直径；

（2）确定冲程长度；

（3）确定泵在井筒内的准确安装深度；

（4）确定用于制造泵的各个部件的材质；

（5）确定地面抽油机的类型；

（6）确定抽油机的额定功率和物理尺寸；

（7）确定抽油机的控制系统，特别是控制其何时启动、何时停止，以使其效率最大化。

从类似图 8.2 给出的照片中很难了解有关抽油机实际尺寸的概念，实际上，抽油机可能比两层楼还要高。它们在地面上的占地面积也很大，大约为 5 m×10 m。而且噪声可能很大，在视觉感官方面也不讨人喜欢。尽管抽油机有时也用于人口较密集的城区，但都尽可能避免在此类环境中使用。

8.1.2 电潜泵

第二种最常用的人工举升设备是悬挂在油管底部的电潜泵。电潜泵将油藏流体沿油管柱内部向上推至地面，克服了液柱压力。全球约有 100 000 口井使用电潜泵，其中一半以上在俄罗斯。单个电潜泵的排量可高达每天 9000 m^3，但如果有沙子随储层流体一起产出，或者产出大量气体，其效率就会受到不利影响。电潜泵是高含水油井的理想选择。

电潜泵可用于 5000 m 深的井中采出油和水，排量也可低至每天 30 m^3，也可用于定向井中。使用电潜泵的一个优势是，与杆式泵相比，其在地面上的占地面积相对较小。虽然一定需要三相高压电源，但可用于海上油井以及城区环境等空间受限的井场。这种泵的操作通常很简单，并且成本效益很高，特别是对于高产井。但电潜泵通常不能用于温度高于 200 ℃的井中。

图 8.12 给出了常规电潜泵主要部件的简图。泵安装在井内油管的底部，其核心部件是一个多级离心泵，长度可达几米。电机位于整个系统的最底端，由铠装电缆为其提供动力，电缆敷设在油管的一侧。电机通常处于射孔层位的上方，因此储层流体在进入泵的吸入口之前必然会流过电机，这些流体有助于冷却电机。电机会驱动与泵相连接的主轴，进而带动泵的叶轮旋转。电机上方与其直接相连的是旨在确保储层流体不会泄漏到电机中的密封件，任何此类泄漏都可能严重损坏电机。密封件上方是泵的吸入口，可以吸入储层流体。吸入口中有一个粗筛网，可避免泵吸入较大的沙粒。

每台电潜泵都是针对某口特定的油井专门设计的。显然，泵的设计受到井筒几何形状和尺寸的限制。电潜泵是细长形的，由很多级组成，每级又由一个在固定导轮内旋转的叶轮组成。从一级排出的流体会进入与其直接连接的上一级。当流体向上穿过泵的各级时，会逐级增压，直到压力足够高以便上返至地面。泵的上方装有一个单向阀，万一泵的供电中断，可确保油管中上部的流体不会向下流动。

泵的运转性能通常用出口压力和排量之间的关系表示。一般来说，泵的排量随着出口压力的增加而降低。电潜泵的性能取决于每一级的设计、级数和主轴的旋转速度，还受泵送流体的物理性质的影响，如密度和黏度。

电机利用三相交流电运转。住宅中的普通电源插座只提供单相电，能够为所有家用电器供电。包括电机在内的较大设备通常则需要三相电才能启动，以及全负荷运转。在井场，通过三根独立的、绝缘的导线为井下的电机提供三相电流，这三根导线被捆扎在一起，裹在铠装电缆内。电缆从地面电源引出，穿过井口并进入井内。油管和生产套管之间必须有足够的间隙，以确保每当下入或起出泵时，电缆都不会被卡住或损坏。

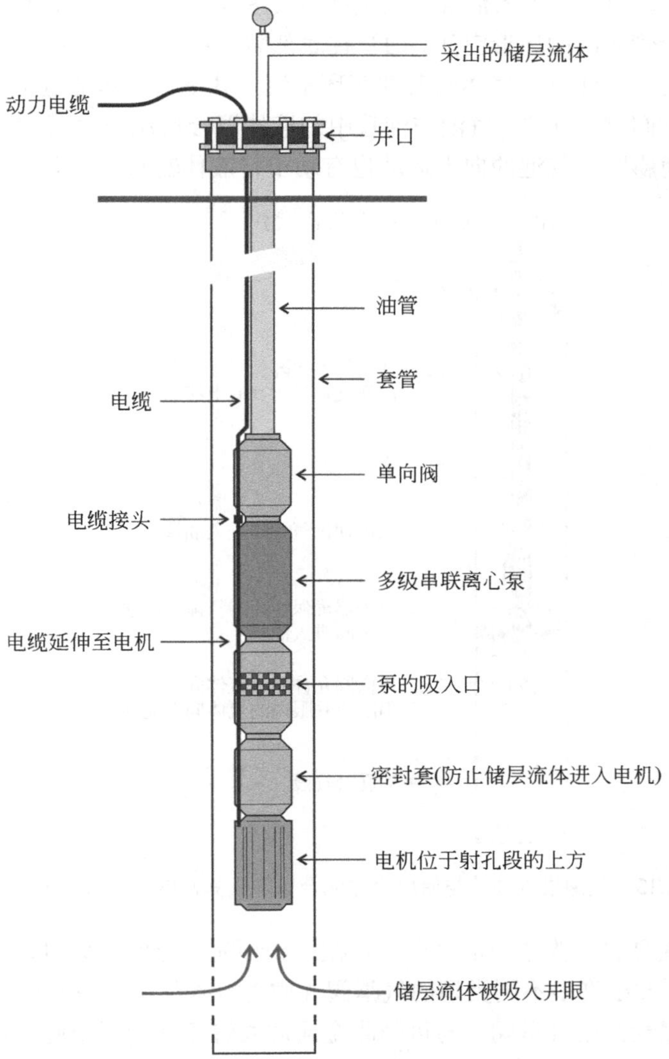

图 8.12　常规电潜泵主要部件简图

电机在启动时需要相对较大的电流。负责电潜泵技术的工程师需要确保选用的电缆尺寸适合预计的电缆载荷。井口和泵之间的长电缆也会造成电压降，通常为每 100 m 井深 10 V。

8.1.3　气举

杆式泵抽油系统和电潜泵都是通过增大井底压力来克服井筒内的高液柱压力的；气举技术则是通过降低井内流体的密度来降低液柱压力的。即使在高压下，气体的密度通常也比油和水的密度低得多。如果能够在井下深处将气泡引入井内液体，那么由此产生的液气混合物的密度将会低得多。当混合物的密度足够低时，井底的液柱压力低于储层压力，油和水将沿着油管内部流向井口。

在气举工艺中，向井中下入油管并固定就位（图 8.13）。再下入封隔器至油管柱底部，以便隔离油管和套管之间的环形空间。油管柱底部装有单向阀，以防止油管内的流体回流。在地面用压缩机向井内注气，气体沿着油套环空流入井下。气体通过位于油管壁上、卡在封隔器上方的气举阀进入油管。气泡与油管中的液体混合后流向地面。在气泡上升过程中，随着压力的降低而膨胀。气泡的向上运动也有助于将液体输送到地面。

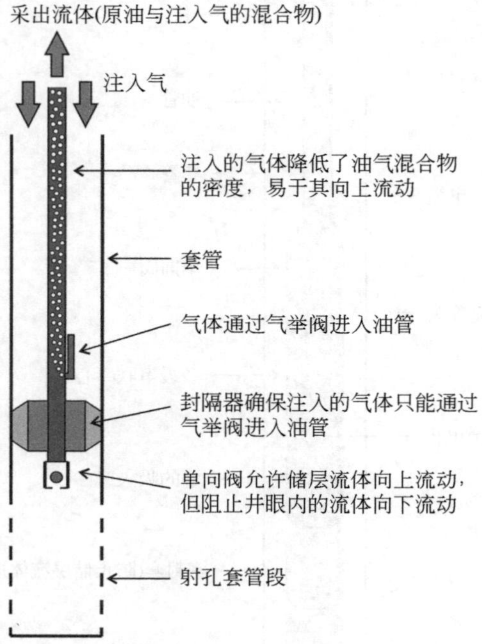

图 8.13　气泡进入油管与储层流体混合以降低其密度帮助流体流至地面

气举系统最重要的部件之一是气举阀。在达到预先设定的压力时，气举阀可以自动开启。多年来，已研发出许多不同类型的气举阀并成功投入使用。图 8.14 中所示的阀门是其中一种类型，为氮气充压气举阀。与可膨胀金属波纹管相连的一个腔室内充有氮气，整个阀门位于油套环空内。在环空内高压的作用下，金属波纹管被压缩，主阀打开，允许气体从环空流入阀体内，并从阀的底部流出，进入油管。但当环空内的压力下降时，波纹管会膨胀，导致阀门关闭。主阀底部配置的单向阀可防止气体和其他流体从油管返回环形空间。

虽然在正常运行时，气体只是通过位于封隔器上方的一个气举阀进入油管柱，但通常是沿着油管柱安装多个气举阀。这些气举阀先后启动以排空油套环空中的液体。通过图 8.15 可以了解气举阀是如何按顺序启动的。在本例中，我们假定井中只有三个气举阀，而实际上可能需要更多的阀。

最初，油藏压力使得油管内和油套环空中的液面处于同样高度，都在地面以下某一深度。当气体被注入环空中时，压力上升，迫使环空中的液面下降。便有一定量的油通过最上面的、开启的气举阀进入油管，进而流到井口。随着更多的气体被注入环空，液面下降到最上面的气举阀之下。一些气体开始进入油管，形成气泡，降低了油的密度，使其更容易流到地面；另一些气体将环空中的液面进一步向下压。到某个时刻，环空中的液面降到第二个气举阀以下，一些气体便通过第二个阀进入油管。此时最上面的气举阀关闭，因此注入环空的所有气体都必须流向第二个阀。随后注入的更多气体会将全部的油从环空中顶替出去，使环空内仅存气体。此时第二个气举阀也已关闭，注入的所有气体都将通过最下面的阀进入油管。至此环空内的油已被排空。

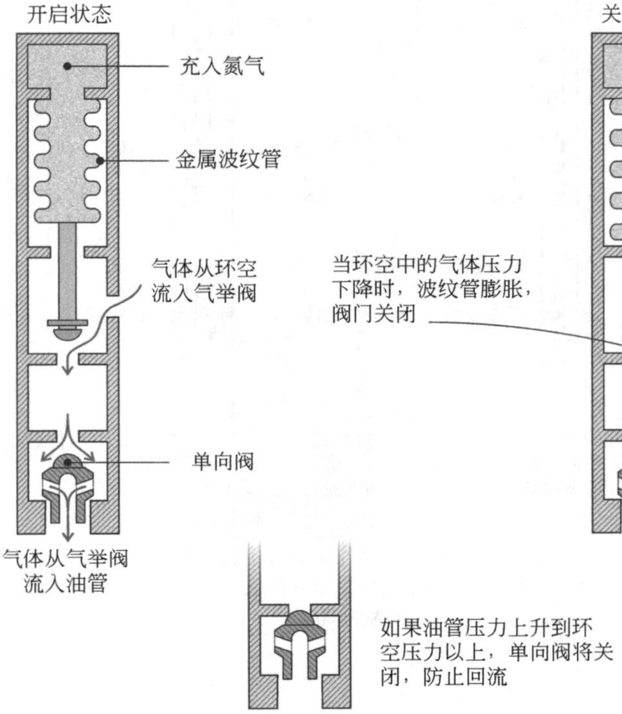

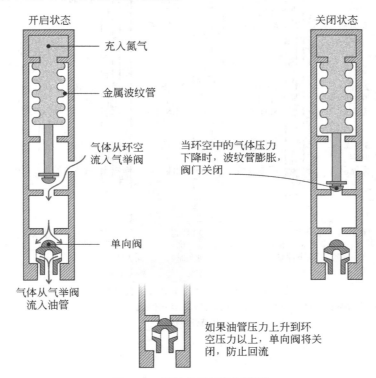

图 8.14　氮气充压气举阀简图

应该注意的是，气举阀在井下油管上并非等距离分布，越往深处阀门的间距越小。石油工程师在设计气举系统时，应计算出所需气举阀的确切数目及其彼此间距。计算中应考虑井深、储层压力以及注入气源的压力。工程师还需要确定最佳注气排量，兼顾油产量最大化和注气量最小化，找出最佳平衡点。

在几十年的作业实践中，已经尝试了将气举阀安装到油管上的不同方法。图 8.16 显示了两种常用方法。第一种方法使用传统的、位于油管外部的工作筒。气体通过工作筒壁上的端口进入阀门，并通过阀座中的通道流入油管。在第二种方法中，气举阀实际上位于油管内部的一个偏心工作筒内，气体通过偏心工作筒壁上的一个开孔进入气举阀。后者的主要优点是如果需要起出气举阀进行维修，可以更容易地从偏心工作筒中起出，而不必通过油管柱外部的环空起出。

与其他人工举升方法相比，使用气举系统有很多益处：

（1）井下设备耐用可靠，运动部件少；

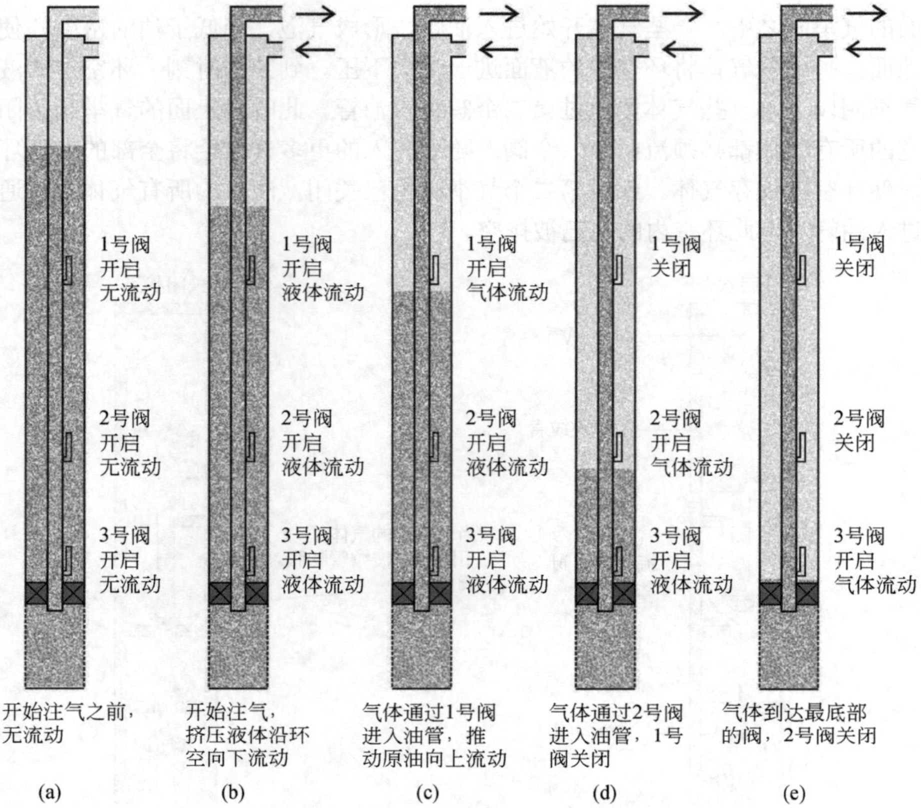

图 8.15　注气开始后环空肯定会被排空

沿着油管柱安装的各个气举阀先开启，然后再关闭，开和关都是由环空内的压力所导致；在运行稳定之后，只有最下面的阀门保持开启状态

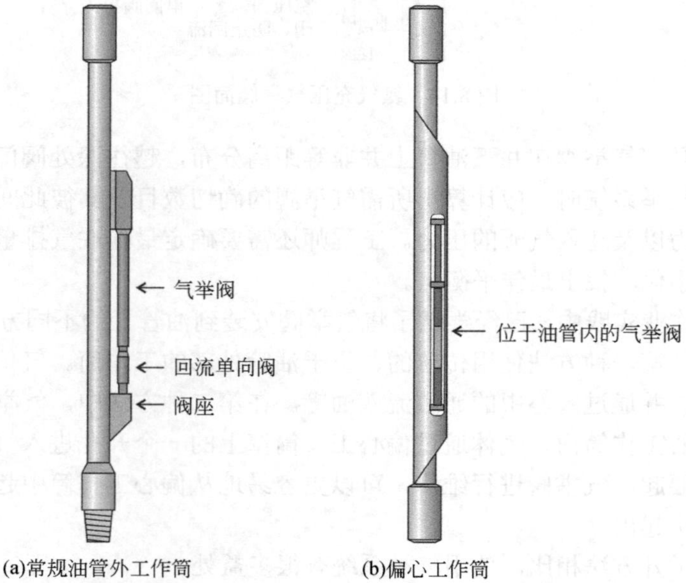

图 8.16　两类气举工作筒

（2）与其他方法相比，初始安装成本低；

（3）维护成本低；

（4）该工艺不受沙子的干扰，因为井眼和产出液中的沙子不会影响气举阀；

（5）整个过程都在地面控制；

（6）该工艺适用于斜井和水平井，这不同于杆式泵抽油系统等方法。

显然，要实施气举工艺，必须有气源可供使用。在许多情况下，从储层产出的一部分天然气被分离并返回油田用作气举气。当现场没有足够的天然气可用时，必须从其他地方购买和输入额外的天然气。对于世界上那些拥有广泛天然气供应管网的地区，这可能并不困难；但如果不具备这类管网，那么将天然气输到现场的成本可能会极高。

8.1.4　螺杆泵抽油

螺杆泵由带有螺旋状凸缘的固定外壳和钢质螺旋状的转子组成，转子在外壳中转动即可驱动储层流体向上流动。定子上螺旋状凸缘的数目是转子上的两倍，因此转子和定子之间存在螺旋状空腔。当转子以正确的方向转动时，即可将封闭在这个空腔中的流体向上推，使之进入油管。其作用原理类似于更传统的螺杆泵，传统螺杆泵通过螺杆在泵筒内的旋转驱动流体。位于地面上的电机带动泵上方的整个抽油杆柱，进而带动泵旋转。

图 8.17 是螺杆泵系统主要部件的简图，泵本身位于油管底部。转子的转动是由在油管内旋转的抽油杆带动的。用接箍将单根抽油杆连接在一起，组成抽油杆柱。电机位于地面，利用皮带或链条传动机构带动抽油杆柱旋转。

转子通常由高强度钢制造，用机加工成螺旋形状。机加工须有足够的精度，以确保转子能够在定子内自由旋转且没有多余的间隙。通常会在转子外表面涂上一层薄薄的铬，以增强表面的耐磨性能。然后对镀铬表面进行抛光，以减轻转子和定子之间的摩擦。定子是泵的外部件（转子在其中旋转），通常由橡胶材料制成，方法是将橡胶材料注入一个钢管和螺旋模具之间。一旦橡胶材料固化并黏结到钢管上后，将螺旋模具小心地移除。然后将转子插入定子中。定子橡胶材料的机械和化学性能，包括其强度和抗溶胀性，取决于材料的化学成分和固化工艺。

螺杆泵通常比较耐磨，因此能够采出高含沙子和其他固体颗粒的流体，此外还能够采出游离气含量高的流体。整个系统的安装和操作相对简单，一般也不需要多少维修。这种泵在地面上占用的空间小，产生的噪声水平也低。

泵的结构设计决定了这种泵的每日排量通常不会超过约 800 m^3，具体的排量大小取决于泵的直径。橡胶组件将这种泵的应用限制在 100 ℃左右的温度范围内。如果螺杆泵要在高温环境中使用，则必须使用特殊配方的橡胶材料制作定子。另一个重要局限性是橡胶材料和某些化学添加剂（有时为增产而注入井内）之间的潜在化学反应。这些添加剂会导致橡胶定子膨胀，从而导致转子被卡。

使用这种泵的其他局限性还有：

（1）如果泵空转，没有任何液体润滑运动部件，定子可能会永久损坏；

（2）当被泵送的流体发生突然变化时（如一些沙子突然进入泵腔内），旋转的抽油杆柱可能会发生疲劳断裂；

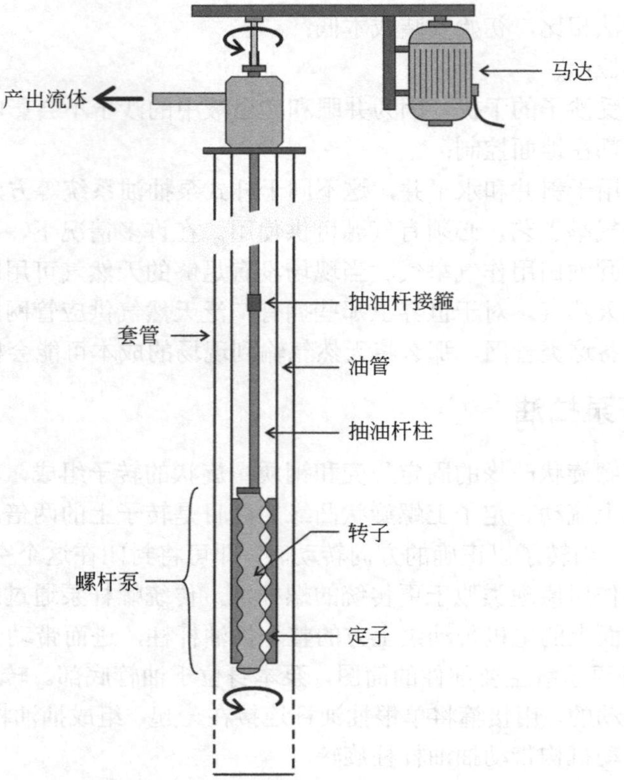

图 8.17　螺杆泵由两个主要部件组成——定子和转子
两者之间形成空腔，空腔会螺旋式上升，驱动原油向上流入油管

（3）在定向井和水平井中抽油杆柱会发生严重磨损；

（4）开采含蜡量高的原油时，泵可能会停转。

多家公司都生产螺杆泵，有多种尺寸可供选用。不同的设计规格有不同的构型，包括直径和长度、定子和转子的螺旋匝的数目、形状和尺寸。在选用泵系统时，石油工程师需要研读制造商提供的说明书，将泵的额定排量与特定应用场合所需的排量相匹配。工程师还需要考虑储层特性以及将要采出的流体的性质。

8.1.5　水力泵抽油

水力泵抽油也是一种人工举升方法，自 20 世纪 30 年代以来一直在使用，只不过其样式略有不同。这种泵可用于 150～6000 m 深的井中。该方法利用蕴含在高压流体（称为动力流体）中的能量。动力流体以非常高的压力将能量传递到井底，这些能量转化为动能，流体流速非常高，进而将储层流体带到地面。

水力泵的安装和操作方式可能有若干种，图 8.18 只是显示了典型水力泵的主要特征。在本例中，高压流体被注入油管柱，该流体可能是先前从同一油田采出的原油或地层水。动力流体将以 14～28 MPa 的压力注入油管。我们都知道在海平面上大气压约为 0.1 MPa，可见这个压力非常之高。通常使用由电动机或柴油机驱动的高压泵对动力流体进行加压。

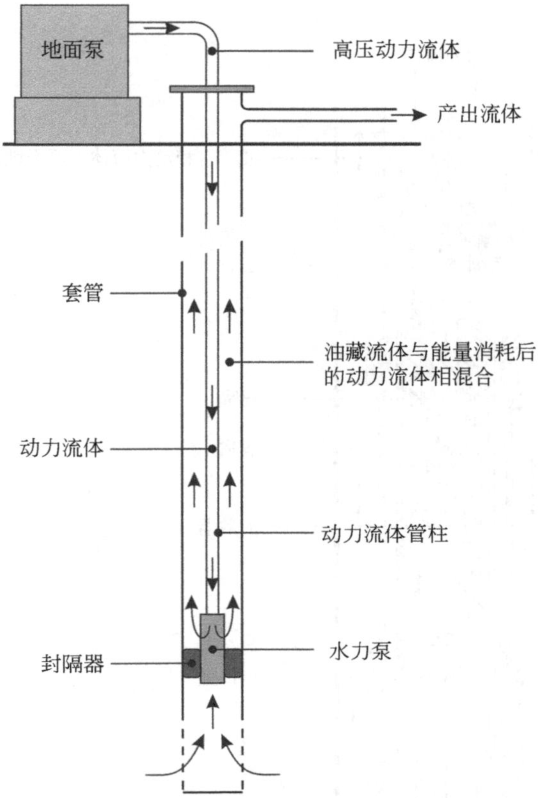

图 8.18　典型水力泵抽油系统简图（显示了其主要部件）

动力流体沿油管柱向下流到位于井底的水力泵中。目前在用的水力泵主要有两种类型——喷射泵和水力活塞泵。在喷射泵内，动力流体的高压转化为高速液流，该液流是动力流体与储层流体的混合物，随后该混合物沿着油套环空向上流到地面。实质上，动力流体的高压已被用来提高储层流体的压力，使后者足以能够更快地流到地面。水力活塞泵部分类似于前面已介绍过的杆式泵的往复运动部件。对于水力活塞泵系统，向上和向下推动柱塞（或称游动泵筒）的动力由流过泵的高压动力流体提供。如果使用水力活塞泵，则用过的动力流体通常通过第二根油管柱返回地面。

现在我们仔细观察一下水力喷射泵。在全球范围内，有多家公司制造这种泵，各家的设计略有不同。图 8.19 中所示的泵只是其中一例，多家制造商提供的泵都有许多与此例相同的特点。在此例中，高压动力流体沿油管向下流，并由泵的顶部进入泵内，然后流入一个非常细的喷嘴，动力流体在喷嘴内加速。与油管的横截面积相比，喷嘴的横截面积非常小，正是这个因素导致了流体急剧加速。储层流体从泵的底部被吸入，并通过一个入口腔室，然后向上流过一系列狭窄通道，到达卡在喷嘴出口下方的混合点。储层流体和动力流体在泵的喉部混合，之后流过扩散器。通过直径逐渐变大的扩散器时，流体减速。再后流体进入油套环空内并流到地面。环空底部的压力明显高于储层压力，可将混合流体举升至地面。

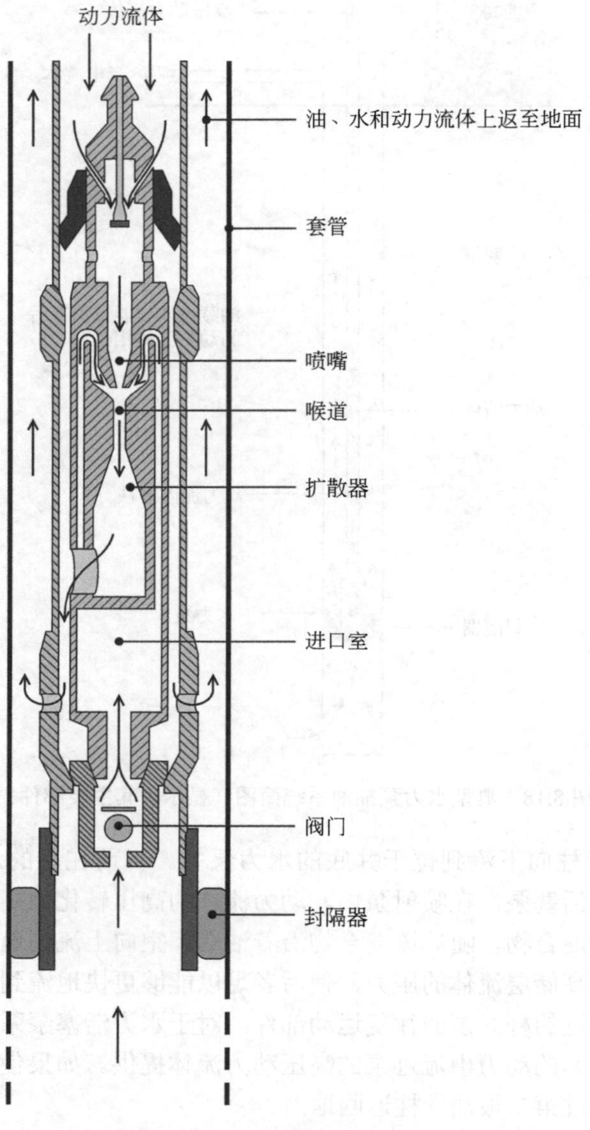

图 8.19　由地面注入的高压流体带动的水力喷射泵

在人工举升过程中将流体注入井下还有许多其他优点：一是防腐；二是有助于原油中石蜡成分流动的化学添加剂随动力流体一起注入。重油的黏度通常比轻油高得多。选用黏度较低的动力流体，可以起到稀释的作用，可降低储层流体和用过的动力流体混合物的黏度。如果在注入之前将动力流体预加热，那么它就可以加热储层流体，从而降低原油的黏度，使其更易流动。液压泵在地面的占地面积通常较小，因此可以在市区、海上平台和环境敏感地区使用。

水力泵很适用于定向井和水平井。对喷射泵来说，如果使用硬化的喷嘴，那么也可以泵送高含砂和其他固相的流体。可以通过改变注入的动力流体的排量来控制泵的排量。喷射泵通常可以在其额定排量 10%～100%范围内的任何排量下运行，但从长远观点来看，最好不要超过其额定排量的 85%。

8.1.6 柱塞气举

在气井中，有时会因原油在井底的聚集而阻碍天然气流向地面。柱塞举升系统利用储层的能量将这些原油带到地面，原油处于移动柱塞或活塞的上方。整个过程由一个自动控制器调节，该控制器根据气体排量和井内压力的变化开启和关闭位于出口管线上的阀门。柱塞举升系统在高气油比的井中运行良好。

天然气储层中或多或少总会存在一些原油。从气井中开采天然气时，这些油通常以微小雾滴的形式被夹带到地面，在地面对天然气进行进一步处理之前可将这些油滴分离出来。只要气体排量足够高，原油就会持续以雾滴的形式夹带在气流中被输送至地面。随着储层压力下降，天然气流速降低，部分原油开始聚结形成较大的油滴，其中一些油滴会聚积在油管内壁上，形成一层油膜。这层油膜仍有可能会流到井口，但是当天然气流速降低至某一个值时，油膜会停止向上流动，并回落至井底。天然气继续沿着油管的中心部位向上流动，但会有液体段塞聚积在井底。在此后的一段时间内，储层压力足以让天然气以气泡形式通过积液冒出来，但一段时间后气体会停止流动。停止流动后，井底压力逐渐上升，至某一时刻，该压力足以克服积液阻力，气体恢复向上流动并夹带出一些液体。天然气继续流出，直至井底积液再次导致气体停止流动。随着天然气的这种间歇性流动持续地进行，同时有原油段塞周期性地从井眼涌入出口管线。但在这种工况下采气效率相对较低。而柱塞举升系统是一种经济效益较高的开采方式，可以从气井中清除聚积的油和水，同时尽可能提高天然气产量。

为了解柱塞举升系统的工作原理，现在我们看图 8.20，该图显示了系统的主要部件；此外再看图 8.21，该图说明了一个举升工作周期中的关键步骤。柱塞举升工艺的关键要素就是柱塞本身，它是一个圆柱形部件，恰好嵌入平滑的油管内。柱塞与油管内壁之间尚有微小的间隙，使其可以自由上下移动，同时又能够满足液体密封的要求。起初，柱塞被固定在井口上方油管柱的顶部［图 8.21（a）］。打开采气阀门开始产气，其中可能会夹带着油和水。使用安装在出口管线上和套管顶部的传感器，可以持续监测通过井口的气体排量和套管压力。随着时间的推移，油和水开始在井底聚积，导致井内压力下降，其表现就是套管压力下降［图 8.21（b）］，进而导致采气排量下降。

该过程的监测与控制单元依据先前一段时间运行而建立的一组规则，可以确定何时使柱塞下落。届时采气阀门自动关闭，导致井内天然气的向上流动暂停。然后柱塞会被释放并下落至井底，井深度的影响这一下落过程可能需要几分钟［图 8.21（c）］。在油管的底部有一个固定阀和井底缓冲器。这个固定阀是单向的，只允许流体流入油管，而不允许流体从油管中流回井眼。缓冲器可以缓解柱塞到达油管底部时的冲击力。当柱塞接近井底时，气体和液体能够流过柱塞和油管内壁之间的间隙，这样当柱塞在油管底部时，液柱就会位于柱塞的上方［图 8.21（d）］。

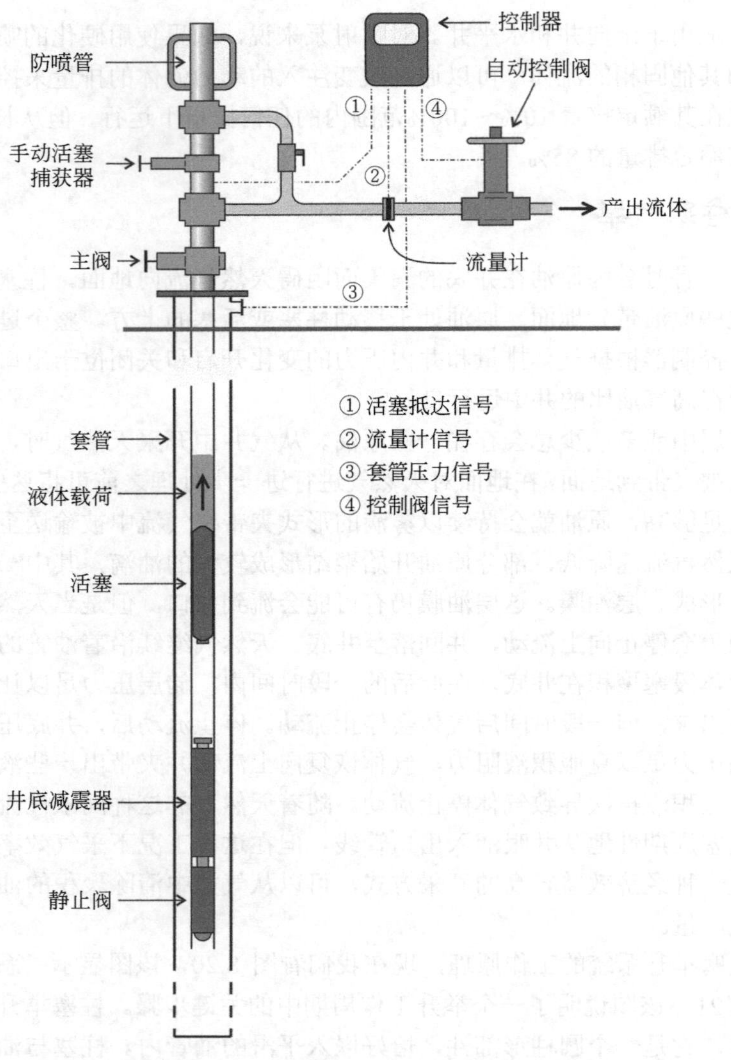

图 8.20　自动化柱塞举升系统的主要部件

该系统用以排除聚积在气井井底的原油

随着采气作业进行，从储层中释放出的天然气会导致井眼附近的储层压力下降。天然气不再从井中流出，远离井眼区域中的天然气还会持续流至井眼周围，并导致井眼附近的压力回升，逐渐恢复至初始储层压力。

随着井口的采气阀关闭，井内压力升高。在井口正下方套管内的压力传感器可测得井内的压力。当压力足够高时，采气阀门开启，柱塞被井内聚积的高压气推向井口［图 8.21（e）］，而柱塞又将油和水以段塞的形式推至井口。油水段塞通过出口管线流向集输系统，而柱塞继续上移被滞留在防喷管中，后者是井口上方地面装置中的一段短管。

根据储层条件，柱塞系统可能一天完成两个举升周期。数十年前，一位现场操作工可能只负责几口井柱塞举升系统的手动操作，但今天整个过程都是自动控制的。在偏远地区，控制器本身和自动阀门都可以由位于近旁的小型太阳能电池供电。控制器使用既定规则或逻辑算法来优化系统的运行，以使产量最大化。

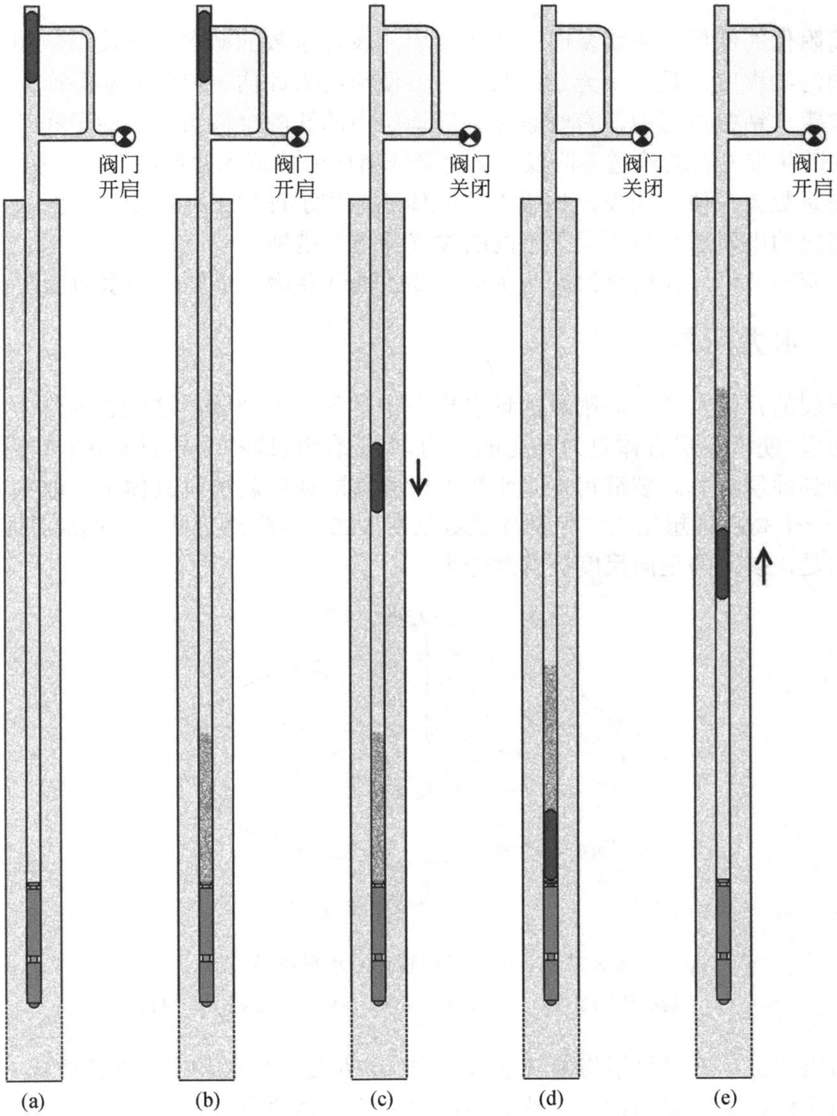

图 8.21　柱塞举升工作周期中的关键步骤

（a）起初，天然气通过油管自由流到地面；（b）原油开始在井底聚积，阻碍气体流动；（c）采气阀门关闭，气体停止向上流动导致柱塞掉落到井底；（d）和（e）采气阀门开启，柱塞被顶到地面，携带出液体段塞

8.2　油气井增产措施

储层流体的产量主要取决于紧邻井筒的储层特征，正如前面章节已经分析过的，当流

体接近井眼时，必须流经的储层面积变小，流体只能加速流过这部分储层，直到以相对较高的流速进入井筒。因此，井筒附近岩石孔隙结构中的任何阻塞，均会导致流入井筒的流速降低。

当井筒附件的储层产生堵塞时，就需要引入表皮系数的概念，表皮系数用于描述井眼周围地层的污染程度，是一个无量纲数，可方便地用来评估一口井的实际产能与理想条件下产能的差距。钻井过程中，有时紧邻井筒地层中的孔隙会被淤泥、沙子和其他固体颗粒堵塞，导致近井带岩石的渗透率降低，从而降低储层流体流入井筒的速度。在这种情况下，该井的表皮系数为正值；相反，如果入井流体流速高于理想条件，则该井的表皮系数为负值，这种情况的出现通常是采用了不同的油气井增产措施。

在下面两小节中，我们将讨论两种最主要的油气井增产措施——水力压裂和酸化。

8.2.1 水力压裂

水力压裂的目的是在井筒附近的地层岩石中产生人工裂缝，这些裂缝作为通向井筒更佳的流动通道，便于储层流体更为畅通地流动。人工裂缝（或称诱导裂缝）的宽度可达 5 mm，长度可延伸到地层深处。裂缝可能是水平的、垂直的或倾斜的，具体走向取决于被压裂地层的特征。一个高度理想化的水平诱导裂缝见图 8.22，该裂缝延伸到了远离井眼的地层中。需要注意的是，裂缝的垂向尺度被有意夸大了。

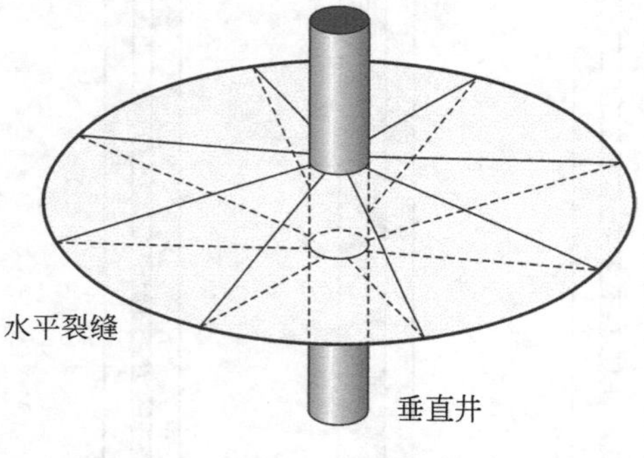

图 8.22 一个高度理想化的水平诱导裂缝

裂缝的垂向尺度被有意夸大了，实际上裂缝只有几毫米，但很长

典型的压裂工艺流程包括将油管下入井中，并在目标层段的上、下各放置一个封隔器，以确保将高压传递到正确的位置；然后高压向井筒中泵注流体，当泵注压力高于计算或预估的地层破裂压力时，泵注的压裂液被挤入地层并形成裂缝，裂缝延伸并沟通地层深处。当压力释放后，产生的裂缝就会闭合，人工裂缝的连通性会被破坏从而导致无效。

为避免压裂结束后压力的释放导致已产生的人工裂缝闭合，石油工程师使用支撑剂来保持裂缝张开。支撑剂通常是直径小于 1 mm 的小球，由高压流体携带至储层。纯净和粒度均匀的砂粒、铝化物颗粒或玻璃微珠都可用作支撑剂。为了获得最佳效果，无论使用哪类支撑剂，其粒度都应该尽可能均匀。支撑剂的选用取决于许多因素，但最重要的是地层特征和裂缝闭合压力。如果地层由非常坚硬的岩石组成，则需要使用玻璃微珠等高硬度的支撑剂。砂粒等硬度较低的支撑剂会被压碎，而铝化物颗粒会严重变形。但如果地层由较软的岩石组成，那么玻璃微珠可能会嵌入地层中，效果即大打折扣。图 8.23 展示了储层压裂的三个关键步骤——产生裂缝、泵入支撑剂、裂缝部分闭合，实际压裂作业中经常会遇到巨大闭合压力从而导致裂缝部分闭合。

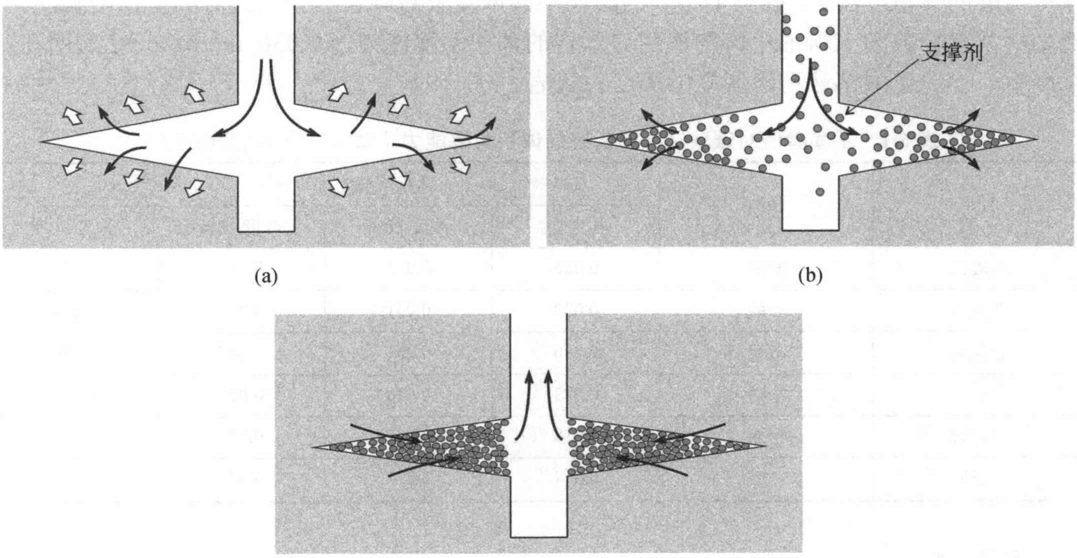

(a)　(b)

(c)

图 8.23　使用支撑剂保持裂缝张开

（a）在高于储层破裂压力的压力下将水注入地层；（b）支撑剂被水携带到裂缝中；（c）压力释放后，支撑剂使裂缝仍保持张开，便于储层流体顺畅入井

水力压裂通常简称压裂，现已成为部分国家和地区公开辩论的热点问题。有些社区民众担心，如果操作失误或不专业，裂缝可能会延伸很远，缝高也可能向上扩展沟通上部的饮用水层，从而导致地下水源被污染。

8.2.2　酸化

酸化是另一种油气井增产措施，施工时需要将相对少量的酸泵入地层。酸实际上溶解了地层岩石中的一些成分，留下较大的孔隙空间，一旦油井投产，储层流体将通过这些孔隙空间流入井筒。盐酸（HCl）、甲酸（HCOOH）和乙酸（CH_3COOH）用于溶蚀以碳酸盐为主要成分的矿物，包括石灰岩、白云岩和菱铁矿。氢氟酸与盐酸的混合酸用于溶蚀石英和黏土等以硅酸盐为主的矿物。泵入的酸与地层矿物发生化学反应，在溶解矿物过程中被消耗掉。盐酸与碳酸盐反应生成盐类、二氧化碳和水，盐类通常溶解在产生的水中，这些水和二氧化碳最终都会流入井中，在岩石中留下空隙（原为碳酸盐矿物所占据的空间）。

当 20 世纪 20 年代酸化工艺首次用于油气井增产时，发现酸在溶蚀地层矿物的同时，会造成井筒中的金属设备侵蚀，且侵蚀程度较大，导致重大问题发生。直到化学家发现某些砷化合物能够抑制酸对金属的腐蚀，才开始大范围酸化作业。当前已研发大量的添加剂可与酸液混配形成高效工作体系，这些添加剂不仅可以抑制酸对金属部件的腐蚀，还可以防止某些岩石成分在与酸接触时发生不必要的膨胀。

溶解地层中岩石成分所需的酸量将取决于待溶解物质的体积、酸的种类和酸的浓度。在这里，引入酸的体积溶解能力的概念。该溶解能力被定义为与一定体积的待溶解物质反应所需酸的体积。表 8.1 列出了不同的酸在不同浓度下对碳酸钙和白云岩的体积溶解能力。例如，质量分数为 10%的甲酸溶液对白云岩的体积溶解能力为 0.036 m^3 m^{-3}。这表明在该浓度下，1 m^3 甲酸溶液可溶解 0.036 m^3 白云岩。

表 8.1　不同酸液对碳酸钙和白云岩的体积溶解能力（酸液浓度为质量分数）

岩石	酸液	体积溶解能力/（m^3 m^{-3}）			
		浓度 5%	浓度 10%	浓度 15%	浓度 30%
碳酸钙	盐酸	0.026	0.053	0.082	0.175
碳酸钙	甲酸	0.020	0.041	0.062	0.129
碳酸钙	乙酸	0.016	0.031	0.047	0.096
白云岩	盐酸	0.023	0.046	0.071	0.152
白云岩	甲酸	0.018	0.036	0.054	0.112
白云岩	乙酸	0.014	0.027	0.041	0.083

例子 8.1

假定要溶解 3.5 m 厚砂岩层中所有的碳酸钙。直井的井眼直径为 0.20 m，地层孔隙度为 18%，含 14%的碳酸钙（以体积计），其余为砂岩。计算需要多少浓度为 15%的甲酸可将井壁之外平均 1.2 m 地层中的碳酸钙全部溶解？

现在看图 8.24，该图显示了待酸化区域的尺寸。第一步是计算这个区域的体积，具有圆形横截面的圆柱体的体积由式（8.3）给出：

$$V = \frac{\pi d^2}{4} h \tag{8.3}$$

式中，d 为圆柱体的直径；h 为圆柱体的高度。

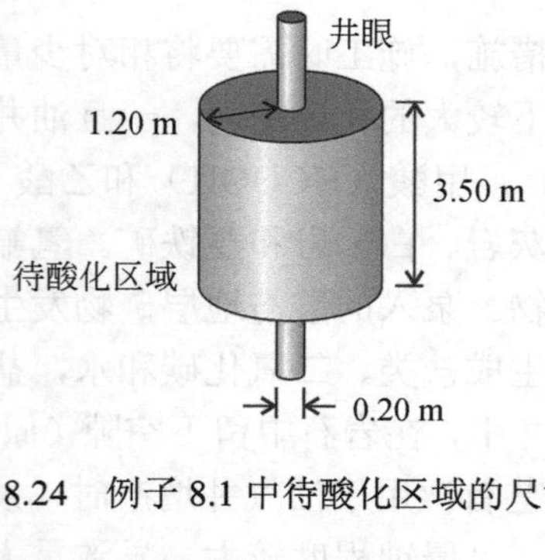

图 8.24　例子 8.1 中待酸化区域的尺寸

待酸化区域体积的计算需要扣除井眼的体积：

$$V = \frac{\pi}{4}\left[d_o^2 - d_i^2\right]h \tag{8.4}$$

式中，d_o 为待酸化区域体积的外径；d_i 为井眼直径；h 为区域厚度。

对本例来说：

$$d_o = 1.20\ \text{m} \times 2 + 0.20\ \text{m} = 2.60\ \text{m}$$

$$d_i = 0.20\ \text{m}$$

$$h = 3.50\ \text{m}$$

将这些值代入式（8.4），可得

$$V = \frac{\pi}{4}\left[2.60^2 - 0.20^2\right]\ \text{m}^2 \times 3.50\ \text{m} = 18.5\ \text{m}^3$$

因此，待酸化地层的体积为 18.5 m^3，其中 18.0%是孔隙体积，82.0%是固体物质的体积，固体中仅 14.0%的体积是碳酸钙。因此待酸化地层内需要被酸溶解的碳酸钙体积为

$$V_{\text{carbonate}} = 18.5\ \text{m}^3 \times 0.820 \times 0.140 = 2.12\ \text{m}^3$$

从表 8.1 中我们看到，15%的甲酸溶液对碳酸钙的体积溶解能力为每立方米溶液 0.062 m^3，因此溶解这些碳酸钙所需酸的体积为

$$V_{\text{acid}} = \frac{2.12\ \text{m}^3}{0.062\ \text{m}^3\text{m}^{-3}} = 35\ \text{m}^3$$

因此，需要 35 m^3 15%甲酸来酸化地层，酸化溶解碳酸钙后可将孔隙度从 18%明显提升至 31%。

用酸溶解地层中含有的可溶解矿物的过程称为基质酸化。如果将酸在高压下注入地层，可将地层压裂，则该过程称为酸压。酸压不仅会产生裂缝，还可将裂缝周围的地层酸化，显著增大孔隙度。

基质酸化设计方案需要石油工程师依据油井和待酸化层段的特性做出多个决策，主要包括：

（1）待酸化层段跨度；

（2）酸化作业有效作用距离；

（3）所用酸的种类和浓度；

（4）注入压力。

8.3　结　　语

全球范围内的大多数油井都采用某种形式的人工举升工艺以确保生产。即使原油无需外力协助能够自喷到地面，人工举升技术仍被用于提高产量。然而，受油藏压力下降的影响，最终可能需要应用包括注水在内的二次采油技术来恢复油井产量，这些技术将在下一章中详细阐述。

第9章 二次采油

19世纪后期，一种当前最广泛使用的提高石油采收率的方法被偶然发现。位于美国东北部宾夕法尼亚州和纽约州部分地区之下的大型布拉德福德油田于1871年被发现，十年后该油田生产的原油约占美国总产量的83%。然而，仅仅四年后的1885年，石油产量急剧下降，人们只好决定报废多口几年前刚刚投产的油井。在那个时代，油井的报废处理不像今天这样精心——在有些井中是将套管起出，而在另一些井中，只是将套管留在井中任其腐蚀。井口都被封闭，但除此之外几乎没有采取其他措施。在许多报废井中发生了如下情况：存在于相对较浅地层中的淡水通过腐蚀坏的套管或曾经存在套管的位置流入井中。在压力作用下，淡水进入了压力已衰竭的含油气层。

到1890年，该地区的石油工程师注意到已报废井附近的油井产量开始上升。他们很快判断出是流入井中的淡水的驱替作用使得原油增产。在19世纪的最后十几年，油田作业者开始有意地向地层注水，到1907年，油田产量再次上升。宾夕法尼亚州有一项关于油井报废的法律，含糊其词地禁止向油井内注水，尽管在其条文中并未明确指出这一点。然而，大家都在心照不宣地进行注水作业，直到1921年宾夕法尼亚州立法机构明确规定注水作业为合法的。

在20世纪20年代，布拉德福德油田的作业者研究了多种不同的注水井布置方式。由于数学模拟（建立数学模型来预测流体在地层中的流动）技术还远未开发出来，作业者只能在油田现场实际尝试各种布局。采用的第一种布局是围绕一组采油井布置一圈注水井。但该方案只取得了有限的成功，于是工程师还尝试了在采油井网中直线式布置一排注水井，后来又在1928年选定了现在称为五点井网的方案。反五点井网是四口采油井围绕一口中央注水井，采油井大致呈正方形排列。五点井网则是由四口注水井围绕着中央生产井。到20世纪30年代，包括得克萨斯在内的其他几个州也都在进行注水作业。但直到20世纪50年代中期，注水措施才在美国推广，而如今，向地层中注水仍是提高采收率最常见的措施。

注水被定义为二次采油技术，因为通常是在一次采油阶段之后实施的。一次采油可能是完全凭借油藏压力采油，也可能是利用第8章中讨论的人工举升方法采油。更广泛地说，二次采油涉及注入（或重新注入）油藏中可能天然存在的流体——水和天然气。在本章中，我们将讨论主要的二次采油方法——注水，下一章将介绍注蒸汽法提高石油采收率。

9.1 注 水

储层中凡是有油的地方，同时也都有水存在。通常，从油井中产出水的量远远大于油的量。水油比（WOR）是水与油的体积比。如果一口井的WOR等于2，那么每产出一立方米石油将产出两立方米水。如何处理这些水呢？将水和油的混合物输送到炼油厂进行分离的代价过于高昂，因为需要输送的量会是原油量的许多倍。而在井口或井口附近实施油水分离就合算得多了，但如何处置产出的水呢？这些水受到严重污染，因此不适合排放到地表环境中。在许多情况下，最好的选择是将水重新注入含油地层。

水驱既可提高原油的日产量也能提高油田最终采收率，其作用机理主要有两点：

（1）降低开采进程中油藏压力的下降速度；

（2）驱替（或推进）原油流向生产井。

根据储层及其流体的性质，精心设计和实施的注水作业有可能最高增产达原始地质储量 50%的原油，具体增产幅度取决于油藏及其流体的特征。

注水就是通过注入井将水注入目的层。所注的水通常就是同一储层的产出水。在重新注入之前，首先需对水进行处理以除去所有固相颗粒，如沙子或淤泥；通常用过滤法清除这些可能堵塞储层孔隙的悬浮物。还要除去可能溶解在水中的氧气，以降低井下设备腐蚀的风险。最后，加入杀菌剂灭掉任何可能产生杂质堵塞储层孔隙的微生物。通常这些再生水与来自其他水源的地表水混合使用，地表水不得含有任何可能腐蚀井下设备或与储层岩石发生化学反应的化学物质。

图 9.1 显示了注水作业的简图，水从左侧的注水井注入，流入右侧的生产井。水进入油层之后会将油驱向生产井。因为水的密度通常大于油的密度，所以水将倾向优先流入储层的下部，这就会形成倾斜的驱替界面。在注水前缘形成一个流动原油带，其含油饱和度将高于原始储层条件下的饱和度。

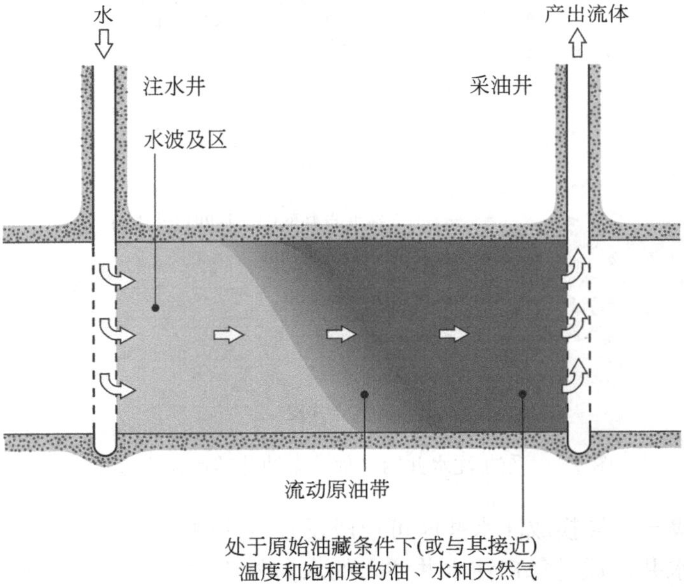

图 9.1　注水作业的简图

注水通常只是在生产油田实施。正如术语“二次采油”所揭示的那样，注水通常会在油田开始投产一段时间之后启动。一旦决定开始注水，就必须考虑是钻新的注水井，还是将现有的生产井转注。通常，生产井转注水井相对简单，不需要投入大量时间或金钱。

在许多较大的油田中，油井通常以重复式井网布局，其分布通常接近正方形或长方形，如图 9.2（a）所示。井网的取向取决于目的层的地质特征。最简单的注入模式之一是线性驱动，就是将每隔一排的生产井改造成注水井。在图 9.2（b）所示的例子中，注入的水从注入点朝着两个方向流动，同时驱替出被圈闭的油。每口生产井都有原油从其两侧被驱替进来。

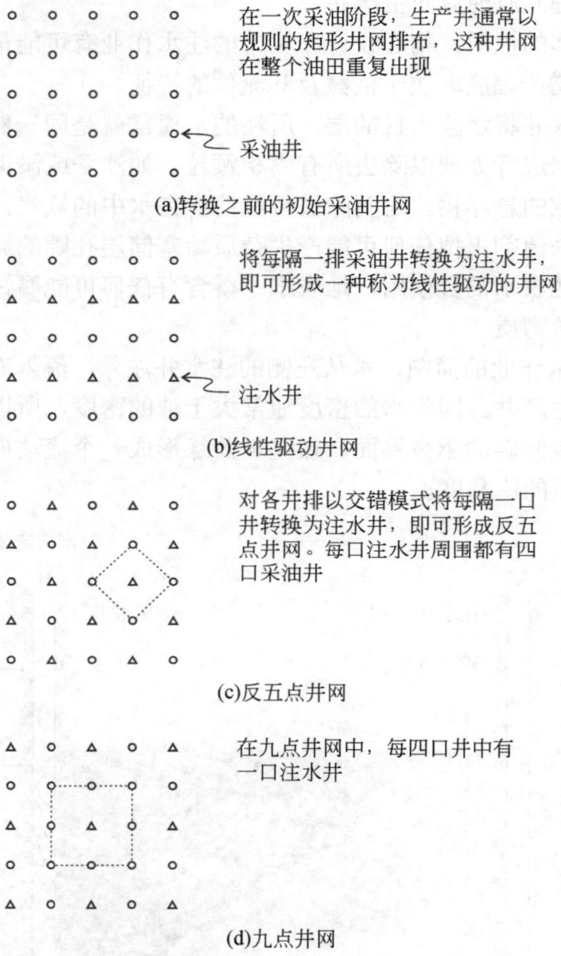
在一次采油阶段，生产井通常以规则的矩形井网排布，这种井网在整个油田重复出现
采油井
(a)转换之前的初始采油井网
将每隔一排采油井转换为注水井，即可形成一种称为线性驱动的井网
注水井
(b)线性驱动井网
对各井排以交错模式将每隔一口井转换为注水井，即可形成反五点井网。每口注水井周围都有四口采油井
(c)反五点井网
在九点井网中，每四口井中有一口注水井
(d)九点井网

图 9.2　采油/注水井网（部分采油井转换为注水井）

将采油井每隔一口转换成注水井即可形成反五点井网。如图 9.2（c）所示，每口采油井周围有四口注水井，通过每口注水井注入的水向外流动，驱动原油流入四口采油井。在这种井网中，注水井和采油井的数目相等。如果将四分之一的采油井转换成注水井，就会形成九点井网［图 9.2（d）］。通过每口注水井注入的水都会驱动原油流入周围的八口采油井。这种井网的优点是转换工作量较小，不需要将采油井每隔一口转成注水井。

作为将采油井转换成注水井的替代方案，可以在现有采油井网内新钻注水井。例如，可以在图 9.2（a）所示的正方形井网的中心钻一口注水井来形成反五点井网。如果现有井网为长方形，那么由此形成的井网可被认为是交错线性驱动［图 9.3（a）］。

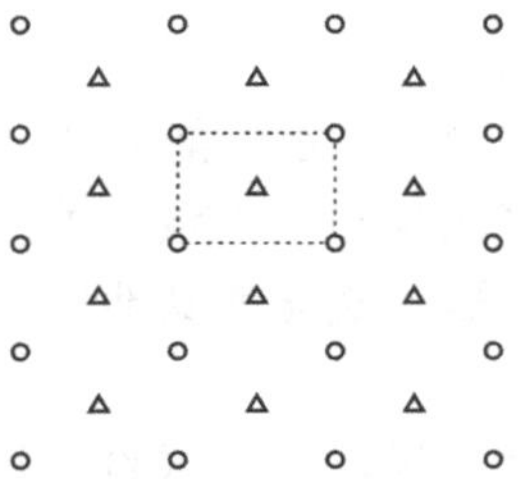

(a)交错线性驱动

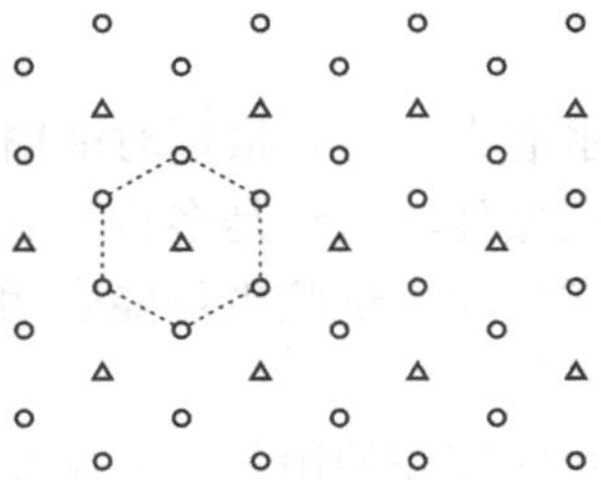

(b)反七点井网

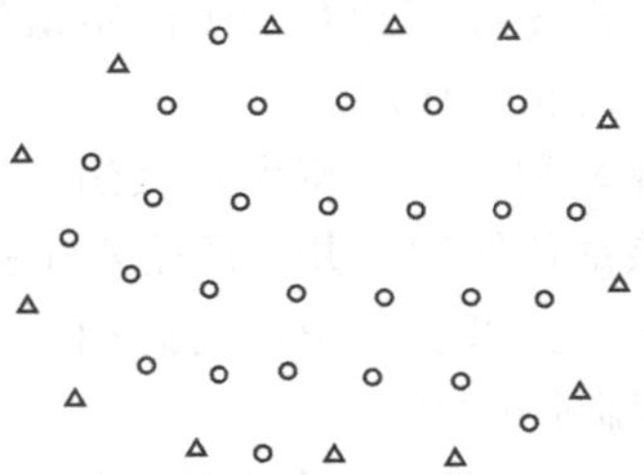

(c)边缘注水驱油

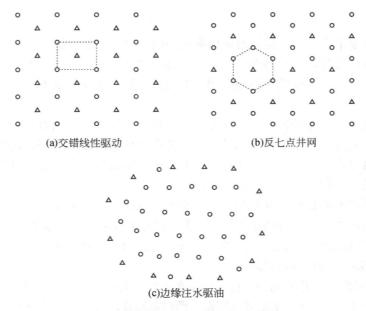

图 9.3　新钻注水井形成的注水开发井网

图 9.3（b）显示了反七点井网，在这种井网中，每口注水井被六口采油井包围，注水井位于井网的中心，每布置一口注水井就对应两口采油井。图 9.3（c）中显示的最后一种井网是边缘注水驱油。在最早应用的注水技术中，采用的就是这种井网，即在全部采油井的周边布置一圈注水井，目的是从外围驱动原油流入采油井；但实践经验很快就证实了前述几种更精心布置的井网效果更优。

如果储层中不存在裂缝或高渗层，注水初期的水通常从注水井出发，对称地向周围流动。然而，随着时间的推移，流动剖面将发生改变，最大流量出现在朝着采油井的方向上。对于反五点井网，图 9.4 显示了这种流动趋势。阴影部分代表被水波及过的储层区域。当水最终在采油井中突破时，位于相邻两口采油井连线附近的储层区域仍无法被水波及。

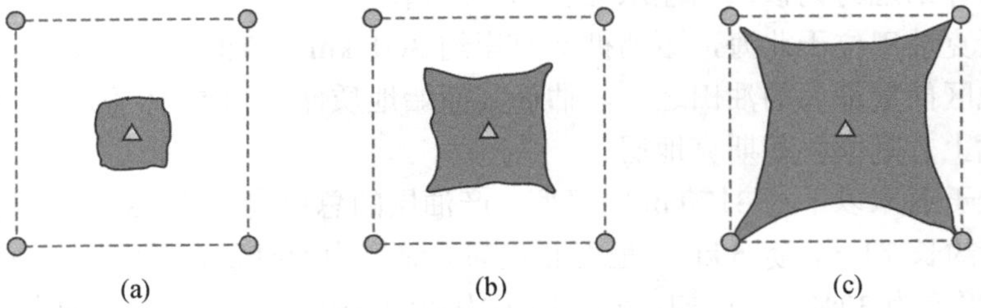

(a)　　(b)　　(c)

图 9.4　反五点井网注水过程

阴影部分代表随着时间的推移被水波及过的储层区域

水在采油井突破并不意味着注水作业将完结，相反，注水应继续进行，直到采出原油的收益不及注水的成本才会停止注水。

在规划注水项目时，石油工程师团队需要做出许多重要的决策，包括下列多个方面的问题：

（1）油田注水潜力如何？根据对油田剩余油的评价，注水可能会增产多少原油？

（2）每口井的最佳注水量是多少？储层流体的产出量与注入量有关，因此确定最佳注水量至关重要。初步注水试验也可能表明需要通过压裂、酸化或其他化学处理提高注水井的注入能力。

（3）确定是否应该在油田全面实施注水之前进行先导性注水试验。利用一口距现有的采油井较近的注水井进行先导性注水试验，可能会提供有价值的数据，这些数据对规划整个油田注水项目是很有用的。注水先导试验有助于确定最佳注水排量，以及判断注入水与目标地层之间是否可能发生不利的相互作用。

（4）确定注水井的数量、井型和井位。将现有采油井转注水井，还是新钻注水井更有利？如果要钻新的注水井，应该钻传统的直井，还是水平井？注水井的井位如何确定？

（5）确定新钻采油井的数量、井型和井位。与此相关的是选择将要采用的井网类型。应使用图 9.2 和图 9.3 中所示的哪种井网？

（6）应如何监测水驱作业动态？在开始注水之后，有时可能需要 2～3 年的时间才能见到原油增产。是否应在注水井和采油井之间钻一两口观测井，从而监测储层流体的流动情况？

（7）水驱作业应该在整个油田同时展开，还是应分阶段进行？如果在不同深度有多个含油层，上下重叠，那么是应该同时全部开始注水，还是应该先对一两个层位注水？

（8）应长远考虑如何处理产出水。如何将水与产出的油气分离？由于含水率会随生产而显著上升，将如何扩展分离设施的处理能力？是否将所有的产出水都进行处理，然后重新注入地层？产出水的处理工艺是什么？

9.2 埃科菲斯克注水项目

在北海挪威区块的埃科菲斯克油田，大规模的、成功的注水作业正在继续进行。该油田于 1987 年开始大规模注水，在此后的几十年里，石油年产量和采收率均有显著提高。现在我们来更为详细地讨论该油田注水工艺的应用情况。

埃科菲斯克油田位于北海，距离挪威海岸约 300 km。该油田于 1969 年被发现，现在被认为是该地区储量最大的油田之一，估计其原始地质储量超过 10 亿 m^3。该油田包含托尔油藏，油藏上方是埃科菲斯克地层。

该油田位于海床以下约 3170 m 的深度。产油层的总厚度约为 180 m。该油田位于一个背斜构造上，约长 7 km，宽 5 km，呈南北走向。储层为裂缝发育的细颗粒灰岩，孔隙度为 20%～40%（平均为 32%）。最初，储层压力为 49.2 MPa，比该深度下的常规地层压力高。原油密度为 845 kg m^{-3}。其他油藏数据见表 9.1。

该油田于 1971 年启动开发，三年后有三个钻采平台投产，原油产量从 1974 年的 200 万 m^3 上升到 1975 年的 1100 万 m^3 左右。1976 年产量达到了峰值，略高于 1600 万 m^3，然后开始下降（图 9.5）。1980 年，人们认识到需要采取二次采油措施，随后在 1981～1984 年，在托尔地层中进行了先导性水驱试验。先导试验取得了令人满意的效果，因此决定在埃科菲斯克油田进行大规模注水开发。从油田投入开发到 1987 年开始注水的这段时间，一次采油是由相对较高的储层压力驱动的。

表 9.1　埃科菲斯克油藏数据

属性	数值
埋深/m	3170
厚度/m	180
面积/m^2	48.6×10^6
原始地质储量/m^3	1.1×10^9
孔隙度范围/%	20～40
平均孔隙度/%	32
渗透率范围/μm^2	0.001～100
平均渗透率/μm^2	0.025
原始储层压力/MPa	49.2
原始储层温度/℃	131
原始油饱和度范围/%	22～30
原始平均油饱和度/%	27
原始水饱和度范围/%	5～15
原始平均水饱和度/%	7
原油密度/($kg\ m^{-3}$)	845
原油黏度/(mPa s)	0.35
水黏度/(mPa s)	0.25

1987 年，该油田建造了一个具有 30 个井槽的注水海上平台，并开始大规模注水作业。起初，注水井只是在下部的托尔储层射孔，但后来又在托尔储层上方的埃科菲斯克地层射孔。因此，每口注水井都能够向不同深度的几个地层注水。注水后石油产量激增，从 1986～1991 年，年产量提高了一倍以上。

注水开始时井网接近于线性驱动布置［图 9.3（a）］。但随着时间的推移，在原有井网中又新钻了一些注水井和采油井。1988 年，日注水量大约为 10 000 m^3，到 1996 年增加至 13 000 m^3，此后注水排量显著下降。从 2006 年开始，决定将注水排量与原油产量挂钩；因此，随着石油产量下降，注水排量也随之下降。

注水作业启动时，使用的注入水是北海的海水。随后将大部分产出水回注到地层中。现在我们考虑使用海水时会发生什么情况？北海海水的温度为 12～15℃。当将这种温度的水注入温度为 131 ℃的地层时，就可能出现温度诱导的储层裂缝。注入的冷水导致注水井周围的岩石基质冷却。随着温度的降低和密度的增加，冷却又进一步导致岩石基质收缩。这种收缩作用在岩石基质中产生应力，最终导致岩石中出现裂缝，这样就在井筒和储层之间打开了流动通道。岩石（特别是在井眼附近）的渗透率显著增加，极大地提高了注水工艺的整体效率。

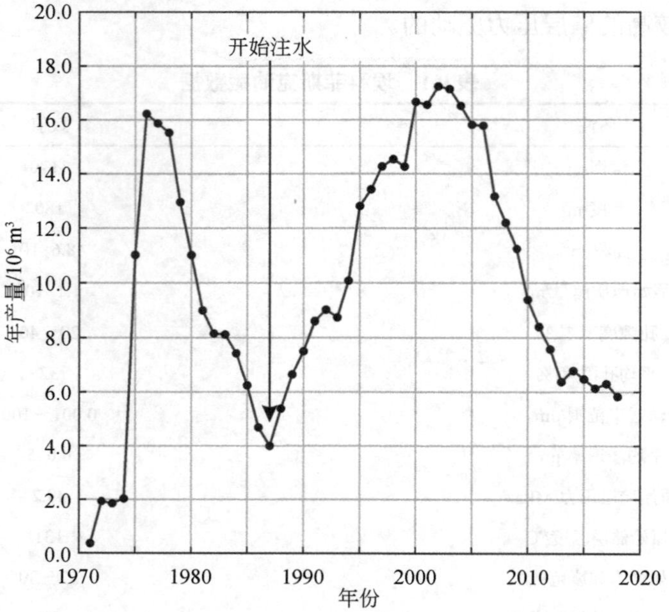

图 9.5　埃科菲斯克油田 1971～2018 年产量

现在回过头来专门讨论埃科菲斯克油田。在该油田的整个开发周期中，尽管一直在注水，但产水量与产油量之比（即 WOR）却始终相对较低。直到 2001 年，该油田的 WOR 一直低于 0.3 m^3 m^{-3}。2012 年，WOR 增加到大约 2.0 m^3 m^{-3}；在该年度，每向储层中注入 1 m^3 水，就能产出 0.3 m^3 油。

2018 年，埃科菲斯克油田的石油年产量 30 年来首次降至 600 万 m^3 以下。尽管产量已远低于世纪之交时的峰值，但在该油田被发现 50 周年的庆祝大会上，该油田的作业者仍表示计划继续开采下去，甚至希望再开采 50 年。

第10章 三次采油

石油开采的经济效益决定着何时停止单口油井或整个油田的生产。一旦生产成本接近预期的油气销售收入，作业者将关井并停止整个油田的生产。有时油田关闭时可能只有原始地质储量的20%被开采出来，油公司即卷铺盖走人，而绝大部分石油仍被留在地下。

为了克服这种明显的资源浪费，石油工程师自20世纪40年代以来一直在寻求既能增加可经济开采的石油总量，又能提高年产量的方法。提高采收率（EOR）技术通常涉及向油藏中引入其中一般本来不存在的物质，如蒸汽、空气、聚合物等化学物质或高浓度二氧化碳。油田的产量会随着时间的推移而自然衰减，这可能是由于储层压力的自然下降，或是因为大部分流动性较强的石油组分已被产出，而将流动性较差的组分留在了地下。EOR技术的目的是提高单井和整个油田的产油量。采用EOR技术可能增加的产油量如图10.1所示，该图所示的时间跨度可能长达几十年，图中*B*点的产量增加可能发生在EOR工艺启动后的一到两年。产量终归还是会下降的，但起点会高得多。一段时间后，产量会是图10.1中的*D*点而不是*C*点。

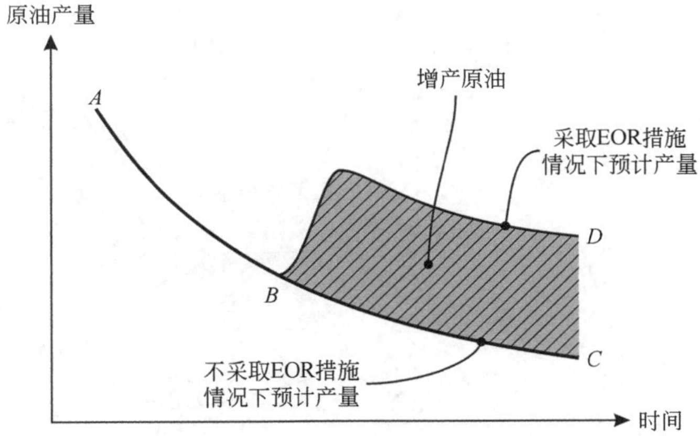

图10.1 提高采收率技术实施效果示意图

时间跨度可能长达20年或更长，而在EOR工艺启动后一到两年产量才可能上升

一般来说，提高采收率技术大致可分为以下几个类别。

（1）热采——在地面产生热量并引入油藏，或直接在油藏内部产生热量，改变原油的物理性质，使其更容易流向采油井。热采技术包括蒸汽注入和火烧油层。

（2）注二氧化碳——近年来最常用的方法之一，向地层中注入二氧化碳，通常随后再注入水，以改变原油的性质，并驱动其流向采油井。

（3）注入其他气体——可向储层中注入（包括氮气在内）不同气体，以维持储层压力，驱动原油流向采油井。

（4）注入化学剂——将一种或多种化学剂注入目标储层，注入量较小，称为段塞。这些化学剂可能包括有助于提高注水驱替效率的聚合物。

（5）其他方法——近年来，已在少数油田应用的一种方法是微生物提高采收率法。从井中采出微生物，进行培养，然后再与营养物一起注入地层中。这些微生物会释放出化学物质，后者可改变原油的物理性质，使其更容易被驱替到采油井。

是否实施提高采收率项目总是取决于项目的经济效益如何。国际市场上石油价格上涨，项目可能经济可行；但若油价下跌，作业者可能会暂停 EOR 作业。向油藏中注入任何物质，无论是空气、蒸汽还是聚合物，都会产生额外的成本，而这些成本必须由增加的油气销售收入来补偿。

20 世纪 40～80 年代，大多数 EOR 项目都是基于热采技术的，包括注蒸汽或火烧油层（图 10.2）。随着 20 世纪七八十年代初石油价格的上涨，更多的 EOR 项目投产，包括那些使用昂贵的聚合物驱油的项目。20 世纪 80 年代末 EOR 项目的低迷与 80 年代中期油价的大幅下跌正好对应。自世纪之交以来，人们对 EOR 项目重新产生了兴趣，其中二氧化碳项目占主导地位。从表 10.1 的数据中可以清晰地看出这一点。展望未来，注二氧化碳项目将持续下去，热采项目也将持续。

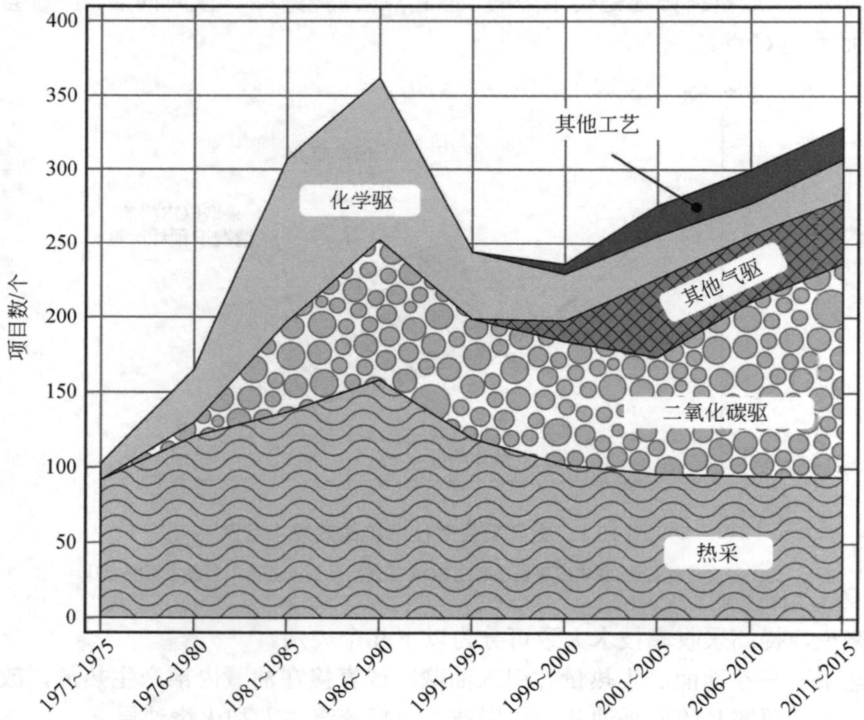

图 10.2　世界各地实施的 EOR 项目数（基于国际能源署的报告）

数据不包括日产量低于 15 m^3 的项目，也不包括重油开采项目

表 10.1 2017 年实施的提高采收率项目（不包括应用于重油或日产量低于 15 m^3 的项目）

EOR 项目种类	项目数/个	日产量	
		m^3	桶
注蒸汽	68	149 210	938 500
火烧油层	8	2226	14 000
微生物驱油	5	79	500
聚合物驱油	22	67 554	424 900
注二氧化碳	97	290 239	1 826 300
注其他气体	29	66 616	419 000

EOR 技术的不断进展，不仅提高了产量，还提升了经济效益。这些改进部分归因于钻井技术的进步，包括精确钻水平井的能力。现在能够钻两口水平井，一口在另一口的正上方，垂直间隔 5 m，这导致了蒸汽辅助重力泄油等工艺的出现。钻井工艺及其设计和油藏增产措施的进步将继续改进 EOR 项目的经济效益。

下面我们将讨论一些主要的 EOR 技术，这些技术在过去曾发挥了重大作用，而且在未来仍具有发展潜力。

10.1 热 采 技 术

热采技术通常是寻求通过加热地层内的原油来提高采收率。当原油被加热时，它的黏度会降低，因而更容易流向采油井。可以在地面产生热量，然后以蒸汽的形式注入地下；也可以在地层内部燃烧部分原油来产生热量。火烧油层工艺通过燃烧部分重油进行开采，已获得成功，通常情况下这些重油往往难以采出。

10.1.1 作为能量载体的蒸汽

蒸汽是将能量输送到油藏中的理想介质。它易于生产，成本相对较低，而且其残留物无毒。以质量计，蒸汽中蕴藏着大量的能量。自 20 世纪 40 年代以来，作业者就以这样或那样的方式利用蒸汽来加热储层内的原油。

在我们研究利用不同蒸汽方法提高采收率之前，我们先来讨论一下为什么蒸汽可以传输能量。任何物质中都蕴藏着一定的能量，该能量的多少取决于其温度、压力及其存在状态（固体、液体还是气体）。我们称该能量为物质的焓，用符号 h 表示。如果我们考虑单位质量物质中所含的能量，则称为比焓，用符号 $\hat{h}$ 表示。通过加热提高物质的温度时，物质的比焓也会增加。

假设有 1 kg 温度为 0 ℃的水，我们想把它加热到 25 ℃。为此，需要为其提供 104.8 kJ 的能量。因此可以说，我们将水的比焓增加了 104.8 kJ kg^{-1}。如果我们现在把水从 25 ℃加热到 50 ℃，将需要为每 1 kg 水再增加 104.5 kJ 的能量。事实上，将水从 0 ℃加热到 100 ℃需要将水的比焓增加 419.2 kJ kg^{-1}。如图 10.3 所示，这是在一个标准大气压（即压力为

101.3 kPa）下，水/蒸汽比焓随温度的变化情况。在图 10.3 中，把水在 0 ℃时的比焓设为 0 kJ kg^{-1}。我们知道在一个标准大气压下，水在 100 ℃时沸腾。所以，如果对水施加更多的能量，也就是说，把它的比焓增加到 419.2 kJ kg^{-1} 以上，水的温度不会上升，而是开始沸腾变成蒸汽。必须把水的比焓从 419.2 kJ kg^{-1} 增加到 2675.6 kJ kg^{-1}，水才能全部变成蒸汽。增加更多的能量，即增加焓，可以使蒸汽的温度继续上升至 100 ℃以上。处于沸点但尚未开始沸腾的水被称为饱和水，比焓为 $\hat{h}_f$。处于沸点时的蒸汽（全部为气态）被称为饱和蒸汽，比焓为 $\hat{h}_g$。

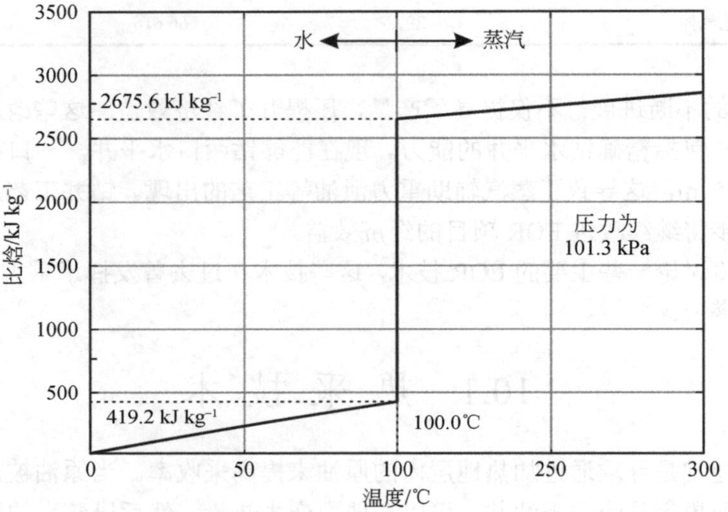

图 10.3　水和蒸汽在 101.3 kPa 压力下比焓与温度的关系

物质发生相变时比焓的变化称为潜热 λ。当我们把水煮沸成为蒸汽时，这种焓的增加值被称为汽化潜热。例如，汽化潜热是 2675.6 kJ kg^{-1} 和 419.2 kJ kg^{-1} 之间的差值，即 2256.4 kJ kg^{-1}。这意味着，将 1 kg 100 ℃的水煮沸为 1 kg 100 ℃蒸汽所需的能量，是将同样量的 0 ℃的水加热至 100 ℃所需能量的 5 倍以上。

当我们讨论处于一个标准大气压（101.3 kPa）下的水和蒸汽时，上述数值都是正确的。而油藏内部的压力可能比大气压要高得多，将蒸汽注入这些油藏中后，蒸汽必须处于这种高压之下。水的沸点随着压力的增加而升高，如果将压力增加到 1000 kPa（即 1.000 MPa），沸点将上升至 179.9 ℃。水的蒸发潜热也随压力的变化而变化。

现在我们讨论一下将蒸汽注入储层后会发生什么情况。当蒸汽流经储层时，它会冷却并凝结成液态水，与此同时，既加热了储层岩石，又加热了储层流体，即原油、伴生水和任何气体。蒸汽的热量会通过岩石传递，离开与蒸汽直接接触的那部分岩石。因为原油的黏度随着温度的升高而降低，被蒸汽加热后，低黏度的原油更容易流过地层。

通常利用地面上的一台或多台锅炉产生蒸汽。这些锅炉通常安装在一个中心供热站，通过绝热管道网络为该油田的所有注蒸汽井供汽。需要为地面锅炉提供大量的优质水以及能源，后者通常是天然气。过去也曾尝试过井下蒸汽发生器，但收效甚微。这些发生器通常是天然气燃烧器，从地面供应天然气和水。一旦点燃，燃烧器产生的热量会加热水。该装置存在一些操作方面的问题，包括需要将两套油管下入井中，一套用于注水，另一套用于注天然气，还需下入用于点火和监测的电缆。这些油管和电缆使下入和起出燃烧器的过程变得甚为复杂。

用锅炉产生出蒸汽后，下一个难点就是确保在蒸汽因热损失而大量凝结之前进入地层中。虽然地面上连接锅炉和注入井口的管线绝热良好，但热量的损失是不可避免的。由于锅炉通常产生饱和蒸汽，任何热量的损失将意味着蒸汽中会含有一些热水。当蒸汽从井口进入地层时，沿途也会发生热损失。注蒸汽的油管通常与井壁无接触，这有助于减少热损失。然而通常情况下，蒸汽向下流动时不可避免地会有热损失，因此蒸汽注入的井深受限，不能超过 1500 m。

10.1.2 蒸汽驱

在蒸汽驱中，利用注入井将蒸汽注入目的层。然后蒸汽驱替其前方的原油逐渐流向采油井。图 10.4 反映了这种工况，图中显示了被蒸汽波及的油藏的不同区域。当蒸汽进入储层时，它所携带的部分能量被用来加热原油，同时也会加热储层岩石。蒸汽提供的热量也会使油较轻的组分汽化。这些较轻的组分以气态形式在蒸汽的前方流动，再后又凝结。原油较轻组分的反复汽化和凝结是一种形式的蒸馏，这样就在蒸汽前缘形成一个优质原油带。这个原油带实际上是储层中的一个区域，其含油饱和度较高。当蒸汽最终完全凝结成热水时，这个热水带也会起到驱油的作用，把油从注汽井推至采油井。因为蒸汽比原油轻，它倾向于向地层上部流动。较轻的流体优先沿地层上部流动的现象称为重力上窜。这就是导致蒸汽前缘和伴生带倾斜的原因，如图 10.4 中所示。

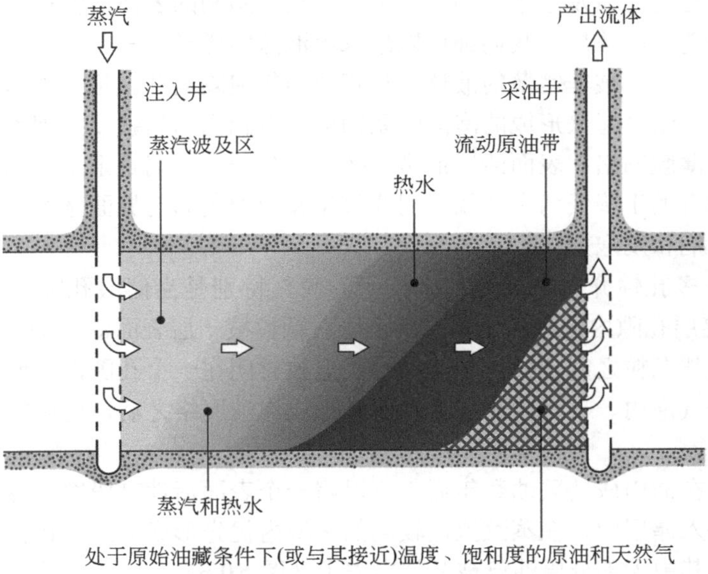

图 10.4 蒸汽驱工艺流程简图

离注入井最近的蒸汽波及区仍会含有一些原油，但该区域含油饱和度降低的幅度较大。在波及区的前方是一个蒸汽凝结区，在该区域内，全部蒸汽都释放了潜热，加热了地层和储层流体。蒸汽冷凝形成的热水带可驱替由于温度升高而流动性更好的原油带，原位蒸馏作用也使这些原油质量更佳。最后，在该流动油带的前方，储层的温度和饱和度都保持原始状态未变。

蒸汽驱的注入井和采油井通常按重复井网布局，如前面第 9 章中所介绍的那样。反五点式井网［图 9.2（d）］是蒸汽驱最常用的井网形式，由正方形分布的四口采油井围绕一口中心注入井组成。也曾应用过其他井网，如线性驱动和 7 点井网（图 9.2 和图 9.3）。

蒸汽驱与水驱都存在一个共同的问题，即当注入流体在采油井突破时，并非整个井网都能够被注入的流体所波及。如图 9.4 所示，注入的流体（这里指蒸汽）在正对着采油井的方向流动速度最快。因此，在突破时，相邻采油井连线附近的储层区域将不会被注入的蒸汽波及。由于地层的热传导作用，这些未被波及区域多少也会受益，但无法通过直接与蒸汽接触而受益。

流体总是寻求沿着阻力最小的路径流动。一旦蒸汽在一口采油井中突破，随后注入的蒸汽将沿着已被波及的路径到达采油井。继续注入蒸汽通常不会再产生什么效益，因为不会有新的油层被波及，蒸汽会直接汽窜过地层。此时该井网的注气通常会停止；但由于周围井网的蒸汽注入，该井网的采油仍可继续。

衡量蒸汽驱有效性的一个适用指标是波及效率，即井网中被注入流体波及的储层体积百分比。波及效率越高，蒸汽和热水在整个油藏中的分布就越均匀。注入的蒸汽会青睐于地层中的裂缝和高渗层。如果井网中存在这类裂缝和高渗层，波及效率往往较低。

自 20 世纪七八十年代以来，石油工程师一直在寻求通过向地层中注入发泡剂来提高含有裂缝和高渗层地层的波及效率。利用具有合适化学结构的表面活性剂，即可产生泡沫，封堵地层中的裂缝和高渗层。我们都可以想象出泡沫的样子——一个由微小气泡组成的三维聚集体，每个气泡都被非常薄的液体膜与相邻的气泡隔离开。每个液体薄膜都很脆弱，但“众志成城”，组合起来形成的泡沫体系却可以有相当高的强度，因为施加在体系上的力被分散到整个薄膜网络。表面活性剂是长链有机分子，一端是亲水基团，另一端是疏水基团。这种结构有助于降低两个液相之间或气相和液相之间的界面张力。表面活性剂可用作洗涤剂、分散剂和发泡剂。

但是泡沫在多孔性介质中又是什么样子的呢？特别是当储层孔隙小于气泡尺寸时。图 10.5 显示了储层孔隙内的泡沫结构，单个岩石颗粒被一层表面活性剂薄膜包裹着，表面活性剂薄膜在相邻颗粒之间延伸。不是单个气泡被封闭在一个孔隙内，而可能有若干个孔隙被封闭在一个气泡内。一旦由这种弹性薄膜形成泡沫网络之后，可以横跨几米的地层，承受非常大的压差。

利用蒸汽驱在油田成功采油数年后，可以将一个表面活性剂段塞与蒸汽一起注入。表面活性剂将被挤入储层中，在蒸汽流速较高的区域内优先形成泡沫，包括那些含有裂缝和高渗层的区域，其中大部分原油已被驱替出去了（图 10.6）。一旦形成泡沫，随后注入的蒸汽将从泡沫封堵区转向，将之前未被波及区域中的原油驱替出来。不言而喻，选用的任何表面活性剂都必须在蒸汽驱油藏的高温下保持其化学稳定性。

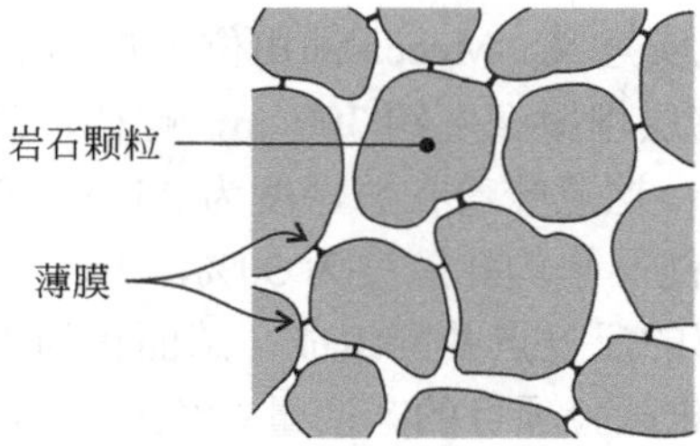

图 10.5　储层孔隙网络中的泡沫

表面活性剂薄膜在相邻颗粒之间延伸

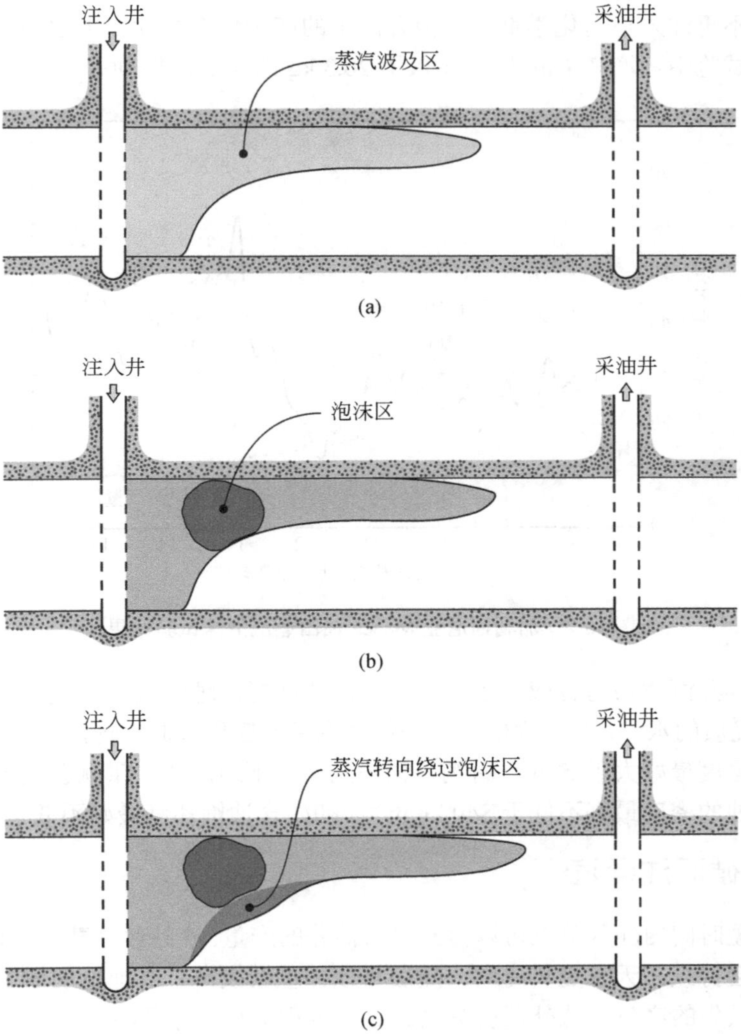

图 10.6　注入储层的表面活性剂将产生泡沫，使随后注入的蒸汽转向，波及之前未波及的区域

现在我们来看一下加利福尼亚一个油田应用蒸汽泡沫的效果。虽然这是 40 年前的一项

试验，但所得数据仍然具有现实意义。Mecca 油田位于加利福尼亚州中部的圣华金山谷中，贝克斯菲尔德市北面。试验储层埋藏深度约 300 m，略微倾斜（倾角为 3°）。储层总厚度约 25 m，净产层厚度为 22.5 m。这意味着在总厚度为 25 m 的储层中，有 2.5 m 为非产油层。原油的密度约为 979 kg m^{-3}，储层平均孔隙度为 30%，注蒸汽前原始含油饱和度约为 70%。Mecca 油田试验区由四个相邻的反五点井网组成，总面积约为 46.9×10^3 m^2（4.69 ha）。

图 10.7 显示了 Mecca 泡沫试验项目的产油量。经过 7 年的蒸汽驱开采，该油田的日产量约为 30 m^3，但预计 3 年后日产量将降至 20 m^3。于第 10 年开始注入表面活性剂，在最初的产量上升（并未归因于蒸汽泡沫）之后，产量继续下降。然而，在开始注入表面活性剂两年之后，产量明显上升，在第 13 年达到日产 60 m^3 的峰值。在开始注入表面活性剂 4 年半之后，就不再注入任何化学剂了，但升高了的产量仍在继续。工程师计算出，在此项蒸汽泡沫驱油试验中每增产 1 m^3 原油注入了 20.3 kg 的表面活性剂。

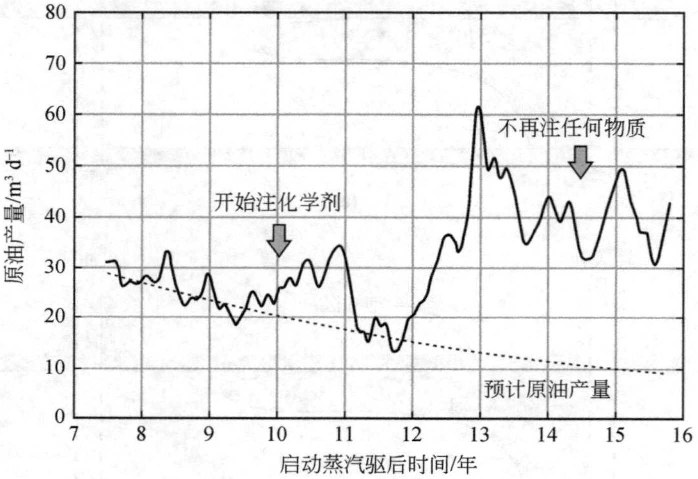

图 10.7　加利福尼亚 Mecca 油田蒸汽泡沫试验结果

一般来说，蒸汽驱最适合应用于产层厚、渗透性好、埋藏相对较浅的油藏，而且该地区应有便宜、优质的水源。沿井眼的热损失将蒸汽驱的应用限制在埋深不超过 1500 m 的油藏。目的层的厚度最好大于 5 m，否则，损失到上、下地层的热量就会过多。此外，蒸汽驱储层所含原油的密度最好不低于 840 kg m^{-3}，初始含油饱和度最好不低于 40%。

10.1.3　循环注蒸汽

在一段较短时间内注入蒸汽可以提升单口油井的产量。在持续注蒸汽一段时间后关井，关井时间可能会持续三天或更长时间。随后将该井重新投产，产油量的增加可以补偿注蒸汽和关井期间损失的产量，此外还有盈余。这一过程被称为循环注蒸汽或称为蒸汽吞吐。

在第一阶段，将蒸汽注入井中，持续 2～8 周［图 10.8（a）］。当蒸汽凝结成热水时，会加热油井周围的地层。一些原油被加热并被驱替而离开井眼，而另一些原油仍然留在井眼附近。然后关井进入焖井期，在此期间，不再注入蒸汽，也不产出任何流体。焖井期过后开井产出油、气和水［图 10.8（c）］。

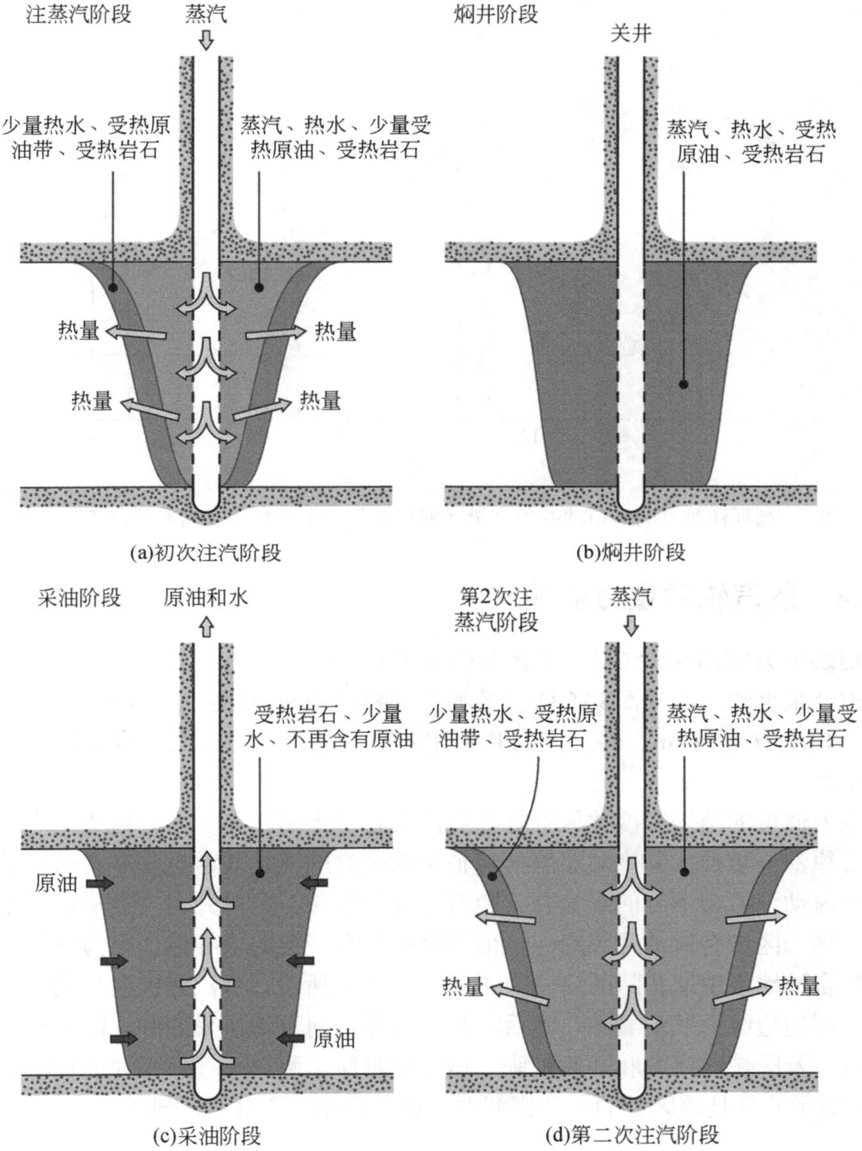

图 10.8　循环注蒸汽工艺的几个关键阶段

图 10.9 显示了一口油井对应多个注蒸汽循环周期的产量。在本例中，注蒸汽前的原油日产量约为 2.0 m^3。在注蒸汽和焖井周期之后，采油恢复，此时的产量要高得多。继续进行采油，直至产量降至应该启动下一个注蒸汽循环周期［图 10.8（d）］。随后的每一个循环周期，蒸汽会深入更远的地层中加热储层和原油。如此一直循环下去，直到增产的原油无法补偿产生和注入蒸汽的相关成本，此时将终止注蒸汽。

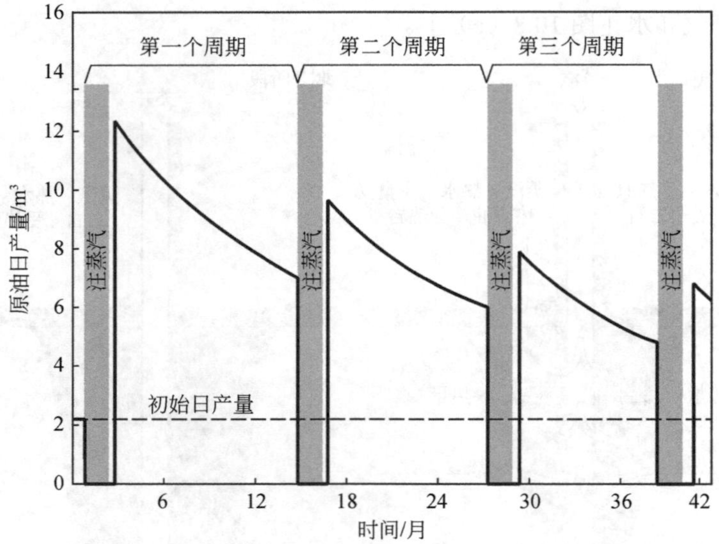

图 10.9　循环注蒸汽的一口油井的产量（随后的每一个循环周期增产幅度逐渐降低）

10.1.4　蒸汽辅助重力驱油

蒸汽辅助重力驱油（SAGD）工艺是提高采收率的一种热采方法，已成功应用于加拿大的油藏中开采重油和沥青。SAGD 工艺的主要特色是两口相互平行的水平井，其中一口井位于另一口上方 4～6 m。向上方的井中注入高压蒸汽，下方的井就会产出油和水，如图 10.10 所示。

由于注入储层的蒸汽密度比原油低，蒸汽会自然上窜，在其上升过程中会加热储层岩石及其所含原油。重油的黏度对温度（哪怕是微小）的变化通常也是非常敏感的。加热后的原油更易流动，流向下方的采油井。随着时间的推移，两口井上方会形成一个原油被波及的区域。这一区域有时被称为空腔，但该名词具有一定的误导性，因为这里所说的区域只是孔隙性含油地层中的孔隙网络。如图 10.10（b）所示，蒸汽在波及过的区域内流动，直至到达区域的边缘而发生凝结。然后，热水和原油向下流向采油井。随着时间的进一步推移，蒸汽波及区域向上方和两侧扩张。该区域贯穿了两口平行水平井的整个水平段，图 10.10（b）所示的只是该区域的一个横截面，该截面垂直于井眼的轴线。

10.1.5　火烧油层

在所有从油藏中开采石油的方法中，火烧油层技术是听起来最怪异的一种。简单地说，该方法涉及将空气注入目标层，然后点燃地层中的空气和原油。燃烧前缘逐渐远离注入/点火井。部分原油燃烧时释放的热量传导至燃烧前缘前方的岩石中，加热原油。这就形成了一个更易流动的油带在前缘的前方流动。虽然需要燃烧部分原油才能使整个工艺运行起来，但通常燃烧的是流动性较差、质量较重的原油，以释放更有价值的轻质组分。火烧油层也被称为火驱。

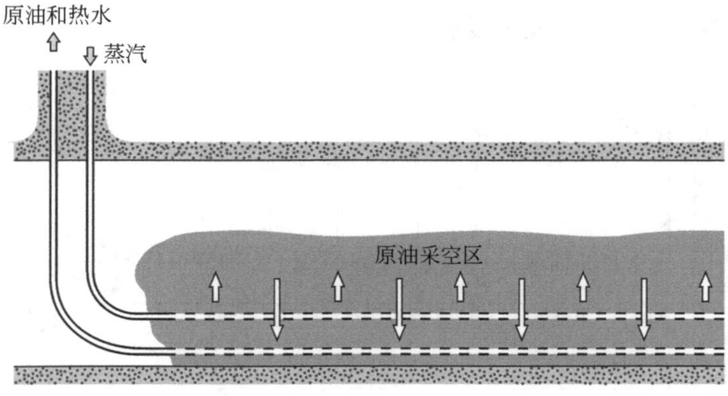

(a)

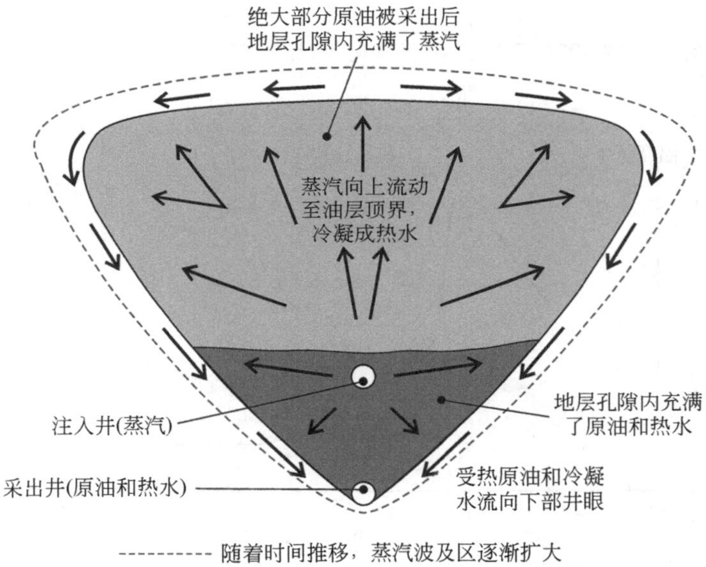

(b)

图 10.10 蒸汽辅助重力驱油（SAGD）的特征是利用两口水平井，一口位于另一口的正上方

为了理解燃烧过程，现在我们看图 10.11，该图描绘了两口井之间的燃烧前缘。图 10.11 中显示了在前缘的前面和后面移动着的不同区域，同时还给出了对应的温度分布。整个燃烧过程是由燃烧前缘（图 10.11 中的②区）内的放热反应驱动的。我们在第 3 章中已经了解到原油是由许多不同的碳氢化合物组成的混合物。这些碳氢化合物将与空气中的氧气发生反应，这里有几个不同的相互竞争和交叉的化学反应，会产生二氧化碳、一氧化碳、蒸汽和大量的热。反应中产生的热量将原油、空气、反应产物气体和地层岩石加热到最高达 500 ℃。热量也通过燃烧前缘前、后的岩石进行传导，同时也损失到燃烧前缘上、下的岩石中。反应产物二氧化碳、一氧化碳和蒸汽连同与氧气一起注入的氮气和氩气，也在燃烧前缘之前将热量带入地层。在燃烧前缘内部，所有的氧气都被消耗掉了，只剩下空气中的氮气和氩气。这意味着，在燃烧前缘前面，与之紧邻的是一个无氧的、温度极高的碳氢化合物带（图 10.11 中的③区）。在这个区域会发生热解反应——这些反应将导致长链碳氢

化合物在高温、缺氧的条件下发生裂解。

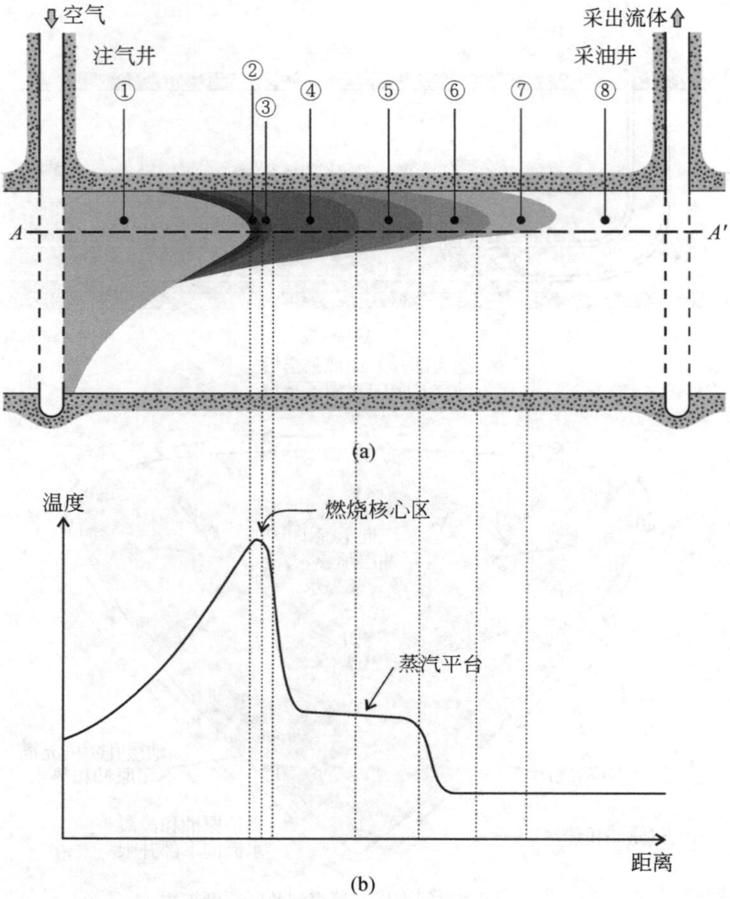

图 10.11　火烧油层或称火驱过程

①燃烧后区域，后续注入的空气流经该区域；②燃烧前缘；③高温可燃物，但是缺氧；④蒸汽和热水区；⑤热水区；⑥轻质原油带；⑦低温燃烧气体；⑧处于原始油藏温度、压力(或与其接近)的原油

注入地层的空气由 78%的氮、21%的氧和 1%的氩组成。当空气离开注入井时，它会经过一个被燃尽的区域，在该区域内留下的只有燃烧所产生的热量。当空气流经这个区域（图 10.11 中的①区）时自然会被加热，因此当空气最终到达燃烧前缘时，已经处于燃烧的最高温度。在前缘后方，燃烧产生的热量以传导方式传递到上覆地层以及燃烧前缘下方的含油地层。

为了继续我们对火烧油层过程的解释，现在我们分析远在燃烧前缘前面的某一点。随着燃烧前缘逐渐向采油井移动，冷却后的燃烧产物（二氧化碳、氮气和氩气）会驱动一些流动性较好的原油，这实质上相当于一个气驱过程（图 10.11 中的⑦区）。在其后面是一个较低密度的原油带，随着燃烧前缘（图 10.11 中的⑥区）的推进，由原油中较轻的成分不断汽化和冷凝而形成。这一过程被称为原位蒸馏，导致采出的原油质量较高。事实上，火驱开采出的原油密度通常低于油藏中原生原油的密度。这个优质原油带的含油饱和度较高，由热水带（图 10.11 中的⑤区）驱动流向采油井。应该记住，任何油藏都不仅含有原油，同时还含水。当向前推进的燃烧前缘遇到伴生水时，这些水将汽化为蒸汽，蒸汽随后会移动到燃烧前缘的前面。燃烧前缘内发生的许多反应也都会产生蒸汽。这些蒸汽最终会在燃烧前缘前面冷凝，然后再次汽化。这些蒸汽的存在形成了温度分布曲线上的蒸汽平台。该平台的实际温度将取决于储层压力，因为沸点随着压力的增加而上升。

火烧油层是一个复杂的开采过程，已经成功地应用于重油开采，尤其是在加利福尼亚。在燃烧前缘波及过的区域内，20%～30%的原油将在燃烧反应中消耗掉。但消耗的原油组分通常是其中较重的部分，而开采出的是较轻、较优质的原油。

多年来，人们尝试对这种标准化燃烧过程进行不同改进。其中一种改进是湿法燃烧，或叫 COFCAW，即正向燃烧与注水组合。在该过程中，交替或连续注入水和空气。空气和水流向燃烧前缘，在那里水变成蒸汽。然后，这些蒸汽驱动原油流向生产井。另一种方法是反向燃烧。在此过程中，首先将空气注入一口井中，建立燃烧前缘；停止空气注入；然后将空气注入另一口井，并向点火井流动。如果一切正常，则燃烧前缘缓慢地向注入井移动，而原油逆向流动至采油井。一般来说，逆向燃烧不如正向燃烧效率高，因此不再受到青睐。

大多数燃烧过程都受到这样一个事实的不利影响，即注入的空气比原油的密度低，将倾向于上升到油层的顶部，从而产生如图 10.11（a）所示的重力上窜现象。为了克服这一问题，提高燃烧过程的波及效率，人们成功研发了 THAI（由脚尖至脚跟注空气）燃烧工艺。如图 10.12 所示，该工艺使用常见的垂直井注空气，而用不太常见的水平井采油。水平井的位置恰好在油层的底界之上。仅在油层的上部注入空气，而采油井的位置有助于将空气和燃烧前缘向下拖，提高了整个过程的波及效率。

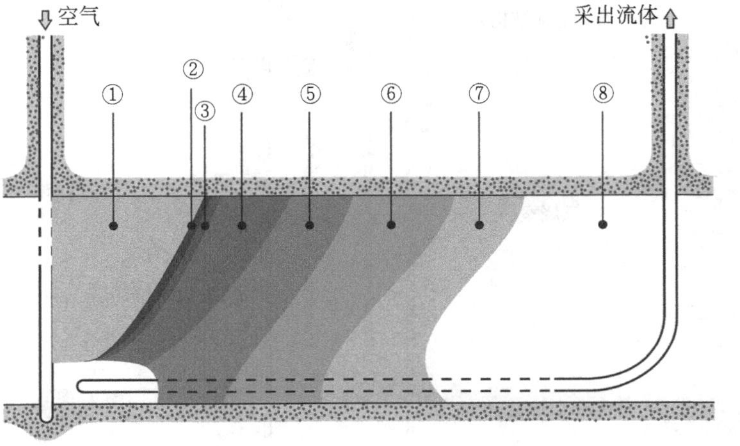

图 10.12 THAI（由脚尖至脚跟注空气）燃烧工艺

水平井的末端称为脚尖，转向垂直方向那一点称为脚跟。

①燃烧后区域，后续注入的空气流经该区域；②燃烧前缘；③高温可燃物，但是缺氧；④蒸汽和热水区；⑤热水区；⑥轻质原油带；⑦低温燃烧气体；⑧处于原始油藏温度、压力(或与其接近)的原油

众所周知，燃烧过程极难控制。当燃烧过程正在进行时，除了钻一口观测井外，没有办法确切知道燃烧前缘的位置。石油工程师能够控制的全部参数只有注入地层的空气排量和油井的日产油量。在这些限制之下，燃烧前缘有可能自我熄灭，要么是因为注入了太多的空气而带走太多的热量，要么是因为注入的空气太少以至于燃烧反应速度衰竭。

那么井下的原油是如何被点燃的呢？在适当的条件下，活性高的轻质油可能自燃，但不能指望这种自燃在所有情况下都会发生。在早期的火烧油层过程中，人们注入了一些亚麻籽油。当注入空气时，亚麻籽油就发生了自燃，燃烧产生的热量点燃了储层中的原油。也许曾经尝试过的最危险的方法是在井底充填煤块和柴油的混合物。当空气在混合物中流动时，混合物就被点燃了。或许读者不会感到奇怪，点火后从井中喷出了燃烧着的煤块。

引发燃烧最成功、最可靠的方法是使用类似于图 10.13 所示样式的井下燃气喷灯。将

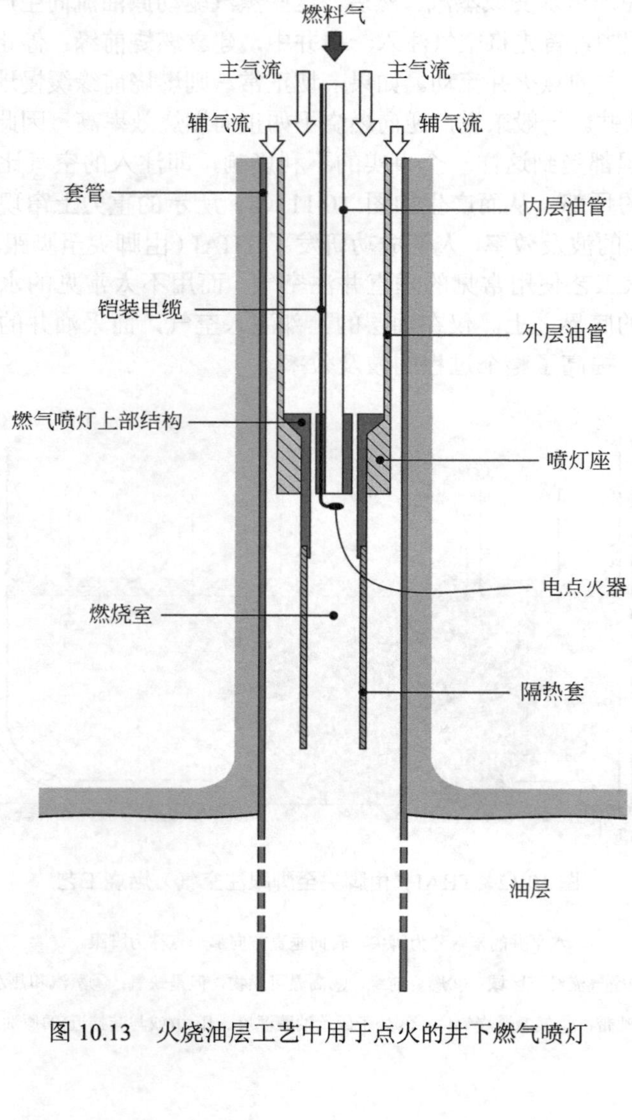

图 10.13　火烧油层工艺中用于点火的井下燃气喷灯

底部带有泵座的油管柱下到已有套管的点火井中，使泵座的位置刚好处于油层顶界的上方。然后利用直径较小的第二根油管柱将喷灯的上部结构下入第一根油管柱中，直到该上部结构座放在泵座上。利用内油管向井下供应燃料气（如天然气），利用外油管供应主气流（与燃料一起燃烧的空气）。燃烧室上方有几个小通道，允许主气流进入燃烧室与燃料气混合。在这个例子中，气体是由火花塞点燃的，火花塞通过铠装电缆与地面连接。从外油管柱外侧流下的辅气流可冷却隔热板，并与高温下的燃烧气体混合，一起将产生的热量携带进油层。这些高温气体使原油的温度升高，足以引发燃烧。

火烧油层最适合用于埋藏深度大于 100 m 的中等重度的原油。可实施火烧油层工艺的目标储层的最小厚度约为 3 m，因为在更薄的储层中，燃烧反应产生的热量都会大量损失到上覆和下伏地层中，导致燃烧前缘熄灭。储层孔隙度至少应为 16%，初始含油饱和度至少应为 25%。火烧油层最适用于没有裂缝或高渗层等非均质性的储层。

作为一种曾经很受欢迎的提高石油采收率技术，火烧油层工艺如今很少有人采用。所需大量高压空气的压缩成本，以及精确控制燃烧过程的困难，再加上已有其他更高效的开采工艺可供使用，使得采用火烧油层的机会近乎消失。

10.2 注二氧化碳

在 21 世纪第二个十年中，注二氧化碳提高采收率的项目数增加了 50%。虽然大部分运行中的注二氧化碳项目都在美国（有充足的廉价二氧化碳供应），但中国目前也在启动一些项目。在讨论注二氧化碳提高采收率的原理之前，现在我们先回顾一下二氧化碳及其性质。

在大气压条件下，CO_2 是一种无色无味的气体，是碳氢化合物燃烧的产物之一。虽然我们习惯上认为 CO_2 总是以气体形式存在，但在储层条件下，CO_2 将是液体。现在我们看图 10.14 中给出的 CO_2 相图。温度和压力两个条件的组合可以限定图上的一个点。例如，当压力为 0.3 MPa、温度为 20 ℃时，则 CO_2 所处条件用点α表示。在这样的条件下，CO_2 是气体。但如果压力为 8 MPa、温度为−10 ℃，则 CO_2 的状态用β点表示，此时 CO_2 为液体。在大气压力为 0.1 MPa 左右、温度为 25 ℃时，CO_2 也是气体（点γ）。液体区被汽化曲线与气体区分开，该曲线代表液体和气体可以共存的一系列条件。当液体沸腾成气体时，这两相可以共存。当然，汽化曲线两侧的两相的性质是不同的——液态 CO_2 的密度要比气态 CO_2 的高得多。然而，值得注意的是，当我们到达图 10.14 中所示的临界点时，两相之间的差异就消失了。我们还发现，在高于临界点的温度和压力下，CO_2 既不是气体也不是液体，而是具有中间性质的流体。在这样的条件下，它被称为超临界流体，我们经常会谈到超临界 CO_2。当考虑向油层中注入 CO_2 时，我们需要认识到，要么以液体的形式注入，要么以超临界流体的形式注入。通常不会向储层中注入气态 CO_2。

CO_2 可少量溶于水，但在油中的溶解度很大。这一点在石油开采中非常重要，因为当 CO_2 溶于原油中后，它会从根本上改变原油的两个重要特性：

（1）溶解 CO_2 后原油的黏度显著降低；

（2）原油的体积可膨胀 10%～20%，具体取决于 CO_2 的溶解量。

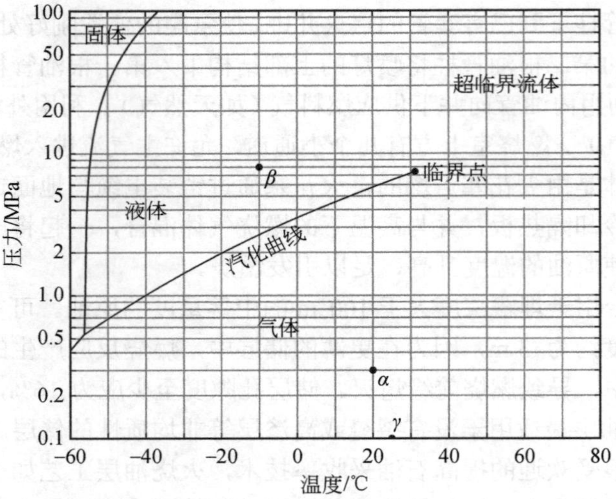

图 10.14　二氧化碳相图

给出了固体、液体、气体和超临界区；点α、β和γ在正文中都有解释

溶解在原油中的 CO_2 的降黏作用大小取决于原油的原始黏度，以及原油和 CO_2 所处的压力。图 10.15 中显示了四种不同原油被 CO_2 饱和时在不同压力下黏度的降低程度。例如，假设我们有一种黏度原为 100 mPa s 的原油，如果这种油在 6.0 MPa 的压力下被 CO_2 饱和，那么原油-CO_2 混合物的黏度仅为原始黏度的 10%。类似地，如果油的黏度为 5 mPa s，在 10 MPa 时被 CO_2 饱和，那么黏度将下降到原始值的 15%左右。

现在我们讨论目前用于提高采收率的两种注 CO_2 方法——循环注 CO_2 和 CO_2 驱。

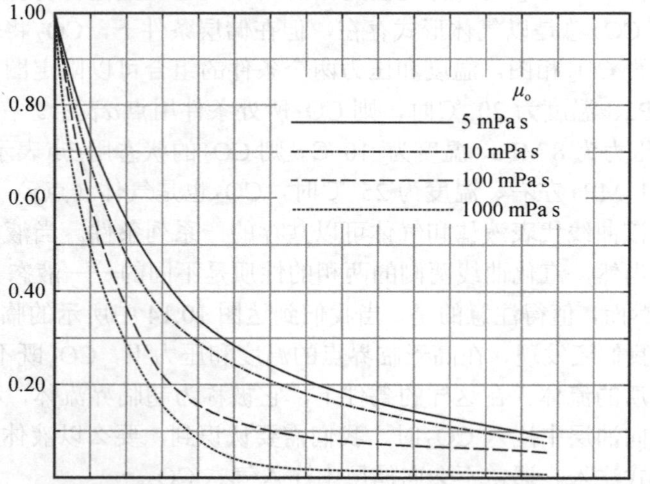

图 10.15　不同饱和压力下原油-CO_2 混合物的黏度

μ_o 为不含 CO_2 的原油黏度；μ_m 为混合物的黏度

10.2.1 循环注二氧化碳

循环注 CO_2 与前面讨论过的循环注蒸汽类似。这是一种利用单井实施的增产作业。将液态或超临界 CO_2 注入油层，连续注入数天［图 10.16（a）］。液态 CO_2 与原油接触，部分发挥驱替原油的作用，但大部分会溶解在原油中。CO_2 溶解后，使原油发生体积膨胀并变得更容易流动。然后关井数个星期，让 CO_2 进一步分散到周围的原油中。开井后，流动

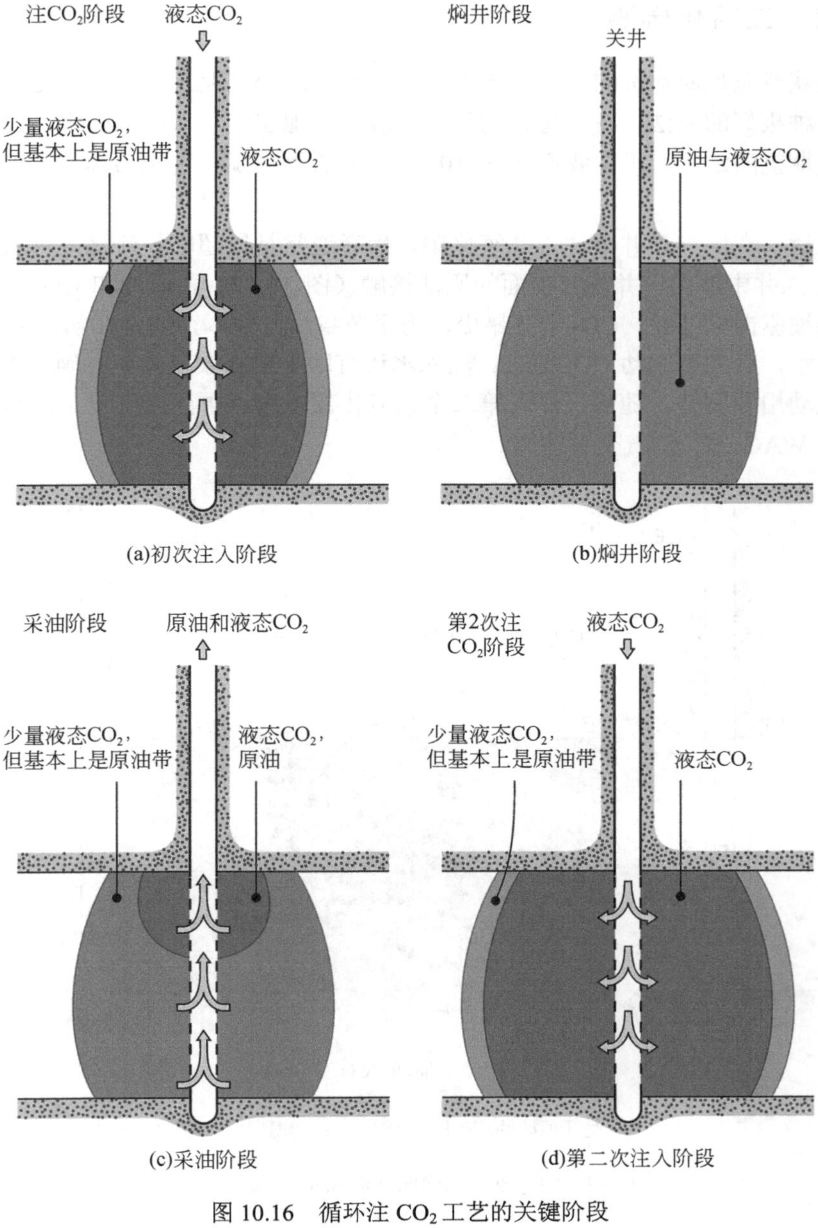

图 10.16 循环注 CO_2 工艺的关键阶段

性更好的原油会更畅快地流入井内。通常情况下，油井会持续生产几个月，然后再开始另一个循环周期。

循环注入 CO_2 会使原油的黏度急剧下降，流动性更佳，同时由于膨胀效应，波及效率也会提高。循环注 CO_2 通常只用于较小的油田或作为先导性试验。因为这基本上是小规模的注 CO_2 作业，可以用罐车从远处运来 CO_2，也可用输送管线供应。与原油一起产出的 CO_2 通常会从中分离出来，以便经过再压缩和脱水后重新利用。

10.2.2　二氧化碳驱

如果能获得充足而廉价的二氧化碳供应，那么 CO_2 驱将是从注水开发之后的油田中开采石油的一种极好的方法。在该过程的第一阶段，向地层中注入清洁的水，以便将储层压力提高到所期望的水平。正像我们在图 10.15 中曾看到的那样，压力越高，油的黏度下降越大。

注水之后，在同一口井中注入二氧化碳，后者通常是以超临界流体的形式注入。注入的 CO_2 从注入井中流出，并与其前面的原油接触（图 10.17）。原油和 CO_2 均匀混合成单相流体，并被驱向采油井。CO_2 十分昂贵，为了节省注入成本，通常在初次注入 CO_2 段塞之后再注入水，后者可驱动 CO_2 前进。注入水还有助于提高波及效率，确保更大比例储层中的流体被动用和驱替。随后再注入第二个二氧化碳段塞，再注入一定量的水。这种工艺有时被称为 WAG，即水/气交替注入。

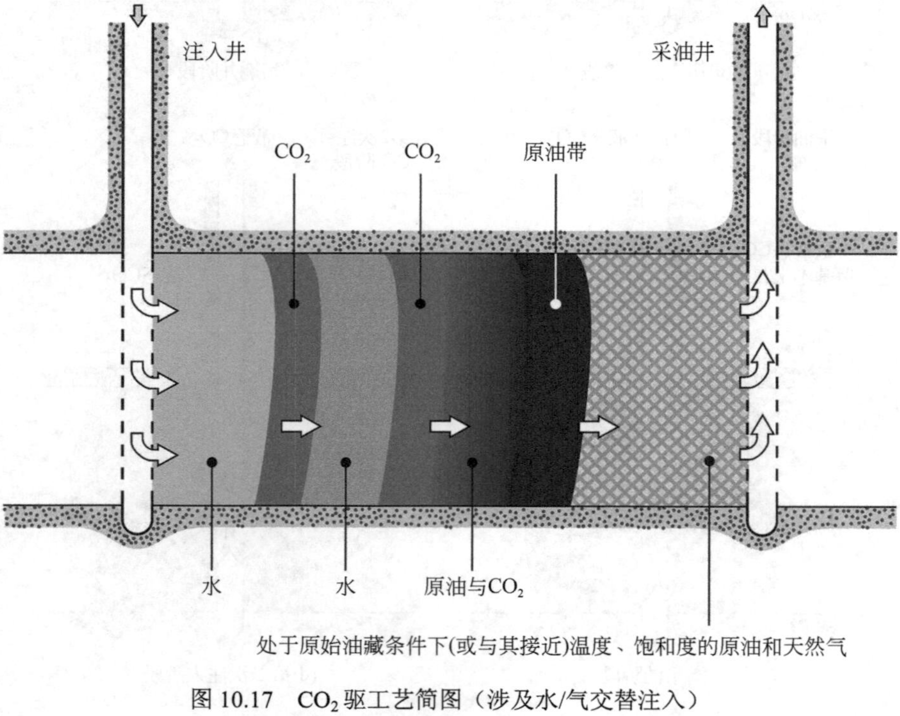

图 10.17　CO_2 驱工艺简图（涉及水/气交替注入）

在 CO_2 前缘前方形成的原油带最终会到达采油井，并开始流向地面。当油、水和 CO_2

沿井筒向上流动时，压力通常会降得足够低，使 CO_2 转变为气体。上升的气体有助于更快地将油和水驱替至井口。在地面，将二氧化碳与其他产出流体分离开来，并予以纯化和储存，以便再次注入储层中。注 CO_2 会一直持续下去，直到石油产量下降至盈亏平衡点以下。

10.3 聚合物驱

在本章的讨论中，我们倾向于假定是一个平滑的驱替前缘在储层中前行，驱替其前方的原油。当考虑到驱替流体和被驱替流体之间的密度差（可导致重力上窜）时，我们又倾向于假定是一个倾斜的驱替前缘在储层中前行。然而实际上，驱替前缘可能是极度不平滑的，驱替流体会发生指进现象，少量驱替流体会远远超越主要前缘。

当驱替流体的流度大于被驱替流体的流度时，多孔介质内的驱替前缘就会变得不平滑。现在我们考虑以水驱油的情况。在储层的孔隙内，水的流度（λ_w）可定义为

$$\lambda_w = \frac{k_w}{\mu_w} \tag{10.1}$$

式中，k_w 为驱替前缘后方已被水波及过的地层岩石对水的有效渗透率；μ_w 为储层条件下水的黏度。

油的流度（λ_o）可用类似的方式定义：

$$\lambda_o = \frac{k_o}{\mu_o} \tag{10.2}$$

式中，k_o 为驱替前缘前方的原油带中地层岩石对油的有效渗透率；μ_o 为储层条件下原油的黏度。

流度比被定义为驱替流体的流度与被驱替流体的流度之比。在本例中，流度比（M）就是水的流度与油的流度之比：

$$M_{w\text{-}o} = \frac{\lambda_w}{\lambda_o} = \frac{k_w}{\mu_w}\frac{\mu_o}{k_o} \tag{10.3}$$

如果将等式的右端除以绝对渗透率，那么水/油流度比就变为

$$M_{w\text{-}o} = \frac{k_{rw}}{\mu_w}\frac{\mu_o}{k_{ro}} \tag{10.4}$$

式中，k_{rw} 为水前缘后方的区域中在平均含水饱和度时水的相对渗透率；k_{ro} 为驱替前缘前方的区域中在残余水饱和度时油的相对渗透率。

当流度比大于 1 时，水倾向于以更快的速度流过任何阻力最小的路径，并在采油井处提前突破。

现在我们看图 10.18，进而分析导致个别囊状油区被绕过的黏性指进现象。该示意图显示了多孔性介质的一个剖面，介质最初被原油所饱和。介质是均质性的，其中没有裂缝和高渗层。如果不发生指进现象，那么就可以假定水前缘会从左至右均匀推进，驱动原油前行。在本例中假定流度比大于 1，也就是说实际上会发生黏性指进。

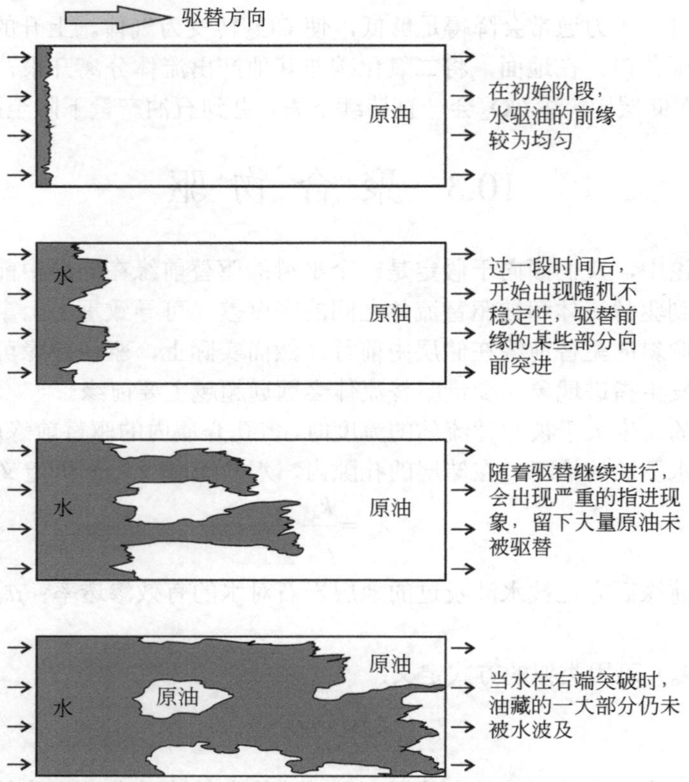

图 10.18　水驱过程中油相与水相之间的界面会变得不均匀，导致黏性指进和个别油藏区域被绕过

开始注水一段时间后，前缘开始发生随机指进现象，使得前缘在某些位置的推进速度比其他位置快。随着时间的推移，指进现象越加严重，驱替流体会绕过较大的储层区域。最后，当水在图的右侧突破时，这些较大的储层区域根本未被波及。

显然，图 10.18 中给出的多孔性介质剖面只是一个简单的二维图示，而实质上这个过程是三维的。在油田现场的水驱作业中，如果流度比远大于 1，那么指进可能会导致水早早就在采油井突破，留下大量储层未被水波及。

为了降低水驱过程中的流度比，石油工程师将目光投向了水溶性聚合物。这些水溶性聚合物可提高水的黏度，同时也可降低储层对水的渗透率；这样可将流度比降至远小于 1。

那么，聚合物是什么？在聚合物驱中使用的又是什么类型的聚合物呢？聚合物是相互连接在一起的单个分子组成的长链分子。在油田使用的两种主要的聚合物类型是水解聚丙烯酰胺和由糖类发酵而成的聚合物，后者称为多糖或黄原胶。

聚丙烯酰胺是由统称为聚合的化学反应形成的，其分子中通常包含 10 多万个丙烯酰胺分子或说单体（图 10.19）。这种聚合物是由无数的碳、氢、氮和氧原子组成的。将这种聚合物溶于淡水中配制成水溶液，然后注入储层。该聚合物溶液对盐、氧及高温都很敏感。在邻近井眼的储层中高速注入时，可使聚合物分子长链断裂。聚丙烯酰胺也容易受到油田中存在的微生物的攻击。因此，通常会将甲醛等杀菌剂与聚合物一起注入地层以便保护之。

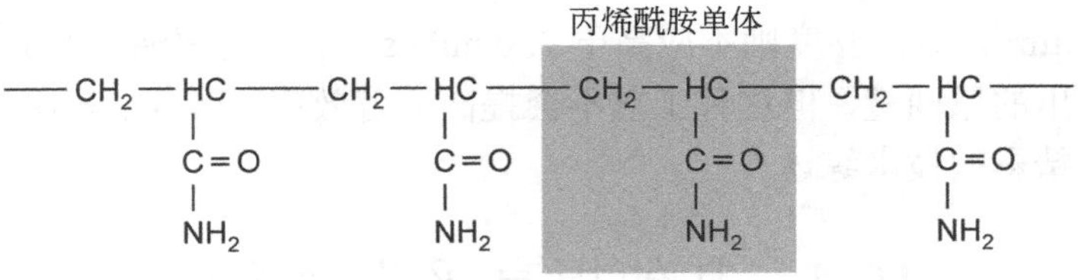

图 10.19　聚丙烯酰胺是由丙烯酰胺单体连接在一起形成的长链

在油田中使用的第二类聚合物是多糖或黄原胶。尽管这类聚合物的黏度不受盐的影响，也不受在邻近井眼的储层中高速流动时剪切作用的影响，但这类聚合物都很昂贵，而且在大约 95 ℃以上时会发生降解。与使用聚丙烯酰胺时一样，甲醛可以用作杀菌剂来防止生物降解。

其成本很高，所以只能将少量的聚合物溶液注入储层中。如图 10.20 所示，注入一个聚合物溶液段塞后通常接着注入一个淡水段塞。之后才是主水驱段，主水驱流体可由海水或从该油田及附近其他油田产出的地层水配制。有时，在聚合物溶液之前也会注入一个小淡水段塞，以便在聚合物和油田原生盐水之间形成一个屏障。盐会对聚合物的性能产生不利影响，因此将聚合物段塞与盐水彼此隔离开来是非常重要的。

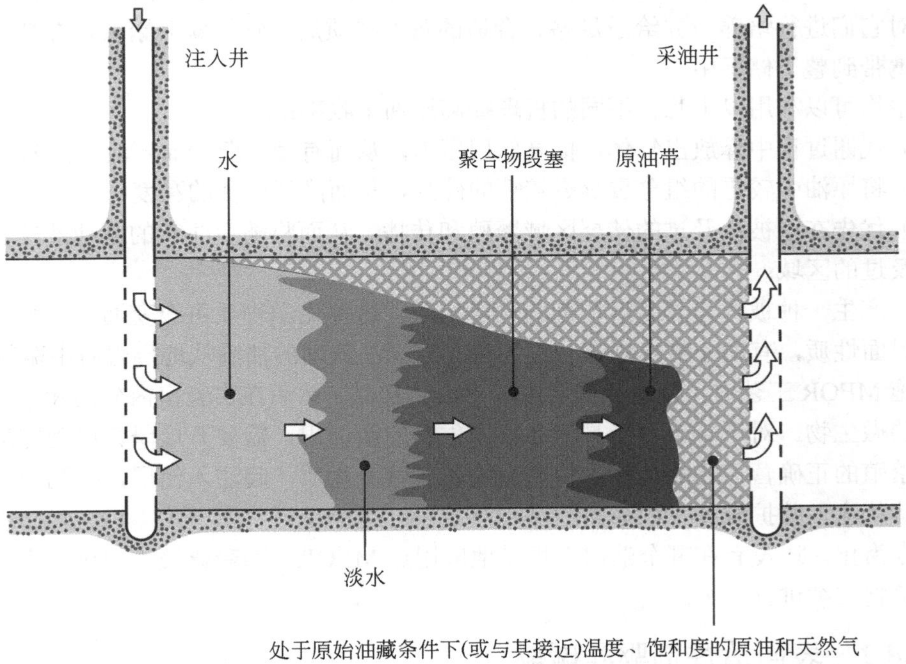

图 10.20　聚合物驱工艺简图

一般来说，聚合物驱可应用于任何深度、任何油藏压力的油田，只要油藏温度不超过 95 ℃即可，因为高于此温度聚合物就会开始降解。地层孔隙度至少应为 18%。岩石的绝对渗透率应不低于 $50\times10^{-3}\ \mu m^2$，低于此渗透率时所需的注入压力将变得太高。绝对渗透率最

好高于 250×10^{-3} μm^2。原油黏度则不应高于 250 mPa s。聚合物驱油工艺通过提高波及效率来增加从油田采出的原油量，但这种工艺不会提高驱替效率。Sheng 等在 2015 年对聚合物驱油现状进行了精彩的技术综述。

10.4 其他提高采收率方法

10.4.1 微生物提高采收率

微生物提高采收率（MEOR）利用的是油藏中天然存在的或筛选出的充分繁殖后能够提高采收率的微生物。微生物可以在地下 1000 m 深的储层中自然生长，甚至蓬勃兴旺，而地下储层中仅存的气体是富含甲烷的天然气，或许还有少量的水蒸气。在几乎任何存在水或水蒸气的环境中，细胞都可以生长。一些细胞在高温下生长旺盛（嗜热细胞），而另一些细胞在历经数百万年后逐渐适应了极低的温度（嗜冷细胞）。厌氧菌是无须氧气即可繁殖的生物。一些厌氧菌在有氧的情况下反倒会死亡，而有一些厌氧菌则对氧气有一定的耐受力。嗜氧菌则必须有氧气才能生存和繁殖。

油藏中天然存在的微生物数量很少，因此不会对油、水、气的正常流动产生任何影响。然而，对它们进行培养，并给予足够、合适的营养物质后，它们就会繁殖，并被流动的储层流体携带到整个储层中。

微生物可以利用以下几种不同的机理提高原油采收率：

（1）代谢过程中释放出气体，提高储层压力，从而有助于驱动储层流体流向采油井；

（2）将原油中较重的组分裂解成较短的碎片，从而降低原油的黏度；

（3）优先在已被波及过的储层区域繁殖和传播，从而将随后注入的驱动液转向至之前未被波及过的区域；

（4）产生一种被称为表面活性剂的化学物质，这种化学物质可改变油、水和地层岩石之间的界面性质，有助于将直到那一刻为止一直无法流动的油滴从地层岩石中驱替出来。

实施 MEOR 工艺时，首先从储层中取出流体样品，然后在实验室内分离和培育其中天然存在的微生物。对于一个可能具有独特微生物的新油田，需要开展研究以确定最适合该微生物繁殖的正确营养物质。然后将微生物及其营养物质一起注入储层，并利用常规水驱方式使其从注入井扩散开。

迄今为止，还没有在哪个油田大规模地应用过 MEOR。随着该技术的进一步完善，小规模试验将继续进行下去。

10.4.2 表面活性剂驱和碱驱

另外两种提高采收率方法都是通过改变油水之间的一种相互作用特性（界面张力）来实现的。在我们考虑如何实现这一点之前，我们先讨论一下什么是界面张力。

想象有一块水平放置的玻璃片，将一滴水置于玻璃片的上表面，这滴水会发生什么情况呢？当水向周围扩散时，水滴会迅速铺展开吗？或者是在玻璃表面上保持一个大致的半球形？答案当然是后一种情况，其原因是水和空气之间的表面张力胜过倾向于让水铺展的重力。与此原理类似，油会在金属板的表面上形成油珠。

之所以产生表面张力，是因为相邻液体分子之间的吸引力倾向于使这些分子凝聚在一起。在一个液滴的核心处，这些力在各个方向上的作用是相同的。然而，包围液体表面分子的其他分子并非是同一类物质。相邻空气相中气体分子对表面上的液体分子的吸引力没有那么大。这就产生了一个合力，其作用是将液体表面的分子向内拉向液体内部。因此，物体穿破界面进入液体内部比沿界面滑动更为困难。这就是为什么一些小昆虫可以在水面上行走，虽然它们的密度比水大。

界面张力是一种类似的现象，当两个液相（如油和水）相互接触时就会产生。当这两个液相存在于多孔性介质（如储层）中时，油滴被移动的水相驱替（如在水驱过程中）的难易程度取决于二者之间的界面张力。如果界面张力高，那么原油将在储层中保持不动；而如果界面张力低，原油就可能会流动起来。因此，降低油水之间的界面张力能够提高水驱工艺的驱替效率。

被称为表面活性剂的化学剂可降低油相和水相之间的界面张力。表面活性剂是长链分子，其两端具有不同的化学结构。一端具有亲水性结构，这意味着它更喜欢被水分子包围；另一端具有憎水性结构，这意味着它倾向于排斥水分子。当含有活性剂的水溶液与油相接触时，活性剂分子会自动定向，使亲水端留在水相中，憎水端进入油相中。活性剂分子在两相之间的桥接作用可以降低界面张力。

表面活性剂驱的目的是降低被圈闭在储层孔隙中原油和水之间的界面张力。这有助于流动的水相将不易流动的油相从孔隙中赶出来。将配制好活性剂水溶液注入储层，然后进行水驱，推动活性剂溶液流过目标地层。在早期表面活性剂驱使用的溶液中，活性剂的含量在2%～10%（质量）之间。由于活性剂价格昂贵，表面活性剂驱是一种成本相对较高的提高采收率方法。然而，近几年来已经研发出新的表面活性剂品种，只需较低的浓度即可发挥作用。

选用的任何表面活性剂都必须在油藏温度下具有化学稳定性，还必须在油藏中存在盐类和其他化学物质的条件下保持稳定。

碱驱通过在储层内部产生表面活性剂来降低油水之间的界面张力。碱类化学剂（如氢氧化钠）可以与原油中天然存在的有机酸发生反应，生成表面活性剂分子；如上所述，由此产生的表面活性剂可降低界面张力。其他碱类包括正硅酸钠、碳酸钠和氢氧化钡。碱驱工艺不应在碳酸盐储层中使用，因为这些储层中的钙会在储层内引发沉淀，导致严重的储层伤害。

10.5 强 化 采 油

20 世纪 90 年代，石油工程师开始谈论强化采油的概念。强化采油技术包括任何可以提高日产量和累积采出量的活动。这不仅包括本章已讨论的提高采收率（三次采油）技术，还包括在老油田钻加密井、水力压裂和钻多分支井。

加拿大的韦伯恩油田于20世纪50年代投产。10年后，日产量达到了7500 m^3（图10.21）。随着油藏压力的降低，产量开始下降，经过30年的运行，日产量下降到只有1500 m^3。于是，在现有井网中实施了加密钻井（垂直井），提高了产量。然后又钻了数口水平井，使产量大幅度提高。再后又实施了二氧化碳驱工艺，日产量 35 年来首次提高到近 5000 m^3，油田恢复了活力，大大延长了其经济开采寿命。

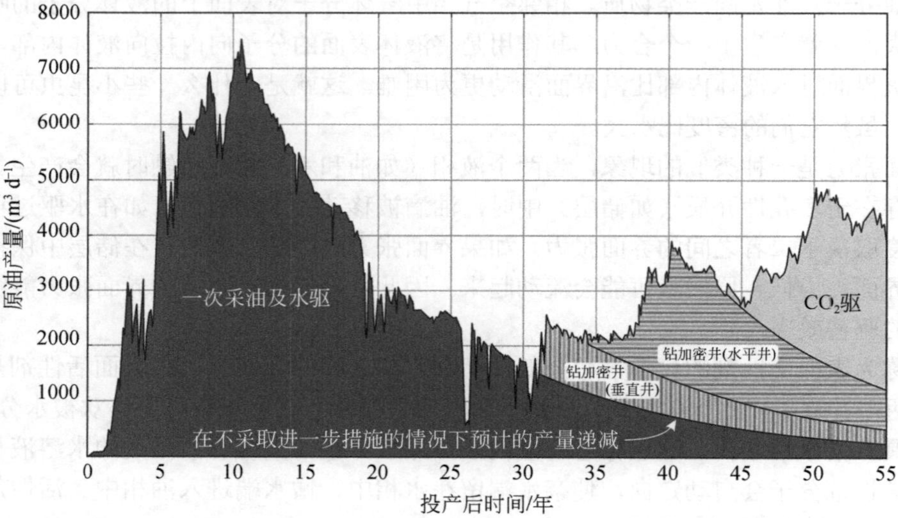

图 10.21　加拿大韦伯恩油田长达 55 年的石油开采历史

开采过程分为四个阶段：一次采油和注水，加密钻垂直井，加密钻水平井，最后是注 CO_2

韦伯恩油田的数据也提醒我们，任何提高采收率作业都将是一个长期项目，额外投入带来的收益只有在项目开始数年后才会逐渐显现。韦伯恩油田已经运行了超过 55 年，并清楚地证实了正确的 EOR 工艺可以带来收益，即使某油田已经持续开发了很长时间。

第 11 章　地面油气处理设备

截至目前，我们讨论了从抽油机到钻头等一系列设备，了解到电潜泵和测井仪器等井下设备的设计既需要满足井下的恶劣条件，还必须保证具有足够小的直径，以便设备能在狭窄的井眼中工作。本章我们将讨论一些主要的地面处理设备，包括泵、压缩机、热交换器、气液分离装置、阀门和测量温度、压力与流量的传感器。尽管这类设备是属于化学工程师的工作领域，但石油工程师需要对它们的用途和功能有基本的了解。对这些设备本章只简短介绍，感兴趣的读者可以在《化学工程基础知识》（*Chemical Engineering Explained*，英国皇家化学学会 2018 年出版）一书中获得更详细的信息。

11.1　设备制造材料

任何接触到储层流体（即原油、天然气和地层水）的设备，其原材料必须在所有预期的作业条件（包括高温、高压）下仍能保持其完整性。储层流体中的硫化合物都具有很强的腐蚀性，因此，如果预计设备将暴露在含硫流体中，则必须谨慎选择合适的设备制造材料。

钢是铁和碳的合金，有时加入一些其他元素使钢的性质略有不同。自 1855 年，Henry Bessemer 获得第一项炼钢工艺的专利以来，人们已经能够用相对较低的成本大规模生产钢材，并广泛使用钢材。由于钢的抗拉强度高，在制造业中被大量使用。钻杆、套管和油气工业中使用的几乎所有其他设备都是用不同配方的钢制成的。

不锈钢是含铬量至少为 10.5%（重量）的铁铬合金。由于其耐腐蚀和耐热的特性，不锈钢被应用于油气工业的各个环节，包括炼油化工。如果在铁铬合金中再加入其他元素，如镍、锰、硅、钼和氮，就可以生产出多种不同等级的不锈钢。不锈钢的等级是根据其成分来划分的，每个等级都有其独特的物理和化学性质。工程师有能力选用最合适的不锈钢等级，以满足特定作业的要求。一些公司制定了严格的指南，以规范针对特殊作业条件下不锈钢类型的选择。

世界上最常用的不锈钢等级是 304 型，这是一种无磁钢，可以很容易地加工成各种形状。304 型不锈钢含有 18%～20%铬、8%～11%镍、约 2%锰、1%碳，以及少量的磷和硫，其余则全是铁。尽管大多数情况下 304 型钢都耐腐蚀，但在高温、含氯离子的环境中，它很容易因点蚀或其他形式的腐蚀而被破坏。

在高含硫和二氧化碳的工况下，可能需要使用 Inconel（铬镍族合金）中的一种。不锈钢是一种以铁和铬为主要组成的合金，而 Inconel 是镍基合金，铬是第二大主要成分，其中并不含铁。同不锈钢一样，Inconel 也有一系列明确分级，每个等级都具有不同的性能。除了镍和铬之外，Inconel 还可能包括一定量的钼、铌、钴、锰、铜、铝、钛、硅、碳和硫。

Monel（蒙乃尔合金）是镍铜合金，取决于其等级，还可能含有铁和锰。Monel 以其高度耐腐蚀性而著称。Hastelloy（哈斯特洛伊镍基合金）是另一个具有高度耐腐蚀性的镍基合金家族。Hastelloy 也含有其他元素，包括钼、铬、铝、碳、钴、铜、铁、锰、钛、钨和锆。

另一类重要的非金属材料是陶瓷，其特点是硬而脆。陶瓷抗压能力强，抗拉能力弱；但在高温下，当其他材料开始软化时，陶瓷仍能保持其强度。陶瓷有多种不同类型，每一种都是由不同的元素组成的，各自有其独特的性能。陶瓷在石油勘探开发和炼化工业中都有特殊用途。

11.2　泵与压缩机

泵是一种机械装置，通过给液体增加能量来促使液体流动。这种能量通常是增压——泵以一定的压力吸入液体，以更高的压力排出液体，压力增加的幅度被称为泵的压头，它取决于一系列因素，包括泵的类型、尺寸和样式，以及被输送液体的特性，泵的实际排量还取决于将液体排入何种系统。当今工业上常用的两种泵的主要类型是离心泵和正排量泵。正排量泵常用于井下，在第 8 章中已经介绍了其中的几种，包括杆式泵、螺杆泵和自动柱塞系统。地面主要使用离心泵，因此这里将进行更详细的讨论。

离心泵有一系列额定流量和尺寸，由不同材料制成，以满足不同的工业需求。为给定工况选择特定泵时须考虑的主要因素如下。

（1）所需泵排量，通常用体积流量表示。该因素是选择泵的尺寸时需考虑的最主要因素，同时也是选用大泵还是选用多个并联运行的小泵的决定性因素。

（2）所需的泵排放压力。排量也会影响此压力，如果所需的排量翻倍，很可能会要求排放压力至少翻倍。

（3）泵送液体的特征中最重要的是黏度和密度。泵送腐蚀性液体要求使用特殊材质的泵。液体中携带的任何沙子或其他固体颗粒都会对泵造成伤害。尽管可以用过滤器滤掉沙子以保护泵，但可能仍有必要选用耐冲蚀和磨蚀的泵。

（4）有些工况下是间歇性地使用泵，不是连续使用。间歇性使用的泵更容易被腐蚀，原因在于液体在泵腔内静止时，腐蚀性液体的危害性更高。

（5）不同公司会选用不同厂家的泵，甚至选用某一特定型号的泵。将选泵限定在同一制造商将大大节省维护成本，因为方便替换，配件和维修也具有通用性，进而提高效率。

离心泵的关键部件是旋转叶轮，如图 11.1（a）所示。液体通过位于旋转叶轮轴线上的端口从泵的一侧被吸入。当液体在离心作用下高速向外抛出时，即可获得更高的动能。该动能在排放口转化为压力能，导致液体压力大幅度增加。液体从泵的中心通过叶轮的弧形叶片抛出，并在蜗形泵壳内的流道中聚积，流道在接近排放口时逐渐变大。图 11.1（a）所示的叶轮仅显示 8 个叶片，实际上可能更多，叶片越多，泵内产生的紊流水平越低，离心泵的排放连续而平稳，无压力波动。泵的叶轮固定在一个轴上，由电动机带动旋转，图 11.1（b）是电动机。液体通过水平管子吸入泵内，通过垂直管子向上排放出去。

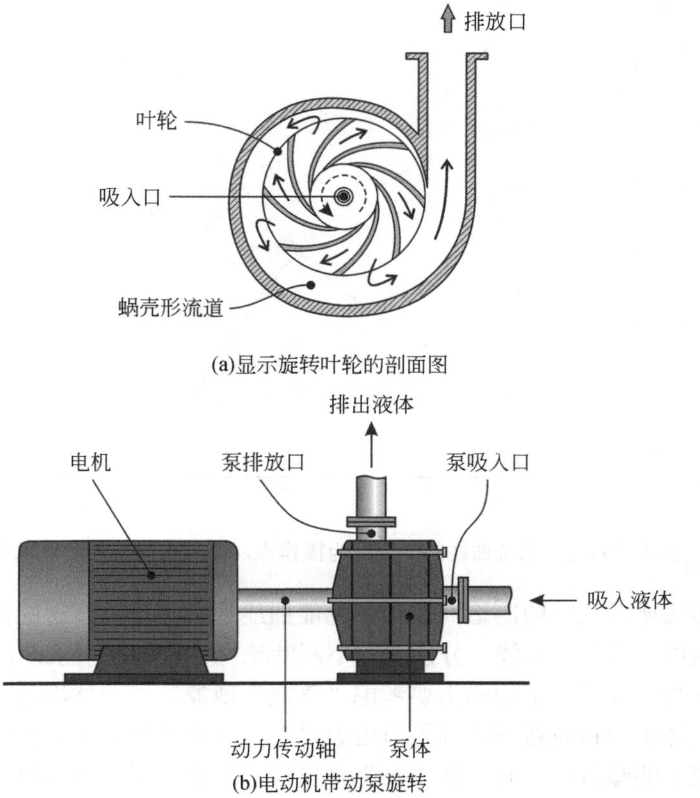

图 11.1　向上排放的离心泵

通常泵以恒定速度运转，如果需要，叶轮的转速可以改变，如果泵况长时间内发生变化，可以打开泵的外壳，将叶轮换为叶片数量不同、叶轮外径不同等其他不同的样式。

泵的排量随排放压力而变化，这是泵的一个特性，称为泵的性能曲线。当排放压力降低时，泵的排量会增加，即同一台泵既可以提供较高的排放压力（排量较小），又可以提供较高的排量（排放压力较低），或者处于中间某个状态。图 11.2 显示了一台离心泵的典型性能曲线。曲线的位置将取决于流体性质（如密度和黏度）、叶轮尺寸和样式、叶轮的转速。

为了使液体能够流过管道、阀门和配件，管道高度也可能增加，泵必须具有一定的排放压力。由于流动能量（包括势能和动能）的变化，以及管壁、阀门和配件引起的摩擦，需要一定的排放压力来克服流动阻力。所需的压力将随着流过系统的排量的增加而增加。第 7 章中给出了驱使流体流过管道系统所需压力的计算示例。将驱使液体所需的压力作为排量的函数作图，即可得到系统的操作曲线。离心泵的典型性能曲线与系统的操作曲线一起绘制在图 11.2 中。两条曲线的交点就是系统的操作点。该点给出了在系统中泵能够提供的体积排量，以及泵的排放压力。

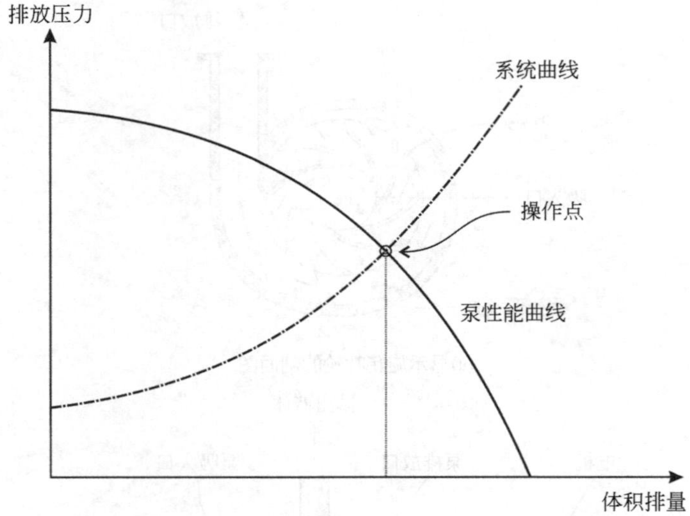

图 11.2　泵性能曲线与系统曲线的交点即为操作点，该点告诉我们泵可以提供的排量

泵的性能曲线通常从泵的制造商获得。性能曲线通常假设被泵送的液体是水。一般来说，制造商会提供一组性能曲线，分别表示不同叶轮尺寸和转速下泵的性能。

特定工况下泵的选择，工程师需要考虑“气穴”现象。当液体沿着旋转叶片间的间隙流经叶轮时，流体压力将短暂下降到入口压力以下，然后才能增压至出口压力。当液体的压力降至该温度下的蒸汽压下时，就会发生“气穴”。由于原油的多组分特征，当叶轮内流体压力下降时，很可能会降至其中一种组分的蒸汽压以下，此时该组分就会闪蒸并产生蒸汽，形成无数气泡，气泡通过泵时，压力上升，气泡破裂便发生内爆，由此产生的冲击波尽管幅度不大，但当无数次重复就会对叶轮和泵的主体产生明显的应力和磨损，泵的叶轮最容易出现“气穴”造成的表面疲劳和应力腐蚀；气泡的突然形成和破裂，还会导致气泡表面出现非常高的温度和压力。工程师设计泵时需要考虑防止气穴现象，因为它会明显缩短泵的使用寿命。

压缩机与泵的工作原理在许多方面相似，因为其功能也是提升流体的输送压力。关键区别在于被输送的流体是气体还是液体。液体通常不可压缩，液体所占的体积不会随压力的增加而变化，而气体具有可压缩性，提升压力会导致气体的体积和温度发生显著变化，而温度的变化更值得注意。

油气工业中使用的压缩机大多都是离心式压缩机，其工作原理与离心泵非常相似。气体压力在压缩机壳体内的旋转叶片内被提升，但热力学告诉我们，压力提升将伴随着温度的显著升高，气体升温显著，将导致压缩机严重发热而无法安全运行，为了防止这种情况发生，通常对气体分阶段进行压缩，各阶段之间予以冷却，如图 11.3 所示。

压缩机的出口压力（P_{outlet}）与进口压力（P_{inlet}）之比称为压缩比（R）：

$$R = \frac{P_{\text{outlet}}}{P_{\text{inlet}}} \tag{11.1}$$

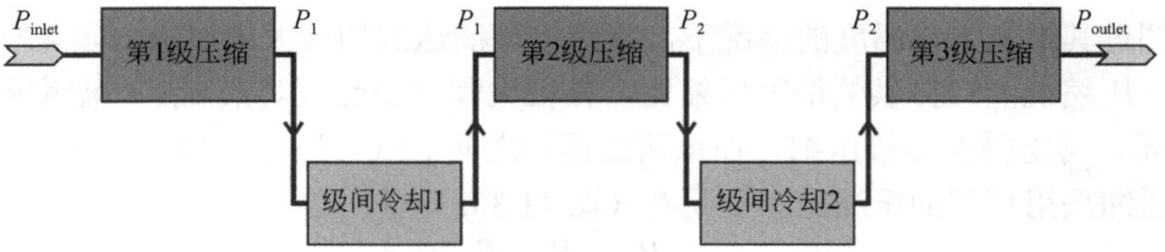

图 11.3　三级压缩系统（带有两个级间冷却器）

显然 R 大于 1，而且应该尽可能大。气体通过压缩机时的升温幅度可用式（11.2）计算：

$$\frac{T_{outlet}}{T_{inlet}}=\left(\frac{P_{outlet}}{P_{inlet}}\right)^{\frac{n-1}{n}} \tag{11.2}$$

式中，T_{inlet} 和 T_{outlet} 分别为压缩机进口和出口处的绝对温度，通常用 K 表示；n 为多方指数，对于给定的气体和压缩机的组合，通常由实验确定。在多种情况下，多方指数可以取值 1.4（空气的 n 值）。

例子 11.1

假设气体在 40 ℃的温度下进入压缩机。如果压缩比达到 3.0，出口温度将是多少？

在缺乏具体数据的情况下，我们假设多方指数等于 1.4。重新排列式（11.2），可得到出口温度的表达式：

$$T_{outlet}=T_{inlet}\left(\frac{P_{outlet}}{P_{inlet}}\right)^{\frac{n-1}{n}} \tag{11.3}$$

我们知道，40 ℃相当于绝对温度 313 K。将已知数据代入式（11.3）可以得到：

$$T_{outlet}=313\text{K}(3.0)^{\frac{1.4-1}{1.4}}\ \text{K}=428\ \text{K}$$

将该温度转换成摄氏度，得到：

$$T_{outlet}=(428-273)\ ℃=155\ ℃$$

例子 11.2

现在考虑一台最高工作温度为 110 ℃的压缩机，如果进口温度为 22 ℃，进口压力为 200 kPa，在不超过其最高工作温度的情况下，压缩机能够达到的最大出口压力是多少？仍旧假设 $n=1.4$。

首先，重新排列式（11.2），出口压力的表达式为

$$P_{outlet}=P_{inlet}\left(\frac{T_{outlet}}{T_{inlet}}\right)^{\frac{n}{n-1}} \tag{11.4}$$

我们知道：

$$T_{inlet}=22\ ℃=295\ \text{K}$$
$$T_{outlet}=110\ ℃=383\ \text{K}$$

将这些值代入式（11.4）可得

$$P_{outlet}=200\ \text{kPa}\left(\frac{383\ \text{K}}{295\ \text{K}}\right)^{\frac{1.4}{1.4-1}}=499\ \text{kPa}$$

在不超过其最高工作温度的情况下，压缩机可能达到的最大出口压力是 499 kPa。

因此，压缩机能够提供的最大压缩比，在很大程度上受到其最高工作温度的影响。如图 11.3 所示，可能需要多级压缩，在每两级压缩之间对气体进行冷却。在进行这类作业时通常各级压缩采用相同的压缩比。于是有（图 11.3）：

$$R = \frac{P_1}{P_{\text{inlet}}} = \frac{P_2}{P_1} = \frac{P_{\text{outlet}}}{P_2} \tag{11.5}$$

例子 11.3

如果三级压缩机每一级的压缩比都能达到 3.2，那么，三级压缩系统总的压缩比是多少？

由于各级的压缩比相同，那么有

$$R_{\text{overall}} = R_1 \times R_2 \times R_3 = 3.2 \times 3.2 \times 3.2 = 32.8$$

如果进入压缩机第一级的气体压力在 100 kPa 左右，那么离开第三级（即最后一级）的气体压力为

$$P_{\text{outlet}} = 32.8 \times 100 \text{ kPa} = 3.28 \text{ MPa}$$

11.3 热交换器

用于压缩机的各级间冷却气体的冷却器是热交换器。热交换器是用于两种流体间传递热量的装置。大多数情况下，这两种流体彼此分离，热量通过一个界面传递，如果需要对热流体（如流出井筒的热油流）降温，可能会利用冷却水，热量从热流体传递到冷水中，油温下降，水温上升；或者，如果需要对某种流体加热，热水或蒸汽则会被用作加热介质；甚至可能通过冷却某个流体来加热另一个流体。

最简单的热交换器类型是双管热交换器，如图 11.4 所示。双管热交换器由两个同心管组成。一种流体流经内管，称为管侧流体；另一种流体流经内外管间的环形空间，称为壳侧流体。热量通过内管壁传导，冷却较热的流体，加热较冷的流体，两种流体的温度变化幅度不仅取决于它们进入热交换器时的初始温度，还取决于两种流体的流速和物理性质，取决于热交换器的尺寸和结构。通常，双管热交换器被分为两段，如图 11.4（b）所示，以便两个进口和两个出口位于同一端，可以将多个换热单元组合在一起，增加可利用的换热面积。

双管热交换器既可以使管侧流体和壳侧流体以同方向流动（称为同向流），也可以使两种流体以相反方向流动（称为逆向流）。这两种流动模式如图 11.5 所示。

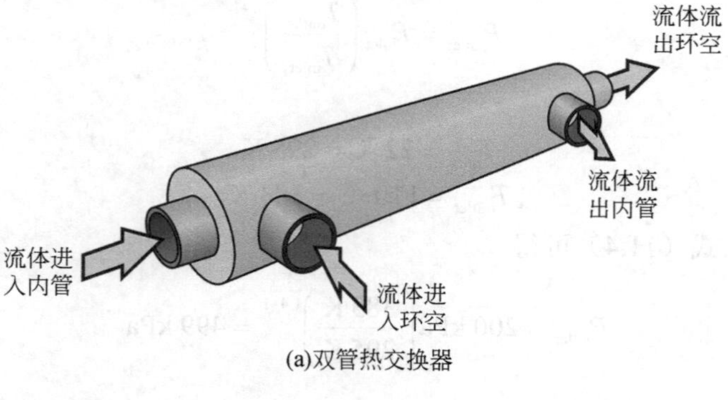

(a)双管热交换器

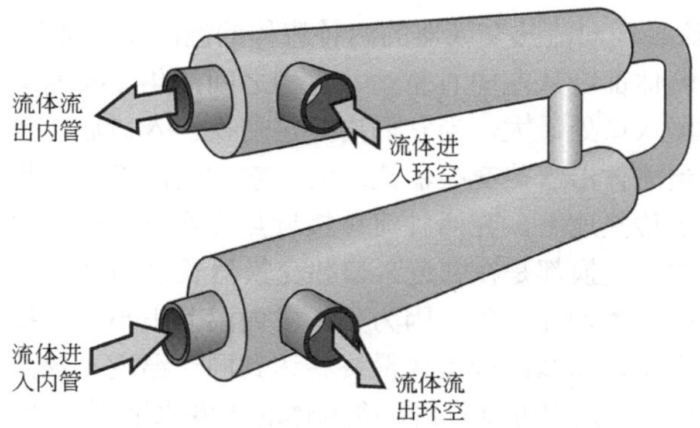

(b)U形串联双管热交换器

图 11.4　双管热交换器类型

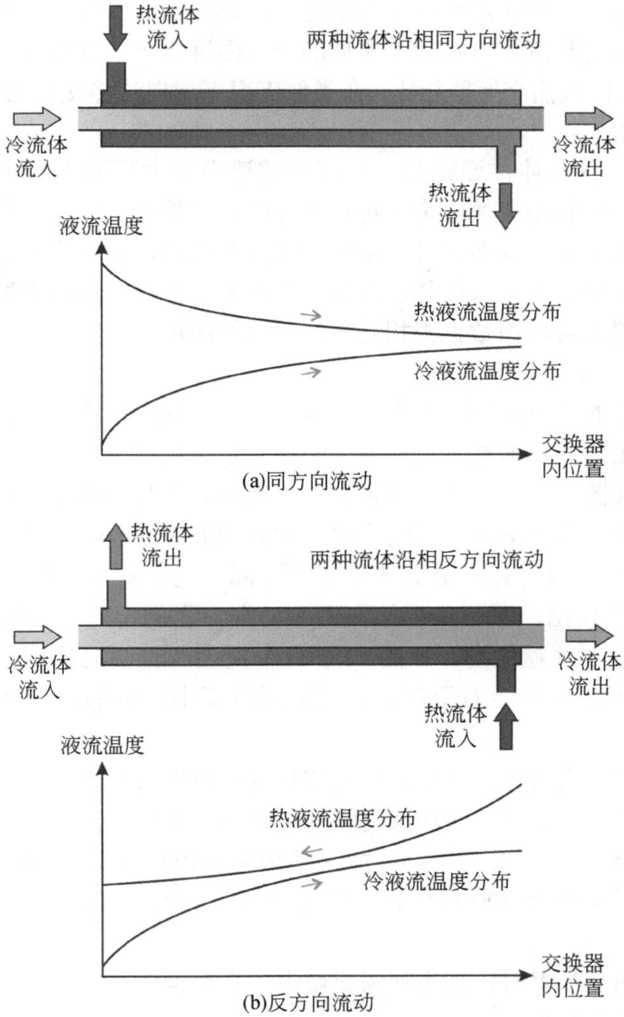

图 11.5　双管热交换器和温度变化曲线

现在，我们考虑流经同向流热交换器的两种流体的温度变化曲线。如图 11.5（a）所示，位于管壁两侧的两种流体都是从左向右流动，它们之间的热交换速率是由二者的温差决定的，该温差在热交换器入口处最大，当它们离开热交换器入口后，热流体迅速冷却，冷流体迅速升温。然而，当流体沿着热交换器流动时，它们的温度开始相互接近，二者之间的温差减小，从而降低了传热速率，在两种流体接近热交换器出口端时，几乎不再有热量交换。实际上，大部分的热交换都是在邻近入口热交换器长度的 1/4 内发生，将热交换器长度增加一倍并不会使换热量增加一倍，因为延长段内温差很小，对换热量贡献也很小；如果使用特别长的热交换器，那么两种流体最终将达到同一温度，该温度值将取决于两种流体的流量及其物理性质。但我们可以确信，冷流体的温度永远不会超过热流体的出口温度；或者说，热流体的温度永远不会低于冷流体的出口温度。

现在我们考虑与前段所述相对应的情况，逆向流热交换器，如图 11.5（b）所示。逆向流热交换器是冷的管侧流体从热交换器左端进入，而热的壳侧流体从右端进入，逆向流热交换器的优点是可以将热流体冷却到冷流体的出口温度以下，并将冷流体加热到热流体的出口温度以上。与同向流热交换器相比，在类似工况下逆向流热交换器通常换热效率更高，需要的换热面积更小。

热能或热量从一种流体传递到另一种流体的速率很大程度上取决于可用于传热的面积。在实际应用中，双管热交换器是不符合实际的，其单位长度的传热面积相对较小，因此必须设计为很长的装置。取而代之的是壳管式热交换器，从概念上它与双管热交换器相似，只是外管被直径更大的壳所代替，而单个内管被一束更细的内管所取代，外壳的直径可能超过 1 m，内管束可以由数百根相互平行的细管组成。壳管式热交换器的主要特征见图 11.6 和图 11.7。

壳管式热交换器的换热面积取决于管束内管的数目及其直径，直径在 60 cm 以下的外壳通常由厚壁管加工而成，但更大尺寸的外壳通常由轧钢加工而成。管侧流体通过进口缓冲室进入热交换器（图 11.6），然后分散开，以相对均衡地分布流过每一根内管，汇集在离开交换器之前的出口缓冲室中。壳侧流体通过壳体上的一个端口进入，在各个内管的间隙流动，经另一端的端口离开。沿着热交换器每隔一定距离设置的挡板有助于确保壳侧流体流经所有内管的周围，而不是直接在两端的端口之间窜流。交换器也可以设计成让管侧流体沿着热交换器往返流动。如图 11.6（b）所示，管侧流体可通过上半部分的内管从进口缓冲室流入回流室（自右至左），然后通过下半部分的内管回到出口缓冲室（自左至右）。

在热交换器内部，内管可以以规则的正方形或三角形的方式排列（图 11.7）。相邻管中心线之间的距离称为管心距，而相邻内管外壁之间的距离称为管间距。

壳管式热交换器有一个重要优点：如果某根内管出现泄漏，那么在维修时可以将漏管的两端封堵，如管束中有 200 根内管，而需要封堵 2 根，那么只会减少 1%的可用换热面积。

在设计壳管式热交换器时，工程师需要做出一系列重要决策：

（1）壳体的直径和长度；

（2）内管的直径和壁厚；

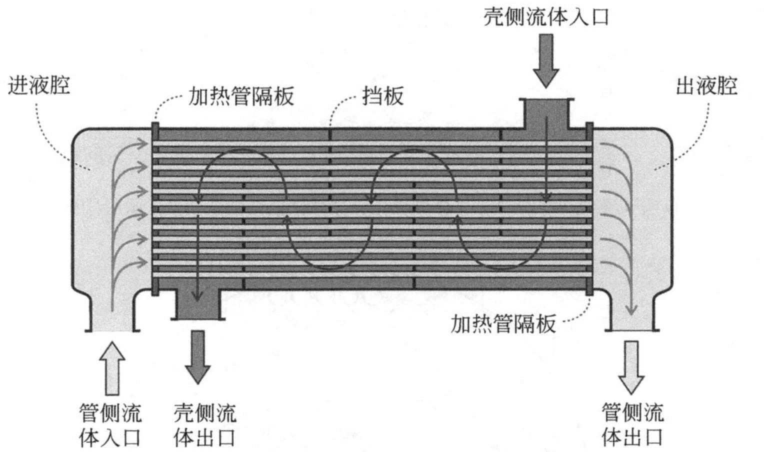

(a)管侧单程流动壳管式热交换器

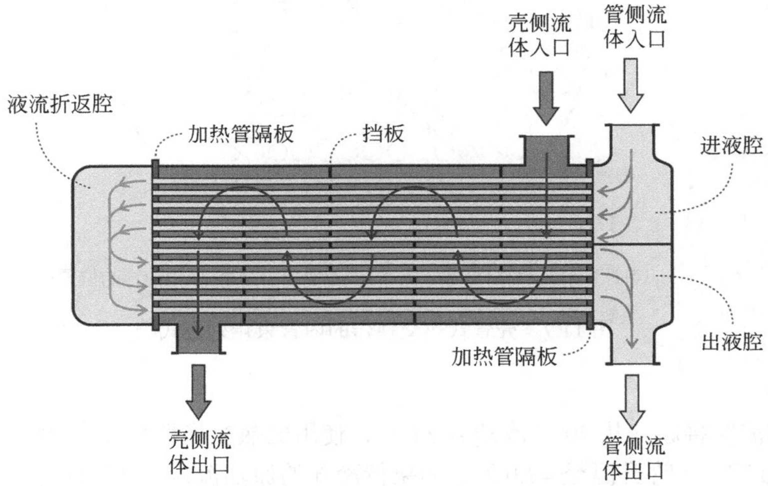

(b)管侧往返流动壳管式热交换器

图 11.6　壳管式热交换器

（3）内管的排列方式（正方形、菱形或三角形）及其间距；

（4）两种流体中哪一种作为管侧流体，哪一种作为壳侧流体；

（5）管侧流体和壳侧流体流过热交换器的次数（单向还是双层）；

（6）内管的数量；

（7）挡板的类型、数量及间距；

（8）内管、壳体、隔板等部件的制造材料；

（9）缓冲室的样式。

在做这些决策时，工程师需要知道两种流体的流速，进口与出口的温度数据。

现在我们考虑一个有关壳管式热交换器的简单计算示例。

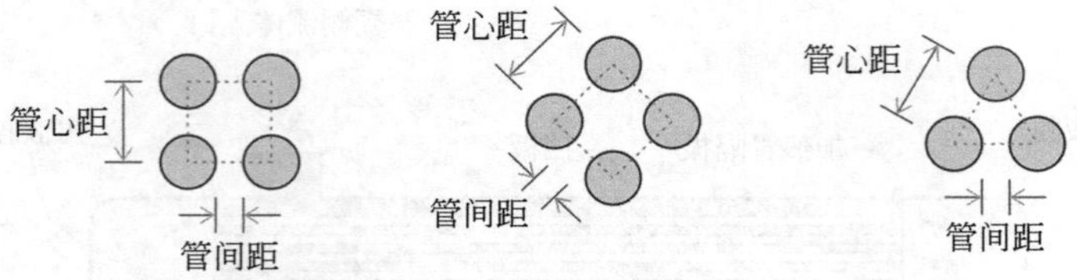

(a)正方形排列　　(b)倾斜正方形排列　　(c)三角形排列

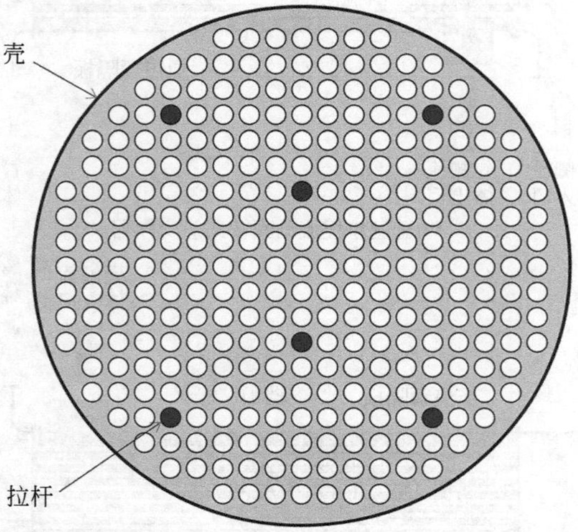

(d)管束布局示例(显示了由293根管组成的管束中6根拉杆的位置)

图 11.7　壳管式热交换器的内管束排列方式

例子 11.4

假设我们需要将原油从 70 ℃冷却到 31 ℃，使用的热交换器如图 11.8 所示。可用的冷却水温度为 20 ℃，允许升温至 42.0 ℃。如果待冷却的原油流量是 18×10^3 kg h^{-1}，那么冷却水的流量应该是多少?

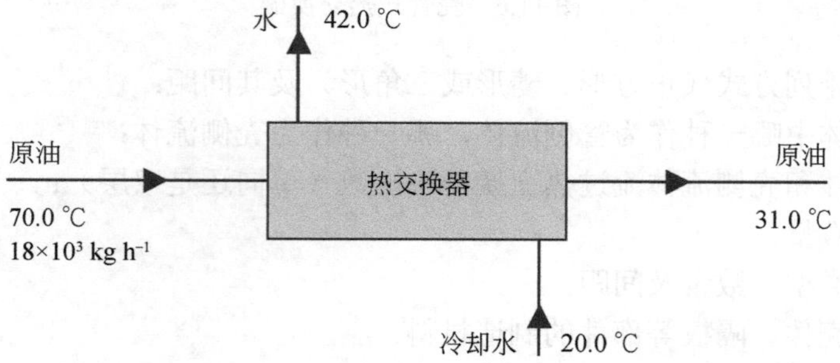

图 11.8　所需的冷却水流量是多少（例子 11.4）

如果我们假设原油释放出的所有热能都被冷却水所吸收，没有热量流失到周围环境中，那么，简单的能量平衡可用式（11.6）表示：

原油释放的热能 = 冷水吸收的热能　　（11.6）

原油释放出的热量为

$$\dot{m}_{oil}C_{P_{oil}}(T_{oil,in}-T_{oil,out}) \tag{11.7}$$

式中，$\dot{m}_{oil}$ 为原油流经热交换器的质量流量；$T_{oil,in}$ 和 $T_{oil,out}$ 分别为原油的进口和出口温度；$C_{P_{oil}}$ 为油的比热容，即单位质量的原油上升单位温度所需要的热量。对于原油我们取值 1.70 kJ kg^{-1} $℃^{-1}$，这意味着将 1 kg 原油升温 1 ℃，就需要 1.70 kJ 的热量。

冷却水获得的热量为

$$\dot{m}_{water}C_{P_{water}}(T_{water,out}-T_{water,in}) \tag{11.8}$$

式中，$C_{P_{water}}$ 为水的比热容，等于 4.18 kJ kg^{-1} $℃^{-1}$。

两个表达式相等，因而有

$$\dot{m}_{oil}C_{P_{oil}}(T_{oil,in}-T_{oil,out})=m_{water}C_{P_{water}}(T_{water,out}-T_{water,in}) \tag{11.9}$$

重排此公式，可得到 $\dot{m}_{water}$ 的计算公式：

$$\dot{m}_{water}=\frac{m_{oil}C_{P_{oil}}(T_{oil,in}-T_{oil,out})}{C_{P_{water}}(T_{water,out}-T_{water,in})} \tag{11.10}$$

将各个已知数代入此公式可得

$$\dot{m}_{water}=\frac{18\times10^3\times1.70\times(70.0-31.0)}{4.18\times(42.0-20.0)}\text{ kg h}^{-1}=13\times10^3\text{ kg h}^{-1}$$

所以，所需的冷却水流量是 13×10^3 kg h^{-1}。

11.4　气液分离器

到达地面的储层流体通常是液体和气体的混合物。在碳氢化合物可以远距离运输或加工前，第一个重要的步骤是气液分离，有多种类型的装置可实现此目的。这里，我们将讨论两种类型的分离器——用于井筒产出的液气流分离油、气、水的三相分离器，用于去除天然气中携带的少量液体的脱液罐。

三相分离器有多种不同的设计样式，这里我们讨论一种水平的、圆柱形的压力容器分离器。分离作用的原理是因为三相的密度各不相同，水比油重，所以会沉到容器底部，而气体会上升到容器顶部，油的密度居中，自然会处于分离器的中间部位。

如图 11.9 所示，油、气、水混合物从一端进入分离器。该液气流会撞击入口处的一个挡板，这种撞击作用有助于从气体中分离出一些液滴，在分离器主体内，油、气、水三相逐渐相互分离，水在底部，天然气上升到顶部，油和油水乳状液在水层和气层之间，从分离器底部将水排出，油水乳状液的最上层基本上是油，经过一个隔板的顶上溢出，流入分离器的另一个区域，该区域内只有油，油也通过分离器底部的一个出口排出，在远离入口处，分离器上部被一个脱液网分为两个部分，当气体流向气体出口时，其携带的任何液滴都会被脱液网捕获，落到下部液体层，经上部出口离开分离器的只有气体，不会夹带任何液体。

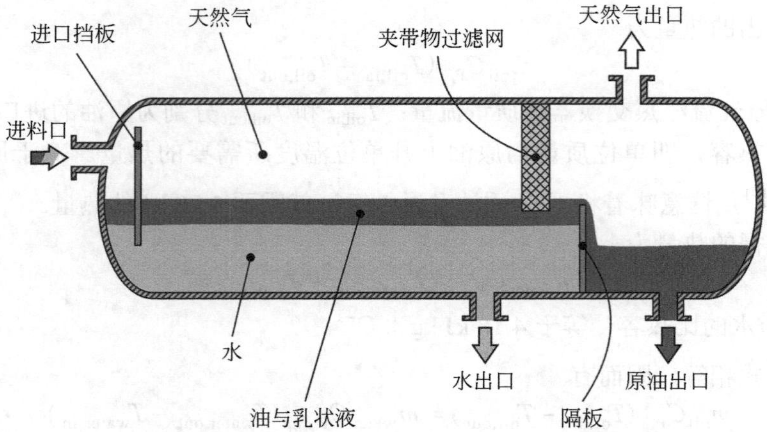

图 11.9　三相分离器简图

分离器内的液位由传感器密切监测，输出的信号被传送到控制机构，由此控制油和水在分离器中的排放量。这样可以确保液位维持在正常范围内，而不会有太大的波动。显然，我们必须确保水位不会上升得太高，以至于越过隔板溢出，流入原油区域。

脱液罐的作用是从以气体为主的产出流体中除去少量液体。典型脱液罐的剖面图如图 11.10 所示，该罐由一个直立的圆柱形压力容器组成，其顶部和底部分别有气、液排出

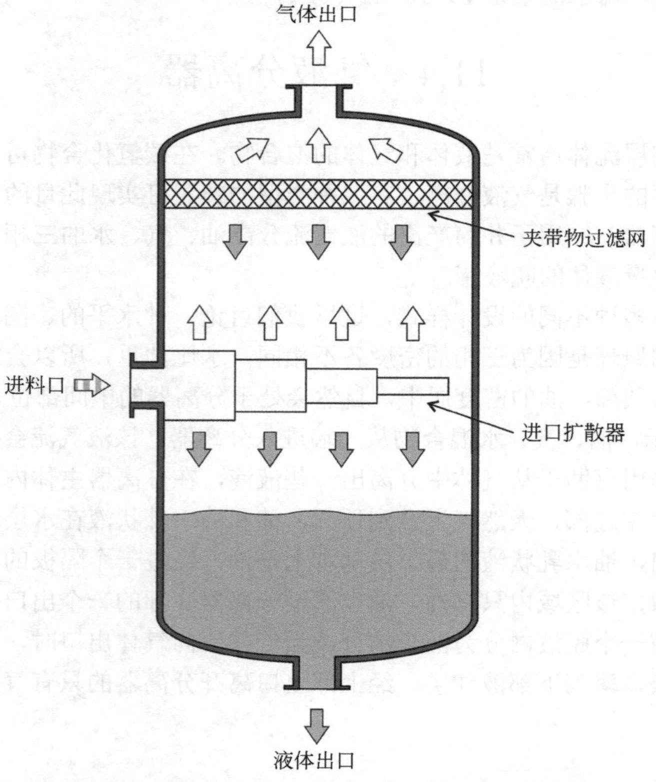

图 11.10　用于气液两相分离的气液分离器（也称脱液罐）

口。气流由侧面进入脱液罐，在重力作用下发生分离，气体上升至罐顶，液体下沉至罐底，罐的上部横跨一个脱液网（夹带物过滤网），以确保在气流中夹带的所有液滴被挡住，落入液体区。液位高度由自动控制器密切监控，可调节液体的排放量，为保证脱液罐正常工作，罐中必须始终保留一定量的液体，否则气体可能会从底部出口逸出。

11.5　管子与阀门

管子的作用是在一定压力下安全地输送流体。管子可以是无缝的，也可以是焊接的，大多数大直径管子都是焊接的。无缝管是通过铸造、挤压或锻造和镗孔制成的。焊接管由金属板卷成圆柱形，然后再焊接，形成特有的接缝。

尽管管子可以加工成任意长度、直径和壁厚，而且几乎可以用任何材料制造，但业界已经对管子的尺寸和材质进行了标准化。目前世界范围内采用的管子标准是由美国机械工程师学会（ASME）发布的。表 11.1 给出了其中一小部分标准管子的尺寸，还有更多的中等和较大尺寸的管子可供选择。尺寸也会根据制作管子的材料而有所不同。

表 11.1　三种不锈钢管子尺寸规范

公称尺寸/in	外径/mm	壁厚/mm			内径/mm		
		10S	40S	80S	10S	40S	80S
1/4	10.30	1.65	2.24	3.02	7.00	5.82	4.26
1/2	21.34	2.11	2.77	3.73	17.12	15.80	13.87
3/4	26.67	2.11	2.87	3.91	22.45	20.93	18.85
1	33.40	2.77	3.38	4.55	27.86	26.64	24.31
2	60.33	2.77	3.91	5.54	54.79	52.50	49.25
4	114.30	3.05	6.02	8.56	108.20	102.26	97.18
6	168.28	3.40	7.11	10.97	161.47	154.05	146.33
8	219.08	3.76	8.18	12.70	211.56	202.72	193.68
10	273.05	4.19	9.27	12.70	264.67	254.51	247.65
12	323.85	4.57	9.53	12.70	314.71	304.80	298.45
18	457.20	4.78	9.53	12.70	447.64	438.14	431.80
24	609.60	6.35	9.53	12.70	596.90	590.54	584.20

通常用公称内径来表示管子的尺寸。公称直径为 2 in（即 50.80 mm）的管子，其外径为 60.33 mm。10S 不锈钢管的壁厚为 2.77 mm，因此，内径为 54.79 mm。切记，要扣除管子两侧的管壁，即 60.33−2×2.27=54.79。40S 不锈钢管的壁厚稍厚，为 3.91 mm，内径为 52.50 mm；而 80S 不锈钢管的壁厚为 5.54 mm，内径为 49.25 mm。这些所谓直径为 2 in 的不锈钢管其内径均不是 2 in。表 11.2 中只列出 10S、40S 和 80S 三种钢材管子，其他类型的不锈钢管有不同的壁厚。

工程师经过精细计算得出特定工况下的最佳内径，如 21.0 mm，但随后需要选用直径为 18.85 mm、20.93 mm 或 22.45 mm 的管。

阀门用于调节流体在管道中的流量。它可以通过完全封堵管道来隔离设备，或者可以调节流经管道的流量。阀门既可以在现场手动操作，也可以在远程自动或利用按钮控制。在石油和天然气行业中，最常见的三种阀门类型是闸阀、截止阀和球阀，这里我们将简要介绍。

闸阀利用一个楔形闸板，该闸板可在管道内的流动横截面上移动，使其能够完全切断液气流（图 11.11）。在关闭位置，闸板位于阀座内，完全阻隔流动；在开启位置，闸板被收回到流道一侧。在图 11.11 中，通过转动手轮来上提或下放闸板；在实际应用中，可以用电动或气动启动器取代手轮，以便实现远程操作，或由自动控制信号启动。

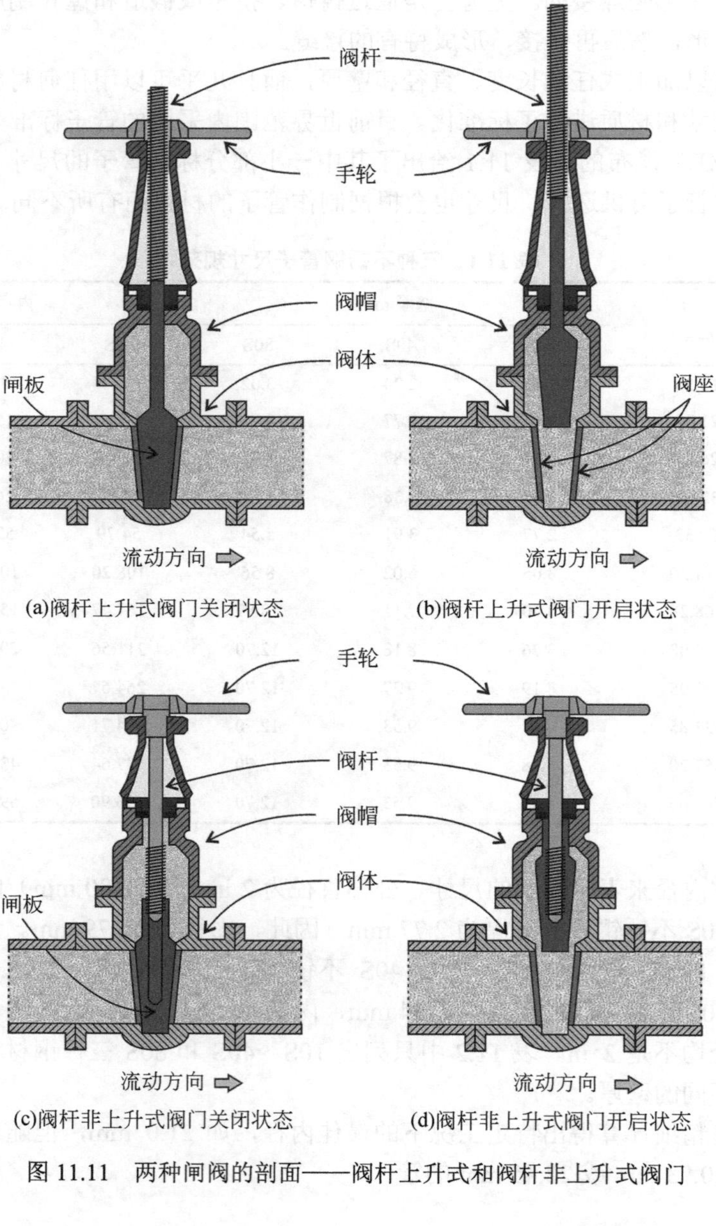

图 11.11　两种闸阀的剖面——阀杆上升式和阀杆非上升式阀门

阀门闸板位置的可视化指示器是很有用的——阀门是否处于关闭状态？如果处于开启状态，开启程度如何？阀门的位置可以通过阀杆上升的高度来指示，如图 11.11 的上半部分所示，也可以采用非上升阀杆阀门。闸阀可以水平安装或垂直安装。闸阀在切断液气流方面效果很好，在调节流量方面用处不太大。

截流阀的名称来源于阀体的外部形状。截流阀由两个被圆盘隔开的腔室组成（图 11.12）。在关闭位置，圆盘位于一个阀座上，可阻止流体流过阀门，开启阀门时，通过转动手轮、旋转阀杆来提起圆盘，截流阀用于调节流量，然而，完全开启的截流阀两侧的压降要比类似的闸阀高得多，在安装截流阀时，可让流体沿任意方向流过阀门；如果在高压下操作，最好将较高的压力置于圆盘顶部，图 11.12 中表明流动是从右向左，在大直径管道上使用截流阀时，阀杆应垂直安装。

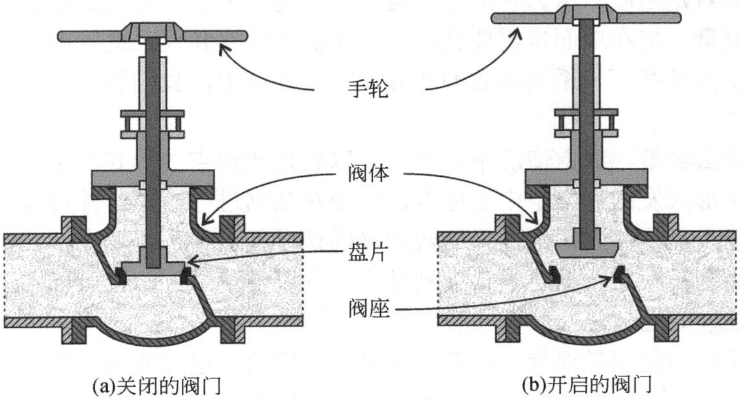

图 11.12　一种典型的截流阀剖面

图 11.13 所示的是一种典型的球阀，球阀的关键部件是一个中心带有镗孔的球体，镗孔的直径与管道的内径近似，球被固定在一个与该镗孔平行的手柄上。球和手柄可以绕球的轴线自由旋转 90°，当手柄与管道平行时，阀门处于全开状态，当手柄旋转 90°时，阀门

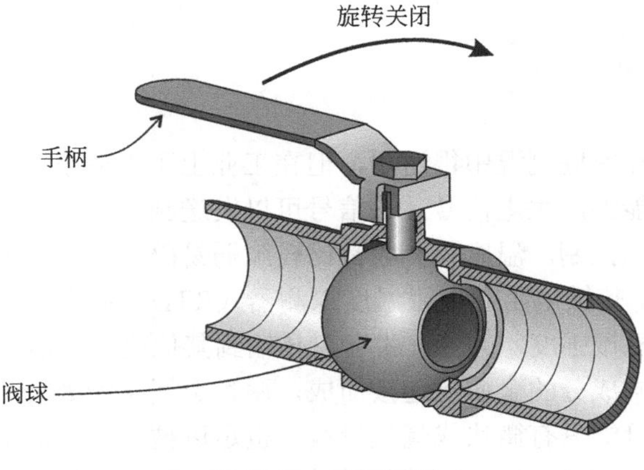

图 11.13　球阀剖面

处于全闭状态。球阀能够很好地显示阀门的开启状态，当阀门完全打开时，造成的压降很小；球阀可以通过扭转手柄在瞬间完全关闭，而闸阀和截流阀可能需要多次旋转手轮；球阀调节流量的能力很差，如果球阀迅速关闭，管道中很容易产生流体锤击作用，即流体突然停止流动会导致流体的冲量撞击阀门和管道。

上述所有阀门都有标准尺寸，可与所有标准管道配合使用。各公司通常会有自己的偏好，倾向于选用特定的阀门类型和制造商。

11.6　传感器和压力计

在一口井从钻井、完井到采油的整个生命周期中，准确测量若干参数是至关重要的。其中最重要的参数是温度、压力和流量，这些参数通常需要在井底的恶劣环境中使用专业性传感器进行测量，但在地面也需要使用更传统的传感器和仪表进行测量。我们已经介绍了一些专门用于测量井下一系列参数的测井设备。本节中，我们将集中讨论地面上使用的测量设备。

无论测量什么参数，通常情况下，数据将以表盘或数字的形式显示在设备上或设备附近，并将以数字形式发送到一个中心地点，以便对数据进行监控，并可能将这些数据用于过程控制。现场人员将使用本地显示的数据来确认过程运行是否安全，并在出现不安全迹象时立即采取措施。数字数据将被传输到某个位置以便记录，但也可以用于控制单井、整个油田或某些过程的运行。

测量精度反映的是测量误差，误差可能是随机性的，也可能是系统性的。误差作为一个数值，通常表示为满量程的百分比。例如，如果压力传感器可以测量最高达 2.00 MPa 的压力，精度为 2%，那么典型的误差将是±0.04 MPa。

测量的重复性是指传感器在同一组条件下给出的读数的相近程度，通常也表示为满量程的百分比。

当一个参数的值突然发生变化，传感器读数的变化通常会有延迟，这个响应时间也称响应速度，因传感器而异，并取决于传感器的设计及其实际物理位置，响应时间最长可能达数十秒。

11.6.1　温度

玻璃水银温度计在家庭测温中很适用，但在工业上不太适用。工业用的温度传感器必须坚固耐用，且应该能够产生电信号，该信号可以发送到一个中心点以便记录，或者输入一个系统以便实现过程控制。温度计一般都比较脆弱易碎，在工业场合测量精度很难达到±2 ℃以内。热电偶、热敏电阻和电阻温度探测器（RTD）通常用于工业场合测量温度，因为它们具有很高的机械强度，并能产生可以传输到其他位置的信号。

热电偶由两根不同成分的金属丝连接而成。两种金属接触处会产生很小的电压或电位差。即使这个电位差可能只有微伏或毫伏量级，也足以被一只优质电压表检测到。电位差是接触点温度的函数，这是产生电位差的最重要特征。因此，在石油工业的大多数重要工况下，通过用温度校准电压，即可将接触点温度测准至±1 ℃以内。

今天，工业上广泛使用一系列不同类型的热电偶。K 型热电偶使用镍铬合金作为一种金属丝，用铝镍合金（也含有铬、锰和硅）作为另一种金属丝。K 型热电偶能够测量-200～1350 ℃范围内的温度，虽然电压随温度并非呈严格的线性变化，但大体上每升高 1 ℃电位差就增加 41 μV。J 型热电偶是用一根铁丝和一根铜镍合金丝接触制成的，用于测量-50～760 ℃范围内的温度；如果遇到更高的温度，则还是需要 K 型热电偶，每升高 1 ℃ J 型热电偶产生的电压大体上升约 50 μV。

J 型热电偶的电路如图 11.14 所示。热电偶的引线被接到一个参考装置上，该装置的温度通常是已知的，引线与铜导线相连，再将铜导线连接到电压表上，电压表测得的电位差或电压与热电偶尖端的温度差直接相关。工业应用时，热电偶引线和接触点被封闭在金属或陶瓷做的保护性护套中，护套提供物理保护，防止意外碰撞和磨损，使用适当的绝缘材料使两根引线彼此绝缘，也与护套保持绝缘。

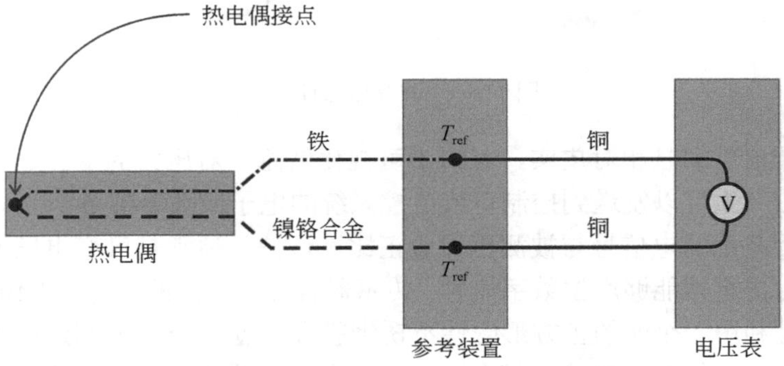

图 11.14　典型的 J 型热电偶电路图

热电偶只能测量保护套内一个位置的温度。如果测量位置的温度变化太快，那么护套外的温度和热电偶测得的温度之间可能存在滞后现象，工程师需要注意这一点，在使用热电偶信号实现系统控制或过程控制时要考虑到这个因素。

另一种温度测量设备是电阻温度探测器（RTD），其工作原理是一段导线的电阻随着导线的温度而变化，导线温度越高，电阻就越大，电阻还取决于导线的长度，导线越长，电阻就越大，探测器对微小温度变化的灵敏度就越高。如果我们将金属丝盘绕起来，并将其插入陶瓷管中，在管中再填充陶瓷粉末作为热导体，这样做成的探测器将能够非常准确地测量温度，测量上限可达 650 ℃左右。更重要的是，如果在图 11.14 所示的参考装置上放置一个 RTD，则可以准确测量参考温度，从而更精确地确定热电偶温度。

热电偶和电阻温度探测器都是石油和天然气工业中非常重要的温度传感器。

11.6.2　压力

波登压力计是工业中最常用的传感器之一，它测量目标压力（如套管压力）与环境压力之间的差值，测得的压力由一个在圆形刻度盘上的指针的位置表示，如图 11.15 所示。波登压力计的关键部件是一端密封、另一端连接到待测压管线的一根较短的螺旋管。随着管线（如套管）内压力的增加，螺旋管内的压力也会增加，这使得螺旋管开始伸直，螺旋管连接到待测压管线的那一端被牢牢地固定住，而密封的另一端则可以自由移动，自由端由一系列连杆和齿轮连接到一个轴上，指针绕轴旋转；通过精细设计连杆，可以使指针旋转的幅度与螺旋管内的压力成正比，除非该压力非常低。螺旋管在压力增加作用下的伸直程度受到螺旋管周围压力（即环境压力）的反作用，因此，波登压力计只测量工艺管线内压力和环境压力之间的差值。

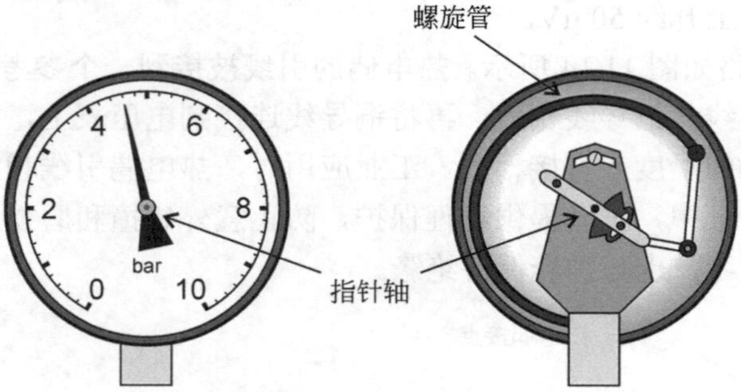

图 11.15　波登压力计简图

波登压力计很可靠且相对皮实，可给出可视化信息，对压力的变化通常反应非常快。然而，它们无法产生可以发送到控制室或监控系统的电子或数字信号。

压力传感器产生的电信号与被测压力成正比，该信号通常是可变电压或可变电流，但较新型号的压力传感器能够产生数字信号。传感器有许多不同的设计，工作原理各不相同。其中一种设计是利用一个薄的正方形磁性不锈钢膜片，边长 35 mm（图 11.16），该膜片夹在两个半壳体之间，每个半壳体中都有一个压力室，工艺流体在膜片的一侧，而另一侧处于恒定的且已知的压力下，可能是环境压力，当膜片一侧的压力增加时，膜片发生弓形弯曲，嵌在半壳体中的线圈可以感应到磁性膜片的微小运动，并产生一个信号，该信号可以被监测和记录。不同厚度的膜片可以准确测量不同范围的压力。如图 11.16 所示，传感器 A 侧的压力上升到高于 B 侧的压力，导致膜片向右弯曲。为了清晰，画图时弯曲的程度被夸大了。

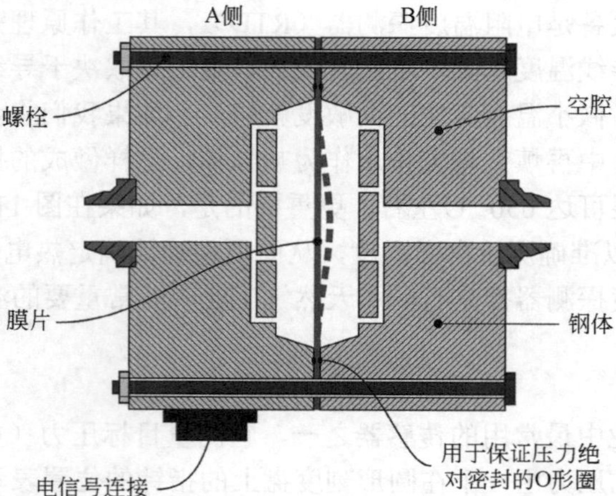

图 11.16　膜片式压力传感器

在 A 侧较高压力的影响下膜片的弯曲程度（虚线）被夸张了

11.6.3　流量

气体和液体的流量可以用多种不同的方法测量。对于特定工况，最合适的方法取决于流体的性质和预期的流量。这里我们将讨论在油气工业中使用的两种流量计，即孔板流量计和文丘里流量计。

孔板是一种薄的金属板，在金属板中心钻一个孔，孔板上游那一面是平的，孔的边缘呈直角状，但下游那一面是一个锥形孔［图 11.17（a）］。在管道中任何有法兰连接的地方都可以接入孔板流量计。孔板的存在会对流动的气体或液体产生显著的压降，通过测量孔板上下游的压力差，根据已知流体的密度，即可测算出体积流量。当管道中流动的完全是气体或完全是液体时，孔板流量计效果最好。该流量计不太适用于多相流。而且，流动应该是相对稳定的，不应有较大的波动。

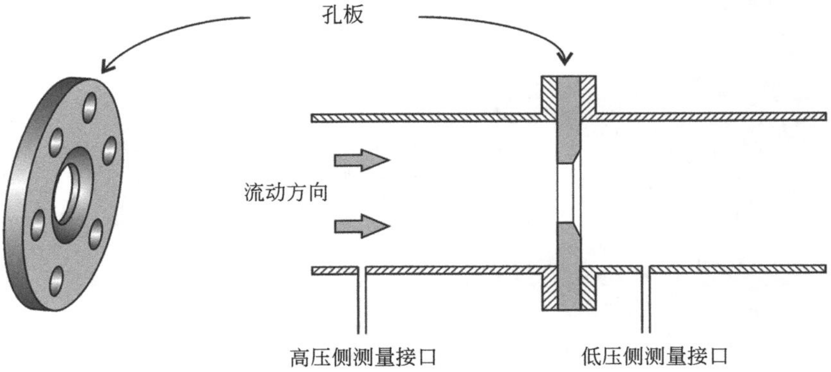

(a)孔板流量计

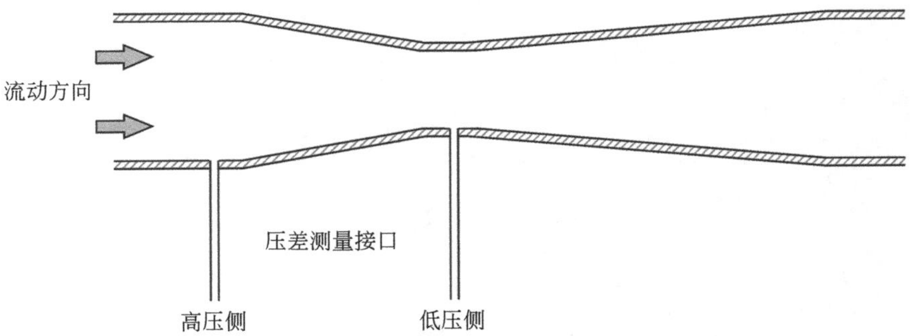

(b)文丘里流量计

图 11.17　两种流量计

文丘里流量计的工作原理与孔板流量计相同，尽管其设计根本不同。与孔板流量计一样，也是将文丘里流量计接入管道中，但由于其长度较大，文丘里流量计将取代大约长 1 m 的管道。如图 11.17（b）所示，文丘里流量计包含一段直径逐渐收窄的管子、一段直径不变的管子及一段直径逐渐变大的管子。这种结构会造成压力下降。通过测量两点之间的压力差，即可确定体积流量，且准确度比典型的孔板流量计要高。与使用孔板流量计一样，必须知道流体的密度才能准确地确定体积流量。

11.6.4　传感器失效问题

人们常说：“人的一生中只有两件事是确定的——死亡和纳税。”按照这个说法，工程师还可以增加另一种确定性的事物——所有传感器和其他仪表最终都会因这样或那样的原因而失效。任何系统或程序的设计都不应仅仅依赖于单个传感器不间断地和正确无误地工作，导致 2018 年和 2019 年两架商业客机失事的因素之一，是使用了单一传感器来探测飞机的机头是否向上翘起，如果传感器探测到机头上翘，那么计算机程序就会自动降低机头，不幸的是，系统依赖于来自单一传感器的信号输入，在这两次事故中，传感器都向计算机发送了错误的信号，如果使用的是多个传感器，只要其中一个传感器记录的读数与其他明显不同，系统就会自动发出警告，那么这样的设计也就可靠多了。

第12章 工业安全

“求救，求救。这里是深水地平线。这里发生了无法控制的火灾。”这是半潜式钻井平台深水地平线上的一名员工通过无线电发出的信号。这是从平台向外界发出的第一则信息，通报位于墨西哥湾的一口油井发生井喷且爆炸。当晚，11 名员工不幸遇难，至数周后油井最终被封闭时，泄漏出大量原油，造成了世界上最大的人为环境灾难之一。与许多工业灾难一样，在 2010 年 4 月 20 日晚发生井喷前的数小时和数天内，许多事情都不正常，而且做出的决策也很糟糕。以下是关于这个 4 月发生的事故的讨论，信息来源于一系列美国政府和其他机构。

深水地平线是一艘半潜式钻井平台，用来钻 Macondo 探井，这是该地区的第一口井。原先承担该钻探任务的钻井平台在 2009 年底的一场风暴中受损，由深水地平线承担后续钻探任务，直到钻至海床以下 4000 m 左右停钻，油气显示良好，因此决定暂时封堵弃井，等待另一个平台抵达井场开始采油。

下入生产套管和固井后，作为暂时弃井施工的一个环节，准备在套管内打水泥塞，由于工期已经延误了数周，每天需耗费作业者 BP（英国石油公司）约 100 万美元，管理人员迫切希望尽快完成施工任务，将钻井平台转移到下个井场。

4 月 20 日 21 点 40 分左右，泥浆开始从旋转装置顶部喷涌而出，并溅回到甲板上，21 点 41 分，上部环形防喷器启动；仍有泥浆从井中流出，几分钟后，上部闸板防喷器启动，但几乎没起作用，21 点 48 分，可以听到天然气从井中逸出的声音，天然气扩散到整个平台，被吸入发电机的进气口，导致发电机超速，然后停机，平台陷入黑暗，不到 1 min，天然气被点燃并引发巨大爆炸，平台被摧毁，导致钻井队人员遇难。随着桥架上的警报响起，有人发出求救信号并做出撤离平台的决定，事故发生时，平台上共有 126 人，其中 115 人逃离，11 人（主要是钻井队人员）遇难，辅助船 Bankston 号救起了两艘救生艇上的 100 名员工、皮筏上的 7 名员工和直接跳水的 8 名员工。由于石油和天然气持续涌向平台，大火持续燃烧（图 12.1）。

持续燃烧的钻井平台由于失去动力而发生漂移，与海底井口错位，导致隔水导管断裂。第一次爆炸后不到 36 h，深水地平线在墨西哥湾沉没，当地水深 1550 m，直至油井被成功封堵，多达 78 万 m^3 原油已泄漏到墨西哥湾水域，除 11 人不幸遇难外，这场灾难还造成了巨大的环境污染、社会和经济损失。

导致事故发生的三个主要因素：

（1）新近完钻井的固井质量不合格；

（2）钻井队技术人员没有正确解释判断测试数据，误认为水泥已经充分凝固；

（3）由于种种原因，防喷器未能封闭油井。

图 12.1　深水地平线半潜式钻井平台（于井喷和爆炸的次日拍摄）

12.1　深水地平线的灾难给我们的教训

现在我们更深入地分析一下这场灾难，旨在确切地了解问题到底出在哪里。

12.1.1　钻机与油井

墨西哥湾得克萨斯和路易斯安那近海地区因丰富的石油储量而闻名，许多油田都在进行商业开采。2008 年，BP 获得了位于密西西比海沟的一块 23 km^2 的探区，该区域距离密西西比河河口约 60 km，被认为具有商业潜力，但地质情况尚不明确，此处水深 1400～1500 m。2009 年 10 月，BP 开始钻探区内第一口井——Macondo 井，使用的是越洋钻井公司的马里亚纳号半潜式钻井平台，该平台在飓风 Ida 中受损，被越洋公司旗下的另一座钻井平台深水地平线号接替，后者于 2010 年 2 月恢复 Macondo 井的钻探。

深水地平线是一座半潜式钻井平台，主甲板由四条腿支撑在两个浮筒上（图 12.2），该平台的功能只是钻井，如果发现井有产能，那么将暂时弃井，等待另一座平台就位投产。该平台主甲板长 121 m，宽 78 m，井架顶部高于海平面 97 m，平台可为 140 多名员工和访客提供食宿，其主要设施包括位于平台中心、两个浮筒之间的主井架，位于直升机停机坪下方的控制室，甲板上摆放钻杆和套管的场地。当钻井作业需要时，通常使用起重机将辅助船上的管材吊运到平台上，利用位于浮筒下方的 8 个推进器将平台定位在井口上方，这些推进器借助于 GPS 导航系统，使其具备很高的定位精度。

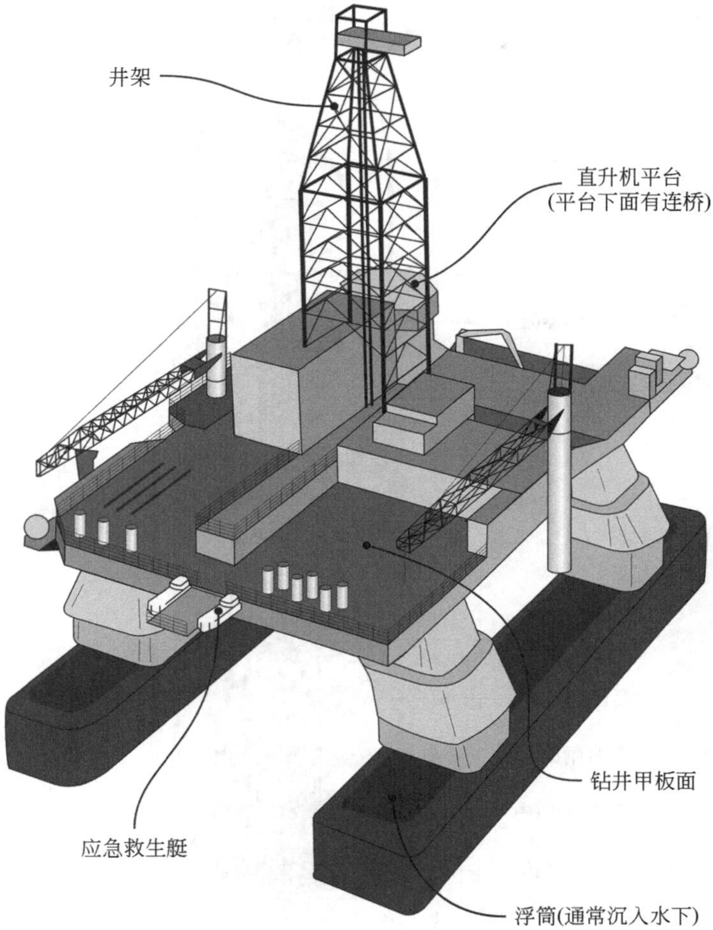

图 12.2　深水地平线平台简图

显示了该半潜式钻井平台的主要结构，穿过四根平台大腿围绕的空间钻井至海床以下

防喷器（BOP）组安装在平台下面的海床上，由闸板防喷器和环形防喷器构成，用于井喷时保护油井和平台（图 12.3）。Macondo 井上的防喷器组大而重，高 17 m，重约 400 t，将其固定在露出海床的套管顶部，通过垂直的隔水导管与平台连接。隔水导管是一根大直径金属管，所有钻杆、套管和其他工具都在隔水导管内提升与下放。防喷器还通过动力电缆和控制电缆与平台连接，在平台上可以进行远程操作，防喷器组由五个闸板防喷器和两个独立运行的环形防喷器组成，其中采用了多种方式的冗余设计，包括两套控制系统，分别称为蓝囊和黄囊，每个囊都能够利用平台提供的动力或自带电池启动每个闸板防喷器和环形防喷器。当与平台的通信信号中断时，这两个囊可自动关闭防喷器实现封井。因此，如果钻井平台发生火灾或爆炸，导致失去动力或失去控制，防喷器组可以独立运行以确保油井安全。

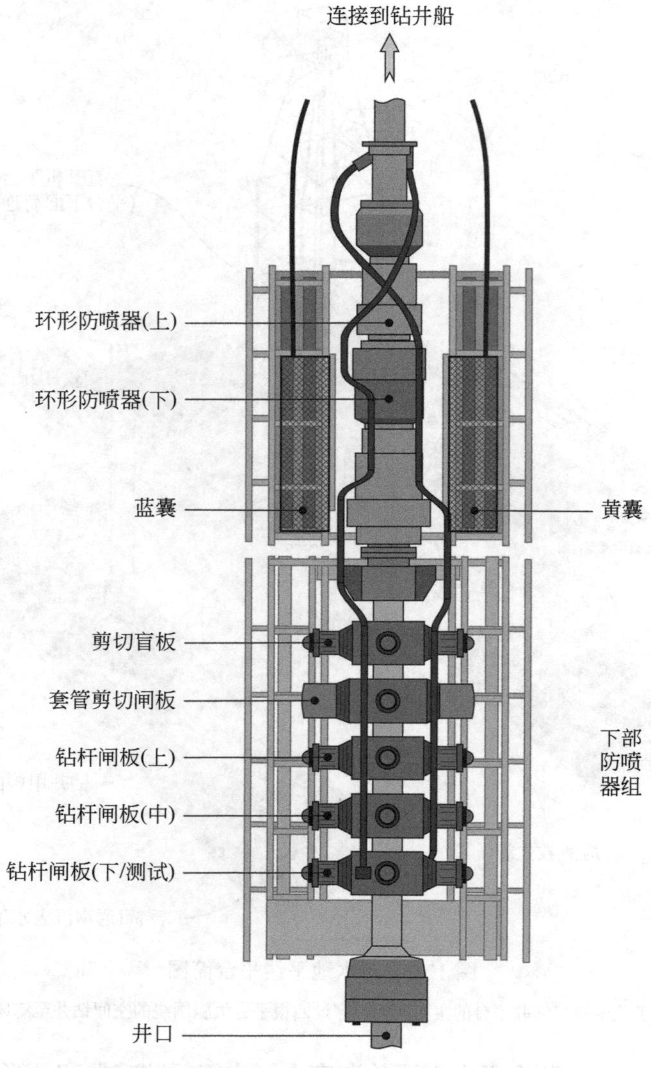

图 12.3　Macondo 井防喷器组（位于水深 1500 m 的海底）

Macondo 井的钻井作业给井队带来一系列挑战。在 2734 m 处发生了一次严重的井涌，不得不关井并提高泥浆密度。在 4055 m 处再次发生强烈井涌而关井，不幸的是还发生卡钻，只好在井深 3702 m 进行侧钻。钻井队必须平衡保持井内足够压力以防井涌的需求和因压力过高导致较弱地层破裂的风险。最后，在 5596 m 井深停钻，因为不可能在不压裂上部地层的情况下继续钻进，此决策是 2010 年 4 月 9 日提出的，钻井、下套管固井之后，剩余工作就是打水泥塞了，最后深水地平线将与该井脱离并转移到下个井场。

12.1.2　固井质量为何不合格

要弄清楚固井质量差导致油气流进入井眼的确切原因是不可能的，因为问题是发生在海床以下 4000 m 左右，所以，我们只能考察一下固井设计中对产层套管所做出的一些决策。

下入的套管柱由两种不同尺寸的套管组成，下部层段套管直径为 178 mm，上部层段套管直径为 244 mm(曾考虑过下入尾管，将其悬挂在上层套管的底部，但这一方案被否决了)。在套管柱底部上方约 58 m 处装有浮箍，下套管的过程中该浮箍允许泥浆进入套管，一旦对浮箍加压，就可以防止泥浆继续在套管内上返，同时，仍允许水泥浆流出套管。

设计套管柱时，工程师必须确定在套管柱上安装扶正器的个数，以确保套管柱在井眼内居中，最初的设计要求使用 16 个扶正器，但在套管已备好并即将入井时，平台上只有 6 个扶正器，而且这些扶正器是丝扣式的，不是即套即用式的，需要在套管连接处上扣接入。美国哈里伯顿公司（油田服务公司）的工程师进行了计算机模拟，结果表明：仅使用 6 个扶正器可能不足以防止套管外部发生气窜，他们建议使用 22 个扶正器，因此，井场工程师决定订购另外 16 个，由直升机从陆上空运到平台，到货后发现是即套即用式的，需要在下套管过程中套在套管柱外面。有人担心，下套管过程中这种扶正器可能会在井下障碍处遇卡，因此，BP 的钻井工程师决定只使用 6 个丝扣式扶正器，不使用另外的 16 个扶正器，整个下套管作业可以缩短几个小时，从而可节省不少费用，下套管作业实际耗时约 37 h，4 月 19 日也就是灾难发生的前一天竣工。

BP 的工程师决定将固井水泥浆用量限制在 9.5 m^3（60 bbl）左右，其中包括一些常规水泥浆、混入氮气的泡沫水泥，以减轻水泥浆的密度。如此决定是因为考虑到较高的泥浆密度可能会导致地层破裂，致使水泥浆漏失到地层中。泡沫水泥当然会降低水泥浆的密度，但这种条件下使用泡沫水泥是不常见的，如果泡沫水泥中的气泡没有充分混合均匀，那么它们会合并成较大气泡，这些较大的气泡将会进一步合并，形成储层流体可以自由通过的连续通道，即使是水泥凝固之后。

将水泥浆用量限制在 9.5 m^3，意味着水泥只能上返至顶部油气层以上约 150 m，虽然这符合当地法规要求，但不符合 BP 的内部准则——任何固井作业都应使水泥上返至顶部油气层之上至少 305 m（1000 ft）。4 月 20 日凌晨 1 点前最终完成了固井作业。

整个套管柱在井眼中是否居中？水泥浆能否较均匀地充满套管周围，或者因扶正器数量太少致使套管躺在一侧井壁上？如果是后者，水泥浆可能无法充满整个环形空间，而成为油气上窜留下通道。注入井中的水泥浆量是否足以有效封堵油气层？

12.1.3 钻井人员是如何将测试数据解释错误的

固井作业后，必须进行密封性测试，以确保水泥强度足以封堵油气层。初步压力测试结果表明密封情况尚可，因此，BP 的工程师决定不再进行固井质量测井，而固井质量测井还可确定水泥在套管外的返高，免去固井质量测井为公司节省了时间和成本——不仅节省了测井作业本身的成本，还节省了深水地平线多滞留井场几个小时的成本。

为了测试该井的井筒完整性，决定进行负压测试。具体流程：先将钻柱下入深度约 2550 m，随后，将 67.5 m^3 特殊高黏混合物（称为隔离液）泵入钻柱，再用 4.8 m^3 淡水和 56 m^3 海水顶替这种隔离液，隔离液沿着钻柱向下流动进入套管，并沿着钻柱和套管之间的环形空间向上流动，将泥浆推向井口；当预定量的淡水和海水泵入井下时，隔离液估计已到达防喷器组之上隔水导管中。负压测试的目的是将一大段泥浆从井眼中顶替出去，用密度更低的水代替，然后关闭一个环形防喷器，密封钻柱和套管之间的环空空间。

有读者可能还记得，防喷器组都配有一条压井管线，可以在靠近防喷器组底部的位置将重泥浆泵入套管中。当位于压井管线之上的环形防喷器关闭时，压井管线中的压力传感器还可用于确定套管内的压力。在该负压测试中，记录钻柱内和压井管线内的压力，观察两个压力在一段时间内是否稳定。第一次负压测试的结果令人担忧，因为在测试期间似乎有一些隔离液通过环形防喷器溢出井眼。因此，只好用更高的压力关闭该防喷器以阻止溢流，并重复进行负压测试。

这里需要重点关注的是，对于如何进行负压测试并没有公认的标准，每个作业者都规定了自己的测试标准，不同油气井的测试标准也不完全相同。在Macondo井的测试中，如果两个压力读数都稳定，且压井管线读数为零，则判定测试成功；第二次负压测试时，发现所记录的钻柱内和压井管线内的压力都保持了稳定，后者也确实为零，但钻柱内压力约为9.5 MPa（1400 psi），即便如此仍判定为通过测试。后来，一位监督将这个压力归因于想象中的"气囊效应"，还描述了这种效应导致压力升高的原理，并指出他曾观察到过这种现象，遗憾的是，从来就没有"气囊效应"这种现象，钻柱内的压力意外偏高本应引起特别关注，而不是被视为一种假象而置之不理。

现在让我们返回来考虑一下负压测试的一个步骤——注入井中的隔离液。钻井过程中，钻井队配制了67.5 m^3含有几种添加剂的堵漏液，以防止在钻最后一个井段时遇到漏失，实际上并未发生漏失，如此大量的堵漏液如何处置是留给钻井队的一个难题。当地法律规定，堵漏液在井中使用过之后就可以排放到海中，而将未用过的堵漏液倒到海中是非法的，因此，他们决定将堵漏液用作隔离液，这是极不寻常的，堵漏液的量是正常隔离液用量的4倍之多，而且该流体的物理性质也与常用隔离液的性质不同。

虽然我们不能肯定，但有一种推测，当井涌发生且隔离液上行经过环形防喷器时，一些隔离液可能也进入了压井管线，或者完全堵塞了管线，或者至少部分充填了管线，这种情况下，从压井管线测得的压力可能无法反映套管中的实际压力。简单地说，违规将堵漏液作为隔离液使用，可能阻塞了压井管线，导致压力读数人为偏低，进而判定第二次负压试验通过，是基于压井管线中可能为假象的零压力读数。

负压测试完成之后，井队人员打开了环形防喷器，开始将隔水导管中的泥浆和隔离液顶替出来，当然，这降低了井筒内压力。判断一口井是否处于井涌状态的一个重要方法是比较流体的入口排量和出口排量，虽然入口排量可以顺利地监测，但出口排量监测却困难得多。

深水地平线正准备撤离井场转移到新的井场。灾难发生当晚，正在将平台上的泥浆转移到一艘辅助船上，从井中返出的流体同时被引向废浆池和计量罐，因此很难判断流体的实际返速。这些不同工作在平台上又是同时进行的，这说明井队人员未能及时注意到井涌发生的第一个迹象，也未察觉到油气流正在迅速涌入井眼。

12.1.4 防喷器为何未能成功封井

完成负压测试后，只是在井眼的最下部存在泥浆，也就是邻近套管鞋的井段。21点36分左右开始发生井涌，油气流顶着泥浆冲向井口，随后观察到钻柱内压力突然变化，事后分析该变化正是井涌的显现，此时防喷器处于开启状态，油气流可能已通过防喷器、沿隔水导管涌向平台，21 点 40 分，泥浆开始从井口喷出，随后是天然气。

21 点 41 分，关闭上部环形防喷器，但没有作用，后来判断当时防喷器正对着钻杆接头，可能妨碍了防喷器的彻底密封，6 min 后，关闭上部和中部两个闸板防喷器，似乎成功封闭了环空，使得油气流只从钻柱内喷出，2 min 后，第一次爆炸发生了。

第一次爆炸发生约 7 min 后，井队人员尝试了紧急断开程序。如果系统工作正常，剪切闸板防喷器将切断管柱并关闭井眼，水下的海洋钻井专用组件将使平台与防喷器组分离，使平台安全移离井场，这样就不会再有油气流继续流向平台，火灾就会得到控制。虽然这并不能避免 11 人遇难，但可以拯救钻井平台，并防止大量石油泄漏而造成的巨大环境破坏，然而，由于在第一次和随后的爆炸中与海底防喷器组的通信信号中断，紧急断开程序未能启动实施。

为防喷器组配备了自动系统，当平台电源和/或通信中断时，该系统如果工作正常，可以关井并使海洋钻井专用组件与防喷器组断开。爆炸发生后，由于电源和通信都被破坏，自动系统并未发挥作用。再看图 12.3，防喷器组由两个独立的控制囊控制，分别为黄色和蓝色，理论上，任何一个控制囊发出的信号都可以启动防喷器，使用控制囊提供的备用电源。不幸的是，当需要它们时，蓝囊中的电池电量不足，无法关闭防喷器，而黄囊中的一个电磁阀接线错误，意味着它也无法关闭剪切闸板防喷器，这两个独立的自动系统在需要时都未能发挥各自的作用。

12.1.5　几点反思

就在井喷发生前几个小时，高级管理人员还访问过深水地平线，向钻井队祝贺七年来没有发生过一次损失工时的事故，并宣布该平台为墨西哥湾安全业绩最佳的钻井平台。那么，怎么还会发生井喷呢？答案很简单，损失工时事故的发生频率永远不应作为后续作业安全的衡量标准。正如我们将在下一节中讨论的，一个过程、程序或设施，只有在对人或环境没有风险的情况下才能被认为是安全的，2010 年 4 月的深水地平线并非如此。

当制定完井计划时，通常会投入大量的时间和精力来确保该计划尽可能安全，当计划需要变更时，拟议中的变更需要经过与原计划同样等级的严格审核。但这种要求在深水地平线平台上并未审核。可以说，深水地平线平台对设计及计划变更的管理是不充分的。在作业开始前的一周内，对完井和封井计划进行了几次变更，但似乎没有任何正式程序来控制这些变更。

从这次事故中应获取的另一个重要教训是必须要培训管理人员处理大规模灾害的能力。该平台上值守警报控制盘的人员应接受培训，一旦控制盘上的任何两个警报器同时响起，他就应该发出撤离平台的警报，而在发生井喷的当晚，控制盘上的 12 个警报器同时响起，该值守人员却什么也没做，其他人员也被周围发生的事情弄得晕头转向，犹豫了几分钟后才采取行动，如果在多个警报响起时和在第一次爆炸之前紧急断开系统就被激活，及时断开与防喷器组的连接，那么平台可能会得以拯救。在这类紧急情况下，多数人都可能会不知所措，但通过培训可以帮助他们更快地做出更好的决定。

12.2 工业中的安全、危害源和风险

石油和天然气，不管它们是否处于压力下，本质上都是危险物质，因为它们都是易燃物。任何碳氢化合物及其蕴含的能量如果失去控制，不仅会对人的安全和健康产生危害，对环境也会产生重大不利影响，一些最严重的人为环境灾难均与石油天然气的大规模泄漏有关，正如我们从 Macondo 井漏油事故中看到的，只是一口油井的泄漏就可能会对环境和社会造成严重影响。

某个作业如果能在对人员、财产或环境没有造成任何损害的较大风险的情况下顺利进行，通常认为该作业是安全的。作业的安全性被称为过程安全，无论是钻井作业还是涉及碳氢化合物的其他任何作业。人身安全是指在现场的个人安全——可能是甲方雇员、承包商雇员或访客，没有因人员受伤而损失工时的作业天数是个人安全的一个指标，而不是过程安全的指标。

危险源是对人员、财产或环境潜在危害的来源。自然危险源包括地震、洪水、飓风、旋风和台风等严重风暴。危险源可能是连续的，也可能只是相当短的一段时间，如风暴经过井场的时间。从对人、财产或自然环境的影响来说，危险源可能是即时的，也可能是随时间而累积的。原油缓慢但持续地自然渗入沥青坑就是一个长期危险源的例子。人为的危险源可能产生于计划不当的过程、无知并缺乏适当的培训、设备的故障。危险源可能多年未被发现，也可能会被有经验的从业者清楚地认识到。地质危险源的例子是意外和异常高压的地层，如果不能正确及时应对，可能会导致井喷。

风险是某一事件对人、财产和/或环境的潜在影响。风险既考虑事故发生的可能性，也考虑事故一旦发生后果的严重程度。例如，防喷器失效的可能性很低，但失效后果非常严重，低可能性与非常严重的后果组合，仍表明安装单一防喷器的风险太高，因而需要另安装一个独立的防喷器。

事故是指对人、财产或环境造成伤害或损害的事件，其影响没有大小之分，如高压管线上的软管突然破裂、海上平台的石油意外泄漏。严重事故通常被认为是导致一人或多人伤亡、对环境产生重大影响的事故。1989 年埃克森的 Valdez 油轮搁浅，导致 3.5 万 t 原油泄漏到阿拉斯加水域，即是严重事故。

事件的后果是事件对人、公司、财产和/或环境造成直接或间接影响。后果不仅包括伤亡人数等显而易见的结果，而且还包括名誉损失或未来盈利机会损失等无形问题。例如，深水地平线井喷的后果不仅包括平台人员的死亡、平台的损毁和对自然环境的直接影响，还包括对当地沿海社区经济等更难以量化的影响。

事件发生的可能性是在特定时间范围内事件发生的概率，或者也可以用事件发生的频率表示这种可能性。例如，基于以往经验可以假定压力管线上的某个阀门每两年失效一次，因此，可以实施一项维修计划，确保每 6～8 个月检修一次该阀门。

风险分析是考察设施运行相关风险的本质和水平的系统性方法。风险分析是基于工程知识和判断力对风险的定量测算。风险评估使用风险分析的结果来判断如何尽量减轻与所考虑危险源相关的风险。减轻风险的过程被称为风险控制。实施风险控制策略后仍然存在

的风险被称为剩余风险。这里需要重点注意，为降低事故发生风险而对流程或程序进行的任何变更，都不得引入比原有风险更高的新风险，原有风险是指在实施任何风险控制策略之前就存在的风险。风险规避是指决定不卷入或退出涉及风险的情况。暴风雨天气，阻止甲乙方员工在钻井平台上工作的决定可以认为是风险规避。

没有什么是绝对安全的。无论是在陆地井场、海上平台、油气处理设施，甚至是待在家里，每一项活动都存在风险。那么，有这样一个问题——一项活动所带来的收益什么时候能够超过与之相关的风险呢？可接受的风险是个人或社会考虑到某种行为或过程的收益，认为可以容忍该行为或过程的潜在后果的水平。20 世纪 60 年代，加利福尼亚民众以州政府决议的形式，接受了在加利福尼亚州南部沿岸水域钻探石油的风险，开采位于较浅水区的石油资源。然而，在 1969 年 Santa Barbara 石油泄漏事件发生后，民众对石油泄漏的环境污染表示担忧，并通过立法禁止在该地区开采石油。因此，曾经被民众认为是可以接受的风险，在发生严重事故后就变得不可接受了。

12.3 本质安全设计

20 世纪七八十年代，由于加工业中发生了一系列事故，出现了本质安全设计的理念。这一理念同样适用于石油工程作业的许多方面。如果一个过程、设施或程序的设计不是仅仅寻求控制危险源，而是能够彻底避开危险源，那么从本质上说该设计就更为安全。本质安全设计的关键原则是“最小化、替代、缓和、简化”。

（1）最小化：减少暴露于危险源的时间，例如，减少现场储存的有害物质的量。正如 Kletz 在 1978 年指出的那样：“没有存在，何谈泄漏。”从井中产出的原油应尽快移离井场。

（2）替代：用危险性较低的危险源替换现有的。例如，用更加环境友好的材料取代较为危险的材料。

（3）缓和：缓和涉及在危害较轻的条件下使用有害物质，或调整作业方式以减少危害。可对噪声大的出口管线和设备进行声学处理以便消音；可对陆上井场的道路布局进行精心设计，使运送钻杆和套管的卡车不必驶入作业区。

（4）简化：设计应尽可能简单，消除不必要的复杂性。这一原则可应用于操作程序的制定，程序中不应出现复杂的指令，应以清晰、简单的语句来替代，不得含糊其词。操作人员用来监控任何过程（如油气钻井）的计算机界面设计应便于使用，能清晰、明确地显示所有必要信息。此外，所有的作业场地都应该保持洁净，不得乱摆乱放，也不得存有不必要的物品。

12.4 工业安全分析

一个过程、一个程序和一套设施的安全性，可以利用一系列正规方法予以评估。如果方法得当，即在设施建造或程序实施之前，即可从设计中消除潜在的危险源。还有其他安全分析技术可以帮助确定故障发生的方式，如果这一点得以实现，那么就可以提前采取控制措施，以显著降低故障发生的概率。

12.4.1 蝴蝶结分析法

我们讨论的第一种方法是蝴蝶结分析法，该方法是根据所使用的示意图形状而命名。蝴蝶结分析法是一种考虑危险事件可能发生的所有方式，以及事件产生的所有可能后果的方法。图 12.4 显示了一个简单的蝴蝶结示意图，事件居于图的中心位置，图的左侧列出了事件的所有潜在原因，右侧列出了所有潜在后果。在可能的潜在原因和事件之间是可以采取的降低事件发生可能性的控制措施，而在事件和潜在后果之间是可以对后果施加限制的补救方法。

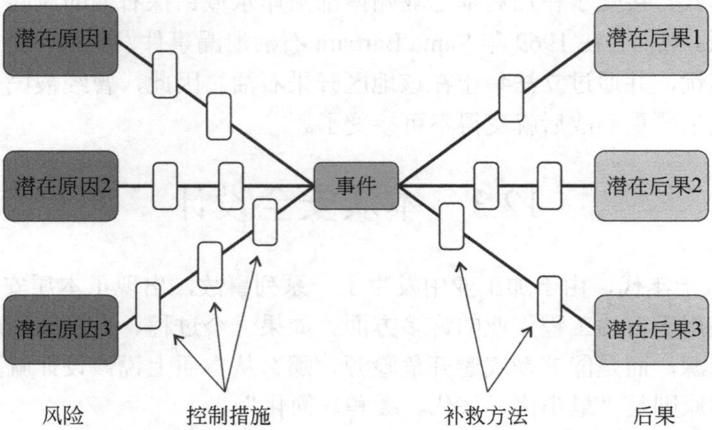

图 12.4　简单蝴蝶结示意图的主要元素

让我们用一个从起重机上掉落下来的重物来说明如何使用蝴蝶结方法。图 12.5 是描述此事件蝴蝶结图的一种可能形式。分析表明，重物从起重机上掉落可能有五个潜在原因：

（1）起重机主体结构损坏；

（2）吊装索具使用不当；

（3）物体重量超过起重机额定负荷；

（4）起重机吊臂过分伸长，破坏了起重机的平衡；

（5）强风使重物摇摆。

针对每一个潜在原因，都有一个或多个可以用来降低事件发生可能性的控制措施。例如，为了降低起重机结构损坏的可能性，可以查看当地许可机构对起重机的例行检验状态，并由操作员每天检查起重机；为了减少强风导致重物掉落的可能性，可以密切监测天气状况，在驾驶室安装报警器，当监测风速超过允许上限时就发出警报。

这种分析还表明重物从起重机上掉落有四种可能结果：

（1）人员被落物砸中；

（2）设备被落物砸中；

（3）重物落到地上；

（4）重物落入水中。

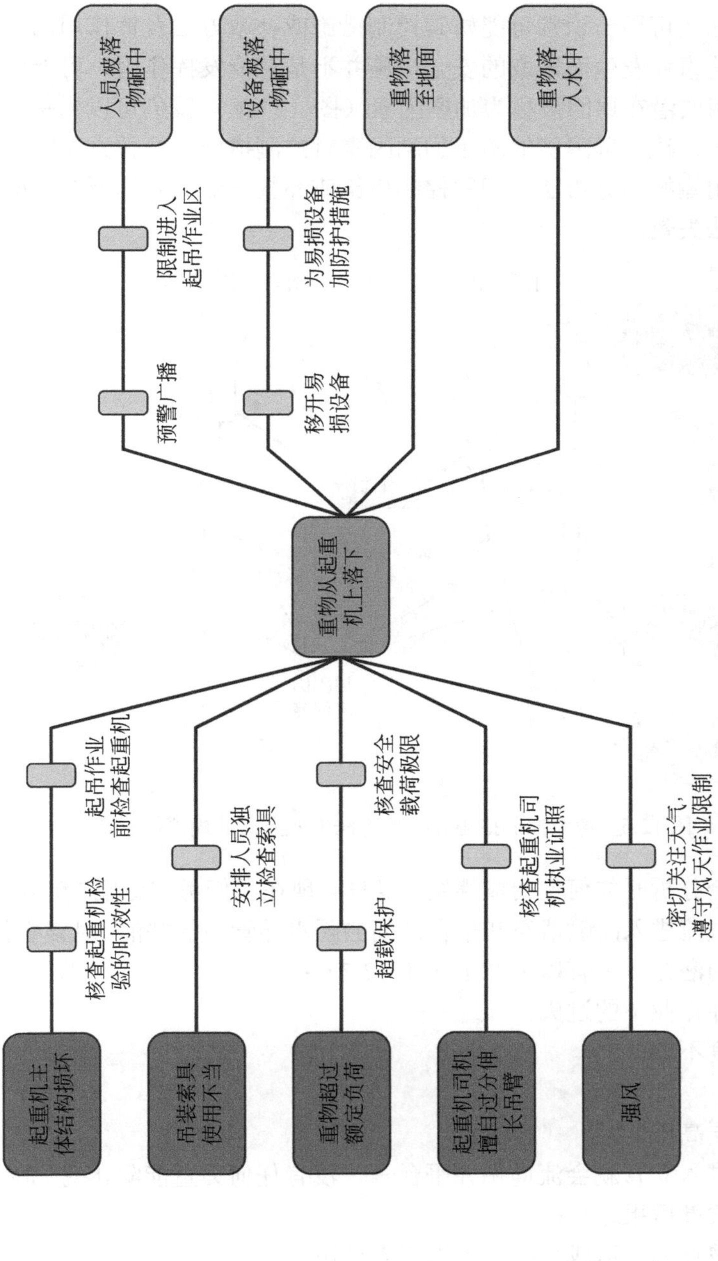

图12.5 描述从起重机上掉落重物的蝴蝶结示意图

这些可能的后果，有的可以采取措施来限制其发生，或者控制后果的严重程度；为了防止人被落物砸中，可以在实施吊装前发出警告，并限制人员进入吊装作业区，避免人员在悬吊的重物下行走；可能被落物砸中的设备采取被移走或加以保护，这两个建议都列在了蝴蝶结示意图中。

蝴蝶结分析法还可用于识别可能妨碍控制措施或补救方法发挥作用的因素。例如，我们知道为防止某些事件发生而采取的安全措施并不是总能发挥作用，可能妨碍控制措施或补救方法发挥作用的潜在原因被称为加剧因素（图 12.6）。我们可以为每个加剧因素设置屏障，理想情况下，这些屏障能够防止加剧因素对控制措施或补救方法的干扰。工程师和其他人员可以使用蝴蝶结分析法来识别控制措施或补救方法失效的所有可能，然后研究如何防止措施或方法失效。

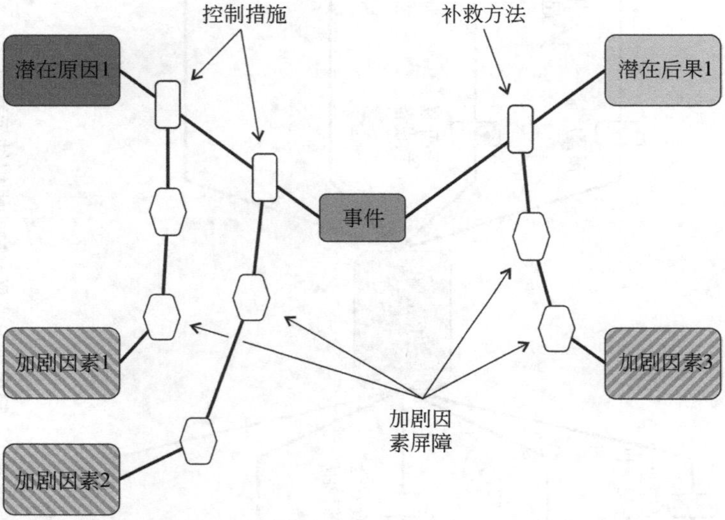

图 12.6　考虑控制措施和补救方法失效方式的蝴蝶结示意图

为了说明安全分析时如何使用蝴蝶结示意图，现在我们考虑造成 Macondo 井喷的关键事件——导致油气流进入防喷器组和平台之间的隔水导管内的井涌。对该事件的分析表明，油气流进入导管的潜在原因有以下四个（图 12.7）：

（1）暂时弃井作业中的过失；

（2）泥浆密度不够；

（3）井漏；

（4）异常地层高压。

油气流一旦进入立管就会流向钻井平台——没有任何力量能阻止它们喷出井口。然后会出现以下两个关键后果之一：

（1）油气流被点燃，造成火灾、爆炸和人员伤亡；

（2）油气流未被点燃，泄漏到墨西哥湾中。

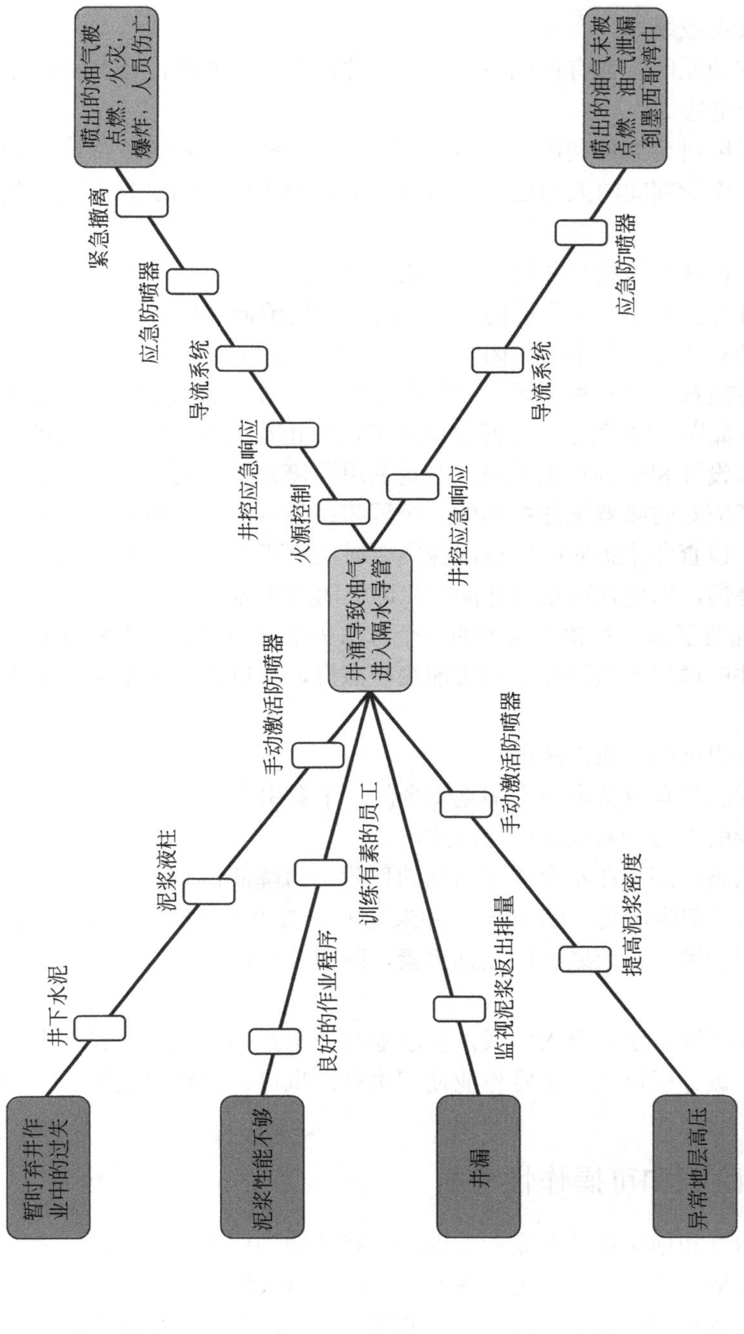

图12.7　描述造成深水地平线沉没的危险源的蝴蝶结示意图
该危险源就是导致油气流进入隔水导管的井涌

如果说井喷不一定会导致火灾和爆炸，人们认为似乎是不太可能的，但正如本章后面所述，2009 年，West Atlas 钻井平台在澳大利亚近海遭遇了一次重大井喷，事故持续了十几周，并未发生火灾或爆炸。

针对这些潜在的原因，都有控制措施来防止井涌发生。此外，还有补救方法来限制隔水导管中油气流的危害。

现在，我们详细讨论如何利用蝴蝶结分析法分析一些程序和操作，这些程序和操作可用来防止暂时弃井作业期间的人为过失（图 12.8）。为了防止因过失而造成井喷，可采取三种控制措施：

（1）固井水泥在油气储层与井眼之间形成屏障；

（2）泥浆液柱在井眼中产生足够的压力，防止油气流向井口；

（3）当检测到井涌时可以手动关闭防喷器。

每一种控制措施都会因各种原因而无法阻止油气流进入隔水导管，水泥也可能由于各种原因无法密封，如图 12.8 所示，有两种屏障可以防止水泥失效而使油气进入井眼：一是确保水泥浆配方的设计和配制正确无误；二是利用井筒完整性测试来确保水泥能够承受压力。该图还显示了应对防喷器无法关闭的三个屏障：使用多个防喷器，如果一个防喷器失效可关闭另一个；检查和维护防喷器以确保需要时能够正常工作；井队人员要对可能发生的井涌保持高度警惕，以便在观察到井涌时立即关闭防喷器。

图 12.8 右侧说明了五个补救方法中的三个方法失败的原因和可以采取的步骤来降低失败的可能性。从井中逸出的碳氢化合物可能会被点燃，可以设置三个屏障来降低点燃的可能性：

（1）消除井口附近的一切火源；

（2）井口附近的所有设备本质上都是安全的，不会引火；

（3）任何可能引火的高温设备都远离井口。

分析表明，撤离程序存在不会快速启动的风险。为降低该风险，认为对所有人员进行培训是必要的。为了清晰起见，图 12.8 中并未画出全部加剧因素，而且还应该注意，该图只考虑了事件的四个潜在原因之一的加剧因素，随着分析的持续深入，该图将变得越来越复杂。

蝴蝶结安全分析通常由几个人完成，会涵盖与一个过程、程序或设施有关的可能发生的所有关键事件。该分析可以在正常作业期间进行，也可以在事故发生后作为事后调查工作的一部分。

12.4.2 危险源和可操作性分析

当原油、天然气和地层水从井底到达地面时和外输到更大设施之前，通常会经过一系列的分离。可能包括从天然气中分离出液态油，或者将天然气中的各个组分彼此分离。作业者通常希望将天然气和原油分别通过独立的管线外输。在海洋平台上，这些分离作业通常不得不在非常受限的空间内进行。

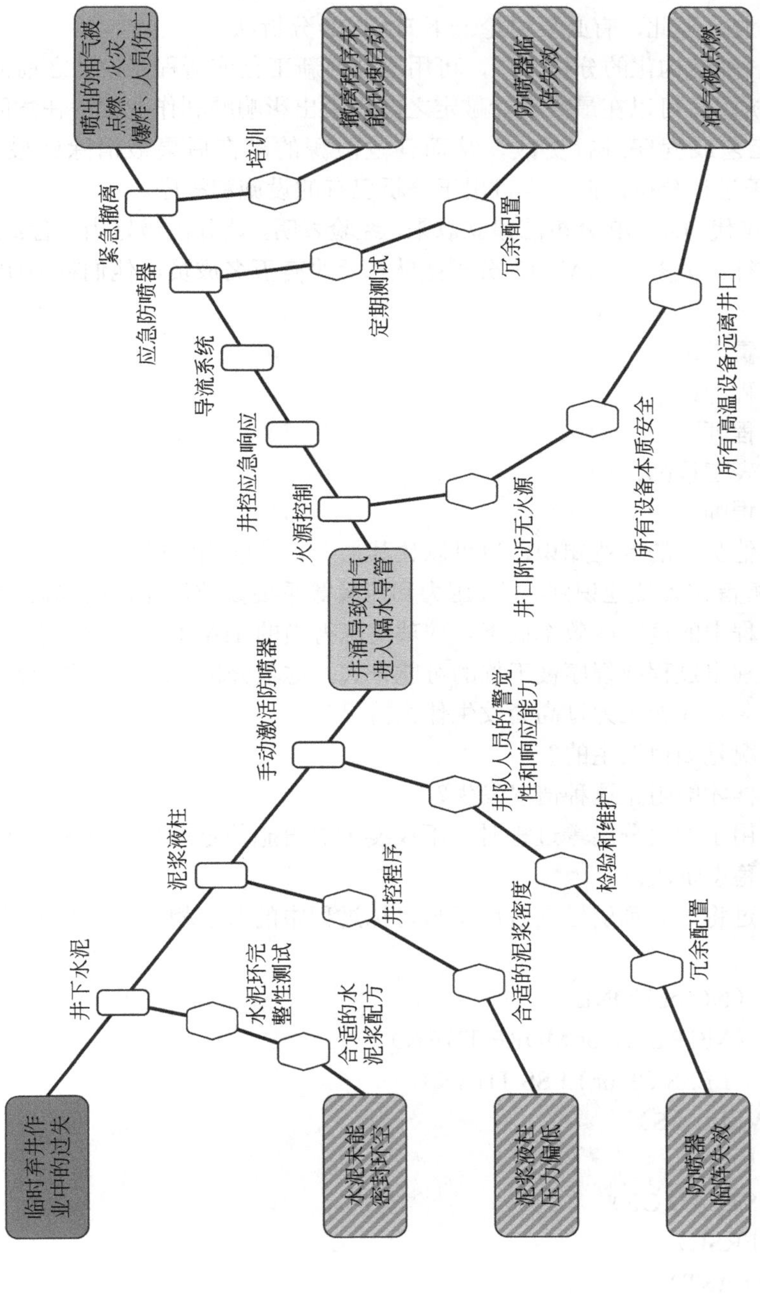

图12.8 显示了一种原因和一种后果的加剧因素的蝴蝶结示意图

这些分离过程和设备的设计是化学工程师的责任，包括分离器、热交换器、压缩机和泵及其他辅助设备的设计。化学工程师将使用一系列手段确保设计出安全的过程，手段之一就是危险源与可操作性（HAZOP）分析。石油工程师会参与其中，而且分析的结果将会影响石油工程作业，因此，有必要讨论一下 HAZOP 分析法。

HAZOP 是一种结构化的分析方法，可用于任何新工艺或新程序设计之前的系统审查，利用该方法，分析团队可以在最终设计敲定之前识别出影响顺利作业的潜在危险源和障碍，可以对设计的工艺或程序进行更改，从而使危险源的潜在后果被消除或最小化。虽然 HAZOP 最适合于设计分析，但它也可用于分析已有的设施和程序。

20 世纪 80 年代 HAZOP 分析法建立以来，经验表明，该分析最好由一位经验丰富的工程师领导团队进行。大多数 HAZOP 分析团队都至少有五名成员，他们将为团队贡献不同的专业知识：

（1）团队负责人；

（2）项目工程师；

（3）工艺工程师；

（4）仪器仪表工程师；

（5）运行工程师。

如果需要其他员工的专业知识，也可以让其加入，一般团队最多由七八个成员组成。

HAZOP 分析旨在系统地识别温度、压力和流量等重要参数可能偏离其设计值的所有方式，从而导致过程中的危险或效率低下。一项实施得当的 HAZOP 分析应能够激发参与者的想象力，以识别出过程或程序被干扰的可能方式。这项分析要求参与者回答以下问题：

（1）如果这条管线的压力过高会发生什么情况？

（2）这种情况是如何发生的？

（3）我们怎样才能阻止这种情况发生？

将该分析应用于油气分离等过程时，不仅要考虑设施稳定运行的阶段，还应考虑设施启动和停机等非稳态阶段。

该分析是通过将一系列引导词应用于与目标过程中的节点相关的参数来进行的。这些引导词包括：

不是或没有（NO or NONE）

过多或多于（MORE OF or MORE THAN）

过少或少于（LESS OF or LESS THAN）

还有（AS WELL AS）

部分（PART OF）

而不是（INSTEAD OF）

逆向（REVERSE）

过快（TOO FAST）

过慢（TOO SLOW）

过早（TOO EARLY）

过迟（TOO LATE）

之前（BEFORE）
之后（AFTER）
别处（WHERE ELSE）

取决于具体情况，这些引导词可应用于至少以下参数：

流量
温度
压力
液面
组分

针对每个节点（可能是一段管道、一个阀门、一台热交换器或分离器），将这些引导词依次应用于每个相关参数。

为了说明如何应用 HAZOP 分析法，现在我们看图 12.9 所示的热交换器。75 ℃的原油在热交换器内冷却至55 ℃。原油的热量传递给冷却液，使冷却液的温度从15 ℃上升到60 ℃后离开热交换器，热量在两种液体之间的传递速率由冷却液进口管线上的阀门控制，如果原油出口温度过高，则可以使用该阀门增大冷却液的流量，这台热交换器的操作参数取自一座北海平台上实际的热交换器设计，热交换器的正确运行对其工作效率至关重要，如果允许原油的出口温度上升过高，则下游过程将受到严重影响。

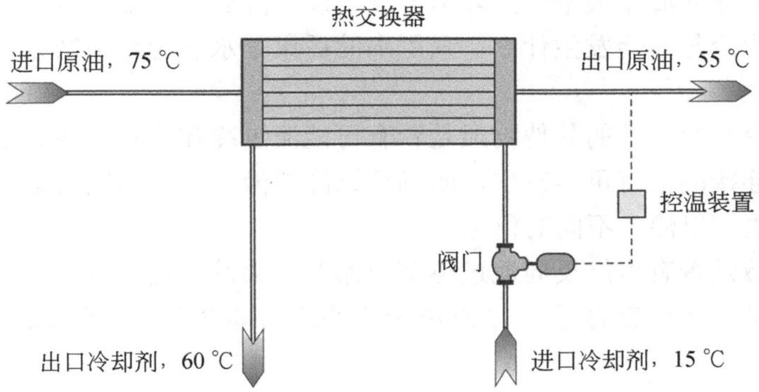

图 12.9　一台简单的热交换器

开始进行 HAZOP 分析时，我们将位于控制阀下游的冷却液进口管路作为一个分析节点，先考虑流量这个参数，把每个引导词应用于流量。

不是或没有：如果没有冷却液流入热交换器会发生什么情况？答案是原油出口温度会上升到 75 ℃。那什么情况下才会没有冷却液流入热交换器呢？平台上配制冷却液的设施可能故障，中断冷却液的供应；冷却液控制阀可能失效，而停留在关闭位置；用于调节冷却液流量的控制器可能失效；用于测量温度的传感器可能故障；冷却液管路可能被污染物堵塞而阻断流动；即使阀门本身完好无损，但用于以气动方式驱动阀门的空气供应也可能发生故障。如何完善设计以防止这些问题的发生呢？可采取的措施包括使用发生故障或驱动空气中断供应时自动停留在开启位置的控制阀；可以对冷却液进行处理，以防止在管壁上形成垢或沉积物，安装过滤器，还可安装高温报警器和冷却液低流量报警器。

过多或多于：如果有太多的冷却液流过冷却回路会发生什么情况？离开热交换器出口，原油的温度会下降到 55 ℃以下，这可能影响不大，但可能会干扰下游的其他流程。什么情况下冷却液流量会过高呢？冷却液控制阀可能失效而停留在开启位置；或者控制阀可能被从上游冲下来的水垢卡住；用于调节冷却液流量的控制器可能完全失效；或者用于测量油流温度的传感器可能给出虚假的偏高读数，进而引发控制器输入更多的冷却液。针对这种情况可采取的措施包括在原油管路上安装低温报警器。

过少或少于：如果进入热交换器的冷却液太少会发生什么？此事件的后果与前面已经讨论过的没有冷却液流入的情况十分类似。什么情况下冷却液的流速会过低呢？控制阀上游的冷却液管路可能被污染物或水垢部分堵塞；由于驱动空气供应系统故障，控制阀可能部分关闭；另一个原因可能是冷却液管路的严重泄漏，导致管路压力下降。

还有：这个引导词使我们考虑到另一种物质与冷却液一起流过热交换器的情况。冷却液可能受到某种形式的污染，这种污染会有什么影响呢？根据污染物的物理性质，流过热交换器的冷却液所带走的热量可能与预期不一致，这可能进一步导致原油的出口温度过高或过低。另一种物质是如何进入冷却液供应管路的呢？其中一种可能性是管路上有一个小孔，空气被夹带进入管路。

部分：在本例中，冷却液是45%三甘醇（TEG）和55%水的混合物。使用这样的混合物是必要的，因为在北海露天平台上环境温度可以下降到−16 ℃。这一引导词要求我们如果考虑只用水作为冷却液会发生什么，只用水的后果是水在管路中结冰，导致整个冷却过程瘫痪。

而不是：除冷却液之外的其他物质是否有可能流过冷却液管路呢？这在设施维修时，如果将管路错误连接的话有可能发生，明确标记冷却液、冷水和空气等管路可以缓解这种风险，管子本身也可以涂上不同的色标。

逆向：冷却液是否有可能反向流过热交换器？如果发生这种情况，是如何发生的呢？对整个冷却过程又有什么影响呢？HAZOP 分析小组可能会得出这个结论：逆向流动是不可能的。

过早：本例中，热交换器大部分是在稳态下运行，此时的温度、压力或流量等操作参数都不随时间变化。但偶尔也会在非稳态条件下运行，这包括热交换器的启动阶段和停机阶段，或者上游管路中的扰动导致原油流量发生显著变化。“过早”这一引导词让我们考虑如果过早改变冷却液流量，会发生什么情况？如果在启动阶段过早供应冷却液，那么后果可能无关紧要；但如果在停机阶段过早停止供应冷却液，那么油流可能会在没有充分被冷却的情况下离开热交换器。为了确保只有在安全的情况下才停止冷却液供应，应该采取哪些步骤呢？

过迟：与过早一样，过迟也是仅与非稳态运行时间段相关。

之前和之后：之前和之后这两个引导词仅在需要执行一系列步骤时才适用。如果各个步骤的顺序被打乱会发生什么情况？针对流量这个参数，这两个引导词是不相关的。

别处：有冷却剂在流动，但并未流过热交换器，可能是由于维修期间的误操作，由于管路连接错误将冷却液引向平台上的其他地方。可以采取什么措施来防止这种情况发生呢？

将这些引导词应用于流量参数，我们认为应安装一些警报器，随着设计工作的推进，将会一一应对，识别出一些危险源。

我们重复以上分析过程，但下次分析应针对温度参数而不是流量参数。我们需考虑冷却液进口温度波动的后果和原因。有些引导词（如不是或没有）在此背景下没有任何意义，可以忽略；其他的引导词则有重要意义。对温度参数的分析一旦完成，分析团队就会转向压力参数，液面参数对进入热交换器冷却液的管路来说也不适用，也不予考虑，一旦团队对进入热交换器冷却液管路的所有可能干扰因素都考虑后，就可以选择一个新的分析节点，例如，可以是原油入口管路。

HAZOP 分析的主要优点在于这是一种系统性的分析方法，可以针对一套设施有序考虑对过程参数有可能造成干扰的全部因素，这有助于避免过程中的任何危险源被忽视。HAZOP 分析还能让我们识别过程或程序的低效元素。

一个必须始终记住的重要问题，如果进行危险性分析（如 HAZOP）之后对设计进行了相应的变更，那么该变更可能会对设施的其他部位产生非预期的后果，包括已经分析过的部位。

12.5　作 业 安 全

12.5.1　危害控制措施层次

危害控制措施层次是消除或减轻风险的另一种思路（图 12.10）。六种危害控制措施按层次依次为以下几种：

（1）消除；

（2）替换；

（3）隔离；

（4）工程控制；

（5）管理控制；

（6）个人防护装备。

（1）消除——消除风险最好的方法是彻底清除或脱离危险源。全面禁止携带火柴或打火机进入井场、禁止在井场使用能够产生火花的设备，这些都是消除井场潜在火源的方法。有时需要对离地面或甲板几米高的设备进行维护，高空作业总是会带来额外风险，如果将设备移至地面，则可以消除这些风险。这个简单改变使脚手架、梯子和起重机的使用成为多余。

（2）替换——如果一个危险源无法消除，是否可以用危险性较低的东西来代替呢？钻井过程中需要使用大量钻井泥浆，如果使用的泥浆配方中只含可溶于水且对自然环境无害的添加剂，就会显著降低与废浆处理有关的环境危害。

（3）隔离——如果一个危险源不能被消除或替换为危险性较低的物质，下一个选择是将危险源与人员、设备和环境隔离开。在海洋平台上，有时需要安全地燃烧掉一些天然气，通常将火炬置于在水面之上延伸很远的放喷管线的末端，这样，人员和设备由于距离远而不会受到热辐射伤害。

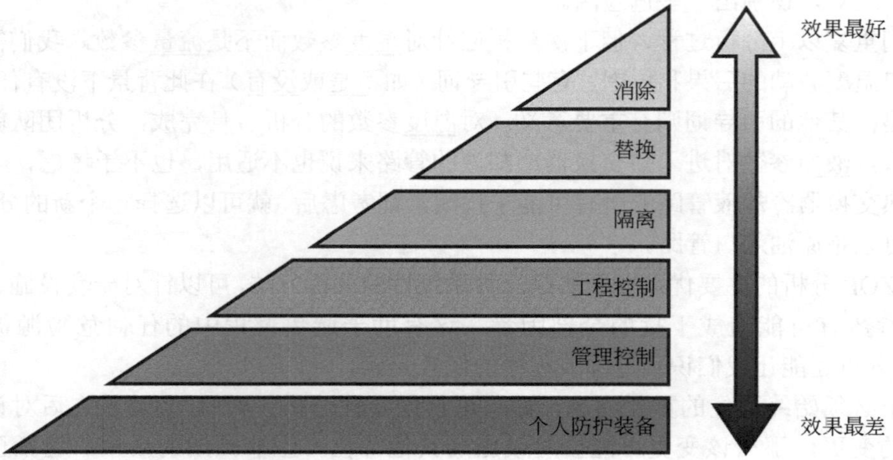

图 12.10　危害控制措施层次

（4）工程控制——这种控制方法是制定一种工程解决方案，以防止设备被误操作，或者规定防护围栏可以打开的时间。

（5）管理控制——管理控制会影响工作方式。培训和现场指导、特殊作业的规则和程序都是管理控制的例子，其他还包括用来规范操作的安全管理系统。任何在井场从事任何工作的人员都必须获得某种形式的批准，安装标志和警告牌也是管理控制的例子，管理控制还包括要求员工遵循法律法规、行业标准和公司惯例。

（6）个人防护装备——个人防护装备（PPE）是最后一道安全防线，只有在所有其他控制措施都失效的情况下，它才会发挥保护员工的作用。个人防护装备包括护目镜、听力保护器、安全帽、信号服、劳保手套、劳保鞋和防毒面具。每项工作都有特定的个人防护装备配备要求，员工需要熟悉给定任务的具体要求。对人员进行正确使用个人防护装备的培训也是非常重要的。防毒面具佩戴不当就可能起不到应有的保护作用。

12.5.2　风险分析

那么，风险是如何量化的呢？如果在一个井场上识别出几个危险源，应该优先考虑哪一个或哪几个？风险分析是一种系统的方法，用于认识与任何流程或程序相关的风险的本质和等级。风险可能危及人类的健康和安全，也可能危及环境。风险分析的结果是基于专业人员的判断力、经验和成熟的数值技术得出的风险定量估值。风险分析让我们能够判定构成最大风险的危险源，并允许对纠正措施按照轻重缓急予以排序。风险分析还可以确保拟议中的任何措施都能够真正从整体上降低风险。

尽管风险分析的方法各有不同，我们将使用“后果（C）–暴露频度（E）–可能性（L）”（Consequence-Exposure-Likelihood）这种三变量方法。利用这种方法可得到三个参数各自分值（表 12.1），然后将这些分值相乘得到风险总分值。

表 12.1 后果-暴露频度-可能性分析法风险分值

后果	C	暴露频度	E	可能性	L
重大灾难：致多人死亡	100	持续不断：每天发生多次	10	几乎肯定：危险事件发生后最可能出现的结果	10
灾难：致一人死亡	50	频繁：大约一天发生一次	6	很有可能：并非不寻常，50%的概率	6
非常严重：致人永久性残疾或身体损伤	25	偶尔：大约一周到一个月发生一次	3	不寻常但有可能：不寻常的巧合，或许十分之一的概率	3
严重：非永久性人体损伤，但需要立即离开现场就医	15	低频：大约一个月到一年发生一次	2	可能性低：可能的巧合，或许百分之一的概率	1
一般：需要就医	5	罕见：曾经发生过一次	1	能够想象到但不太可能：经过多年的暴露从未发生过，但可以想象有可能发生	0.5
轻微：需要急救处理；微小伤口、擦伤或肿胀	1	非常罕见：不曾发生过	0.5	实际不可能：经过多年的暴露从未发生过，而且实质上也是不可能的	0.1

（1）后果——以某种方式与危险源互动后对人员（甲乙方员工和访客）的影响。事件的后果可能是轻微的、需要简单急救处理的非永久性身体损伤（分值为 1）、需要立即离开现场就医的非永久性伤害（分值为 15）、永久性残疾或身体损伤（分值为 25）和多人死亡（分值为 100）。对自然环境造成的后果可能是对井场以外没有影响的污染物少量泄漏和大范围、持久的环境破坏。

（2）暴露频度——这一因素考虑人员与危险源互动的频率。暴露频度是持续不断的（一天发生多次）还是偶尔的（一个月发生一两次），或者是罕见的（曾经发生过一次）。分值为 0.5～10。

（3）可能性——如果有人暴露在有危险源的环境中，不良后果发生概率多大？可能性的范围从几乎肯定——危险事件发生后最可能出现的结果（分值为 10），到实际不可能——经过多年的暴露从未发生过（分值为 0.1）。在估计不良后果发生的可能性时，必须考虑到已采取的所有安全控制措施。

基于表 12.1 中对后果、暴露频度和可能性的定义，可以为每个变量确定一个分值。必要时可以为变量 C（后果）、E（暴露频度）或 L（可能性）确定一个中间值（即位于表中给出的相邻两个值之间）。然后使用以式（12.1）计算风险总分值（R）：

$$R = C \times E \times L \tag{12.1}$$

可用这个总分值判定风险等级（表 12.2 中的四个等级之一）。

表 12.2 风险等级

风险总分值	风险等级
＞600	非常高
300～600	高
90～300	中等
＞90	低

假定设施中存在的某一风险可能导致需要立即离开现场就医的非永久性人体损伤，如手臂骨折，人员暴露于此危险源的频率大约是一天一次，发生后果的概率约为二十五分之一。根据表 12.1，我们估计 C=15，E=6。可能性变量取一个中间分值，即 L=2。利用式（12.1）可计算出风险总分值：

$$R = 15 \times 6 \times 2 = 180$$

参考表 12.2，我们发现风险等级为“中等”。需要对全部潜在危险源重复这一风险评级过程，然后集中精力尽量降低风险等级。显然，该方法具有一定的主观性，因为很难估计所有变量的值，特别是可能性这一变量。

使用这种风险分析方法对作业场地内的潜在风险予以量化，并对其进行排序，可以指导工程团队在提高作业安全方面的努力方向，由于许多作业都很复杂，而且不同作业环节之间存在着相互联系，一个环节的变更可能会对其他环节产生意想不到的不利影响。因此，为了降低与一个危险源相关的风险，而对设备的一个组件或程序中的一个步骤进行更改时，要确保不会增大与另一个危险源相关的风险，也不会引入一个新的危险源才是尤为重要的。

如图 12.11 所示，可以采用五步循环法来评估和重新评估风险。

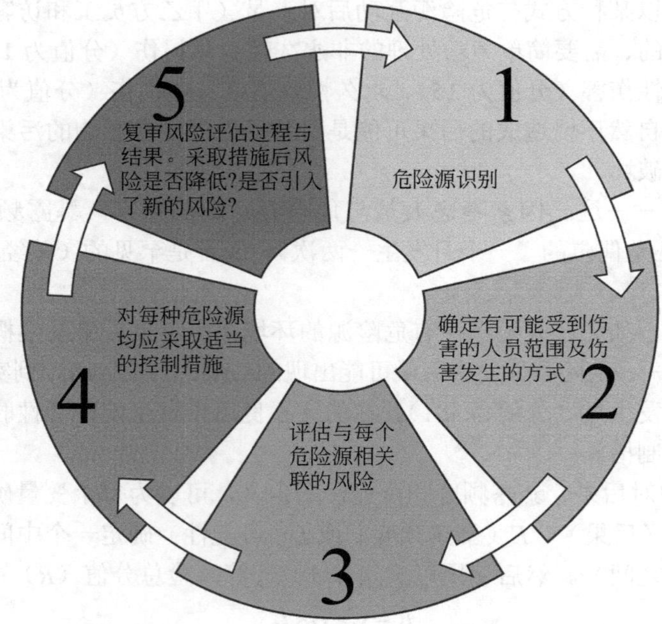

图 12.11　风险评估与风险控制五步循环法

五步循环法步骤如下所示。

第 1 步——识别出作业中的全部危险源。

第 2 步——确定可能会受到伤害的人员范围，伤害发生的方式。

第 3 步——评估与每个危险源相关联的风险。

第 4 步——确定要采取的适当控制措施，包括消除、替换、隔离、工程控制、管理控制和/或个人防护装备。

第 5 步——复审风险评估过程与结果，确保风险已被降低。

第 1 步——识别出因前一个评估周期中所做的变更而引入的任何新危险源。

第 2 步——按以上步骤继续重复第二个评估周期。

12.6 安全管理体系

无论是海上钻采平台、陆上轻便式钻机还是一个采油区，任何作业都应有一个安全生产监测体系。考虑到与油气生产、加工、储存和运输有关的危险，石油工业必须始终有一个健全的安全管理体系，这是管理健康、安全和环境风险的综合性体系。工作场所的安全管理体系应该做到以下几点：

（1）建立本企业的风险管理标准；

（2）识别出健康、安全和环境风险，采取适当的控制措施以降低风险；

（3）建立全面的、经过审核的培训体系，覆盖所有员工（从新员工到高级管理人员）；

（4）制定严格的审核流程，确保作业符合所有安全要求；

（5）实施持续改进。

除了健全的安全管理体系，工作场所还必须始终具备强烈的、全方位渗透到日常活动的安全文化氛围。这种文化必须自上而下加以引导，必须把安全放在首要位置。拥有强烈安全文化氛围的企业会始终支持现场操作人员对某个方面不满意而停止作业的权利。有许多因员工短暂停止作业而挽救生命的案例，但也有一些没有暂停作业的案例，在这种情况下，员工担心的是不惹麻烦，而不是安全问题。

深入探讨健全的安全管理体系超出了本书范围，但是，我们将关注有助于确保安全完成任务的一种方法，即工作许可制度。

工作许可证制度是一个基于表格填报的制度，用于管理和记录有潜在危险的非日常性活动。任何寻求承担此类任务的个人或团队，其任务必须由相关的现场负责人明确限定和授权；许可条款不仅应仔细限定任务，还应具体说明完成任务的确切地点和时间段；许可条款还应同时考虑可能影响安全的任何其他的由同一团队在相同或相关设备上或在同一地区执行的任务。正如本章后面内容所述，工作许可证制度的失效导致了 1989 年 Piper Alpha 平台的损毁，造成 167 人遇难。

工作许可证制度的主要目标如下。

（1）现场的所有工作都应得到特定负责人的授权，如值班工程师或领班。这样，负责现场作业的关键人员就能了解正在进行的所有非日常性任务，以及现场任何不属于日常作业团队的人员情况。

（2）许可条款必须清楚而无歧义地指明任务范围，包括执行任务的确切地点和所涉及的设备。许可条款还可规定施工必须符合的某些条件或应受到的某些限制，包括任务必须完成的期限。

（3）许可条款需要列出在开始作业前必须完成的所有预防措施，或在整个作业过程中必须到位的预防措施。这包括用于隔离潜在风险的物理手段、必须佩戴的个人防护装备和其他安全设备的类型。

（4）重要的是识别出与许可证所涵盖任务相关的所有危险源，并且所有参与任务的人员都意识到了这些危险源。

（5）所有当前未完成而延续到后续的任务都必须认真交接，以便后续的领班了解他们职责范围内的所有活动。

（6）返还工作许可证时还必须有一个正式的流程来结束任务。该流程可以确保领班知道任务何时已经成功完成（那么设备即可恢复运行），也能知道有关的甲乙方员工已于何时撤离现场。

在评估是否可以签发许可证时，值班工程师或领班应该做到以下几点：

（1）了解任务或活动的确切性质，包括完成任务的所有程序；

（2）考虑是否能够用更安全的方式执行任务，或者用同等安全但更高效的方式执行任务；

（3）考虑任务对整体作业和周边区域的影响；

（4）了解该许可证将如何影响已经签发的、现场正在使用的其他许可证。

许可证的签发人应与许可证的接收人详细讨论所许可的任务，以便他们了解清楚许可证授权的内容和对许可证的任何限制，通常包括对工作场所和设备进行实地检查。

12.7 火灾与爆炸

由于碳氢化合物的本质特征，如果有任何泄漏，就会有发生火灾和爆炸的风险。火灾和爆炸是碳氢化合物燃烧时发生快速氧化反应的物理表征。一次单一的碳氢化合物泄漏就可能导致生命丧失、财产损失和对环境产生影响等毁灭性后果。

燃烧常伴随着燃料的快速氧化。从化学反应的角度分析，通常是燃料与氧气之间的反应，可产生蒸汽和二氧化碳等化学物质。这种反应通常是放热的，即大量的热作为反应的副产物而产生。同样重要的是，反应发生的速率和产生热量的速率通常随着温度的升高而增加。这表明，产生更多的热量后，氧化反应发生得更快，从而更快地产生更多的热量。一旦燃料和氧化剂的温度足够高，燃烧反应产生的热量可使火焰持续下去，产生火焰的氧化或燃烧反应发生在气相中，原油等液体燃料在燃烧前必须气化。

引发和维持燃烧反应所需的热量有多种不同的来源，如火焰、火花和静电。一个惰性金属物体，或已经运行很长时间的发动机的排气管都可以提供必要的热量，来引燃氧化剂和燃料的混合物。

要使火焰开始燃烧并维持下去，需要三大要素：可燃物、氧化剂和足够高的温度。如果三个必备元素中只有两个存在，不会发生火灾。对于燃烧着的火焰，可以通过移除任一要素使之熄灭——可燃物、氧化剂或热量。用水灭火，就是使之失去热量而熄灭，在这种情况下，燃烧产生的热量用来加热水，水变成蒸汽而吸收大量的热，从而不再有热量维持燃烧反应，水吸收热量实质上是剥夺了火焰自我维持所需的热量。

现在我们来看几个重要概念。

（1）火：火是一种放热的氧化反应，该反应中消耗可燃物（如原油或天然气）和氧化剂，产生高温气体。燃烧反应的同时常常伴随（但并非总是）肉眼可见的火焰。部分热量随火焰中的气体产物而散失，部分热量用于维持燃烧过程，大部分热量作为热能向外辐射，这些热量足以使水沸腾，导致钢结构软化甚至崩溃，热辐射还会使任何不幸离火近、没有采取保护措施的人员丧命。

（2）爆炸：爆炸是一种极其迅速的放热氧化反应，可在不到 1 ms 内发生。当所有可燃物和/或氧化剂被迅速消耗掉时，爆炸将自行终止。原油失火时燃烧得较慢，但从密闭空间逸出的天然气会燃烧较快，极有可能导致爆炸。当然，爆炸产生的热量会引发更多爆炸，也可引发火灾。

（3）闪燃：闪燃是一种快速的燃烧，通常持续时间只有几秒钟。闪燃发生在密闭空间内，如房间或压力容器，一旦空间中的氧气被消耗殆尽，闪燃将迅速熄灭。该密闭空间内的人并未因闪燃而丧命，但随着空间中的氧气被耗尽，会因窒息而死。

（4）爆燃：爆燃也是一种爆炸，其间，燃烧反应在燃料和空气的混合物中以低于未燃烧的燃料中声速的速度传播。

（5）爆震：爆震也是一种爆炸，其间，燃烧反应在燃料和空气的混合物中以高于未燃烧的燃料中声速的速度传播。

（6）火源：火源是任何当温度足够高而引发燃烧且使之能够维持下去的物质。点燃的火柴或打火机的火焰、从金属磨床上脱落的高温金属碎片和某些液体因流动而产生的静电火花等都是潜在的火源。

（7）冲击波：爆炸经常会产生冲击波，在空气中迅速传播。冲击波的大小被称为超压。超压反映了冲击波的震级，是指高出正常大气压的差值。0.3 kPa 左右的超压就好像一声强烈的噪声，4 kPa 的超压会击碎玻璃，而 40 kPa 的超压可能会导致建筑物被完全破坏。超压随着冲击波传播距离的增大而衰减，所以与爆炸点之间的距离可以减缓冲击波的破坏力。

（8）易燃：易燃（英文用 flammable 或 inflammable 均可）表示一种物质可以燃烧；某物质不易燃即是不能燃烧。通常易燃一词更倾向于用来表示闪点低于 38 ℃的物质。

（9）燃烧极限：燃料和空气的混合物只有在燃料浓度处于一定范围时才会燃烧。燃烧下限是燃料-空气混合物能够发生燃烧的燃料最低浓度；燃烧上限是燃料-空气混合物能够发生燃烧的燃料最高浓度。如果井场有天然气逸出，但随风迅速消散，它的浓度可能会保持在燃烧下限以下，不会着火。

（10）BLEVE：沸液-膨胀蒸汽爆炸（BLEVE）是可能发生的最具破坏性的爆炸类型之一，该爆炸并非是由单一的燃料来源造成的，燃料和空气呈云状分布。该爆炸可以吞没整个地区，包括建筑物和结构物。如果沸腾着的碳氢化合物液体蒸汽从容器中逸出，则形成蒸汽云。蒸汽云取决于蒸汽密度的大小，可能会悬浮在近地面，随着更多蒸汽释放到大气中，蒸汽云就会膨胀，如果有微风，蒸汽云可能会顺风漂流，与空气混合后，如果蒸汽-空气混合物的组成在燃烧极限范围内，一旦遇到火源，就会发生爆炸。

12.8 历史上的安全事故

18 世纪英国哲学家和政治家 Edmund Burke（埃德蒙·伯克）曾说过："那些不从历史中吸取教训的人注定会重蹈覆辙。"因此，回顾已经发生的事故是大有裨益的，我们可以从中吸取教训，未来少犯错误。

12.8.1 1969 年圣巴巴拉（Santa Barbara）漏油事故

1969 年 1 月，美国加利福尼亚州南部海岸的一口油井发生了重大石油泄漏事故，引起了公众的强烈抗议，以致不得不重新评估沿岸钻探政策。原油迅速蔓延过圣巴巴拉海峡，进入洛杉矶以西海域，成千上万的海鸟和海洋生物（包括海豚、海狮和海象）因此而死亡。

加利福尼亚州南部地下油田开发由来已久，洛杉矶盆地分布着许多油井。地震研究表明，油田延伸到了圣巴巴拉海岸线以外，而陆上井场的定向钻井延伸的距离有限，于是油公司申请并获得了在海岸与圣罗莎（Santa Rosa）、圣克鲁斯（Santa Cruz）两个岛之间的圣巴巴拉海峡建造一系列石油平台的许可。

平台 A 位于滨海小城萨默兰（Summerland）以南约 9 km 处，水深约 57 m。该平台于 1968 年 9 月投入使用，旨在开发圣巴巴拉海峡海底的多斯夸德拉斯（Don Cuadras）油田。按照设计，该平台能够钻 57 口定向井，每口井的井眼轨迹和方向都不同，尽量覆盖整个油田。

钻第五口油井时，作业公司获准下入长度仅为 73 m 的导管，而不是政府规定的 90 m。1969 年 1 月 28 日钻至井深 1060 m 时起钻换钻头，在没有任何先兆的情况下，油井先喷出泥浆，随后有原油喷溅到甲板上，幸运的是，泄漏的原油和天然气都没有被点燃，井喷大约 13 min 后，钻井队启动了盲板防喷器，切断井眼中的钻柱，关闭油井，尽管井喷被抑制，但井队人员注意到，距离平台几百米的海面上有气泡冒出，在储层高压的作用下，储层流体将海底之下的地层压裂，流体沿着大部分井段还尚未下套管的井眼上返，井队人员原本计划钻达最终井深后下入套管。

原油和天然气从海床的裂缝中泄漏，平台的东西两侧都有泄漏。事实证明，这些裂缝很难封堵，最终有超过 1 万 m^3 的原油泄漏到海里，冲上附近的海滩，污染了海水，杀死了鸟类和海洋生物。

虽然表面上发生井喷的原因是钻井队没有预料到会钻遇高压储层，实际上造成大量原油泄漏的根本原因是油井的完全损坏，导管本应下至法定深度 90 m，而且还应在钻达最终井深 1060 m 之前下入表层套管，实际上这两方面均未做到。

12.8.2 蒙特拉（Montara）油田井喷事故

2009 年 8 月，在帝汶海发生了澳大利亚最大的石油泄漏事故之一。West Atlas 自升式钻井平台正在施工的一口井发生井喷，原油和天然气泄漏到海里。历时十多周的时间，原油和天然气持续从油井流入距澳大利亚海岸 250 km 的海域，只是在通过向第二口井注入重泥浆后，该井的油气泄漏才得以控制，第二口井是利用距 West Atlas 平台 2 km 之外的另一个平台钻进的。

2009 年 1～4 月，West Atlas 钻井平台在帝汶海钻了 5 口井，其中 H1 井是一口斜井，最终垂深为 2654 m，斜深为 3796 m。该井使用了两层套管完井，分别为直径 340 mm（$13^3/_8$ in）的导管和直径 244 mm（$9^5/_8$ in）的生产套管。井底在油水界面之上约 3 m。

该井用水泥塞暂时封堵，并向井中泵入了清水至水泥塞的上方，然后对井筒加压至 27.6 MPa，并保持一段时间。开井后有 2600 L 的液体从井中流出，这表明水泥塞质量存在问题，将流出的液体重新泵入井中，然后关井以便让水泥凝固，当不再有液体从井中流出时，以丝扣连接的方式将一个套管帽与直径 244 mm 的套管末端拧紧以防止腐蚀，H1 井和其他几口井随后被暂时弃井，而钻井平台转移到了下个井场。

2009 年 8 月，平台返回蒙特拉油田，准备在这几口弃井与平台之间重新建立连接并准备投产，8 月 20 日，将 West Atlas 平台的井架安装在 H1 井上方。卸掉了套管帽，并进行一些次要工作，然后将井架定位在另一口井上方，此时工程师认为水泥环、套管再加上水泥塞上方的液柱足以防止井喷，故未封闭 H1 井。

次日凌晨发生了轻微井喷，大约 8 m^3 的液体从井中喷出。平台上的天然气报警器也发出警报，之后液流快速平息，井队人员决定将井架移回 H1 井以便采取安全措施，可是在完成这项工作之前，油井再次喷发，原油和天然气不受控制地从井中喷出，溅落到平台上，此时，69 名员工全部迅速而安全地撤离了平台。

在接下来的十周里，原油和天然气持续喷溅到已被撤离的平台上。由于井队在撤离时采取了一些防护措施，平台处于相对安全的状态，上面没有火源，油气未被点燃。为了在 West Atlas 平台甲板上或在海床上采取措施控制井喷，作业者考虑了各种备选方案，最终决定钻一口救援井，于是从新加坡调来了 West Triton 自升式钻井平台，在井喷发生仅三周后救援井就开钻了。

这口救援井在距离 H1 井约 2600 m 处开钻，以便在 H1 井的套管斜上方约 100 m 处与其交汇，第一次尝试交汇错过了约 4.5 m，只能在救援井底部打水泥塞，再钻侧钻一个井眼；第二次尝试又错过了目标井 0.53 m。直到第五次尝试才成功交会 H1 井，井喷开始后 73 天，压井泥浆被泵入救援井，但泥浆的密度不足以压井，几个小时后，泄漏到平台上的碳氢化合物被引燃而造成火灾，通过救援井泵入密度更高的压井泥浆后，最终大火被扑灭，井喷得到控制，H1 井被封住。至 2009 年 12 月初，在救援井底部打了一段 1400 m 长的水泥塞，救援井也被封死。

质量低劣的水泥塞导致了这次井喷。井队人员和工程师都没有意识到井底的水泥塞的质量可能会导致井喷。8 个月后，Macondo 井也发生了井喷，原因是固井质量不合格，而技术人员未发现问题。

12.8.3 海洋石油平台 Piper Alpha 的损毁

本章讨论的最后一个安全事故是 1988 年 7 月 Piper Alpha 平台的损毁。与前面讨论的其他事故不同，这个事故不是由钻井作业造成的，而是由平台上设备维护时的一个失误造成的。

1973 年在北海发现 Piper 油田后，决定使用包括 Piper Alpha 在内的多个平台开发该油田。Piper Alpha 平台是在 1976 年底投入使用的，其位置距苏格兰阿伯丁市 193 km，水深 145 m。相对本地区的其他平台来说，由于 Piper Alpha 平台处于中心位置，后者便成为该地区原油和天然气外输到欧洲大陆的枢纽。1988 年事故发生时，从海底到平台有四个主要连接通道或导管，分别是原油外输主管线、邻近 Claymore 平台和 Tartan 平台的两根天然气导管、输往另一个平台的天然气外输主管线。

该平台的甲板上有四个主要模块，如图 12.12 所示。模块 A 东西向跨越整个平台，容纳36个井口和钻井装备，该钻机最初有两个井架，但钻井任务完成后，其中一个被拆卸掉了；模块B容纳4台原油外输泵和两台主分离器，用于分离油、气、水；模块C承载将天然气外输到陆地的相关压缩设备，包括几台大型压缩机；模块D容纳一些公用设施和生产主控室；还有其他模块为员工提供食宿。两个放喷火炬延伸到平台南面，必要时可将废气安全地燃烧掉，平台南侧的隔热板可为模块A提供保护，使其免受火炬产生的热辐射伤害。

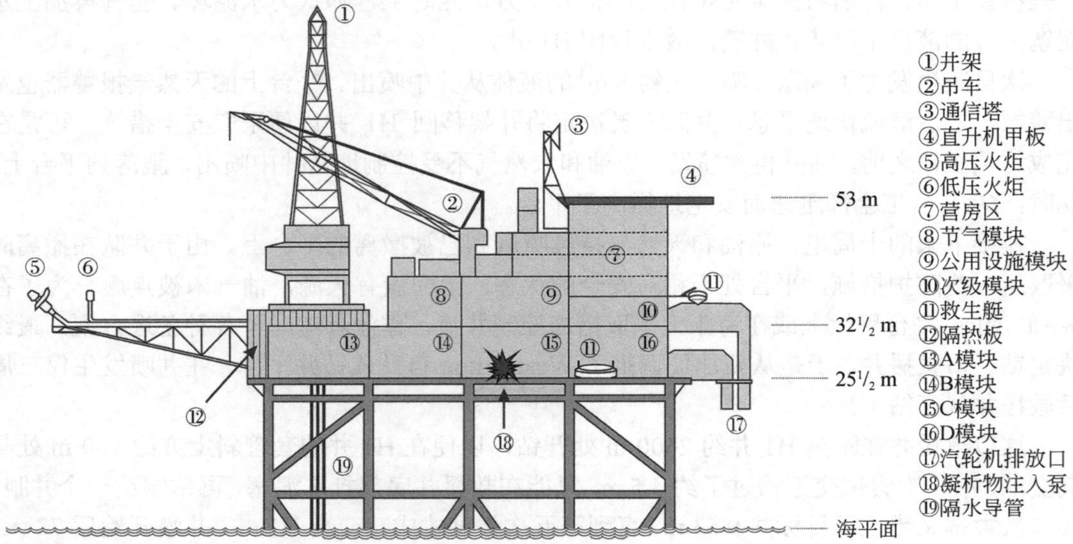

图12.12　1988年的Piper Alpha平台（东侧视图）

1988年7月6日，将位于模块C内的两台凝析油注入泵中的一台停止运行，对其进行例行维护，按惯例每两年对该泵进行一次维护，以确保在运行中不会出现故障。当班监督向维护小组签发了工作许可证，同意对该泵断电，并关闭进出口阀门，该泵（A泵）的工作由两台凝析油注入泵中的另一台（B泵）承担。与此同时，有两家承包商正在对平台上的所有泄压阀执行检查和重新认证任务，这些阀门的用处是当管线中出现高压时自动开启，将废气排放至两个火炬之一，因此，必须定期对这些阀门进行检查和重新认证，以确保它们能够正常工作。到7月6日，承包商已经完成了除凝析油注入泵（A泵）出口阀外的所有泄压阀的检查，他们利用两年一次停泵检修的机会，拆除了PSV 504泄压阀，为了这项工作，他们获得了当班监督签发的工作许可证，这里必须注意的是，签发给两个小组的许可证都没有兼顾另一个使用中的许可证。

拆除PSV 504阀门需要搭建脚手架以使承包商人员能安全地够到阀门，这项工作耗时大半个下午，差不多18点才将阀门拆除。他们用螺栓将一个盲法兰固定在泵的外壳上，以覆盖阀门拆除后留下的孔眼。由于处于停泵状态，固定盲法兰的螺栓只能用手指拧紧，这项工作不允许加班，所以他们将阀门搬到测试工作台上，准备次日早上进行测试。

重新认证阀门的承包商被要求在下班时交回他们的工作许可证，当时正是交接班时间，主控室特别繁忙。承包商不确定如何交回尚未完成任务的工作许可证，只把相关纸质文件放在即将接班的监督的办公桌上，就离开了主控室。接班的操作人员不了解交回的许可证，也不知道阀门缺失的实际状态。

21 点 50 分左右，B 泵意外停机且无法重新启动。由于平台的正常作业需要至少一台泵运转，操作人员便检查了 A 泵状态，发现 A 泵电源已断开，阀门已关闭，但并未采取其他维护措施，因此，他们决定重新接通 A 泵的电源并打开阀门使其运转，此时，主控室里没人知道已经拆除了一个泄压阀。

恰在 22 点之前 A 泵被启动。天然气立即充满了油气处理模块，报警器随即响起，片刻天然气被点燃，由此产生的爆炸摧毁了这个模块，两名员工当场遇难，隔离处理模块的墙壁防火但不防爆，爆炸撕裂了隔墙，产生的碎片又击穿输气管线，处理模块内的油气被点燃。位于模块 D 内的应急消防水泵需要手动启动，但由于第一次爆炸造成的破坏，操作人员难以接近水泵。因此，作为平台关键安全系统的大水量灭火系统没能发挥作用；第一次爆炸后大约 20 min，从附近 Tartan 平台输入天然气的导管高温下断裂，释放出管线中的全部高压气体，随之而来的巨大爆炸对平台造成了更为严重的破坏。

Piper Alpha 平台上的员工立即撤离，许多人跳入水中，希望被平台周围停留的几艘辅助船上的救生艇救起。然而，多数人留在营房内等待直升机救援，在着火和爆炸期间，没有直升机能够到达平台，22 点 50 分，当第二根导管破裂时，一艘载有 2 名救援人员和 4 名被救人员的救生快艇被爆炸吞没，6 人全部遇难，随后又发生了一连串的爆炸，次日，只有模块 A 还在海平面以上，平台的其余部分全部消失。这个夜晚，平台上工作的 226 人中，61 人幸存，165 人遇难，再加上遇难的 2 名救援人员，共有 167 人在事故中丧生。

后来，调查委员会发现，管理层在灾难发生当晚的反应不尽如人意。管理人员从未接受过如何应对这种紧急状况的培训，如果在第一次爆炸发生后的第一个小时内下令让所有员工离开营房区，在那里遇难的 81 人中，很多人很有可能幸存，周边平台的管理人员也没有采取任何措施停止向 Piper Alpha 输送天然气，即使他们失去了与 Piper Alpha 的所有通信联系，也应该采取相应措施。

Piper Alpha 平台消失之后，由库伦（Cullen）议员领导的官方独立调查发现，可以从这场悲剧中吸取一些教训。其中以下几方面十分重要：

（1）正规的维修制度，包括明确的工作许可证制度；

（2）适当的紧急停机程序；

（3）对所有人员（包括承包商人员）进行安全培训；

（4）对管理层进行应急培训；

（5）在公司内部各个层面及其项目作业中均有很强的安全文化意识。

第 13 章　油藏数值模拟

在空客 A350 宽体客机于 2013 年 6 月首飞之前，空客的工程师已经对其飞行性能有了充分的了解。他们能够预测出一些重要参数，比如飞机在满载情况下的续航里程，每位乘客每千米的耗油量，以及不同条件下的最佳巡航高度和最佳起降速度。工程师之所以能够预测飞行性能，是因为他们在充分了解飞机空气动力学的基础上开发出了一个数学模型。他们建立了一系列描述飞机在飞行过程中与空气相互作用的数学方程，然后利用大型高速计算机进行求解。该模型不仅能预测设计产品的性能，还能助力工程师进行优化设计，如机翼的尺寸和形状、发动机在机翼上的最佳安装位置、起落架的样式、水平尾翼的设计方案。

与此类似，石油工程师也可以用数学方法模拟油藏动态，从而确定开发油藏的最佳方式。油田开发是资本密集型项目，需要投入数亿美元，甚至是数十亿美元。在决定投入如此大量的资金之前，必须评估、进而缓解与油田开发相关的任何风险。项目公司需要知道投资周期、投产时间以及在开发期间产量增长趋势。石油工程师利用在开发期间储层内部演变过程的数学描述进行模拟，以预测油田生产动态。

油藏模拟可用于油田开发生命周期的各个阶段。

（1）项目选择——通常情况下，每一家油公司都会有几个备选项目在考虑之中。数值模拟使公司能够在不钻一口井的情况下比较这些项目的现金流。可以将回报较低的项目剔除出去，识别出较有前景的项目以便进行更深入的分析。

（2）新油田开发——一旦决定开发一个新油田，油藏工程师需要确定该油田的开发方案，包括钻井数量、井距、准确井位、钻井类型（直井或定向井）。

（3）老油田开发——一个油田投产数十年后，其产量通常会显著下降，油田经济效益逐渐下滑。维持油田产量的解决方案之一是在现有井网中钻加密井（直井或水平井）。利用油藏模拟可以确定加密井的井数、类型和位置，选定产量最优化方案。

（4）持续完善——任何油藏模拟都不得不基于一系列假设。随着时间的推移，收集到的数据越来越多，利用这些新的生产数据或新的钻井数据可以对已有模型进行持续完善。油田投产数十年后使用的模型可能与刚投产时的模型有很大不同。

13.1　油藏数值模型的基本要素

油藏数值模型由一系列不同的方程构成，每个方程代表储层及其流体物理性质的一个不同方面。其中一些关键方程与设定的储层体积单元（称为控制单元）内发生的过程有关。这个设定的储层单元是由孔隙性地层组成的，而孔隙内充满了油、气、水。在大多数情况下，控制单元可以是任何形状，但在本章中我们只考虑两种情况：如果使用标准直角坐标系，我们设想它是一个矩形棱柱［图 13.1（a）］；如果该单元靠近井眼并且使用曲线坐标系，则设想它是一个部分楔形棱柱［图 13.1（b）］。在控制单元内，任何物理性质的不均匀性均忽略不计，只取其平均值。这意味着控制单元越小，模型就越能反映储层内的实际情况。

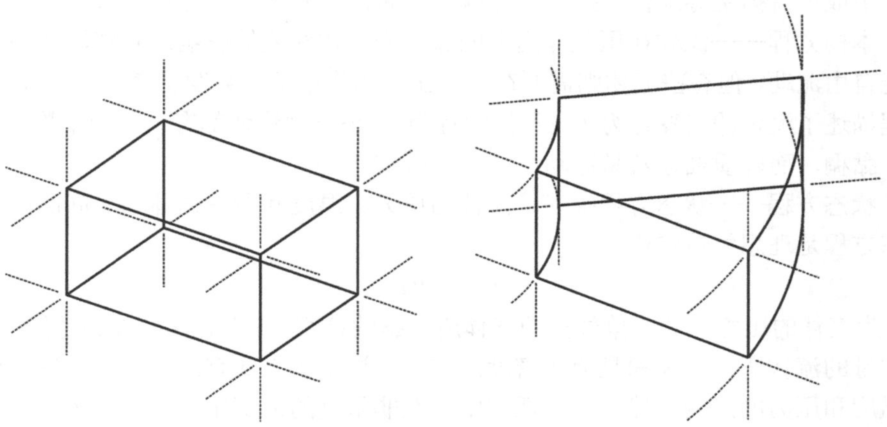

(a)用于直角坐标(笛卡儿坐标)的矩形棱柱　　(b)用于曲线坐标的楔形棱柱

图 13.1　数值模型中的控制单元

现在，我们讨论模拟储层内部过程时，任何模型都会用到的关键的方程和条件。

（1）连续性方程（物质平衡）——这是质量守恒方程的一种形式，可以写成：

(控制单元内的质量累积) = (进入控制单元的质量) − (离开控制单元的质量)
+ (控制单元内生成的质量) − (控制单元内消耗的质量)
（13.1）

这个方程反映的是系统（即控制单元）内部的质量守恒情况。质量既不能被创造也不能被消灭（除非在核反应堆内），因此方程中的生成项和消耗项都为零。这个方程对控制单元内的每一个组分也都是成立的。但是，如果我们将“气体”定义为其中的一种组分，那么在控制单元内，部分水和/或油沸腾后可以产生气体。控制单元内气体质量的生成自然会伴随着液体质量的消耗。

（2）动量平衡——该方程考虑在多孔介质控制单元内流体通过孔隙网络的流动。正如我们在前面章节所述，流体的流动受压差驱动。以直线形管道内流体的流动为例，流体平均流速受多种因素影响，包括管道内径、流体密度和黏度、管道内表面的粗糙度以及管道两端之间的压差。对于多孔介质中的流体流动，我们同样需要考虑流体的密度和黏度以及控制单元两端的压差，另外，还要考虑介质的孔隙度和渗透率。如果控制单元内存在油、气、水三相，它们会以不同的速度流过控制单元。各相流速大小受到三相饱和度的影响。

（3）能量平衡——该方程与反映物质平衡的式（13.1）类似，其最简单形式可以写成：

(控制单元内的能量累积) = (进入控制单元的能量) − (离开控制单元的能量)
+ (控制单元内生成的能量) − (控制单元内消耗的能量)
（13.2）

能量通过两种主要机制（流入和流出）控制体积：流入、流出的质量所携带的能量；

从高温区域通过岩层传导到低温区域的热量。在控制单元内发生的化学反应通常伴随着热量的产生或消耗，因此，在有化学反应发生的情况下，式（13.2）中的生成项和消耗项就不再为零。在火烧油层过程中，部分原油在地层内燃烧，产生巨大的热量，因此，方程右侧的能量生成项占据主导地位。控制单元内能量的积累通常表现为温度的升高。

（4）本构方程——流体在压差作用下的流动受流体黏度的影响。有些流体在极小的压差下就能自由流动，但有些流体则需要在一定压差的作用下才会发生变形，进而开始流动。本构方程描述了流体的流变行为（或称流动行为）。每一种流体都有自己的本构方程。重油通常非常黏稠，而轻质油通常易流动。

（5）状态方程——状态方程描述了流体的压力、温度和所占据体积之间的关系。最简单的状态方程是理想气体定律：

$$P\hat{V} = RT \tag{13.3}$$

式中，P 为气体的压力；$\hat{V}$ 为单位量的气体所占据的体积；T 为温度；R 为通用气体常数。

单位量的流体所占的体积是流体密度的倒数。这个关系式有助于我们理解流体的密度如何受温度和压力的影响。然而，在现实中，在非常高的油藏压力下，气体的行为并不符合理想气体定律。在多数情况下，式（13.3）是不适用的，需要更复杂的关系式来精确模拟温度、压力和密度之间的关系。

（6）辅助方程——还需要另外几个方程来描述控制单元内流体的物理性质如何随温度、压力甚至位置而变化。例如，如果地层温度随时间而变化，我们就需要了解地层岩石的导热系数和比热容如何随温度而变化。流体的比热容和黏度不仅随温度的变化而变化，而且还随其组分的变化而变化。随着时间的推移，原油中较轻的组分可能会被优先采出，留下较重、黏度更高的组分。这将导致控制单元内的流动行为发生变化。辅助方程的另一个例子是各种流体的饱和度之和必须永远等于 1：

$$S_{\text{oil}} + S_{\text{gas}} + S_{\text{water}} = 1 \tag{13.4}$$

（7）地层描述——在对油藏动态进行初步模拟时，可能会假设整个储层是均质性的，孔隙度和渗透率都不会随位置而发生任何变化。而在实际情况中，被模拟的油藏可能包含高渗层，或者孔渗性能较好的储层层间夹杂了致密或低渗的小层，任何模拟的准确性都受不到油藏地质数据质量的影响。

（8）初始条件——所有油藏模型都会预测油藏动态随时间的变化情况。然而，为了确保模型的预测结果准确无误，我们需要充分了解储层的初始状态。储层各处的油、气、水的初始饱和度是多少？整个储层的温度和压力是均一的，还是储层内部已经存在温度梯度和压力梯度？怎样才能更精准地表示油相和气相的组分？

（9）边界条件——所有模型都有边界，模型预测不会超出边界之外。这些边界可能是由断层或非渗透层确定的储层物理边界，也可能是位于油藏范围内的油气井形成的内部边界。除非有明确的边界条件，否则数学模型无法求解。边界条件可以简单到一个参数（如压力）的一个确定值——例如，我们可以假定在油田的整个开发周期内井底压力恒定不变。类似地，也可假定没有物质跨越断层（储层的一种物理边界）而流动。

从上述讨论中我们可以看到，欲全面地描述地层及其流体，需要大量的数据支持。必须了解储层流体的物理特性（如密度、黏度、比热容和导热系数）对温度和压力等参数的依赖性。需要了解模拟起始时刻储层流体在地层中的分布情况。如果这些数据大部分已经具备，就可以建立一个数值模型进行模拟。但如果缺少数据，则必须根据经验和类似油藏的数据做出假定。

13.2　油藏数值模型举例

全功能油藏模拟模型的建立和求解非常复杂。必须列出能够准确描述储层及其流体特征和性质的方程，以及流体在地层中流动状态的方程，而且通常还需要变换这些方程的形式，以便于数值求解。我们将通过建立一个更简单的数值模型来预测热量在砂岩地层中的流动，而不是用几百页的篇幅来展示如何建立这样一个模型，然后进行求解。

这个简单模型考虑的是热量以传导方式在多孔性砂岩中的流动。因为我们假设传递介质是如图 13.2 所示的厚度均匀的板状砂岩体，因而热量的流动是一维的。为了简单起见，我们假设砂岩体的厚度为 1 m。在本例中，我们假设砂岩是均质性的，具有均匀的密度（ρ）、均匀的导热系数（k）和均匀的比热容（C_p）。

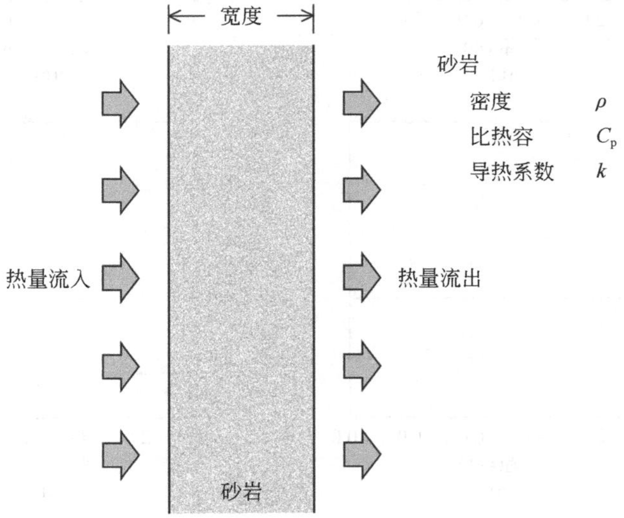

图 13.2　如果砂岩体左侧表面的温度瞬间升高，那么热量就会通过砂岩体向右传导

基于本模拟案例的初始条件，我们将假设整个砂岩体的温度是均匀的，为 50 ℃。我们假设在时间 $t = 0$ 时，砂岩体左侧表面温度瞬间升高至 150 ℃，此后一直保持不变。砂岩体右侧表面温度将恒定保持在 50 ℃。

我们的任务是建立一系列数学方程，然后求解，以便得到在 $t = 0$ 之后的任意时刻砂岩体内任意一点的温度。

13.2.1　温习一阶导数和二阶导数

由于有些读者可能不太熟悉与微分学相关的数学概念，在此回顾一下这些概念是大有裨益的。我们最后建立的描述砂岩体内部温度变化的一组方程，会用到几个函数的一阶导数和二阶导数。现在我们就回顾一下这些概念。

我们暂且将砂岩体的例子放在一边，先考虑一块花岗岩体内的温度分布。我们假设该花岗岩体的结构均匀。在 $x = 0$ m 处，温度为 36.0 ℃；在距离此处 10.0 m 远的位置，即 $x = 10.0$ m 处，温度为 76.0 ℃。在这两点之间，温度随离开起始点的距离而均匀上升，如图 13.3（a）所示。跨越 10.0 m 的距离温度上升了 40.0 ℃，因此每前进 1 m 温度上升 4.0 ℃，我们就说温度梯度为 4.0 ℃ m^{-1}。

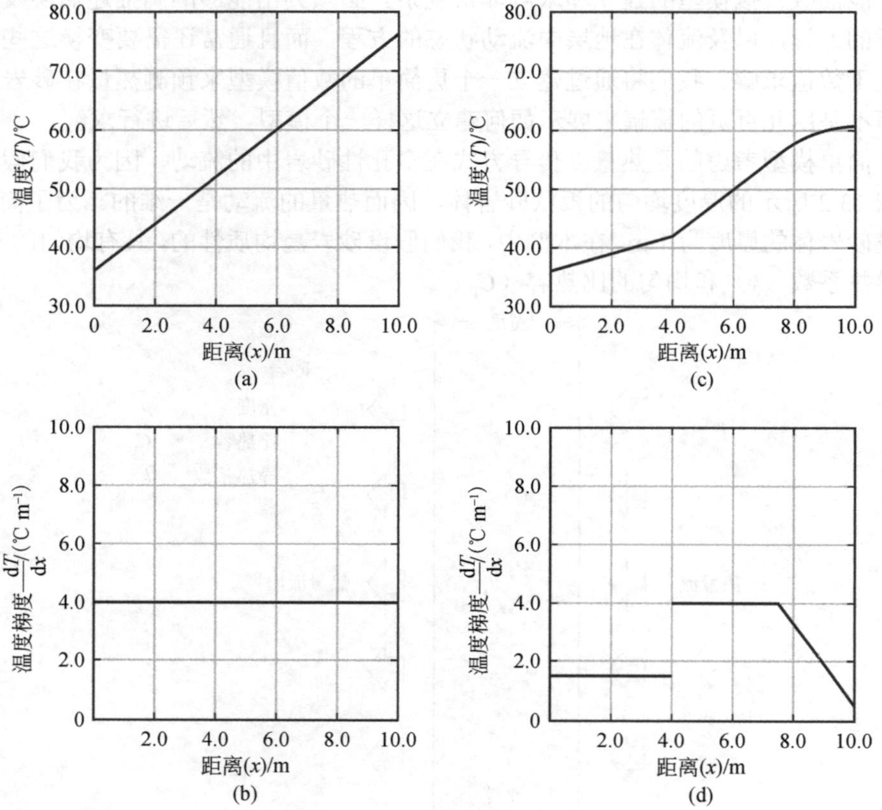

图 13.3　两种温度曲线以及与其对应的温度对距离的一阶导数

（b）为（a）所示的梯度导数；（d）为（c）所示的梯度导数

10.0 m 范围内的平均温度梯度的计算公式为

$$温度梯度 = \frac{76.0 - 36.0}{10.0 - 0} = 4.0 \text{ ℃ m}^{-1}$$

一般说来，如果 T_1 是 x_1 点的温度，T_2 是 x_2 点的温度，则有

$$温度梯度 = \Delta T / \Delta x = \frac{T_2 - T_1}{x_2 - x_1} \tag{13.5}$$

本例中，$x_1 = 0$ m，$x_2 = 10.0$ m，$T_1 = 36.0$ ℃，$T_2 = 76.0$ ℃。图 13.3（a）中温度曲线的

斜率是不变的，因此如果我们绘制这 10.0 m 范围内的温度梯度曲线，可得到如图 13.3（b）所示的水平线。用数学语言来说，温度梯度就是温度变化曲线的一阶导数，用符号 dT/dx 表示。这里符号 d 是一个数学运算符，而不表示某个变量（如直径）。因为 dT/dx 不是一个分数，因此不可能消去 d。此时 dT/dx 作为一个整体表示温度随距离的变化率，也就是温度梯度。

图 13.3（c）所示曲线反映了另一块花岗岩体内部的温度变化情况。在这个例子中，$x = 4.0$ m 处温度梯度的跳跃可能是由于花岗岩性质的突变。在 $x = 7.5$ m 和 $x = 10.0$ m 之间，越接近 $x = 10.0$ m，温度梯度越小。如果我们绘制花岗岩内部的温度梯度曲线，可得到如图 13.3（d）所示的曲线。在 $x = 4.0$ m 处，梯度出现了不连续变化。在该点左侧，即 $x < 4.0$ m，温度梯度为 1.5 ℃ m^{-1}；而在该点右侧，温度梯度为 4.0 ℃ m^{-1}。在 $x = 7.5$ m 和 x=10.0 m 之间，温度梯度逐渐下降，最后接近于 0 ℃ m^{-1}。

现在我们分析图 13.4（a）所示的花岗岩体内的温度变化，在图中可以看出，在 $x = 0$ m 处的温度为 38.0 ℃，随着位置偏向右侧，温度越来越高，且上升的速率也越来越快，直至在 $x = 10.0$ m 处达到 77.0 ℃。如果我们放大 $x = 8.0$ m 处附近的区域，可以看到 $x = 7.95$ m 处的温度为 75.77 ℃，$x = 8.05$ m 处的温度为 76.29 ℃。我们现在可以用这些值和式（13.5）计算 7.95 m 和 8.05 m 之间中点（即 $x = 8.00$ m）的温度梯度：

$$\text{温度梯度} = \frac{76.29 - 75.77}{8.05 - 7.95}\ ℃\ \mathrm{m}^{-1} = 5.200\ ℃\ \mathrm{m}^{-1}$$

绘制温度梯度曲线后，我们发现温度梯度在 1.60 ℃ m^{-1}（$x = 0$ m 处）与 5.80 ℃ m^{-1}（$x = 10.0$ m 处）之间。

图 13.4（b）显示了温度梯度随位置的变化情况。如前所述，温度梯度表示温度随位置变化曲线的一阶导数（当位置的差异趋于无限小时）。图 13.4（b）告诉我们，尽管温度梯度持续增加，但越接近 $x = 10.0$ m，温度梯度增加的速率越小。这样我们可以考察一下温度梯度的“梯度”（即温度梯度曲线的斜率）：

$$\text{温度梯度的梯度} = \frac{(\Delta T / \Delta x)_2 - (\Delta T / \Delta x)_1}{x_2 - x_1} \tag{13.6}$$

当我们放大 $x = 8.00$ m 附近的区域时，发现 $x = 7.95$ m 处的温度梯度为 5.182 ℃ m^{-1}，$x = 8.05$ m 处的温度梯度为 5.217 ℃ m^{-1}。将这些值代入式（13.6），可计算如下：

$$\text{温度梯度的梯度} = \frac{5.217 - 5.182}{8.05 - 7.95}\ ℃\ \mathrm{m}^{-2} = 0.35\ ℃\ \mathrm{m}^{-2}$$

数学上，温度梯度的梯度就是温度变化曲线的二阶导数，用符号 d^2T/dx^2 表示。如前所述，d 本身不是一个变量，而是二阶导数的数学表达式的组成部分。在本例中，d^2T/dx^2 的单位为℃ m^{-2}。图 13.4（c）显示了在该 10 m 花岗岩体内温度梯度的梯度随位置的变化。

用于建立砂岩体内热流动模型的控制方程将涉及一阶导数和二阶导数。

13.2.2　模型中所用到的方程

现在我们再考虑砂岩体内温度剖面的预测，首先需要定义一个计算中将用到的控制单元，如图 13.5 所示，它是一个与整个砂岩体的端面平行的薄板，其厚度只有Δx，横截面积

为 A，则体积为 $A\Delta x$。

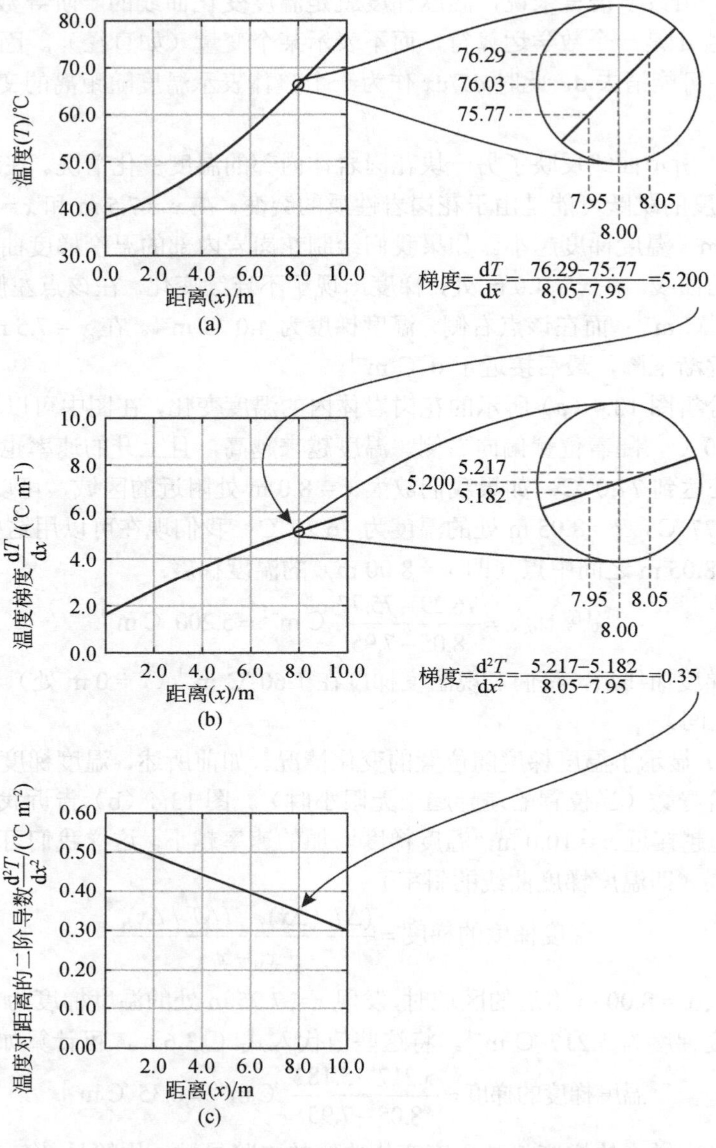

图 13.4　温度剖面（a）及其对距离的一阶导数（b）和二阶导数（c）

我们假定没有流体流过该砂岩体。因此唯一需要考虑的传输方程是能量平衡，该方程只需考虑通过控制单元的热传导。在控制单元内既不产生能量也不消耗能量，于是式(13.2)的能量平衡简化为

(控制单元内的能量累积) = (进入控制单元的能量) − (离开控制单元的能量)　(13.7)

该方程明确表明，如果流入控制单元的能量比流出的多，那么控制单元的能量就会增加，因此温度就会升高。

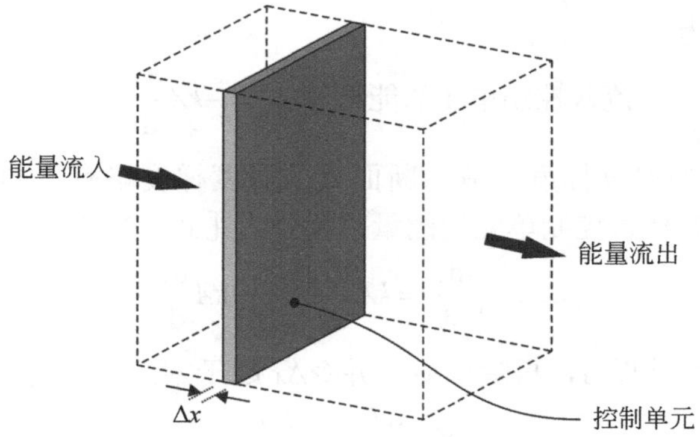

图 13.5　砂岩体示意图（其中显示了非常薄的控制单元的位置）

控制单元内的任何能量累积都会导致其温度上升。温度升高的程度取决于砂岩的质量（m）和它的比热容（C_p）。一种材料的比热容是指将单位质量的材料升高单位温度所需要的能量。砂岩的比热容约为 700 J kg^{-1} ℃$^{-1}$，这意味着欲将 1.0 kg 质量的砂岩升高 1 ℃就需要 700 J 的能量。比热容的值实际上是随温度而变化的，但为了简单起见，我们假定在本例所讨论的温度范围内比热容保持不变。

砂岩体控制单元内能量累积速率的外在反应是控制单元温度上升的速率。

$$(\text{能量累积速率}) = mC_p \frac{dT}{dt} \tag{13.8}$$

这里 dT/dt 是温度 T 随时间 t 的变化速率。我们可以用控制单元的体积和砂岩的密度来改写这一表达式：

$$(\text{能量累积速率}) = \rho A \Delta x C_p \frac{dT}{dt} \tag{13.9}$$

式中，ρ为控制单元（即砂岩）的密度。

将材料内部热量从温度较高的区域传导到温度较低的区域，传导速率与温度梯度成正比。如果我们只考虑一个方向的热传导，那么热传导速率由傅里叶定律给出：

$$Q = kA \frac{dT}{dx} \tag{13.10}$$

式中，Q 为单位时间内热传导速率；dT/dx 为温度梯度（温度随距离 x 的变化率）；k 为导热系数。

k 是材料（在本例中即是砂岩）的一种物理性质。某种材料的导热系数越高，热量就越容易流过该材料。铜的导热系数约为 400 W m^{-1} ℃$^{-1}$，而在 100 ℃时，砂岩的导热系数仅为 1.98 W m^{-1} ℃$^{-1}$。

这里重点要注意式（13.10）中的负号。之所以出现负号是因为只有当能量从温度较高的区域流向温度较低的区域时，我们才将能量流视为正值。

能量通过 x 处断面流入控制单元的速率为

$$(\text{流入控制单元的能量速率}) = -kA \left.\frac{dT}{dx}\right|_x \tag{13.11}$$

这里的温度梯度是位置 x 处的值，是由垂线表示的一个断面。能量通过 $x + \Delta x$ 处断面

流出控制单元的速率为

$$(\text{流入控制单元的能量速率}) = -kA\left.\frac{\mathrm{d}T}{\mathrm{d}x}\right|_{x+\Delta x} \tag{13.12}$$

能量流出断面处的温度梯度与流入断面处的温度梯度略有不同。将式（13.9）、式（13.11）、式（13.12）代入控制单元的能量平衡公式［式（13.7）］，可得

$$\rho A\Delta x C_{\mathrm{p}}\frac{\mathrm{d}T}{\mathrm{d}t} = kA\left.\frac{\mathrm{d}T}{\mathrm{d}x}\right|_{x+\Delta x} - kA\left.\frac{\mathrm{d}T}{\mathrm{d}x}\right|_{x} \tag{13.13}$$

如果将公式两边都除以 A，再除以Δx，并令Δx 趋于零，可得到如下公式：

$$\rho C_{\mathrm{p}}\frac{\mathrm{d}T}{\mathrm{d}t} = k\frac{\mathrm{d}^2T}{\mathrm{d}x^2} \tag{13.14}$$

最后，如果我们将材料（在本例中即是砂岩）的热扩散率α定义为

$$\alpha = \frac{k}{\rho C_{\mathrm{p}}} \tag{13.15}$$

那么我们可以把能量平衡方程改写成：

$$\frac{\mathrm{d}T}{\mathrm{d}t} = \alpha\frac{\mathrm{d}^2T}{\mathrm{d}x^2} \tag{13.16}$$

这就是一维非稳态传热方程，是我们即将建立、进而求解的模型的基础。然而，在求解这个方程之前，我们需要注意砂岩体的初始条件（$t=0$ 时），以及边界条件。在本例中，初始条件是整个砂岩体的温度均为 50 ℃；两个边界条件为：在流入面（即 $x=0$ 处）温度恒定在 150 ℃，而在流出面温度恒定在 50 ℃。

13.2.3　模型方程求解

如果α值（即热扩散率）为常数，则可以用解析法求解类似式（13.16）的方程。然而在现实中，比热容（C_{p}）和导热系数（k）都很可能会随温度而变化。更重要的是，砂岩体的任何非均质性都可能导致砂岩的物理性质随位置变化而变化，其中当然也包括热扩散率。因此，式（13.16）中α值的这种变化使得解析法求解成为不可能。

如果解析法求解是不可能实现的，那么我们必须求助于数值法来解决这个问题。在本例中，尽管假设热扩散率是个常数，但我们仍将使用数值法求解。

我们将使用一种称为有限差分的方法来解决这个问题，该方法涉及计算在砂岩体内离散的、等间距分布的各个节点的温度。首先计算所有节点上的温度，然后在时间上前进一个小步长重复计算。这些周而复始地重复计算，每一轮计算都建立在上一轮的基础之上。

首先，我们将砂岩体在横向上分成 N 个相同厚度的薄片，相邻两个薄片之间是一个节点。左侧表面节点编号为 0，右侧表面节点编号为 N（图 13.6）。每个节点在某个特定时间都有一个特定的温度值。在图 13.6 中，节点 n 在 m 时刻的温度为 T_n^m。在符号 T_n^m 中，m 是时间点的编号。注意 T_n^m 并不是 T_n 的 m 次方，这里的 m 是整个符号的组成部分。有限差分法涉及计算每个节点在一系列连续时间点的温度，这些时间点之间的差值相等，均为Δt（即时间步长）。

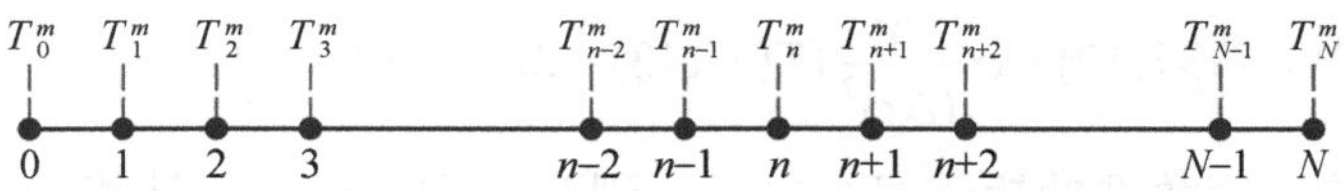

图 13.6　横跨砂岩体的 $N+1$ 个等间距节点

砂岩体的总厚度除以切分成的薄片数 N 即可计算出相邻节点之间的距离 Δx：

$$\Delta x = \frac{\text{砂岩体的总厚度}}{N} \tag{13.17}$$

砂岩体的总厚度为 1.00 m，将该砂岩体平均分成 50 个薄片，那么 Δx= 0.02 m。

式（13.16）中的导数可以有多种近似表示方法。例如，温度对距离的一阶导数可以用三个不同公式中的任意一个近似表示：

$$\frac{\mathrm{d}T}{\mathrm{d}x} = \frac{T_{n+1}^m - T_n^m}{\Delta x} \tag{13.18}$$

$$\frac{\mathrm{d}T}{\mathrm{d}x} = \frac{T_n^m - T_{n-1}^m}{\Delta x} \tag{13.19}$$

$$\frac{\mathrm{d}T}{\mathrm{d}x} = \frac{T_{n+1}^m - T_{n-1}^m}{2\Delta x} \tag{13.20}$$

二阶导数可以用式（13.21）近似表示：

$$\frac{\mathrm{d}^2T}{\mathrm{d}x^2} = \frac{T_{n+1}^m - 2T_n^m + T_{n-1}^m}{(\Delta x)^2} \tag{13.21}$$

最后，温度对时间的一阶导数可以近似表示为

$$\frac{\mathrm{d}T}{\mathrm{d}t} = \frac{T_n^{m+1} - T_n^m}{\Delta t} \tag{13.22}$$

将式（13.21）和式（13.22）代入基本模型式（13.16），可得

$$\frac{T_n^{m+1} - T_n^m}{\Delta t} = \frac{\alpha}{(\Delta x)^2}[T_{n+1}^m - 2T_n^m + T_{n-1}^m] \tag{13.23}$$

重新排列这个方程，即可得到节点 n 在时间点 m+1 的温度的表达式，它是前一个时间点 m 的温度的函数：

$$T_n^{m+1} = T_n^m + \alpha\frac{\Delta t}{\Delta x^2}[T_{n+1}^m - 2T_n^m + T_{n-1}^m] \tag{13.24}$$

现在可以用这个方程来预测，在向砂岩体的一个侧面供应能量后，其内部的温度如何随时间变化。我们下一个任务是编写一个计算机程序来进行求解。这里我们不展示用某种特定语言编写的程序，而是讨论一下程序的基本结构和必需的计算顺序。无论用什么语言编写程序，程序结构的实质都将保持不变。

我们将节点 n 在时间点 m 的温度值存储在矩阵 T（m, n）中。例如，T（37, 12）表示距离受热表面 12Δx 的节点 12，在向表面供热后 t = 37Δt 时刻的温度值。为了计算其后一个时间步长之后的温度值，即 T（38, 12），我们将用到式（13.24）：

$$T(38,12)=T(37,12)+\alpha\frac{\Delta t}{(\Delta x)^2}[T(37,13)-2T(37,12)+T(37,11)] \tag{13.25}$$

在引入了用于存储温度数据的矩阵概念之后，现在我们考虑一个计算砂岩体内温度变化软件的整体结构。图 13.7 所示的流程图显示了主要的计算步骤，这些步骤将被编入计算机程序中。在步骤 Ⓐ 中，开始为程序输入关键参数的值，包括砂岩的密度、导热系数和比热容。还需要为该程序指定砂岩体的厚度、空间节点数 N 以及时间步长Δt。

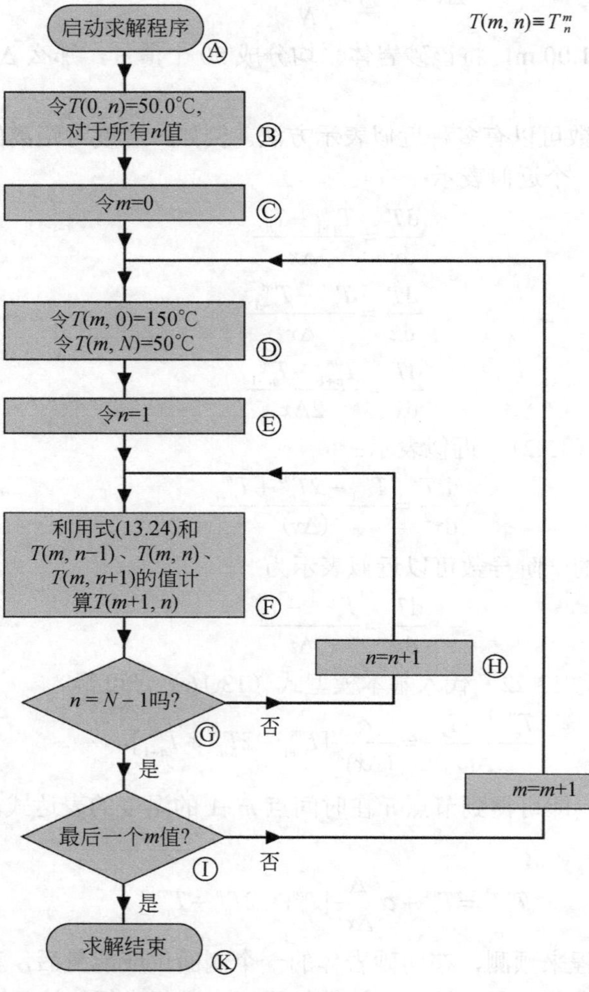

图 13.7　展示能量平衡方程求解步骤的流程图

求解的目的是得到砂岩体内任一点任一时刻的温度

在步骤 Ⓑ 中，将初始条件设置为所有节点的初始温度均为 50 ℃，即

$$T_n^0=T(0,n)=n\text{的所有均值为}0 \tag{13.26}$$

接下来我们令 $m=0$。在步骤 Ⓓ 中我们设定边界条件：入口侧面的温度保持在 150 ℃，出口侧面温度恒定为 50 ℃：

$$T_0^m = T(m,0) = 150℃ \tag{13.27}$$

$$T_N^m = T(m,N) = 50.0℃ \tag{13.28}$$

现在我们开始计算。将计数器 n 设为 1，使用式（13.24），我们计算时间步长 m=1 时的温度值，即 T（1, 1）。之后将计数器增加 1（步骤Ⓗ），使 $n=2$，并计算其后相邻节点 T（1, 2）的温度。如此继续下去，直到我们计算出砂岩体内 $N-1$ 处（即最后一个节点）的温度。

一旦计算完所有空间节点的温度，我们就将时间计数器 m 加 1（步骤Ⓙ），并开始计算时间点 $m=2$ 时的各节点温度值。该过程将继续下去，直到完成最后一个时间点的计算（步骤Ⓘ），此时整个求解过程已经完成（步骤Ⓚ）。然后程序可以为工程师显示温度分布或其他数据。

砂岩的密度、导热系数和比热容都是其物理性质，运行程序时必须合理地输入这些值。运行程序时工程师可自由设定的参数仅有节点数 N（该值将砂岩体的整个厚度划分成 N 个等份）及时间步长Δt。通常，为了较为准确地预测砂岩内部的温度分布，N 值至少应为 30。显然，时间步长越大，需要循环计算的次数就越少，但可能引发数值稳定性问题：如果设定的时间步长Δt 使得$\Delta t/(\Delta x)^2$ 的值大于 0.5，则得到的解在数值上可能是不稳定的。简单地说，在这种情况下得到的解可能是错误的、不可靠的。因此在设定Δt 时通常需要遵循式（13.29）：

$$\Delta t = 0.5(\Delta x)^2 \tag{13.29}$$

遗憾的是，这通常会导致 Δt 的值非常小，需要循环计算很多次。

13.2.4　求解结果

基于指定的初始条件和边界条件，我们对上述模型进行了求解。表 13.1 列出了砂岩的物理性质，我们假定这些性质与温度、在砂岩体中的位置均无关。假设砂岩体的厚度为 1.00 m，划分为 51 个等间距节点，编号为 0～50，$\Delta x = 0.02$ m。为了满足式（13.29）中给出的稳定性条件，将时间步长设为$\Delta t = 0.000\,2$ s。这就意味着要模拟砂岩体内 1 h 的热量流动，需要对每个节点进行 1800 万次温度计算。

表 13.1　砂岩体温度模拟所用到的参数

参数	符号	数值
密度	ρ	2600 kg m^{-3}
导热系数	k	1.98 W m^{-1} ℃$^{-1}$
比热容	C_p	700 J kg^{-1} ℃$^{-1}$
热扩散率	α	$1.087\,9\times10^{-6}$ m^2 s^{-1}
初始温度	T	50 ℃
砂岩体厚度	L	1.000 m
节点数	$N+1$	51
节点间距	Δx	0.020 m
时间步长	Δt	0.000 2 s

图 13.8 中给出了 5～50 h 共 6 个不同时刻砂岩体内部的温度分布情况。结果清楚地表明了各点的温度如何随时间逐渐上升，直到 50 h 后温度几乎呈线性分布。截取特定时刻的温度数据即可方便地绘制出该温度分布图。

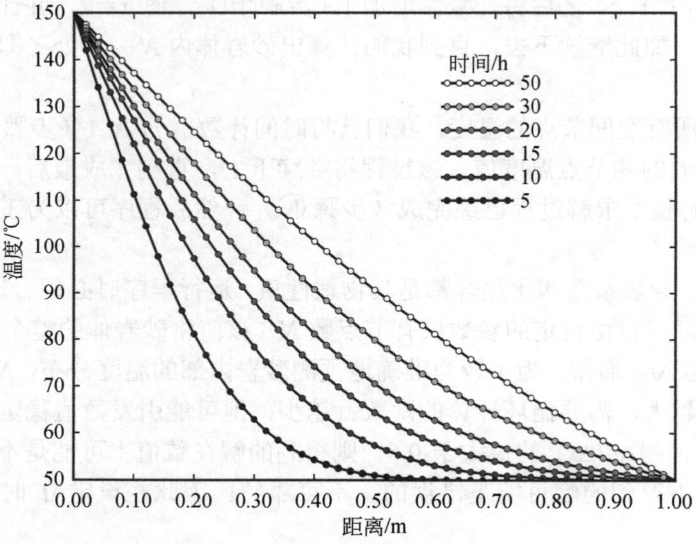

图 13.8　模拟结果给出了在 6 个不同时刻砂岩体内的温度分布

求解过程中采用的是有限差分法；$\rho = 2600\ \mathrm{kg\ m^{-3}}$；$k = 1.98\ \mathrm{W\ m^{-1}\ ℃^{-1}}$；$C_p = 700\ \mathrm{J\ kg^{-1}\ ℃^{-1}}$

通过改变式（13.24）计算温度分布的计算机程序，可以用不同的形式截取温度数据。图 13.9 便展示了距受热面 20.0 cm 处温度随时间变化的实例。这张图告诉我们，该点温度在经历一段短暂的静止期后迅速上升，最终达到一个稳定值而不再继续升高。

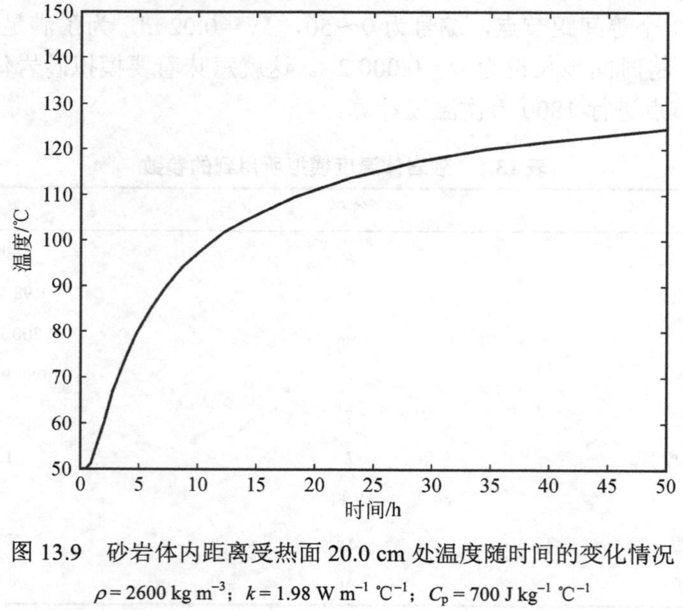

图 13.9　砂岩体内距离受热面 20.0 cm 处温度随时间的变化情况

$\rho = 2600\ \mathrm{kg\ m^{-3}}$；$k = 1.98\ \mathrm{W\ m^{-1}\ ℃^{-1}}$；$C_p = 700\ \mathrm{J\ kg^{-1}\ ℃^{-1}}$

现在保持原始程序不变，只是改变其中一个边界条件。

令：

$$T_N^m = T(m, N) = 150.0\ ℃ \tag{13.30}$$

我们可以模拟砂岩体两侧温度瞬间升高到 150 ℃时的情况。一旦两个侧面都被加热，热量就会向中心流动。如果整个砂岩体是均质性的，则任何时候温度的最低点均位于中心线上（图 13.10）。

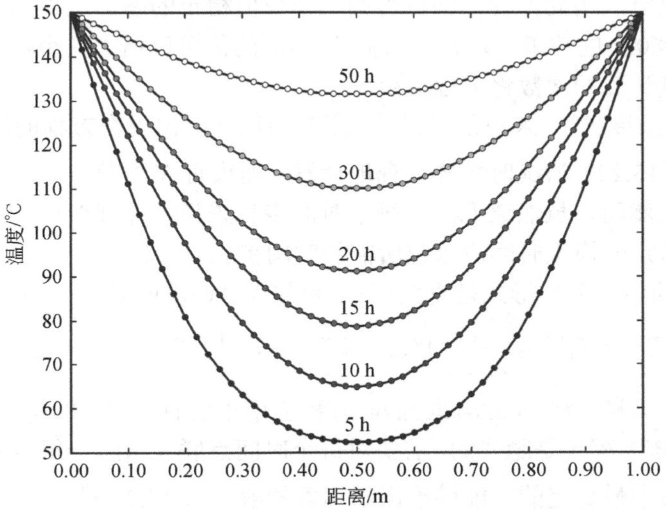

图 13.10　模拟结果给出了在砂岩体左右两个侧面同时加热情况下的温度分布

求解过程中采用的是有限差分法；$\rho = 2600\ \mathrm{kg\ m^{-3}}$；$k = 1.98\ \mathrm{W\ m^{-1}\ ℃^{-1}}$；$C_p = 700\ \mathrm{J\ kg^{-1}\ ℃^{-1}}$

可将计算机程序进一步调整，将比热容和导热系数随温度而变化这一事实考虑进来。并对砂岩体内的不同位置赋予密度、比热容和导热系数不同的值，还可将裂缝和高渗层等非均质性考虑进来。此外，前述的模型方程只是针对热量一维流动的，如果考虑垂直方向的热量流动，则需要返回控制单元的原始能量平衡方程，将热量的垂向流入和流出考虑进来，这样就会产生计算二维节点网络温度的方程。显然，模拟三维空间热量流动就需要再次调整能量平衡方程，生成三维节点网络。模拟三维空间热量流动时可将距离砂岩体中心 $n\Delta x$、$i\Delta y$、$j\Delta z$ 处那一点的温度表示为 $T_{n,i,j}^m$。

13.2.5　其他模型

有限差分模型的一个明显缺点在于需要进行大量的计算才能得到一个稳定的解。例如，为了预测 50 h 后砂岩体内的温度分布，必须对每个节点各进行 9 亿次温度计算！之所以需要如此多的计算次数，是因为必须严守式（13.29）的约束，以确保得到稳定的数值解。如果将节点数增加一倍（即空间步长 Δx 减半），那么依据式（13.29），时间步长将降至原来的四分之一，总计算次数将增加 8 倍！在上述的例子中，需要计算温度的节点数是现在的两倍，我们必须对每个节点各进行 36 亿次计算才能模拟 50 h 的温度变化。

使用式（13.24）模拟热量流动的优点是下一个时间点温度值 T^{m+1} 表达式的物理意义

是很明晰的。这意味着该温度值可以很容易地计算出来，因为方程右边的所有参数都是已知的。

式（13.24）只是实际模型方程式（13.16）有限差分形式的一种。它被称为模型方程的前向差分形式。模型方程的后向差分形式为

$$T_n^{m+1}=T_n^m+\alpha\frac{\Delta t}{(\Delta x)^2}[T_{n+1}^{m+1}-2T_n^{m+1}+T_{n-1}^{m+1}] \tag{13.31}$$

对所有节点重复应用此方程，即可得到一个数值稳定的解。这种稳定性使我们没有必要再严守$\Delta t/(\Delta x)^2<0.5$ 的约束。这样，时间步长Δt 的值可以增大几个数量级，因而需要对每个节点进行温度计算的次数将大幅减少。

式（13.31）对温度T_n^{m+1}来说是隐式的，因为该项同时出现在方程的两边。此时T_n^{m+1}的值不能像使用式（13.24）情况时那样直观地计算。如果有N个节点，则必须同时求解N个节点的温度方程。然而，虽然该方法对每个时间步长来说计算强度更大，但总体来说此方法较快，因为对给定的模拟时间段来说所需的时间步长要少得多。

式（13.16）的中心差分形式是克兰克-尼科尔森（Crank-Nicolson）方程：

$$T_n^{m+1}=T_n^m+\alpha\frac{\Delta t}{2(\Delta x)^2}[T_{n+1}^{m+1}-2T_n^{m+1}+T_{n-1}^{m+1}+T_{n+1}^m-2T_n^m+T_{n-1}^m] \tag{13.32}$$

与式（13.31）一样，将 Crank-Nicolson 方程应用于所有节点，即可得到数值稳定的解。对温度T_n^{m+1}来说该方程也是隐式的，需要对每个时间点联立求解一组方程。Crank-Nicolson 方程法是三种方法中最稳定的，能够给出最精确的解。表 13.2 概括了这几种差分形式。

表 13.2　模型基本方程的三种差分形式

名称	有限差分方程	公式编号	属性
前向差分	$T_n^{m+1}=T_n^m+\alpha\frac{\Delta t}{(\Delta x)^2}[T_{n+1}^m-2T_n^m+T_{n-1}^m]$	式（13.24）	显式
后向差分	$T_n^{m+1}=T_n^m+\alpha\frac{\Delta t}{(\Delta x)^2}[T_{n+1}^{m+1}-2T_n^{m+1}+T_{n-1}^{m+1}]$	式（13.31）	隐式
中心差分（Crank-Nicolson）	$T_n^{m+1}=T_n^m+\alpha\frac{\Delta t}{2(\Delta x)^2}[T_{n+1}^{m+1}-2T_n^{m+1}+T_{n-1}^{m+1}+T_{n+1}^m-2T_n^m+T_{n-1}^m]$	式（13.32）	隐式

13.3　更复杂的模型

我们前面讨论的模型只考虑了热量通过均质性砂岩体的一维流动。在真实的油藏模型中，则需要应用一系列方程，针对多孔介质中的每个节点计算温度、压力、油/气/水的流速及油/气/水的饱和度。而且这些计算需要在三维储层内进行，同时需要考虑储层内部孔隙度、密度、导热系数和比热容等物理性质的变化，甚至包括裂缝和高渗层。由此可见，能够模拟油藏多种流动状态的数学模型是多么复杂而精密，需要强大的计算机才能运行。

原油是由一系列不同性质的各种化合物组成的，这使油藏模拟变得更加复杂。如果越

接近井筒储层的温度越高，那么原油流到井筒附近时，一部分原油就可能因温度升高而蒸发。这将导致原油的性质（黏度、比热容和密度）发生变化。同时，油气饱和度也会变化，气相的性质也会变化。成熟的油藏模型会考虑到油气两相的这些变化。

黑油模型是一种忽略原油成分随时间或地点变化的模型。它将油相视为一种成分不变的物质，尽管其性质可以随温度和压力而变化。

在过去几十年里，人们开发了许多油藏模拟软件包。其中最著名的是由美国能源部开发的黑油实用模拟工具（Black Oil Applied Simulation Tool，BOAST）。BOAST 是隐压显饱（Implicit Pressure-Explicit Saturation，IMPES）数值模型的一个例子。在该模型中，隐式计算会模拟体积中每个节点的压力，然后显式计算油、气、水饱和度。尽管 BOAST 最后一版是在 20 世纪 80 年代发布的，但作为开源软件，目前仍然十分有用。

在过去的几十年里，已经开发了许多商业化的油藏模型，能够对油藏的生产动态进行数值模拟。这些模型的开发依赖于对热量和流体传输过程以及对所模拟储层物理结构的深刻理解。

深入探讨现代商业化油藏模型的开发超出了本书的范围。本章旨在向读者介绍油藏模拟的一些基本概念。软件的本质决定了建模必须要用到一些复杂的数学概念。优质的、运行合理的模型在新老油气田开发规划中发挥着至关重要的作用。

第14章 海上油气作业

19世纪末，石油工程师只能钻直井。由于没有能力钻定向井或水平井，工程师只能从储层的正上方钻井开采石油和天然气。这导致油气井之间的距离有时只有几十米。在那个时代，石油行业几乎没有监管，哪里能赚钱，就在哪里钻井。油田延伸到哪里，商人就把井钻到哪里。

1894年，当地商人亨利·威廉姆斯（Henry Williams）在加利福尼亚州圣巴巴拉（Santa Barbara）县的萨默兰（Summerland）海滩上钻了两口井，这是因为这里的内陆油田延伸到了太平洋的边缘。1896年，威廉姆斯又在一个海滩延伸出的木制码头上钻出了第一口海上油井。次年，这口井产出了足够量的石油，诱惑他们在这个100 m长的码头上又钻了几口井。在这里早期的石油公司是幸运的，因为加利福尼亚沿岸的海床很平缓（坡度很小），使他们能够在相对较浅的水域钻井。在接下来的十年里，在Summerland又建造了14个码头，钻出了400口海上油井，对当时的环境造成了较大的影响（图14.1）。

图14.1　1902年，工程师从加利福尼亚州Santa Barbara县的海滩码头上钻出了世界上第一批海上油井，开发一个从陆上延伸到海上的油田（据美国地质调查局许可使用）

水上钻井能力得到证实后，工程师开始在浅水湖泊中钻井。路易斯安那州的喀多（Caddo）湖和委内瑞拉马拉开波湖上的油田都是利用安装在码头上的钻机、木制钻井平台和沉到湖底的驳船开采的。

到20世纪20年代末，人们在Santa Barbara附近的林孔（Rincon）和艾尔坞（Ellwood）两地建造了钢铁码头，延伸到太平洋中400 m。在离陆地较远的地方钻出的这些井产油量都很高。1932 年，印第安石油公司建造了第一座没有码头与陆地相连的海上平台。这座钢制平台建在约 13 m 深的水中，主甲板高出海面约 8 m。但在该平台上钻出的油井总体产量较低。这座平台在 1940 年 1 月的一场风暴中被损毁，油井被封闭之后被临时弃井。

20 世纪 30 年代，在路易斯安那州密西西比河三角洲的沼泽地区使用了坐底式钻井浮舟。这些最初的钻井浮舟（或称驳船）吃水很浅，顶部装有一部钻机。当驳船在井场就位之后，就向船舱中灌水，这样它就会坐落在沼泽地上，如果位于近海浅水区，则会坐落在海床上。通过驳船船壳中心的一个孔实施钻井作业。钻井作业结束后，就会安装井口设备，并将船舱中的水排出，将驳船拖航至另一个井场。

20 世纪 40 年代末至 50 年代，海洋钻井技术取得了重大进展。1947 年，在路易斯安那州近海 7 m 深的水中，建造了第一座在陆地上看不到的平台，这是在随后 30 年里在墨西哥湾建造的 5000 多座海上建筑结构中的第一座。20 世纪 70 年代，在北海和澳大利亚维多利亚沿岸海域，开始建造海上平台。与此同时，也出现了可移动钻井平台和钻井船，使今天的钻井船能够在近 4000 m 深的海洋上钻井。

在本章中，我们将讨论当今在用的不同类型的海上平台和船舶，以及海上钻井与陆上钻井的区别。本章最后介绍了迄今为止建造出的最大船舶——位于澳大利亚海岸的一座大型天然气处理设施。

14.1　用于海上钻井的钻机和平台

当今海上钻井有多种设施可供选择。对于一个特定井场来说，最佳选择在很大程度上取决于水深以及预计的石油和天然气产量。在此我们先简要列出海上钻井的主要可选设施。

14.1.1　坐底式钻井驳船或浮舟

钻机位于浅吃水驳船的甲板上，开钻前向船舱中灌水使其下沉到井场海床上。一旦完成钻完井作业，就将驳船中的水排出，使驳船上浮而脱离海床。然后使用集输管线将井口与中心油气处理设施连接起来。坐底式驳船可以在浅海以及陆上的湖泊和沼泽地区作业。

坐底式驳船是可移动钻机的一个例子，虽然通常在一个地区内作业，但它能够从一个地点移动到另一个地点。与典型的陆地钻机类似，这种驳船包括了钻完井所需的所有设施、设备，还有保障井队人员生活的食宿设施。驳船可以在 3～15 m 深的水中作业。

14.1.2　自升式钻井平台

自升式平台通常由一个船体和至少三根圆柱形桩腿组成，这些桩腿可以向下伸至海底以支撑钻机的重量。现代自升式钻井平台可以在 150 m 深的水域作业，即使在北海恶劣的天气条件下也没问题。自升式钻井平台的桩腿完全收起后，通常由拖船拖到井场，或放在大型半潜式运输船的甲板上搬运。一旦到达井场，就会将桩腿下放至海底。继续下放桩腿，平台甲板通常就会上升至海面以上 24 m 左右。图 14.2 展示的是 2007 年建造的一座现代化自升式平台。平台的桩腿长 154.2 m，可在 125 m 深的水域作业。

图 14.2 自升式钻井平台 Maersk Completer（据 Maersk 钻井公司许可使用）

所展示的平台是许多现代自升式平台的典型设计。钻井井架位于用悬臂支撑的甲板上，该甲板从平台的一侧伸出，转盘位于井架的正下方。与许多其他海上平台一样，井架和转盘的位置可以横向左移或右移，也可以向内或向外移动，这样就可以在平台停在一个位置不动的情况下钻数口井。平台可以容纳钻井所需的所有设备，以及井队人员的生活区。因为平台有可能连续数月在同一场地作业，还有一个用悬臂支撑的直升机停机坪，以便用直升机运送物资和换班人员。

钻完井作业完成之后，将利用海底管线将该井连接到一个集输站点，这可能是一个永久性平台、一个浮动储油气设施，或一个陆上储油气设施。本章后面将讨论这类设施。

14.1.3 半潜式钻井平台

半潜式钻井平台可以在最深达 3000 m 的海域钻井。平台建在两个承重浮筒上，将浮筒内的海水排空后，平台即可浮在水面上，以便在井场之间转移（图 14.3）。向浮筒内灌满水时，就成为一个非常稳定的钻井平台。图 14.3 中所示的平台可以在水深 3000 m 左右的海域钻井，最大井深可达 10 km。

这里值得注意的是，所有浮在水面上的船只都可以在 6 个方向上自由移动，如图 14.4 所示。船只可以前后纵向摆动，或绕船只的纵轴旋转摆动；可以左右横向摆动，或绕船只的横轴旋转摆动；还可以上下垂向起伏，或绕船只的竖轴旋转摆动。所有这些运动都是海况作用的后果。对于半潜式钻井平台，通常会在浮筒上安装至少 6 个（也可能是 8 个）推进器，以使平台精准地保持在原位。计算机控制的推进器被称为动态定位系统，使平台能够保持在卫星给出的正确位置。在这 6 种运动中，唯一不能用推进器控制的是垂向起伏。

在汹涌的波涛中船只自然会上下起伏，石油工程师如何应对这一挑战呢？这一问题将在本章后面讨论。

图 14.3　半潜式钻井平台 Maersk Developer（据 Maersk 钻井公司许可使用）

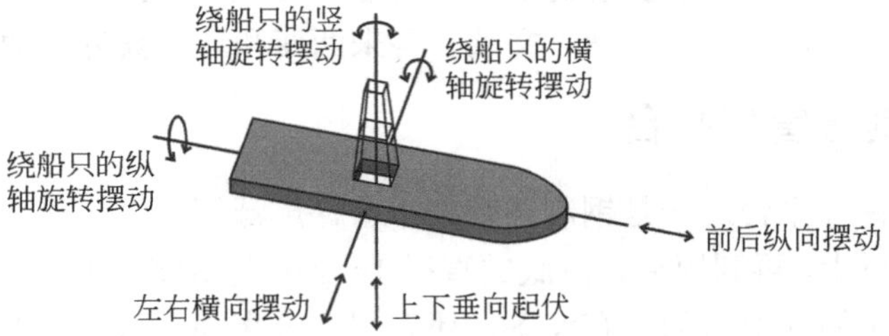

图 14.4　船只浮在海面上时可能遭受的 6 种运动

与自升式钻井平台一样，半潜式钻井平台具有很强的机动性，通常可以抵达世界各地的海域。平台通常配有最多可供 200 人食宿的生活区。一旦就位，会有一艘或多艘辅助船提供补给和备用材料，包括钻杆和套管。

14.1.4　钻井船

相对于半潜式平台来说，钻井船的主要优势在于其高度机动性。钻井船在海上航行的速度要快得多，而且通常很容易通过巴拿马运河和苏伊士运河。由于半潜式平台要大得多，如需在各大洋之间航行，必须绕过非洲或南美洲大陆的最南端，路途更为遥远。

钻井船的船体窄而长，在船的中部有一开孔连通海面（图 14.5）。这种开孔被称为船井，位于井架的正下方，钻井作业是通过船井进行的。除了位于船尾的主螺旋桨外，钻井船还配有几个推进器，用于在钻井过程中将钻井船精准地保持在原位。由于船体狭窄，海况极易造成钻井船绕纵轴旋转摆动、绕横轴旋转摆动及垂向起伏。在即将发生强风暴之前，可以暂停钻井作业，使钻井船脱离油井，并驶离风暴的路径。

图 14.5　钻井船 Maersk Venturer（据 Maersk 钻井公司许可使用）

图 14.5 所示的钻井船长 228 m，至井架顶端的高度为 111 m。船井的尺寸为 25.6 m×12.5 m，这意味着船井的长度略超过整船长度的 10%。该船可以在水深 3657 m 的海域进行钻探，至本书成文时，该船已在乌拉圭、加纳、文莱、马来西亚和菲律宾近海油田作业过。

14.1.5　钢制导管架平台

最常见的海上钻井平台之一是钢制导管架平台，广泛用于海上油田开发。该平台由钢制构架支撑至海面以上，再利用夯入海底的直径 1～2 m 的桩将构架固定在海底（图 14.6）。这种平台通常包括了钻井所需的所有设备，还有用于分离油、气、水的分离设备。钢制导管架平台适用于水深达 150 m 的海域，以及没有冰山的海区。

现在我们观察图 14.6 所示的钢制导管架平台，进而讨论石油平台的主要组件。利用位于主甲板左侧的钻井模块进行钻井作业。平台通常只有数目有限的井槽，取决于平台的大小，井槽数为 20～60。这意味着一旦所有的井槽都被用完，就不能再钻更多的井了。井槽通常在钻台上呈矩形排列。开钻前将整个井架和转盘平移至一个井槽的上方。海上钻井除了开钻过程外，作业程序基本上与陆上钻井相同。钻井泥浆通过钻柱循环到旋转着的钻头处，通过导管返回到井口。位于水面之上延伸很远的放喷管线末端的火炬，可以处理多余的油气。一般来说，平台配有两套这样的燃烧装置，根据当时的主风向将待燃烧的油气引导至合适的火炬。

许多海上平台还包括油气处理设备，以便将油、气、水进行分离。将天然气压缩冷却，可能会导致天然气中较重的组分凝结。这些凝析油通过泵和压缩机被外输到位于岸上的处理设施。随油气产出的水通常需要精心处理，之后才能排入大海或回注到储层中。油气处

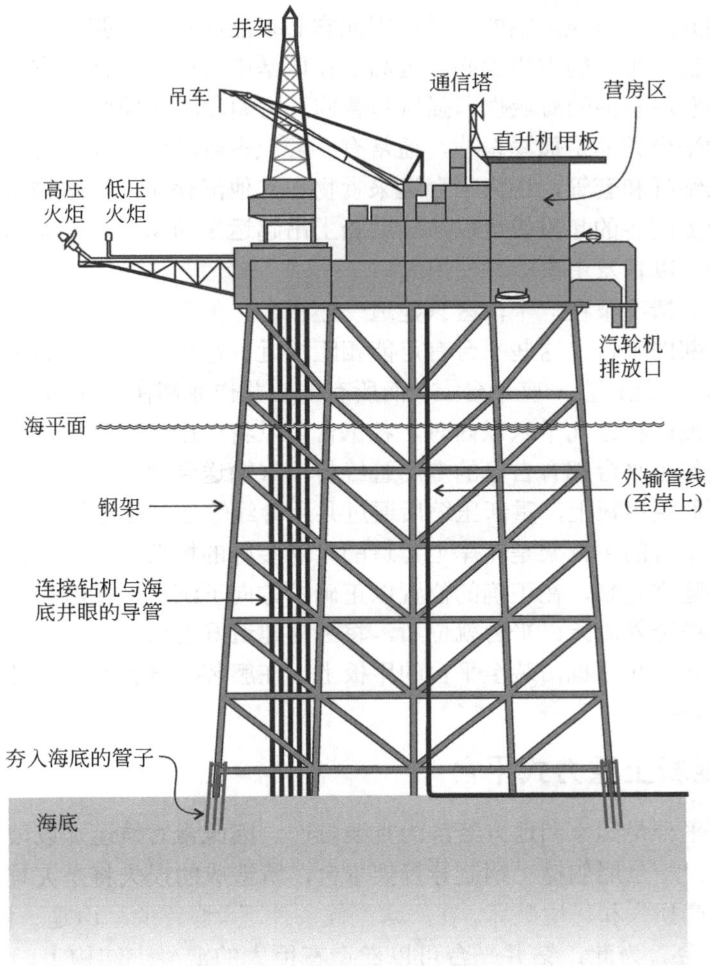

图 14.6　钢制导管架平台

理模块的操作人员属于采油队，完全独立于钻井队。由于石油平台的建造和安装成本都很高，且其甲板面积很小，安装设备的空间有限，因此，平台上的油气处理区域需要精心布置，以确保空间的高效利用。

平台上与钻井模块相对的另一侧是公用设施区、油气处理设备控制室和生活区。公用设施区为平台提供电力和饮用水。该区域内还有大型消防泵，能够将消防水喷射到平台的任一角落。一旦发生紧急情况，这些水泵就会启动，从平台下面的大海中抽取海水。

根据平台所在海域和作业公司的政策，平台上的员工通常采取白班/夜班 12 h 工作制，每次上船工作 2～3 周。换班时，直升机将上船接班员工送到平台上，并将轮休员工接走。对于规模较大的钻井平台，每天通常会有两个航班，保证多达 200 名的作业人员可以定期轮休。现代化的平台不仅为全体员工提供住宿，还设有全天开放的自助餐厅、健身房和会议室。此外，平台周围停放着紧急逃生船和救生筏，确保员工无论在生活区还是在施工区域都可随时使用。

平台无法避开随时可能来临的风暴，因此它必须能够承受与强风暴相关的风力荷载和波浪冲击。比方说，平台的主甲板必须远高于在风暴中可能从平台下方经过的最大海浪高度。世界上一些发现石油的海域也因强风暴著称，比如北海和墨西哥湾。

永久性钻井平台并非是孤军奋战，通常有一艘或多艘辅助船停泊待命。辅助船通常从主供应基地运来钻杆和套管，还为平台运来食物和其他消耗品，这些物质太重而无法用直升机运输。平台上配备的起重机可以从辅助船上吊起运来的物资。辅助船上也会有一两艘高速摩托艇待命，以备发生事故时使用。

虽然在大多数情况下在一个油区只建造一座平台，但有时待开发的油藏规模非常大，需要建造几座毗邻的平台。这些平台有可能相距很近，甚至可以通过高架道或廊桥连接起来。有时，生活区可能建在一座平台上，而所有的钻井作业都在相邻的另一座平台上进行。

当一组平台彼此相距几千米以内时，各平台可以将产出的油气输送到处于中心地带的平台上，而不是每个平台都有自己的专用管线将油气输送到岸上。来自周围平台的油气被输送到中心平台的主甲板上，重新压缩后通过共用管线输送到岸上设施。

钢制导管架平台的主框架是在岸上建造的，组装好的框架平置于地面上。然后将导管架拖运至井场并竖立起来，在正确的位置以正确的方向下沉直至接触海底。在框架底座四个角的位置将大桩夯入海床。平台就位后，将独立建造好的钻井、油气处理和食宿模块运送到现场，并由海上起重机吊装至平台的甲板上。在舾装、设备测试和铺设集输管线后，第一口井就可以开钻了。

14.1.6　混凝土重力式平台

钢制导管架平台是国家和地方经济的重要资产，因此常对航运加以限制，社会船舶不得靠近这些平台。一旦船舶撞上钢制导管架平台，所造成的损失将是灾难性的，很可能造成重大的生命财产损失和环境破坏。在严寒气候条件下，漂浮的冰山是一种季节性的危险，足以摧毁一座平台。为此，钻井平台可以建造在巨大的混凝土结构上，这种平台可以在100 m 深的水域抵御可能遇到的冰山撞击。

重力式平台是一种巨型结构物，坐落在一个或多个混凝土塔上，这些塔建在混凝土底座上。图 14.7 显示了位于 93 m 深水域的 Hebron 平台，距离加拿大纽芬兰海岸约 340 km。该平台于 2017 年投入使用，其主甲板坐落在一个中央混凝土塔上，处于海底上方约 121 m。混凝土塔建在 3 m 厚的底座上，周围环绕着 7 个 70 多米高的储油仓。这些储油仓由外部的环形混凝土围子（称为防冰墙）护卫，以防流冰造成的潜在损坏。中央混凝土塔的内径约为 33 m，可容纳一系列管线和控制电缆，以及 52 根导管。

重力平台甲板面上的组件与传统的钢制导管架平台相同，包括钻井模块、油气处理模块、公用设施和员工生活区。井架位于中央塔的正上方，可以横向移动，因此能够精准定位在 52 个井口的任何一个之上。

此类混凝土结构物通常是分几个阶段建造的。首先在一个大型的、专用的干船坞内建造混凝土基座和高度为 25～30 m 的墙式沉箱。干船坞可能是一个天然海口，用堤坝挡起来，再将内部的海水抽干。基座建好之后被拖到一个受保护的深水场地，在那里完成混凝土结构物其余部分的建造。在其他地方制造的平台甲板面上的组件随后被吊装到主甲板上。在

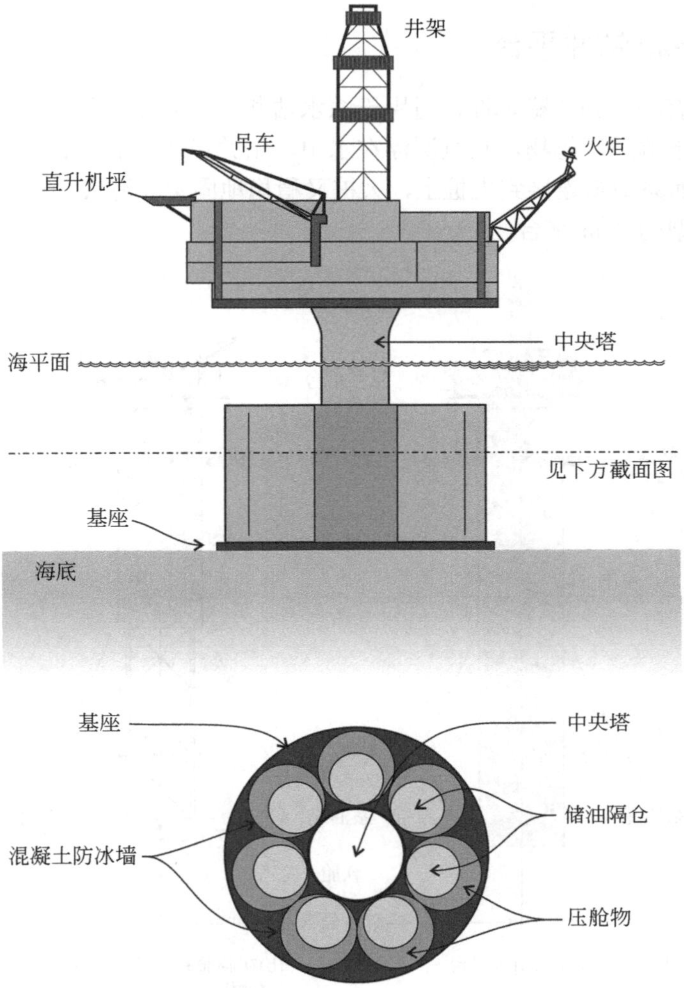

图 14.7　混凝土重力式石油平台——位于加拿大近海的 Hebron 平台简图（水深为 93 m）

此过程中，通常在结构物下部的储油仓中投入压舱物，以确保整个结构的稳定性。建造期间，多达 12 艘停泊在平台附近的辅助船为建造施工提供支持，包括承载混凝土加工设施的驳船，以及用于停放施工器械和人员办公设施的驳船。一旦完成甲板面组件的安装和测试，整个平台就会被拖到井场，然后平缓地下沉，使之坐落在海底。从基座下面突出的钢裙有助于防止平台在海床上滑动。

对于 Hebron 平台，围绕中央塔的 7 个储油舱总共能够储存 19 万 m^3 原油，这相当于平台数天的产油量。原油通过海底管道被输送至距离平台几千米远的浮标处。浮标旁总是有油轮停靠，以便接收从平台储油舱输来的原油，这是因为平台离加拿大海岸太远，建造一条通往海岸的输油管道经济上是不划算的。

14.1.7　Spar 钻井平台

Spar 平台具有非常强的稳定性，适用于深水钻井。Spar 是一种圆柱形的钢结构，上端是水密性隔舱，下端是压舱物，垂直漂浮在水中。钻井模块安装在钢结构的顶部，钢结构由系泊缆固定，而系泊缆连接到大桩上，大桩又稳稳地固定在海底。图 14.8 显示了目前在用的两种主要类型的 Spar 平台。

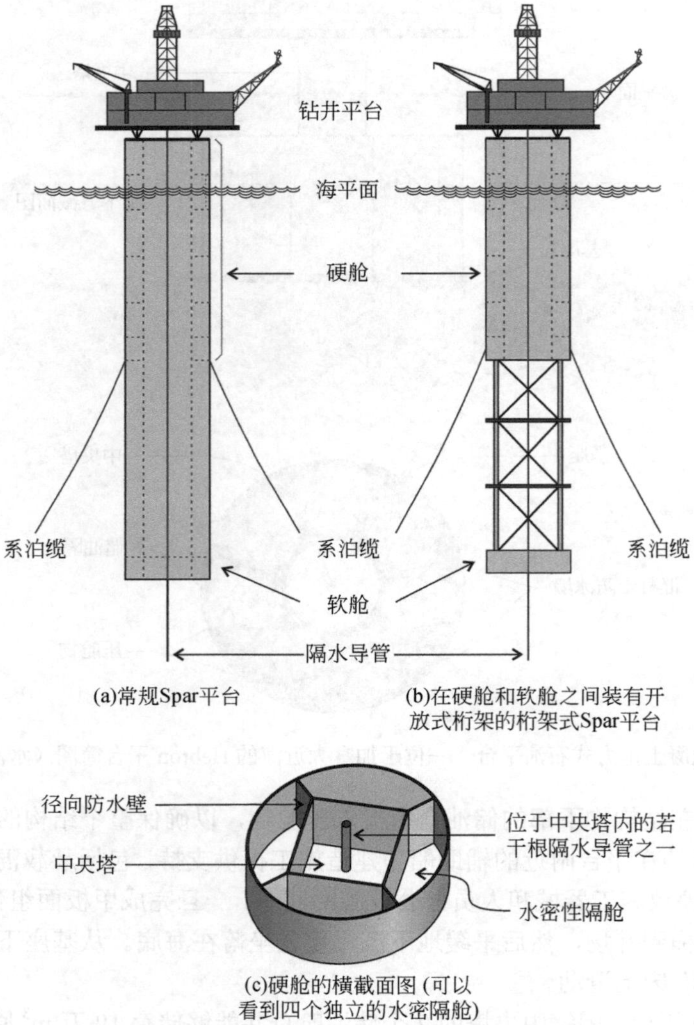

图 14.8　两种 Spar 平台

Spar 是个很长的钢制圆筒，直径一般在 22～45 m 之间，总长度在 165～230 m 之间。一个空心的、横截面为正方形的中央塔贯穿整个 Spar。中央塔可以容纳隔水立管和导管，以及控制电缆。Spar 的上半部分称为硬舱，由一系列水密隔舱组成，隔舱由水平挡板和垂直挡板彼此隔离。通常有 5～7 层隔舱，每一层有 4 个隔舱，由从中央塔的四个角呈辐射状分布的垂直挡板分隔［图 14.8（c）］。位于海面处的每个隔舱通常又一分为二，以便在遭到船舶撞击、舱体的外壳破裂时仍能保证平台的安全。

Spar 的下部是软舱，在拖运时软舱中充满空气，但在抵达井场后，充填铁矿石以便压舱。对常规 Spar 平台来说，利用连续的钢制圆筒的壳体将软舱悬挂在硬舱上［图 14.8（a）］。Spar 的中间部分是敞开的，海水可以自由流过。桁架式 Spar 平台使用较轻便的桁架结构连接硬舱和软舱［图 14.8（b）］。

利用系泊缆将 Spar 平台固定位置，系泊缆从硬舱的底部向外辐射分布。至少要用六根系泊缆将平台连接到距其一定距离的锚定点上。每个锚定点都由几根夯入海床、牢固定位的桩子组成。

硬舱的各个部件是在钢铁车间加工而成的。组装时 Spar 平躺在地面上，先从后来成为顶部的那端开始组装，直到另一端的软舱。隔舱经过压力测试确保不会泄漏后，就将整个结构装到运载工具上，运往最终目的地附近的一个港口。在这里将 Spar 从运载工具上卸下，然后用拖船拖到最终目的地。为了确保 Spar 不会遭受到危险的弯曲力，只能从没有大风大浪的海域拖运。

一旦到达最终目的地，软舱就会被灌水，Spar 将直立起来，凭借硬舱隔舱中的空气保持漂浮状态。将作为压舱物的铁矿砂浆液泵入软舱中，再用系泊缆将 Spar 固定。

包括钻井设备、油气处理设备和生活设施在内的甲板面装备可以采用两种截然不同的方法安装。可以将甲板面装备建造成多个独立的模块，由浮式起重机逐个吊装到平台上，然后将它们相互连接，形成最终的上层结构物。另一种方法是将整个上层结构物作为一个整体建造好，然后将其装载到两艘运载船上，每艘船撑起结构物的一侧。两艘船分别行驶到浮在水面上的 Spar 的两侧。然后向两艘船的舱内泵入海水，使上层结构物缓缓坐落在 Spar 之上。一旦就位，就会将上层结构物牢牢固定在上面。

由于 Spar 吃水非常深，即使在非常恶劣的海况下，其稳定性也相对较高。围绕 Spar 的纵轴、横轴旋转摆动的幅度都在可接受范围之内；即使在波涛汹涌的海面上，甲板的垂向起伏通常也很小。但当海水从已锚定 Spar 的两侧流过时，它容易受到由此而形成的漩涡的冲击。如果水流足够快，这种漩涡就会诱发振荡，振荡幅度可达几十米。安装至少两个螺旋翅片即可防止这种危险的振荡运动，这些螺旋翅片裹在 Spar 上面，可以遏制振荡的苗头。

1998 年，在新奥尔良以南约 240 km 处墨西哥湾 790 m 深的海域安装了“创世纪（Genesis）”平台。该平台有 20 根采油采气隔水立管、1 根钻井隔水立管、2 根油气外输隔水立管。Spar 的直径为 37 m，长度为 215 m，属于常规型。“疯狗（Mad Dog）”平台 Spar 的直径为 39 m、长度为 170 m，属于桁架式。该平台有 13 根采油采气隔水立管、1 根钻井隔水立管、2 根油气外输隔水立管。该平台位于新奥尔良以南 310 km 处的墨西哥湾 1350 m 深的海域。

目前，系泊缆自身的重量限制了 Spar 平台的使用深度，最大深度为 1800 m 左右。超过这个深度，系泊缆本身的重量太大而无法用来固定平台。

在结束 Spar 钻井平台这个话题之前，有必要说明已有的几座 Spar 平台是作为纯粹的采油采气设施建造的，在外输到岸上之前油、气、水可以在平台上分离。这些平台完全不具备钻井功能。先使用半潜式平台或钻井船等可移动钻井装备进行钻完井施工，完井之后可移动装备就会转移到其他井场，再将已完成的油气井连接到 Spar 平台上。

14.1.8　顺应式平台和张力腿平台

本章将要介绍的最后两种深水平台是顺应式平台和张力腿平台，二者都直接锚定在海床上。常规的钢制导管架平台凭借其刚性结构的优势，在各种天气条件和海况下都能正常进行钻井作业。但钢制导管架平台的作业深度通常限制在 150 m 以内，超过这一深度，钻台和采油设施甲板以下的结构就变得异常庞大且造价昂贵。顺应式平台是一种固定在海床上的细长结构物，但在风、浪、洋流的影响下会发生弯曲［图 14.9（a）］。

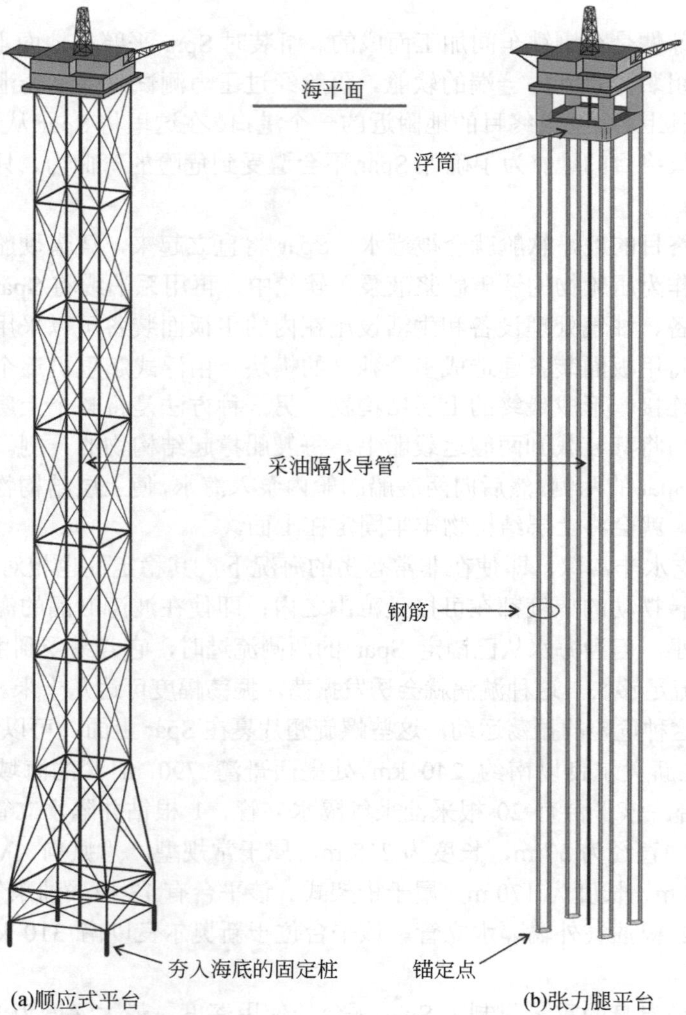

图 14.9　两种塔式平台

由于顺应式平台的主体结构高度可达 500 m 以上，故常分为两段安装。通常，塔和基座部分由四个圆柱桩腿组成，桩腿的直径为 1～2 m 不等。斜梁将四个桩腿连接起来，形成一个格子状桁架。在有些设计中，将几个浮力罐连接到桩腿上，以减轻压在基座部分的荷载。这些浮力罐直径可达 6 m，长度可能超过 30 m。通常用重型桩子将桩腿固定在海床上。

“秃头（Baldpate）”平台位于墨西哥湾水深 500 m 的海域中。如果从钻塔的顶端测量到海底，该顺应式平台的高度为 579 m，是当时世界上最高的独立结构物，直到 2010 年建成的哈利法塔超过了它。该平台在海底之上约 150 m 处有一个铰接点（或称弯折点），允许该结构物在风荷载、海浪和次表层洋流的作用下晃动。“秃头”平台建造于 1998 年，有 19 根采油气隔水立管，2 根油气外输隔水立管。

张力腿平台是一种固定到海底的直立浮动结构物［图 14.9（b）］。浮筒支撑着上部设备的重量，包括钻机、油气处理设施和生活区。四根气密立柱分别位于平台主甲板的四个角。在海平面以下，这四根立柱由四个气密浮筒相互连接在一起。整个平台就像半潜式平台一样浮在海水中。张力腿平台与半潜式平台的不同之处在于，前者利用四组缆绳或钢筋永久地固定在海底，钢筋的上端连接到浮筒结构的底部。在浮筒的浮力作用下这些钢筋处于张力状态。平台能够很好地抗拒上下起伏的运动，但除非使用动态定位推进器使平台保持在原位，否则结构会随洋流而发生横向摆动。

雪佛龙公司的“大脚（Big Foot）”张力腿平台于 2018 年 12 月在新奥尔良以南 360 km 处墨西哥湾水深 1584 m 的海域投产。这是一座钻井和采油两用平台，有 15 根采油气隔水立管。上部设施包括油气水分离装置、天然气脱水和压缩设备、输油泵、可容纳 200 名员工的生活区。该平台的设计产量为每天 12 000 m^3 原油。

14.1.9　人工岛

位于加利福尼亚州洛杉矶南部的 Wilmington 油田是美国第三大油田。该油田于 1932 年发现，到 20 世纪 60 年代初，已在陆地上钻出了数百口油井，井场一直分布到海边。当时人们已经认识到该油田延伸到了长滩（Long Beach）沿岸的海底。当地社区反对建造石油平台，因为那里的海滩很热闹，而一旦海面上竖起几座平台，极易遮挡游人的视野，有碍观瞻。1965 年，由美国德士古（Texaco）、谦恭石油（Humble）、联合石油（Union oil）、美孚（Mobil）、壳牌（Shell）五家石油公司组成的联合体，开始在海岸外建造四个人工岛。这些岛最初一并称为 THUMS 岛，取自联合体成员公司名字的首字母，后来分别更名为弗里曼（Freeman）岛、格里森（Grissom）岛、查菲（Chaffee）岛和怀特（White）岛，以纪念在双子星座和阿波罗太空计划相关事故中遇难的四名宇航员。

每个人工岛的边缘都是用取自附近卡特琳娜（Catalina）岛上的巨石垒成的，然后用从周围海湾挖出的泥石填充。这些泥石压实之后，在每个岛上安装了不超过四部钻机。图 14.10 显示了怀特岛上的布局，岛上有一部钻机在作业。自 20 世纪 60 年代以来，该岛上已经钻出了 200 多口定向井，辐射到周围各个方向。这些井是从一系列圆井钻出的，这些圆井在岛上几乎形成了一个连续的环。圆井要么是单排分布，井距约 2 m，或是双排分布，两排之间相距 4 m。每个井架都安装在滑轨上，可将转盘置于井眼正上方。新井开钻前，将井架滑移并精准定位，然后就可以像在陆地上一样进行钻井作业了。定向钻井技术使得油井可以辐射到周围各个方向，有些甚至朝着海岸方向钻进，延伸到了陆地下面。经过一个时期全部油井钻完后，每个岛上只保留一部钻机，其余全部撤离。留下的钻机是用来修井的，也可能用来从现有井侧钻出水平分支。

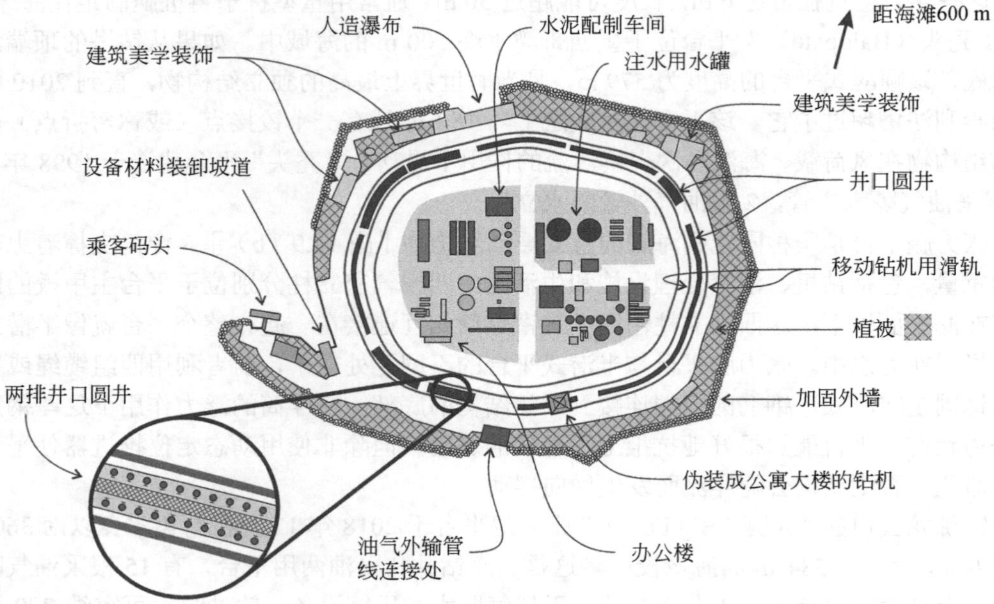

图 14.10　位于长滩近海的怀特岛平面简图

这几个人工岛位于一个热闹的海滩附近，位置非常显眼，因此作业者尽最大努力降低它们对景观的影响。每个井架都用装饰面板围起来，从海滩上看就像一座座造价不菲的公寓。外墙雕塑和其他建筑特色也被用来装饰人工岛，并种植了棕榈树和其他植物。岛上还建造了瀑布，当夜晚照亮时，对那些不了解岛屿真正用途的人来说，它的外观恰似一个豪华度假胜地。除了能够掩盖人工岛的真实用途外，这种建筑特色还有助于反射钻井和其他作业的噪声，使之无法干扰海滩。

最初每个岛的中部都安装了能够支撑四部钻机同时作业所需的所有设备，包括水泥配制车间、卸载和存放钻杆、套管的设施，以及泥浆罐。多年来，从地下油田开采出了大量原油，以至于地面沉降问题成为一个关注焦点。今天，全部产出水都被立即处理净化，然后回注进地层。来自洛杉矶市区的再生水也被作为产出水的补充，一并注入地下，因此注入地层的液体量比产出的还要大。现在岛上油井产出的液体中只有不到 10%是原油，绝大部分是水。

事实证明，这类人工岛是一种有效解决方案，可以在敏感环境中经济开采油气资源，而不至于引起当地社区民众的反对。

14.2　海底输油气管道

每口海上油气井都需要通过管线连接到中央处理站。从永久平台上钻出的井自然会连接到原平台，而从钻井船或半潜式平台上钻出的井通常需要连接到邻近的平台或接收站点。

每一座永久性钻采平台通常都有几条管道相连接，分别将原油、天然气、凝析油输送到岸上设施。墨西哥湾和北海等地区的石油平台非常多，这意味着海底有纵横交错的油气管道。

设计从海底井口或平台延伸出的海底管道路径必须小心谨慎。由于管道坐落在海床上，最好的路径是水平且无明显起伏的海底。如果海底是由适中的黏土颗粒构成的，那么管道将部分嵌入黏土中，从而增强其横向稳定性。如果海底起伏较为明显，甚至有岩石存在，那么可能需要利用高点将管道悬挂起来而脱离海底。这对管材造成了更高的负荷，特别是在支撑点较少的情况下。然而，如果海床太松软，管道可能会沉入海床下，从而很难甚至不可能进行目视检查。

海床可能很不稳定，随着时间的推移，沙脊和较小的凸起会在海床上移动。坐落在沙脊高点的管道可能会随着沙脊的移动而失去支撑。沙脊的移动难以监测，更难以预测，因此最好避开已知存在沙脊的区域。

在确定新建海底管道的路径时，石油工程师必须认真考虑下列因素。

（1）跨越现有管道——在已有管道之上铺设新管道时一定不能让两条管道直接接触，否则新管道可能会破坏现有管道的稳定性。如果条件允许，在交叉点处第一条管道应敷设在槽道中，第二条管道应在第一条之上一定距离。如果由于海床太硬而无法挖槽，则可能需要使用复杂的跨越构架。如果两条金属管道发生物理接触，那么通常用来阴极保护防腐的电流可能会失效，甚至可能会诱发其中一条管道的腐蚀。

（2）跨越海底通信电缆——如果管道需要跨越海底电缆，为了防止管道沉降时电缆被意外切断，在铺设管道时需要故意将电缆割断。在两个断头间铺设管道，然后再将电缆重新接好。这项操作十分昂贵，应该尽量避免。

（3）避开挖泥疏浚海域——应尽量避开任何挖泥疏浚海域。万一管道被作业中的挖泥船撞击，后果可能是灾难性的。

（4）废料倾倒场——海洋过去曾被用作各种废料的倾倒场，从下水道污泥到有毒化学物质，甚至是放射性废料。应避开已知曾被用作倾倒场的海域，以免扰动这些危险物质。

（5）进港航道和锚地——大小船舶的锚都可能会对管道造成重大损伤。虽然船舶很少在外海抛锚，但会在繁忙港口的进港航道上抛锚，应该避开这些区域。港口扩建时，也可能会用挖泥船拓宽或加深进港航道。

（6）渔场——比目鱼、鳎鱼、鲽鱼和大比目鱼都是活动在海床上或靠近海床的扁鱼类，通常使用重型渔具进行捕捞，这类渔具很容易被油气管道缠结住。如果当地渔业从业者认为穿过重要渔场的管道可能会对他们的生计造成不利影响，他们就会对政府施加重大的政治压力。最好确保管道避开所有渔场。

（7）国家和州的边界——不同地区的法律法规对油气管道的设计和运行有不同的要求。在可能的情况下，应尽量避免管道跨越国家或州的边界，减少经过的司法管辖区的数目，这样做通常是大有裨益的。

（8）巨石区——在北极圈内和附近地区可能还有其他特殊问题。北海靠近挪威的部分海床上有很多巨石，这些巨石是在不同的地质时期从融化的冰山上掉落下来的。这些巨石有时被戏称为“旅行者”，重量可达数吨，但在强烈的洋流和风暴潮的作用下仍然会在海床上滚动。铺设管道时应该避开已知的巨石区。

（9）冰流——铺设在海床上的管道可能会遭到各种各样的破坏，特别是在浅水区。较小的冰山，也许有一座房子那么大，可能会漂到浅水区，在海床上搁浅。这些巨大冰块可以在风和洋流的推动下在海床上划出沟槽。未被保护的管道可能会遭到巨冰的严重破坏。因此，选择一条冰流影响最低的路径是十分重要的，尤其是在浅水区。

（10）海岸地貌特征——一些海岸由海湾和海角构成，如果要将海底管道连接到这样的海岸上，最好将路径选在海湾内而非海角附近。其中一个原因是海角通常意味着该区域存在坚硬的岩石，建造管道时最好避开；另一个原因是海角附近的海浪和洋流通常是最强的。

14.3 海上钻井作业

海上钻井技术在很多方面与陆地钻井类似，但有几点重要的区别。

（1）井口设备位于海床上，可能处于海平面以下1000多米。

（2）防喷器组安装在海底井口上，只能从平台上远程控制。它们必须能够自动工作，在失去平台提供的动力或与平台的通信信号中断时仍能发挥作用。防喷器还必须能够在深海极端压力下可靠地工作。

（3）利用长度为1000多米的隔水立管将海底井口与钻井平台连接起来。

（4）即使平台在海水运动的影响下上下起伏，钻井作业也必须能够高效、不间断地进行。

（5）钻井过程必须能够承受平台的纵向摆动、横向摆动，以及绕平台的纵轴或横轴旋转摆动。

（6）必须有平行敷设在隔水立管上、用于钻井井控的压井管线和节流管线。

钻井施工的其他方面，包括钻头和钻柱的使用、循环泥浆、下套管等，与陆地钻井作业基本相同。

钻一口井有几道工序。在本例中，我们将讨论用钻井船或半潜式平台钻一口井的整个过程。

一旦钻井平台（无论是钻井船、半潜式平台还是其他结构物）在井场定位之后，就利用工作管柱将一个临时导向基座下放到海底。临时导向基座由一个坚固的钢制框架组成，其中心有一个锥形孔，底面上还有钢销（图14.11）。钢架上有四根导索，在锥形孔周围等间距分布。锥形孔的设计旨在引导工具或设备穿过该孔。从平台上操作装有摄像头的远程操控工具，将导向基座安放好，使其在海床上保持水平。然后将工作管柱与导向基座断开，并将其起出。基座被钢销固定在海底，然后将四根导索连接到平台上。

在钻柱底部接好钻头，利用一个导向架将钻头引导到临时导向基座。该导向架沿着四根导索中的两根向下滑动（图14.12）。然后开始钻进，但使用的循环介质是海水而不是钻井泥浆。切削出的岩屑返出井眼，直接堆积在海底，而不是像在陆上钻井那样让钻屑返回地面。如此持续钻进30～50 m井深。

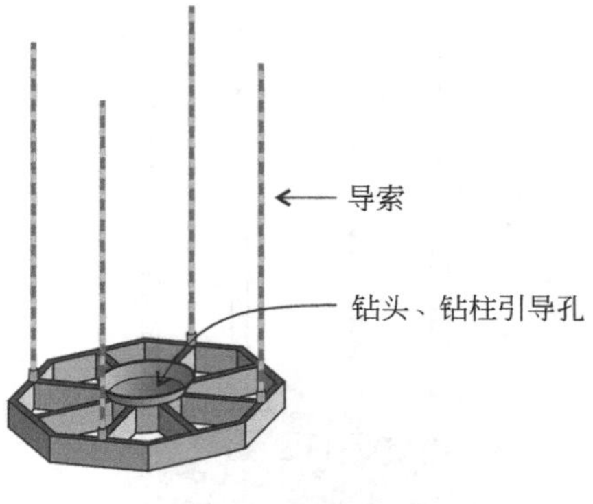

图 14.11　临时导向基座

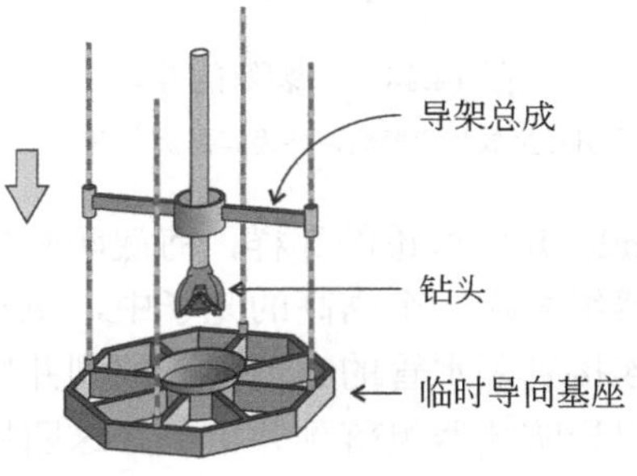

图 14.12　导向架沿着导索向下滑动，引导钻头通过临时导向基座，以便在正确位置开出井眼

然后将基础套管柱（foundation stringcasing）下入井眼中。将永久导向基座连接在该套管柱的顶端（图 14.13），这是另一个重型钢制框架，将它坐放在临时导向基座的上部，用来悬挂基础套管。永久导向基座的精准对正是利用四根空心钢管来实现的，钢管套在导索上，可以自由滑动。永久导向基座就位后，套管也就下到了井底。然后将水泥浆泵入套管中，使之沿套管与井壁之间的环形空间上返。

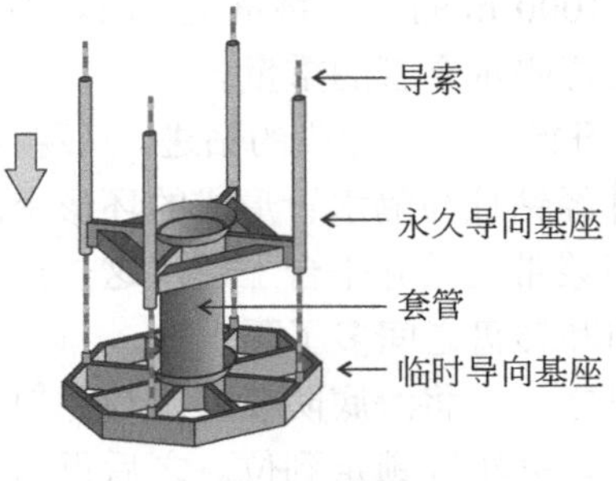

图 14.13　永久导向基座沿着导索向下滑动，下面悬挂着基础套管

现在即可开始钻下一个井段。钻至约 800 m 深，下入第二层套管并固井。此时，钻入海底 800 m、已有两层套管的井筒，可以作为安装防喷器组的坚实基础（图 14.14）。

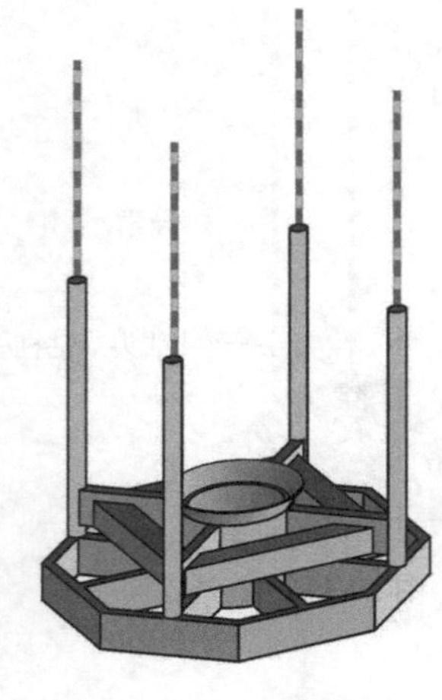

图 14.14　安装好的井口

现在即可利用连接在井口上的钢管作为引导坐放防喷器组，并为其提供支撑，最后完井时将用海底采油树取代防喷器组

正如第 12 章中对 Macondo 井所讨论的那样，海底防喷器组由多个重型阀门组成，可以在地面上远程操控。防喷器组装在一个高高的笼子中，笼子的横截面为正方形，具有独立的电源供应。将防喷器组连接到隔水管的底端，下放到井口上。这里也有四根空心钢管套在四根导索上自由滑动，引导防喷器组落到井口上。这四根空心钢管分别固定在防喷器组笼子的四个角，然后滑过从永久导向基座上突出的那四根空心钢管。再后，利用液压控制进行对接，将防喷器组锁定在永久导向基座上。这种硬连接在深井钻进时遇到的高压下能够防止泄漏。

隔水管是从防喷器组顶部连接到钻井平台的一根很长的管子。压井和节流管线敷设在隔水立管上，用于向井中泵入泥浆，以控制突发的井涌，或用于在井涌被控制后将泥浆排出。

立管是由厚壁管材制成的。在大多数情况下，管材的直径约为 56 cm，那么每米管材的重量约为 24 kg。这意味着 1000 m 的立管将重达 24 t。如果是深水钻井，那么可以利用绑缚在立管上的浮子来帮助支撑隔水立管的重量。

防喷器组和立管就位后，开始下一个井段的钻进。从现在开始使用泥浆作为循环介质，泥浆沿钻柱内部向下流动，并经钻柱与隔水管形成的环形空间返回地面。这样泥浆就不会与海洋接触，岩屑被返回的泥浆带到钻井平台上。从这一点开始，钻井过程与常规陆上钻井相同，只不过是在海底井口和转盘之间多了隔水管。

最终完井并进行油气测试之后，将海底防喷器组与井口分离并起回地面。然后将海底采油树坐放到永久导向基座上，并牢固锁定到位。之后再用集输管线将井口与当地现有的油气输送管道网络连接起来，将采出的油气外输出去。

在浮动式平台上钻井的主要挑战之一是，平台会随着风、浪和洋流的作用而移动。在这些运动中，上下起伏（即平台的垂向运动）是最受关注的。如果任凭这种起伏发生，那么每当平台随着波浪向上移动时，钻头就会脱离井底。当平台向下移动时，钻头被压入井底，钻头和钻柱都将遭受压缩应力。这种压缩应力将导致钻头（尤其是钻柱）的严重损坏。

利用移动补偿系统在一定程度上可补偿起伏运动。在转盘下面、海面上方，隔水立管上有一个伸缩接头，可以补偿平台的垂向运动。钻柱的垂向运动由安装在游动滑车附近的一个装置进行补偿。

14.4　海上油气处理

随着钻井平台逐渐向深海进军，从海底油气田采出的油气通常通过铺设在海床上的管道输送到岸上设施。位于美国南部的墨西哥湾布满了纵横交错的输油气管道，以便将油气输送到岸上设施进行处理。对于墨西哥湾中远离海岸的新建平台，通常将其接入现有管网，以便节省与岸上设施连接的成本。

当 2007 年在澳大利亚西北海岸 200 km 处发现 Prelude 天然气田时，作业者认识到建造通往岸上的管道以及岸上天然气处理设施的成本过于高昂，使该气田的开发在经济上不可行。于是他们采用了完全不同的另一方案，决定建造一个浮式液化天然气设施，直接从井口接收天然气，进行处理、液化，以便于运输。2018 年圣诞节，Prelude 天然气设施投产，这是世界上最大的浮动结构。该设施长 488 m，宽 74 m，排水量是世界上最大航空母舰的 5 倍多。

Prelude 设施永久性锚定在船头处的一个转塔上，这里的水深为 248 m。虽然这艘船不能自主地在海上航行，但在风和浪的作用下可以绕着转塔旋转，就像风向标一样，这样大面积的舷侧就不必承受风浪的冲击了。天然气通过悬挂在转塔上的软管线从海底井中流出，到达船上后被分离处理，脱去凝析油，然后冷却至−162 ℃以下。由此产生的超低温液化天然气储存在位于船体内油气处理设备下方的六个球形罐中。这些球形罐每个直径约 42 m，容量约为 38 000 m^3。朝向船首的火炬能够在紧急情况下安全地燃烧掉碳氢化合物气体。员工生活区和两个直升机停机坪位于船的尾部。

预计该设施满负荷运行后，每年将产出 360 万 t 液化天然气、130 万 t 凝析油和 40 万 t 液化石油气。正常情况下船上会有 120～140 人维持运行，由直升机将员工从澳大利亚海岸的布鲁姆（Broome）小城送到船上。

人们预测未来几十年将建造许多这样的巨型油气处理船，Prelude 设施只是第一艘。未来这类船舶将大大提高开发更偏远地区油气田的经济效益。

第 15 章 油气工业远景展望

21 世纪的第三个十年开始之际，人们对全球变暖和气候变化的担忧日益加剧，在这个大背景下，有必要思考全球对石油和天然气的长远需求，从可持续发展的角度来考察对石油的需求也尤为重要。在此，我们有必要提及世界环境与发展委员会（或称布伦特兰委员会）一份研究报告中的两项重要陈述，该报告于 1987 年发布，标题为《我们共同的未来》，该报告由挪威前首相格罗·哈莱姆·布伦特兰领衔该委员会起草，对可持续发展这一术语定义如下：

可持续发展是指既能满足当代人的需求，又不危及后代人满足自身需求的能力的发展。这一术语包含两个重要的概念：

（1）“需求”的概念，特别是世界上贫困人口的基本需求，对此应给予压倒一切的优先考虑；

（2）“限制”的概念，技术进步和社会组织形态对自然资源满足当前和未来需求的能力具有一定的限制。

第二项需要注意的重要陈述是报告第一章的开头：

地球是一个整体，但世界却是被割裂的。我们都依赖同一个生物圈来维持我们的生命。然而，每个社区、每个国家都在为自身的生存和繁荣而奋斗，而几乎不考虑对他人的影响。一些人正在高速耗费地球资源，不打算给子孙后代留下什么。但其他为数更多的人消费远远不足，面临着饥饿、肮脏、疾病和早逝。

布伦特兰（Brundtland）委员会的报告明确指出，代际公平和代内公平是可持续发展定义的关键要素。

（1）代际公平——设法为后代保留当代人所拥有的同样的机会；

（2）代内公平——在当代人之间重新分配机会，手段是减少贫困，努力确保所有人（无论他们身居何处）都能满足其基本需求。

正如前面几章所述，原油和天然气都是历经数亿年才形成的。所以说油气是一种有限的资源，一旦耗尽就无法恢复。在本章中，我们将从讨论全球能源供需概况入手，随后我们将展望未来的油气需求。最后，我们将聚焦油气行业在未来几十年内必须面临的一些关键问题。

15.1 全球能源供需概况

全球能源需求部分受人口增长带动。在 2020～2040 年间，预计世界人口将从 78 亿增长到 92 亿。同一时期，预计全球能源年需求量将从略高于 14 000 Mtoe 增长到接近 18 000 Mtoe（图 15.1）。这里 Mtoe 代表百万吨石油当量，是将石油、天然气、煤炭、太阳能、风能、波浪能、核能和其他能源全部折合为一个能量标准，也就是说，以两者所产生的能量计，这些能源所相当的石油的质量。

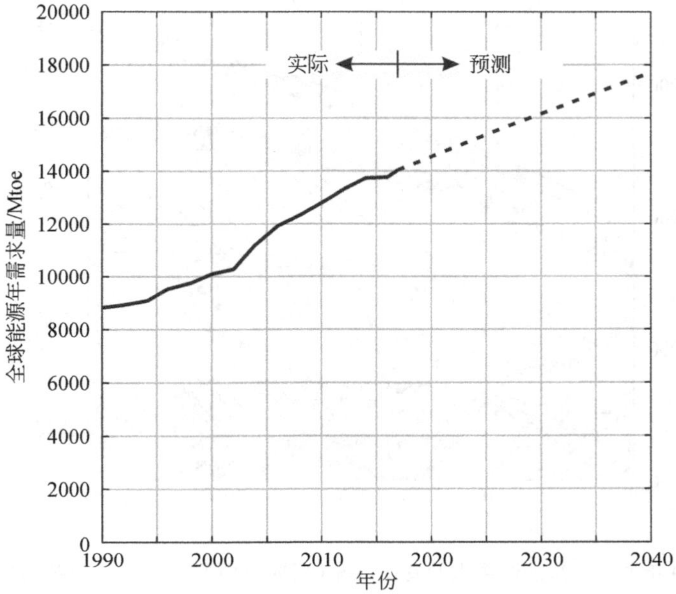

图 15.1　1990～2040 年全球能源需求（后期为预测）

国际能源署预测在未来 20 年里，发达国家和中国对煤炭的需求将大幅下降，但印度和其他国家煤炭需求的强劲增长将抵消这些下降。未来 20 年，欧洲地区的发电将逐渐减少对煤炭和核能的依赖，而风能和太阳能光伏发电将强劲增长。到 2030 年，欧洲地区的风能和太阳能等可再生能源将占发电总量的 55%，到 2040 年将上升到 63%。

图 15.2 展示了 2000 年到 2040 年各类一次能源需求的变化情况。从 2020 年起，对煤炭的需求将停止增长，天然气和可再生能源将填补这部分需求，2000 年欧洲和北美洲地区占全球能源需求的 40%以上，而亚洲发展中国家仅占 20%，预计到 2040 年这两个数字将倒过来，亚洲地区的能源需求将是欧洲和北美洲地区总和的两倍。在亚洲地区的能源需求增长中，天然气增长将占全球的一半，可再生能源增长占全球的 60%，石油增长占全球的 80%以上。

各个国家的能源消费量极不平均，孟加拉国人均年消费量只有 10 GJ，而卡塔尔人均年消费量为 1000 GJ。澳大利亚、美国、新加坡和英国等发达国家的消费量远高于全球平均水平，每人每年为 74.9 GJ，而许多发展中国家的消费量远低于此平均值。2017 年全球无电可用的人口已降至 10 亿以下。据估计，到 2040 年仍将有 7 亿人用不上电，他们主要居住在撒哈拉沙漠以南的非洲地区。

图 15.3 显示了人口在 100 万以上、容易获取数据的国家每年人均能源消费量，可见彼此差异之巨大。这是 2017 年的数据，图 15.3 中标出的国家占世界人口的近 80%。卡塔尔的人均能耗之所以如此之高，是因为该国三分之二的能源消耗在住宅、其他建筑物的空调系统和海水淡化等方面，在人口超过 1 亿的国家中，美国的能源消费量最高，为每人每年 290 GJ。

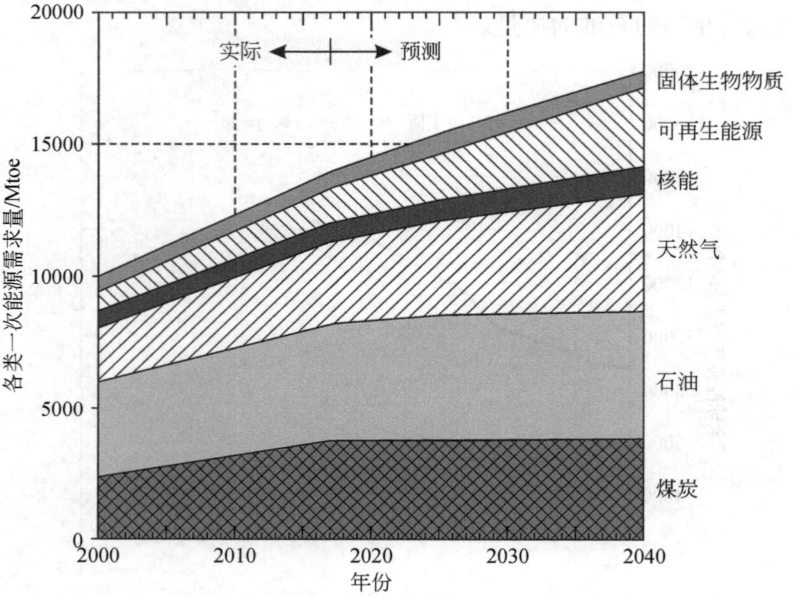

图 15.2　2000～2040 年各类一次能源需求的变化情况（后期为预测；据国际能源署《世界能源展望 2018》）

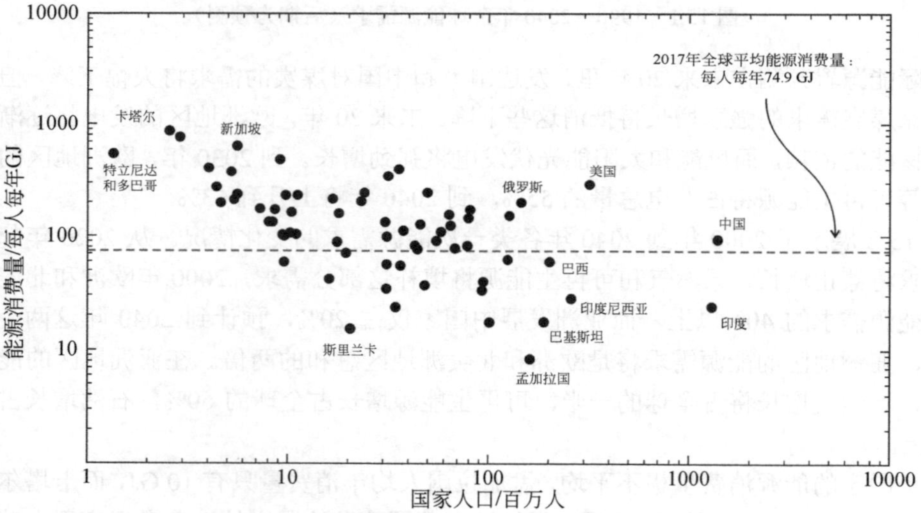

图 15.3　2017 年人口超过 100 万且数据容易获取的各国人均能源消费量

随着新技术的应用，能源需求状况也在不断变化。未来几十年，家庭和工业中的许多活动都将因数字化技术而发生转型，数字化和物联网有可能大幅度提高各发达国家的劳动生产率，全球数字化的普及将导致数十亿台设备连接到供电网络，每台设备都会消耗电力，而且数据中心和数据传输网络的增加也将推动电力需求的增长。与此同时，发达国家的消费者将对云数据存储和检索系统提出更高的要求，这也将推动电力需求的增长。到目前为止，数据存储设备、数据中心设施和网络系统运行效率的提高，缓解了它们对电力需求的增长，但从长远来看，这些领域的指数级增长还是会超过发电能力的提高。随着消费者在网上订购更多产品，预计电子商务也将推动对轻便运载工具投递需求的增长。

比特币挖矿等新兴行业有可能打乱对能源需求的整体估计。目前比特币挖矿占全球耗电量的 0.1%～0.3%，在冰岛（全球比特币挖矿枢纽），如果不加以控制，预计电子商务这个领域的电力需求很快将超过该国家的家庭用电需求。

CO_2 等温室气体的产生是导致全球变暖和气候变化的主要因素。一些发电方式，如燃煤发电，作为副产品会产生大量的 CO_2；而其他发电方式，如光伏电池和风力发电，则不会产生任何温室气体。将每个国家或地区的能源消耗数据与 CO_2 排放量数据结合起来，就可以计算出该国的 CO_2 排放量与能源消费量的比率。图 15.4 显示了占世界能源消耗约 97% 的多个国家的这一比率。平均来说，全球每消耗 1 GJ 的能源产生 59.1 kg CO_2，法国等发达国家的 CO_2 排放量较低，因为该国长期依赖核能提供电力，其他国家或地区则更多依赖燃煤发电。许多发达经济体都在从污染更严重的发电方式转向更清洁的方式。例如，在英国，煤炭已经被天然气和可再生能源所取代，CO_2 排放量显著下降。

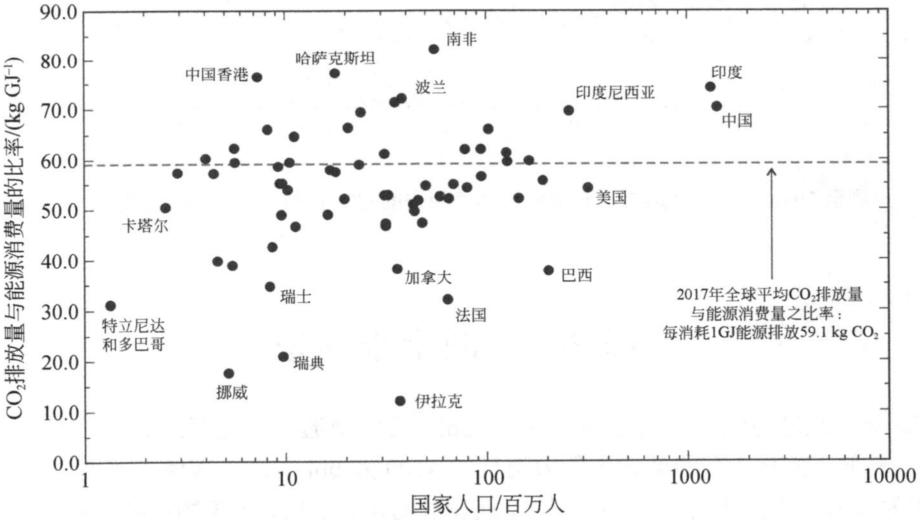

图 15.4　人口超过 100 万且数据容易获取的每个国家或地区的 CO_2 排放量与能源消费量的比率

各国都希望自己的生活水平得到提高。中国能源需求的增长近年来非常显著，部分原因是中国人口众多，但也反映了生活水平的提高。印度的人均能源消耗不到中国的三分之一，如果印度的生活水平在未来几十年大幅提高，那么发达经济体在发电效率方面的提升都将被印度所需能源水平的大幅度增长所抵消。

为了减少对环境的影响，中国正在实施新的能源政策。北京、天津等北方主要城市为冬季的清洁供暖设定了严格的目标。此外，政府还鼓励人们使用液化天然气驱动小汽车和大卡车。

预计从 2017 年起，因能源消耗造成的 CO_2 排放量的增长速度与前些年相比将有所下降（图 15.5）。随着燃气取代燃煤发电，燃煤产生的 CO_2 量将趋于平稳。天然气是一种比煤炭更清洁的燃料，在同等能量水平下产生的 CO_2 要少得多。预计未来 20 年因石油消费而产生的 CO_2 量也将保持不变。

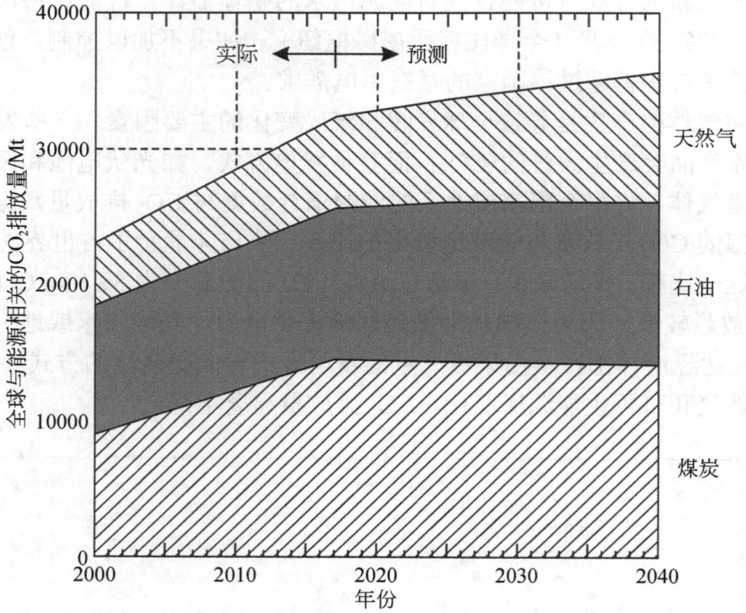

图 15.5　预测至 2040 年的全球煤炭、石油和天然气相关的 CO_2 排放量（据国际能源署《世界能源展望 2018》）

15.2　石油未来展望

2017 年，全球每天消耗石油约 9500 万 bbl。公路交通一直是石油的第一大用户，2017 年汽车、卡车、公共汽车和摩托车每天消耗约 4100 万 bbl 石油。其他主要用户是石油化工（将其作为原料加工成更有价值的产品）、航空和海运、发电、建筑物供暖和其他工业用途。图 15.6 显示了按行业划分的全球石油需求。数据表明，石化行业的需求将继续增长，且没有迹象表明增长率会随着时间的推移而下降，同样，除了作为发电燃料以外，大多数其他行业都将经历强劲增长，预计至少到 2040 年，用于发电的石油将逐渐减少，这与燃煤发电的情况类似。

公路交通是石油的最大用户，因此有必要更加详细地讨论石油在该领域的使用情况和未来 20 年该领域可能发生的变化。2000～2017 年的 17 年间，客车、卡车、公共汽车和二轮/三轮摩托车对石油的需求从每天 3000 万 bbl 增加到 4100 万 bbl 左右（图 15.7）。全球客车和卡车从 2000 年的约 8 亿辆增加到 2017 年的 13.5 亿辆（图 15.8），在此期间，仅中国的机动车就增加了超过 1 亿辆，印度和拉丁美洲的增长也很强劲，到 2040 年，全球的客车和卡车预计将超过 20 亿辆。

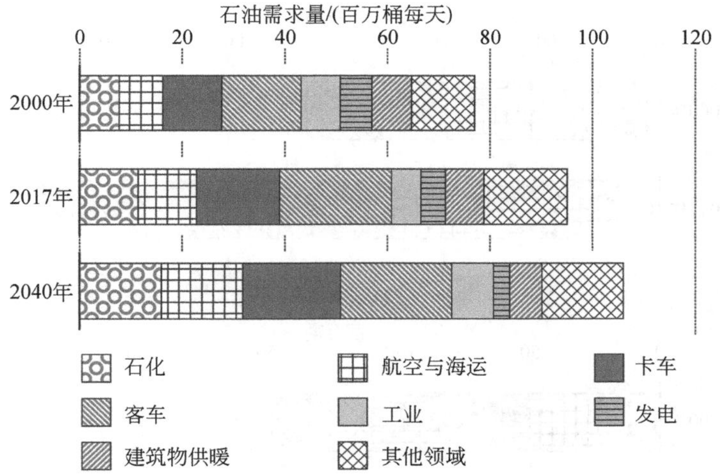

图 15.6　预测至 2040 年的全球各行业石油需求（据国际能源署《世界能源展望 2018》）

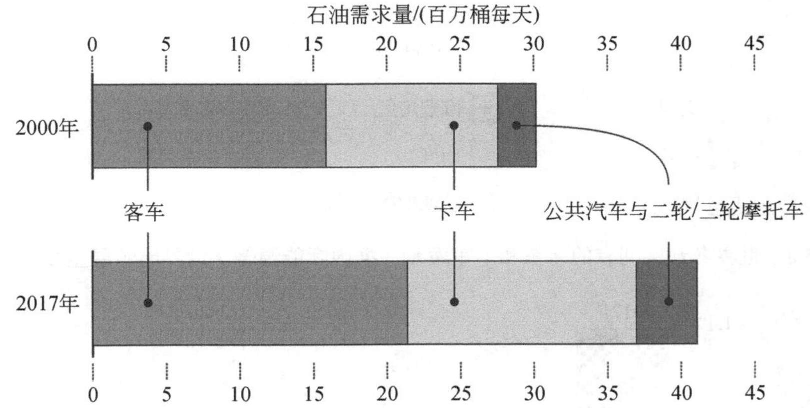

图 15.7　2000 年和 2017 年的机动车石油需求量（据国际能源署《世界能源展望 2018》）

如果燃油效率没有任何提升，这种增长可能会导致机动车对石油的需求增加到每天 6900 万 bbl。幸运的是，电动客车和节能汽车的发展会使机动车对石油的需求在 2040 年控制在每天 4500 万 bbl 以内。国际能源署预测，到 2040 年，全球将有超过 3 亿辆电动客车、400 万辆电动公共汽车和 3000 万辆电动卡车行驶在世界各地的公路上。

到 2040 年，汽油驱动汽车将配备更高效的发动机。图 15.9 比较了 2017 年的在用汽车能效和 2040 年的预计汽车能效，2017 年超过 20%的在用汽车百千米油耗超过 8 L，到 2040 年，这些低效汽车可能会完全从道路上消失，取而代之的新技术可能会提供百千米油耗低于 4 L 的发动机。将人工智能应用于半自动驾驶应该会大大节省燃料，因为人类不良的驾驶习惯会被更省油的自动驾驶所取代，电动汽车技术的进步将使其在世界各地得到更广泛的使用。

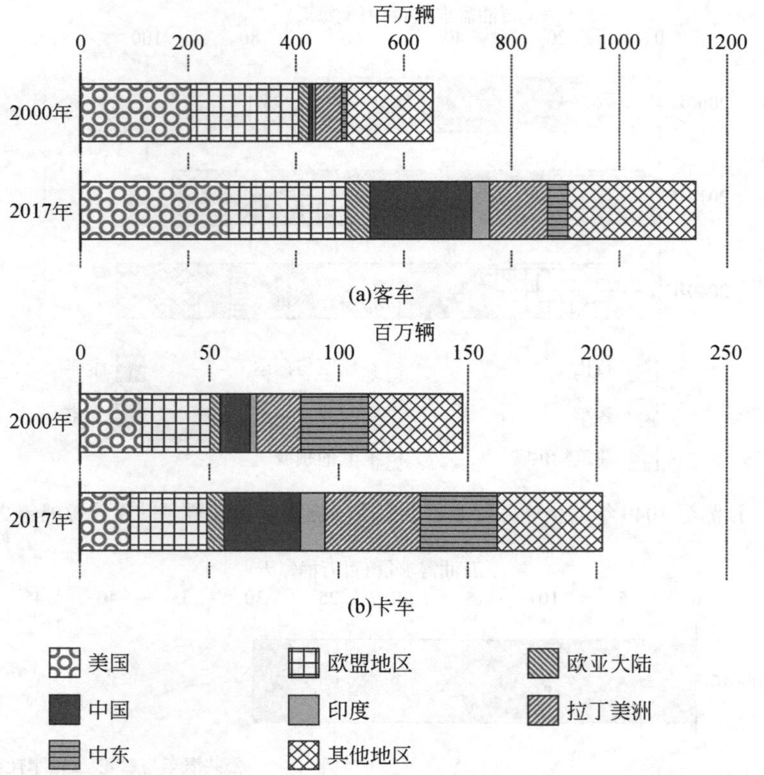

图 15.8　世界各地区拥有的客车和卡车数量（据国际能源署《世界能源展望 2018》）

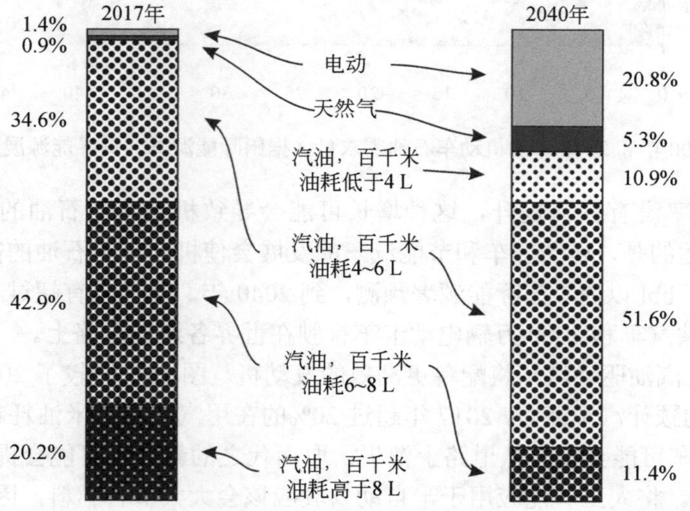

图 15.9　2017 年和 2040 年的汽车销售量（按燃料类型划分；据国际能源署《世界能源展望 2018》）

虽然乙醇和其他生物燃料是石油的替代品，但目前的技术还不足以经济地、大规模地生产生物燃料以满足可预见的需求。还有一个伦理方面的困境，即农田是否应该用于种植生产液体燃料的作物，而不是用于生产粮食，特别是在世界上一些地区还存在饥荒的情况下。

一些原油含硫量很高，如果不加以处理，燃烧时将有大量二氧化硫释放到大气中。随着世界各国加强对二氧化硫排放的控制，国际海运业成为最后一个使用高含硫石油的商业领域。船只可以在国际水域燃烧这种重污染、高含硫的石油。但国际海事组织已经颁布新规，从 2020 年 1 月起，船舶燃料油的硫含量必须低于 0.5%，这项法令将使全球二氧化硫排放量大幅度减少，并将关闭最后一个高含硫石油市场；从 2020 年起，石油生产商必须对石油进行处理，将硫含量降低到符合新法令规定的水平。

随着汽车发动机技术的进步以及发电用油量的减少，石油需求量的增长相对放缓，将从当前的每天 9400 万 bbl 增加到 2040 年的每天 1.04 亿 bbl。而且这是在同一时期人口增长超过 20%的情况下的增长量。每天增加的 1000 万 bbl 石油从何而来呢？石油产量的增加将来自于所谓的致密油、页岩油和其他难以开采的石油（图 15.10）。据预测，陆上常规石油产量将保持在每天 4300 万～4400 万 bbl 之间，而海上石油产量将有所下降。预计凝析油仍将是一个重要贡献。

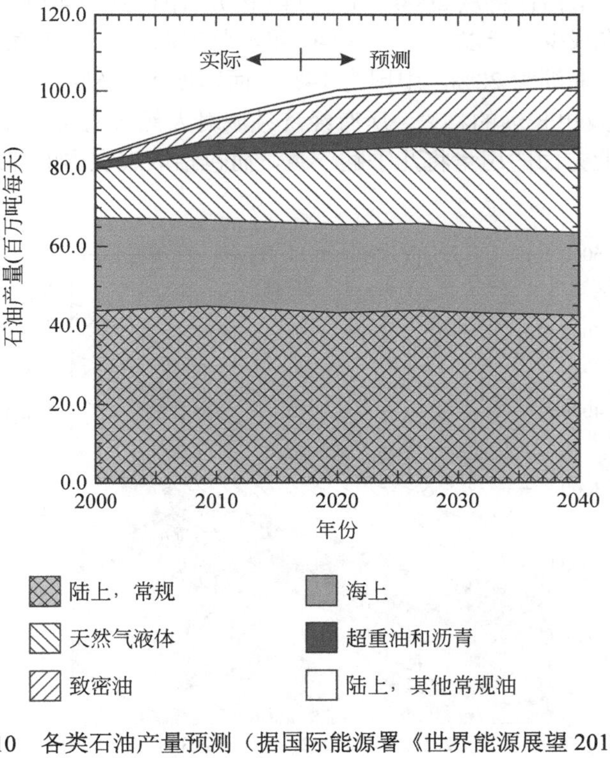

图 15.10　各类石油产量预测（据国际能源署《世界能源展望 2018》）

正如本书前面所提到的，如果管理得当，油田的生产寿命可以持续几十年。产量的自然递减可以通过在现有井网中钻加密井或向储层内注入流体来缓解。尽管如此，如果要维持目前的全球石油产量，未来 20 年，将需要大量投资用于新油田的产能建设。

预计海上石油产量将基本上维持不变。海洋石油产量将越来越依赖更具挑战性和更昂贵的深水油田。未来巴西深水油田的开发潜力最大，预计到 2040 年产量有望翻一番。圭亚那近海的大型 Liza 油田于 2020 年投产，埃克森美孚公司估计，该油田的可采储量可能高达 50 亿 bbl，到 2025 年末，日产量可能高达 75 万 bbl。

由于对环境的担忧，在一些蕴藏着巨大石油储量的地区将禁止石油勘探。澳大利亚东北部海岸是大堡礁和几个海洋公园的所在地，未来仍将维持其神圣地位，禁止石油勘探。同样，南极的石油潜力在未来很长一段时间内都将无法探明；位于北极大陆架周围的一些项目有的已经投产，有的已获批准，这些极寒而偏远的油田必然会伴随着更高的成本。

15.3 天然气未来展望

预计到 2040 年，天然气的需求将比 2000 年的水平翻一番，各行业的需求都将增长。预计到 2030 年，天然气将超越煤炭成为仅次于石油的第二大能源。随着中国大部分发电厂从燃煤转向燃气，中国将成为全球最大的天然气进口国；专家还预测到 2040 年，非洲的天然气需求也将至少翻一番。

美国的天然气产量预计将从 2000 年的 5440 亿 m^3 激增到 2040 年的 10 740 亿 m^3，与此同时，煤炭的需求将减少一半以上。到 2040 年，北美洲天然气将满足其能源需求的 35%以上，欧洲为 28%，非洲为 20%，中国为 14%，而印度仅为 8%。

预计到 2040 年及更长远的将来，所有经济领域对天然气的需求都将增长（图 15.11）。2000～2040 年，工业方面的用量将几乎翻一番，而包括取暖在内的建筑物内用量的增长预计相对较低。

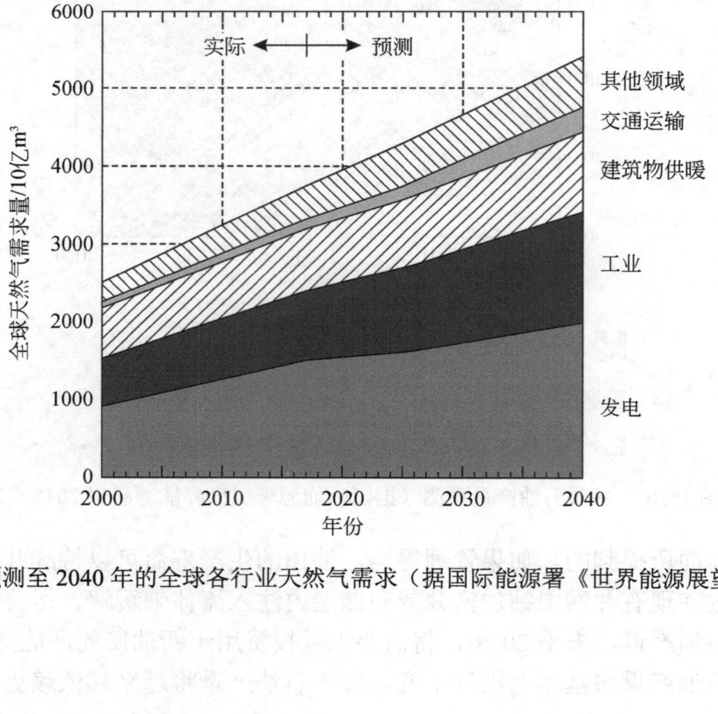

图 15.11　预测至 2040 年的全球各行业天然气需求（据国际能源署《世界能源展望 2018》）

15.4　海上结构物的处置——一项挑战

布伦特 Spar 平台是一个大型浮动储油和油轮装载设施，位于北海地区英国海域。经过多年的运营之后，1995 年作业者、产权共有人——壳牌公司决定报废该结构物。在对备选的报废方案进行评估后，壳牌提议将该结构物弃置在苏格兰西海岸 250 km 外的大西洋深水区。该方案引发了公众的强烈反对，他们认为壳牌公司无视环境保护，广大消费者纷纷抵制该公司。沉没该结构物的计划被搁置，最终该设施在挪威被拆解，部分钢材被用于一个新码头建造。

自 1947 年以来，已建造了超过 16 000 座海上结构物，用于从海底油气藏中开采石油和天然气。在达到使用寿命后，这些结构物都必须退役并完全被移除，使海底恢复到原始的、畅通无阻的状态。需要妥善处置的结构物如此之多，这对油气行业来说是一个巨大、义不容辞的责任；如果没有媒体对此问题予以关注，它常常会被公众所遗忘。

正如我们在本书前面所述，海上平台通常由两部分组成：水线以上清晰可见的甲板面装备和支撑甲板面的下部结构。报废过程中，首先在海床以下一定深度处将油气井永久密封，然后将隔水立管与井口断开并拆除井口设备。拆除甲板面设备并用驳船将其运送到岸上，在岸上甲板面设备被分解或被重新安装在另一座平台上。下部结构通常在海床以下一定深度处切断，然后用海上起重机从海底吊起，再用驳船运到岸上，在岸上被拆解回收，根据结构物的状况，偶尔也被重新用于另一油田。下部结构物通常利用机械手段切割，如使用含磨料的水射流或金刚石线锯，也可使用特殊设计的炸药。

虽然陆上油气作业的遗留问题较容易处理，但油气行业必须始终将井场报废纳入其日常运营管理之中。油气井必须密封，井场地面必须恢复到原来的状态。世界各地有超过 100 万口处于不同状态的在产和废弃油气井，如果不进行适当的报废处理，可能会对环境造成极其严重的后果。

15.5　全球石油需求

进入 21 世纪，能源的生产和消费方式取得了巨大的进步。更高效的发动机可以让车辆在消耗等量燃料的条件下行驶得更远，而人工智能和机器学习在工商业领域的广泛应用，促进了能源在日常生活中的高效利用。尽管这些进步将提高能源的利用效率，但在未来几十年，我们仍不会看到全球的油气需求有任何显著的下降。发达国家效率的提高将被发展中国家能源需求的强劲增长所抵消。正如本章开头所述，代内公平是可持续发展的基本原则，它要求在当前这一代人中重新分配机会，通过减少贫困和设法确保所有人（无论他们身居何处）都能满足他们的基本生存需求。这意味着，向贫困人口提供更多的基本生存保障，如获得电力和清洁烹饪燃料，而这些都是当今世界上近 10 亿人所无法企及的。

本章内容是以一系列国际性报告为基础，使用了能够获取的最新数据。对于许多数据来源，2017 年是可获得全面数据的最近年份。因此，本章的一些数据和预测在本书出版后可能很快就会过时，读者应该考虑阅读更新的能源报告，其中许多报告是按年度发布的。

下列机构在全球能源供求关系方面定期发布可靠而全面的报告和数据：

（1）国际能源机构——《世界能源展望》（*World Energy Outlook*）；

（2）BP——《世界能源统计年鉴》（*Statistical Review of World Energy*）；

（3）世界银行——《能源报告》（*Energy Reports*）。

当读者考虑在互联网上搜索这些数据源时，需要注意的是，由于驱动网络系统和搜索引擎所需的能量，每次互联网搜索通常会产生约 7 g CO_2。

正如我们在本章中所看到的，尽管社会在应对全球变暖和气候变化方面呼声很高，但在未来几十年里，对石油和天然气的需求仍将持续增长，这将需要数万亿美元的投资来推动新油田的开发，并使油田开发过程本身更加节能。生产技术的创新、人工智能和机器学习的推广将引领整个油气行业的技术升级。对优秀的、富有创新精神的石油工程师的需求将持续到 21 世纪中叶，甚至可能更加长久。